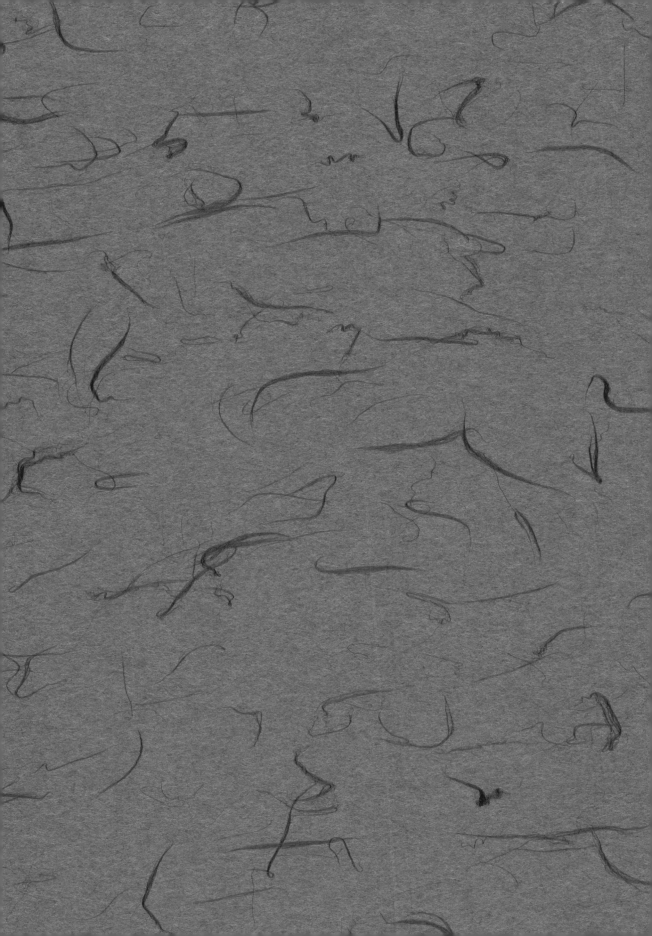

中國科技典籍選刊

第六輯

叢書主編：孫顯斌

上海圖書館藏守山閣本及中國國
家圖書館藏光緒重刻煙嶼樓本等

# 宋元水利文獻七種

【宋】單鍔 魏峴等◇撰 張宗品◇整理

國家古籍整理出版專項經費資助項目

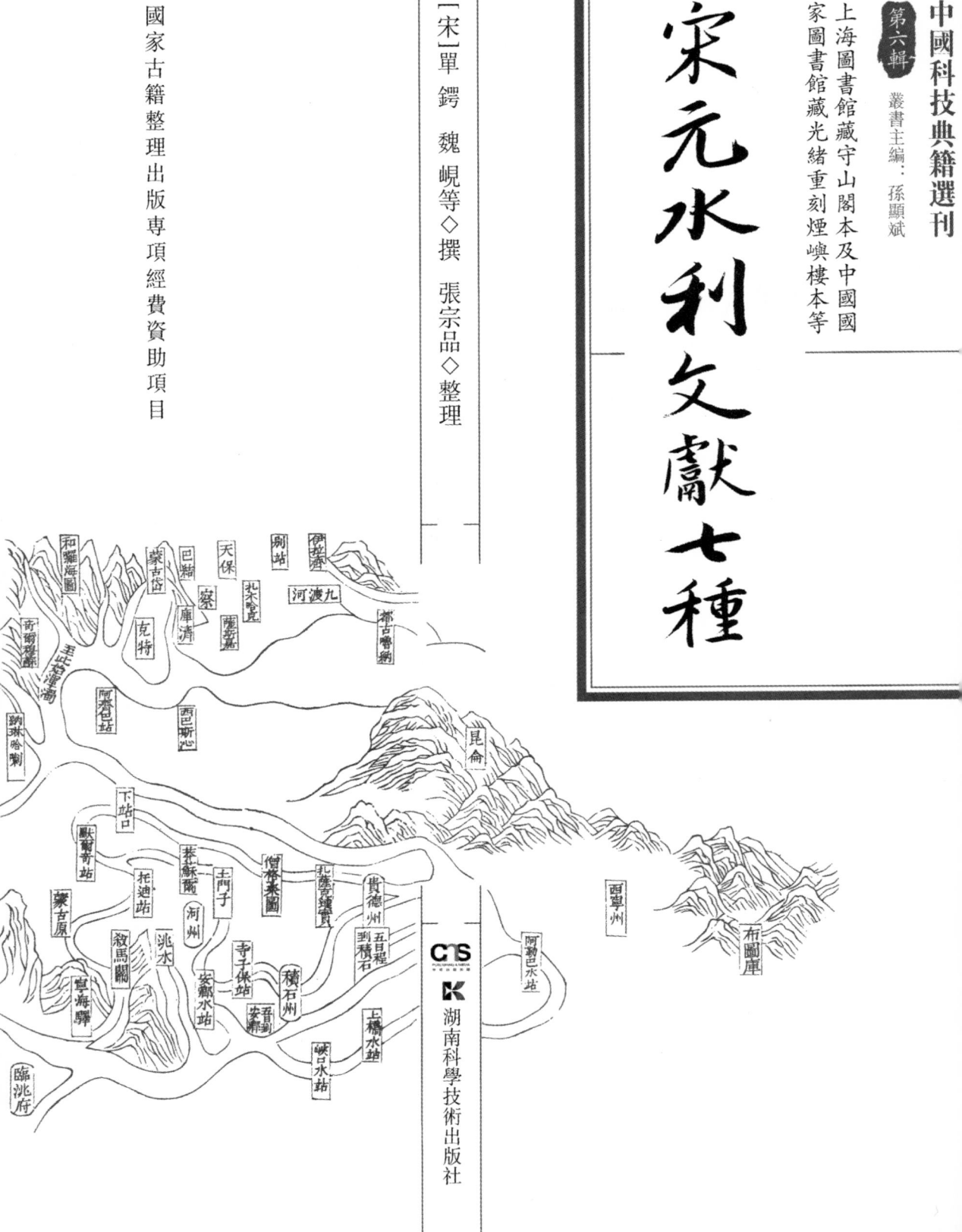

湖南科學技術出版社

# 中國科技典籍選刊

中國科學院自然科學史研究所組織整理

叢書主編　孫顯斌

編輯辦公室　高　峰　程占京

學術委員會　（按中文姓名拼音爲序）

陳紅彥（中國國家圖書館）

馮立昇（清華大學圖書館）

韓健平（中國科學院大學）

黃顯功（上海圖書館）

雷　恩（Jürgen Renn 德國馬克斯普朗克學會科學史研究所）

李　雲（北京大學圖書館）

林力娜（Karine Chemla 法國國家科研中心）

劉　薔（清華大學圖書館）

羅桂環（中國科學院自然科學史研究所）

羅　琳（中國科學院文獻情報中心）

潘吉星（中國科學院自然科學史研究所）

田　淼（中國科學院自然科學史研究所）

徐鳳先（中國科學院自然科學史研究所）

曾雄生（中國科學院自然科學史研究所）

張柏春（中國科學院自然科學史研究所）

張志清（中國國家圖書館）

鄒大海（中國科學院自然科學史研究所）

# 《中國科技典籍選刊》總序

我國有浩繁的科學技術文獻，整理這些文獻是科技史研究不可或缺的基礎工作。竺可楨、李儼、錢寶琮、劉仙洲、錢臨照等我國科技史事業開拓者就是從解讀和整理科技文獻開始的。二十世紀五十年代，科技史研究在我國開始建制化，相關文獻整理工作有了突破性進展，涌現出許多作品，如胡道靜的力作《夢溪筆談校證》。

改革開放以來，科技文獻的整理再次受到學術界和出版界的重視，這方面的出版物呈現系列化趨勢。巴蜀書社出版《中華文化要籍導讀叢書》（簡稱《導讀叢書》），如聞人軍的《考工記導讀》、傅維康的《黃帝內經導讀》、繆啓愉的《齊民要術導讀》、胡道靜的《夢溪筆談導讀》及潘吉星的《天工開物導讀》。上海古籍出版社與科技史專家合作，爲一些科技文獻作注釋並譯成白話文，刊出《中國古代科技名著譯注叢書》（簡稱《譯注叢書》），包括程貞一和聞人軍的《周髀算經譯注》、聞人軍的《考工記譯注》、郭書春的《九章算術譯注》、繆啓愉的《東魯王氏農書譯注》、陸敬嚴和錢學英的《新儀象法要譯注》、潘吉星的《天工開物譯注》、李迪的《康熙幾暇格物編譯注》等。

二十世紀九十年代，中國科學院自然科學史研究所組織上百位專家選擇並整理中國古代主要科技文獻，編成共約四千萬字的《中國科學技術典籍通彙》（簡稱《通彙》）。它共影印五百四十一種書，分爲綜合、數學、天文、物理、化學、地學、生物、農學、醫學、技術、索引等共十一卷（五十冊），分別由林文照、郭書春、薄樹人、戴念祖、郭正誼、苟翠華、范楚玉、余瀛鰲、華覺明等科技史專家主編。編者爲每種古文獻都撰寫了「提要」，概述文獻的作者、主要內容與版本等方面。自一九九三年起，《通彙》由河南教育出版社（今大象出版社）陸續出版，受到國內外中國科技史研究者的歡迎。近些年來，國家立項支持《中華大典》數學典、天文典、理化典、生物典、農業典等類書性質的系列科技文獻整理工作。類書體例容易割裂原著的語境，這對史學研究來說多少有些遺憾。

總的來看，我國學者的工作以校勘、注釋、白話翻譯爲主，也研究文獻的作者、版本和科技內容。例如，潘吉星將《天工開物校注及研究》分爲上篇（研究）和下篇（校注），其中上篇包括時代背景，作者事迹，書的內容、刊行、版本、歷史地位和國際影響等方面。

《導讀叢書》、《譯注叢書》和《通彙》等爲讀者提供了便于利用的經典文獻校注本和研究成果，也爲科技史知識的傳播做出了重要貢獻。

不過，可能由於整理目標與出版成本等方面的限制，這些整理成果不同程度地留下了文獻版本方面的缺憾。《導讀叢書》、《譯注叢書》和其他校注本基本上不提供保持原著全貌的高清影印本，并且錄文時將繁體字改爲簡體字，改變版式，還存在截圖、拼圖、換圖中漢字等現象。《通彙》的編者們儘量選用文獻的善本，但《通彙》的影印質量尚需提高。

歐美學者在整理和研究科技文獻方面起步早於我國。他們整理的經典文獻爲科技史的各種專題與綜合研究奠定了堅實的基礎。有些科技文獻整理工作被列爲國家工程。例如，萊布尼兹（G. W. Leibniz）的手稿與論著的整理工作於一九〇七年在普魯士科學院與法國科學院聯合支持下展開，文獻內容包括數學、自然科學、技術、醫學、人文與社會科學，萊布尼兹所用語言有拉丁語、法語和其他語種。該項目因第一次世界大戰而失去法國科學院的支持，但在普魯士科學院支持下繼續實施。第二次世界大戰後，項目得到東德政府和西德政府的資助。迄今，這個跨世紀工程已經完成了五十五卷文獻的整理和出版，預計到二〇五五年全部結束。

二十世紀八十年代以來，國際合作促進了中文科技文獻的整理與研究。我國科技史專家與國外同行發揮各自的優勢，合作整理與研究《九章算術》、《黃帝內經素問》等文獻，并嘗試了新的方法。郭書春分別與法國科研中心林力娜（Karine Chemla）、美國紐約市立大學道本周（Joseph W. Dauben）和徐義保合作，先後校注成中法對照本《九章算術》（Les Neuf Chapters，二〇〇四）和中英對照本《遠西奇器圖說錄最》，在提供高清影印本的同時，還刊出了相關研究專著《傳播與會通》。

按照傳統的說法，誰占有資料，誰就有學問，我國許多圖書館和檔案館都重「收藏」輕「服務」。在全球化與信息化的時代，國際科技史學者們越來越重視建設文獻平臺，整理、研究、出版與共享寶貴的科技文獻資源。德國馬普學會（Max Planck Gesellschaft）的科技史專家們提出「開放獲取」經典科技文獻整理計劃，以「文獻研究＋原始文獻」的模式整理出版重要典籍。編者盡力選擇稀見的手稿和經典文獻的善本，向讀者提供展現原著面貌的複製本和帶有校注的印刷體錄本，甚至還有與原著對應編排的英語譯文。同時，編者爲每種典籍撰寫導言或獨立的學術專著，包含原著的內容分析、作者生平、成書與境及參考文獻等。

任何文獻校注都有不足，甚至引起對某些內容解讀的爭議。真正的史學研究者不會全盤輕信已有的校注本，而是要親自解讀原始文獻，希望看到完整的文獻原貌，并試圖發掘任何細節的學術價值。與國際同行的精品工作相比，我國的科技文獻整理與出版工作還可以精益求精，比如從所選版本截取局部圖文，甚至對所截取的內容加以「改善」，這種做法使文獻整理與研究的質量打了折扣。

實際上，科技文獻的整理和研究是一項難度較大的基礎工作，對整理者的學術功底要求較高。他們須在文字解讀方面下足夠的功夫，并且準確地辨析文本的科學技術內涵，瞭解文獻形成的歷史與境。顯然，文獻整理與學術研究相互支撐，研究決定着整理的質量。隨着研究的深入，整理的質量自然不斷完善。整理跨文化的文獻，最好藉助國際合作的優勢。如果翻譯成英文，還須解決語言轉換的難題，找到合適的以英語爲母語的合作者。

在我國，科技文獻整理、研究與出版明顯滯後於其他歷史文獻，這與我國古代悠久燦爛的科技文明傳統不相稱。相對龐大的傳統科技遺產而言，已經系統整理的科技文獻不過是冰山一角。比如《通彙》中的絶大部分文獻尚無校勘與注釋的整理成果，以往的校注工作集中在幾十種文獻，并且没有配套影印高清晰的原著善本，有些整理工作存在重複或雷同的現象。近年來，國家新聞出版廣電總局加大支持古籍整理和出版的力度，鼓勵科技文獻的整理工作。學者和出版家應該通力合作，借鑒國際上的經驗，高質量地推進科技文獻的整理與出版工作。

鑒於學術研究與文化傳承的需要，中科院自然科學史研究所策劃整理中國古代的經典科技文獻，并與湖南科學技術出版社合作出版，向學界奉獻《中國科技典籍選刊》。非常榮幸這一工作得到圖書館界同仁的支持和肯定，他們的慷慨支持使我們倍受鼓舞。國家圖書館、上海圖書館、清華大學圖書館、北京大學圖書館、日本國立公文書館、早稻田大學圖書館、韓國首爾大學奎章閣圖書館等都對「選刊」工作給予了鼎力支持，尤其是國家圖書館陳紅彦主任、上海圖書館黄顯功主任、清華大學圖書館馮立昇先生和劉薔女士以及北京大學圖書館李雲主任還慨允擔任本叢書學術委員會委員。我們有理由相信有科技史、古典文獻與圖書館學界的通力合作，《中國科技典籍選刊》一定能結出碩果。這項工作以科技史學術研究爲基礎，選擇存世善本進行高清影印和録文，加以標點、校勘和注釋，排版採用圖像與録文、校釋文字對照的方式，便於閲讀與研究。另外，在書前撰寫學術性導言，供研究者和讀者參考。受我們學識與客觀條件所限，《中國科技典籍選刊》還有諸多缺憾，甚至存在謬誤，敬請方家不吝賜教。

我們相信，隨着學術研究和文獻出版工作的不斷進步，一定會有更多高水平的科技文獻整理成果問世。

張柏春　孫顯斌

於中關村中國科學院基礎園區

二○一四年十一月二十八日

# 目 録

# 導　言

宋元時期，我國水利技術日臻成熟，系統記載水利工程技術的規範性著作開始陸續纂集。唐宋以來，江南地區已逐步成爲中國經濟中心。在北方編纂防範黃河水患文獻的同時，長江下游地區也出現了河海治理和農田水利建設的專著。爲使讀者瞭解宋元時期南北水利技術和水利治理思想的演進，我們對這一階段較爲重要的七種水利文獻進行系統整理。其中，宋人著作兩種：《吳中水利書》《四明它山水利備覽》；元人著作五種：《太史郭公傳》《河防通議》《河防記》《長安志圖·涇渠圖説》和《治河圖畧》。

## 一、《吳中水利書》

《吳中水利書》一卷，北宋單鍔撰。單鍔（一〇三一—一一一〇），字季隱，常州宜興（今江蘇宜興）人。曾從學於胡瑗，頗見推重，著《詩》《易》《春秋》義解。嘉祐四年（一〇五九）進士，得第而不就官，獨究心於吳中水利。三十年間，遍歷蘇、常、湖三州水道，『一溝一瀆，無不周覽考究』。

單鍔於元祐三年（一〇八八）撰成《吳中水利書》，元祐六年（一〇九一）七月由蘇軾具疏進上。據《四庫提要》，蘇軾本擬進諸朝廷，『事下部使者，使者委君按行。君察其屬忌之，弗往也。』（慕容彥逢《單季隱墓志銘》，載《摛文堂集》卷一五）會其遭構貶謫，事遂寢。明人治吳中水利，多有據此書者。

太湖流域的經濟發展與水利開發相輔相成。中唐以降，經濟重心南移，太湖流域遂爲全國最爲富庶的地區，宋人至有『國家根本，仰給東南』之説[一]。而北宋時期，太湖水患嚴重，元祐六年蘇軾《進〈吳中水利書〉狀》稱『蘇、湖、常三州皆大水害稼至十七八』（《東坡全集》卷二九），百姓甚有『爲魚之患』[二]。單鍔此書之作，在當時頗有針對性。

[一]《宋史》卷三三七《范祖禹傳》，北京：中華書局，一九七七年，頁一〇七九六。

[二]［宋］鄭僑《水利書》，見范成大《吳郡志》卷一九。

《吴中水利書》重在分析太湖流域水患原因，并提出治理之道。他認爲此前治水收效不大，是因爲未做認真調查，不瞭解水患的根本原因。經數十年調查，他總結太湖水患是因來水多而去水少，太湖本身容量有限，遂至淤滯。其中，尤以吴江岸危害尤巨⋯⋯既阻遏湖水下瀉，又加速了吴江的淤塞，從而抬高太湖及周圍河網的水位。針對這種現象，他提出了治理方案：一是修復五堰，開通夾苧幹瀆，浚治江陰十四港，導水北入長江，減少上游來水；二是鑿吴江岸，架木橋，浚治百瀆，安亭二江，開闢湖水出路。雖然單鍔的治水策略當時未能付諸實施，但引起後人重視，影響較大。如明代永樂年間夏原吉和正統年間的周忱治水，皆用單鍔之説。

自北宋成書以後，此書久無刊本。現存最早收錄此書的水利專書爲國家圖書館藏明崇禎九年（一六三六）《吴中水利全書》。該書卷一三全文收錄單鍔之書及蘇軾進奏之文，格式与今本略異而文字更近於蘇軾文集。單獨刊印的本子，較早的有清嘉慶張海鵬刻墨海金壺本（國家圖書館）。[一]道光年間，錢熙祚又重刻守山閣叢書本，視舊本爲善，然字句脱誤仍不少，似未與蘇軾文集本核校。此後王筠批校本[二]、清姚振宗師石山房抄本，光緒十五年（一八八九）上海鴻文書局影印本、光緒二十二年（一八九六）武進盛氏思惠齋本、清光緒二十六年（一九〇〇）庚子仲秋月弇山鐸署刊本及中華書局一九八五年整理本等多據守山閣本。

我們此次整理也以上海圖書館藏守山閣本爲底本，同時參校諸本。此外，因該書明清兩代刊本多由方志輾轉録出，難免訛舛。因此，我們重點參校了明末項煜刊刻七十五卷本《東坡先生全集》及以此爲底本的中華書局點校本《蘇軾文集》（北京：中華書局，一九八六）卷三一《進單鍔吴中水利書狀》及《録進單鍔吴中水利書》。點校過程中，我們也酌情參考了此前的相關整理著作，謹此并致謝忱。

## 二、《四明它山水利備覽》

《四明它山水利備覽》二卷，宋魏峴撰。魏峴，南宋慶元府鄞縣人（今浙江寧波地區），嘉定（一二〇八—一二二四）間爲朝奉郎，提舉福建路市舶。後坐事免官，閒居究心水利。該書約撰成於南宋淳祐二年（一二四二），主要介紹唐宋時期它山水系的水利工程和水文知識，兼涉鄞縣的歷史地理概況，是我國最早的水利工程專志。《欽定四庫全書總目》卷六九『史部二十五·地理類二』有提要。

此書宋元本不存，現存較早刊本爲明崇禎辛巳（一六四一）陳朝輔重刻本。此本白口，左右雙邊，版心上記書名、卷次，下標頁碼。行格舒朗，半頁九行，行二十字，小字雙行同。據序文，明末該本多有殘缺，楊齊莊遂據『鍾潭舊家』所藏明成化抄本補刻。抄本用古文假借字，刻本多不改古字，而於每節之末以小字注明常用字。

[一]　汪家倫《北宋單鍔〈吴中水利書〉初探》，《中國農史》一九八五年第二期，頁七二—八〇。

[二]　據上海圖書館館藏著録有王筠批校，核對申請電子本之後，未見批校痕迹。

清咸豐四年（一八五四），鄞縣徐時棟煙嶼樓刻《宋元四明六志》收錄此書。因初刻文字訛誤較多，其子徐隆壽又有光緒五年

（一八七九）校刻本[二]，書後附《四明它山水利備覽校勘記》。徐時棟刊本所據底本爲其家藏抄本。據其《校勘記》卷六《雜錄·四
明它山水利備覽》條引《甬上先賢傳》之「文苑傳」：「楊德周，字南仲，最精考據。宋人魏峴著《它山水利備覽》，爲之注，
且板行焉。」案語云「余家所蓄本，即從楊本錄出者」[三]，言此書底本出自楊德周本。今國家圖書館所藏崇禎本，即題曰「大宋魏峴
編輯，皇明陳朝輔燮五錄輯，楊德周齊莊訂正」。

因書中多用異體字和俗字，不易辨識，故又作《四明它山水利備覽釋文》。此本首爲宋魏峴序，次釋文，次本書目錄，次正文。
上下卷末皆附錄『刊誤』。據《釋文》序，清人刻本與高宇泰《敬止錄》所據皆爲明崇禎刻本。序稱今本『脫錯難讀』，又稱『吉州原
書多古文假借字，明人以意更改』。檢今國家圖書館藏明刊本雖有少量『古文假借字』，而徐氏刻本較之另增加了不少常見字的異體字，
如『以』作『㠯』等，徒增閱讀困難。但徐氏刊正了不少原文刊傳抄中的訛誤，補足部分殘佚，這部分價值相當突出。徐氏校本訛
誤較少，視諸本差善，故本書以之作爲校勘底本。

此外，民國時期四明張氏約園刻《四明叢書》本，一九七八年臺灣大化書局出版《宋元地方志叢書》，一九九〇年中華書局影印
《宋元方志叢刊》，二〇〇九年杭州出版社點校《宋元浙江方志集成》和二〇一一年寧波出版社影印《宋元四明六志》等，所收《四
明它山水利備覽》皆題爲徐時棟本。然據孫顯斌先生目驗，今天通行光緒五年的校刻本，因未刪咸豐初刻本『咸豐甲寅歲甬上煙嶼樓徐
氏開雕』牌記，多被誤認爲咸豐甲寅徐時棟本。而真正的咸豐初刻本文字訛誤較多，反不通行。國家圖書館所藏咸豐本《四明它山水
利備覽卷上·宋元四明六志附錄上》正文首頁匡右題有《同治七年戊辰八月十六七日取守山閣本校》識語，并鈐『子相經眼』
朱文印，而前一頁《四明它山水利備覽目錄》缺失，以紫格紙抄配，筆迹與識語同，知此爲陳子相校本。同治七年（一八六八）距徐
時棟刊刻煙嶼樓本的咸豐甲寅（一八五四）已過十四年左右。從內容上看，此本多據守山閣本校徐本之誤，所校文字也多爲光緒本采納。

據光緒五年董沛《宋元四明六志》序，徐時棟《四明它山水利備覽》『剞劂告成，皮板廿載，兩遭劫火，幸無缺佚。比先生修《鄞
志》，復丐他本，命同事校之，將益整次，以成完書。而先生遽歿，郡守宗公有事圖志而聞徐氏之書尚祕篋
笥，乃出俸金，屬先生嗣子隆壽印行之。隆壽請於陳徵君子相，合前後各校之本，重爲補綴，傳之於世。』[頁二B] 準此，國家圖書
館藏咸豐四年本應爲光緒本的校勘底本。又此書鈐有『延古堂李氏藏書』印，則出於天津李士銘、李士鈐兄弟所藏。李氏曾收購四明
盧氏抱經樓藏書，再入津門李氏延古堂，終入國家圖書館。則陳子相校本當先入抱經堂，

---

〔一〕美國國會圖書館、國家圖書館、中科院圖書館、上海圖書館、南開大學圖書館、北京大學圖書館，南京大學圖書館、浙江圖書館、陝西師範大學圖書館等均有收藏。
〔二〕王悅《徐時棟與〈宋元四明六志〉研究》，浙江大學人文學院二〇一七年碩士論文，第二五頁。

此書較爲重要的本子尚有四庫本和守山閣本。前者所據亦陳朝輔刊本，但古字較少。清錢熙祚等所校守山閣本以四庫本爲底本，同時參校諸本，沒有額外增加古字，是徐時棟刊本外較好的本子。從文字異文上看，守山閣叢書本與四庫本，較煙嶼樓本更接近明崇禎本的面貌。故一九八五年中華書局排印本及部分整理本多以守山閣本爲底本。鑒於咸豐四年徐時棟刻本文獻內容更爲豐富，且傳世不廣，而光緒重刻煙嶼樓本正文已參校守山閣本，總體訛誤較少，故本書校勘記及附錄部分用國家圖書館藏咸豐四年徐時棟煙嶼樓刻本，正文用國家圖書館藏煙嶼樓光緒重刻本。〔一〕

### 三、《太史郭公傳》

《太史郭公傳》，元蘇天爵撰。蘇氏（一二九四—一三五二）字伯修，真定（今河北正定）人，世稱「滋溪先生」。少好學，延祐四年（一三一七）國子試第一，後仕至江浙行省參知政事。曾三度任職史官，與修《武宗實錄》及《文宗實錄》，另有《遼金紀年》《黃河原委》兩書而未及脫稿。史稱其爲學「博而知要，長於紀載」「平易溫厚，成一家言」「獨身身任一代文獻之寄」，《元史》卷一八三有傳。

《太史郭公傳》出於蘇氏《元朝名臣事畧》（原名《國朝名臣事畧》）卷九。該書原爲十五卷，記述元朝開國名臣、學者等凡四十七人，而又以蒙古、色目、漢人前後依次著錄。史料采摭廣泛，墓志、行狀、家傳及文集皆有而加以刪潤爲文。內容始末詳備，《元史》列傳部分對此書文字多有采錄。本傳記述了元代著名科學家郭守敬在天文和水利方面的重要貢獻，其中尤以水利測量和建造方面的成就最爲突出。

此書重要版本大致可分爲兩大系統：一是元刻本系統，主要有國家圖書館藏元余志安勤有堂刻本（一三三五年）以及以此爲底本的明抄本（上海圖書館）和清抄本（國家圖書館）。元刻本文字較爲完整，訛誤相對較少。清人抄元本前有許有壬、歐陽玄、王理跋，後有嘉慶十一年（一八〇六）黃丕烈跋和十二年（一八〇七）陳鱣跋，知爲二人手校。據陳氏跋文，黃丕烈曾據惠紅豆校本七卷及周香巖本八卷合校十五卷，然缺漏訛誤已多，漸失元刻之舊。

二是清文淵閣《四庫全書》及以之爲底本的清武英殿聚珍本。明抄本以下的刻本以武英殿的聚珍本最早，而此後諸家所刻多據聚珍本，如清光緒十三年（一八八七）定州王氏刻《畿輔叢書》本等。《叢書集成初編》曾據聚珍版本排印，并附《畿輔叢書》王灝跋。聚珍本所據實爲《四庫全書》于敏中家藏本，正文脫漏甚多，《太史郭公傳》卷末即脫有兩頁。尤爲嚴重的是，清人對原本人名、地名皆有改譯，令人不知原文。光緒二十年（一八九四）福建校勘聚珍本，略有改正，但脫誤及改譯并無改觀。至清末陸心源《群書

〔一〕徐本文字情況，參見姚漢源《〈四明它山水利備覽〉集釋初稿》，中國水利史研究會《它山堰暨浙東水利史學術討論會論文集》，北京：中國科學技術出版社，一九九七年。

校補》，始據原本校正殿本。〔一〕綜而言之，《太史郭公傳》以元刻余氏勤有堂本較善，故此次校勘整理選用國家圖書館藏勤有堂本爲底本。

## 四、《河防通議》

《河防通議》，又名《重訂河防通議》，上下二卷，元沙克什撰。沙克什，《元史》作瞻思，字得之，色目人。祖爲大食國人，後附元而徙居眞定（今河北正定）。少博學篤行，徵召輒去，後「歷官臺憲，所至以理冤澤物爲己任」。元至正十年（一三五〇），召爲祕書少監，議治河事，辭疾不赴。爲學涉獵甚廣，既邃於經學，又博通天文、地理、鍾律、算數、水利而旁及外國之書。著作涵蓋四書、五經、陰陽、老莊、地志、河防、傳記等，有文集三十卷。《元史》卷一九〇有傳。

宋金時期，河徙次數增多，危害加劇，河患治理的方法也有所改進。金代都水監記載治河相關舉措爲《河防通議》，凡十五門。此書未著作者名氏，沙克什以爲「殆胥吏之紀錄也」。此本沙克什少時得之於眞定壕寨官張祥瑞，張祥瑞得之於太史郭守敬，爲元監本。十五年後，沙克什又得宋朝奉郎尚書屯田員外郎、騎都尉沈立所撰之汴本。與監本相較，汴本「措辭稍文，論事略備」，且「全列宋丞司點檢周俊《河事集》」只是書中的具體條目不夠詳細。沙克什遂削冗考訛，省門析類，使之粗有條貫。元至治元年（一三二一），沙克什遂綜合「汴本」沈氏原著和宋建炎二年（一一二八）丞司點檢周俊所編《河事集》以及金代都水監所編「監本」，纂爲《重訂河防通議》。

沙克什所編原書亡佚，乾隆時四庫館臣由《永樂大典》輯出。全書約一萬八千字，記載宋金元三代沿用的治河制度與實踐，上卷載河議、制度、料例，下卷載功程、輸運、演算法。分別記述河道形式、河防水汛、泥沙施工、管理等方面的規章制度。

現存較爲重要的傳本有《四庫全書》本、錢熙祚編《守山閣叢書》一百二十種本、道光二十四年（一八四四）金山錢氏重編增刻墨海金壺本〔二〕、光緒十五年（一八八九）上海鴻文書局影印清金山錢氏重編增刻墨海金壺本〔三〕、民國十一年（一九二二）上海博古齋影印清金山錢氏重編增刻墨海金壺本〔四〕、清余肇鈞《明辨齋叢書初集》本、同治八年（一八六九）刻本、《叢書集成初編》本、《中國水利珍本叢書》本等。清瞿鏞《鐵琴銅劍樓藏書目錄》著錄有該書抄本。諸本中要以守山閣本爲佳，故本次整理以上海圖書館藏《守

〔一〕一九六二年中華書局影印出版勤有堂本，前有韓儒林撰《影印元刊本國朝名臣事略序》，詳細介紹了該書作者、內容及相關版本狀況，并着重揭示清人對原書人名、地名改譯嚴重。另見韓儒林《穹廬集》，上海：上海人民出版社，一九八二年，頁八一〇—二二三。

〔二〕國家圖書館、中科院圖書館、北京大學圖書館，上海圖書館等處有藏。

〔三〕首都圖書館、北京大學圖書館、復旦大學圖書館等俱有收藏。

〔四〕國家圖書館、北京師範大學圖書館、上海圖書館、復旦大學圖書館等有藏。

山閣叢書》本爲底本。

## 五、《河防記》

《河防記》，原題《至正河防記》，不分卷，元歐陽玄撰。玄字原功，瀏陽人。幼穎悟，博通經史百家。延祐二年（一三一五）進士，初歷州縣，爲政廉平，民賴其德。此後多在朝中爲官，「三任成均而兩爲祭酒」，「六入翰林而三拜承旨」，逝後追封楚國公，諡『文』。玄屢主文衡，凡朝廷文册誥書多出其手。奉詔纂修《經世大典》，編四朝實錄，又爲《宋史》《遼史》和《金史》總裁官，文章道德，海内宗仰。有《圭齋文集》行世，《元史》卷一八二有傳。

《河防記》記載元至正年間工部尚書賈魯督治黃河的全過程。至正四年（一三四四）夏，大雨二十餘日，黃河河水暴漲，白茅堤、金堤先後決口，河水氾濫充溢，危害甚重。至正十一年四月，元順帝命賈魯爲總治河防使，發汴梁、大名、廬州等地民近二十萬塞白茅堤決口。工成，順帝各有封賞，又命歐陽玄撰文述其事，製河平碑文，於曹縣刊石，以旌功勞。玄又以爲班馬之書僅載治水之道，無具體方略。遂訪問魯地官吏，記載治河方法，作《至正河防記》。該文詳載塞黃河決口的過程、方法及經驗，是研究元代治河技術和治河策略的重要文獻。

此文被采入《元史・河渠志》《元史・賈魯傳》等相關文獻。較早的單行本有清道光晁氏活字印《學海類編》本、《叢書集成初編》本、《中國水利珍本叢書》本等。相較而言，《元史》内容更爲完整，如今本『劉莊至專固，至黃固，墾生地八里』，《元史》『專固』二字之下有『百有二里二百八十步，通折停廣六十步，深五尺。專固』等二十一字，可據補傳本之脱漏。單行本多出於訛誤較少的《學海類編》本，故本書亦以國家圖書館藏清道光晁氏活字印《學海類編》本爲底本，參考《元史》等文獻，綜合考校[一]。

## 六、《長安志圖・涇渠圖説》

《長安志圖》三卷，元李好文作。李好文字惟中，號河濱漁者，元大名東明（今山東東明）人。生卒年不詳。至治元年（一三二一）明經進士，曾爲翰林國史院編修，國子祭酒，仕至光祿大夫，河南行省平章政事，以翰林學士承旨一品禄終其身。與修《遼史》《金史》，《元史》卷一八三有傳。李好文曾在元至正元年（一三四一）及四年（一三四四）『兩除陝西行臺治書侍御史』，四庫館臣以爲此書當作於第二次赴任陝西期間。[三]據此卷序文及《建言利病》所收宋秉亮『建言』，則此卷初稿完成於至正二年（一三四二）冬，

---

〔一〕關於此文的系統整理釋讀，以楊持白《〈至正河防記〉今釋》最爲詳備。但文中稱《至正河防記》見於歐陽玄的《圭齋文集》，而檢《四部叢刊》本《圭齋文集》，并未收此文。正文也有當校而未出校的現象。參見《農業考古》一九八六年第一期，頁二一九—二三二；《農業考古》一九八六年第二期，頁一九四—二〇一轉一九三。

〔二〕據經訓堂本《長安志圖》原序，此書初稿於元至正三年、四年作者兩次陝西任職期間編繪而成。另參元虞集《道園類稿》卷四四《國子助教李先生墓碑》，元人文集珍本叢刊影印本。

增補於李氏再任陝西時。〔一〕

《涇渠圖説》爲《長安志圖》之下卷，主要記載了宋元時期關中地區農田水利建設，尤其是涇水灌溉的重要資料，應屬現存最早的記録引涇灌溉的水利專著。圖中又詳録當時陝西屯田總管府的官員設置、所立屯數、涇渠均水斗門數、屯田户數、屯墾面積和收穫糧食數量。欽定四庫全書總目》盛贊『《涇渠圖説》詳備明晰，尤有裨於民事，非但考古跡，資博聞也』。

北宋神宗熙寧年間，宋敏求撰《長安志》，書中并未附圖。〔二〕宋人吕大防又作《長安圖記》一卷，并刻碑衙署，但吕圖似未參考宋敏求所著《長安志》。此後，元李好文據吕圖而編繪《長安志圖》三卷。因與宋氏《長安志》關係密切，故多與此書并行刊刻。

明清書目中皆未著録《長安志》明代之前的刊本信息。今存最早傳本爲明成化四年（一四六八）郃陽書堂刻二十卷本（今藏國家圖書館、中國科學院圖書館、上海圖書館、吉林大學圖書館等）刻本，此本已與《長安志圖》合刻。其後有明嘉靖十一年（一五三二）西安知府李經刻二十卷本（藏國家圖書館、中國科學院圖書館、上海圖書館、吉林大學圖書館等），亦爲兩書合刻。周弘祖《古今書刻》載有明南監本和陝西布政司刻本〔三〕，今不可見。

現存兩部成化本皆缺失《長安志圖》卷下『涇渠圖説』之『渠堰因革』條首頁，而嘉靖本存。整體而言，成化本在文字内容上優於嘉靖本，而嘉靖本當出於成化本。〔四〕

合刻本中，又以清乾隆四十九年（一七八四）鎮洋畢氏靈巖山館刻《經訓堂叢書》本較爲通行，民國二十年（一九三一）長安縣志局曾予重印。單行本《長安志圖》有《四庫全書》本，國家圖書館藏清抄本〔五〕，光緒十三年（一八八七）上海同文書局本，光緒十七年（一八九一）思賢講舍本等。

整體而言，經訓堂本較爲通行，且文本訛誤相對較少，間有畢沅校正補録信息，故歷次整理多以經訓堂本爲底本。〔六〕因本書所收文字内容較少，而經訓堂本殘缺較多，出於種種考慮，我們此次整理徑以國家圖書館藏成化本爲底本，缺頁部分以國家圖書館藏嘉靖本補足。

〔一〕〔宋〕宋敏求撰，〔元〕李好文編繪，閻琦、李福標、姚敏傑校點《長安志·長安志圖》，西安：三秦出版社，二〇一三年，頁一三。

〔二〕見辛德勇，《考〈長安志〉〈長安志圖〉的版本——兼論吕大防〈長安圖〉》，此文也是筆者目前所見論述《長安志》版本最爲系統詳細的文字。收於辛德勇《古代交通與地理文獻研究》，北京：中華書局，一九九六年，第三二九頁。

〔三〕〔明〕周弘祖《古今書刻》，上海：古典文學出版社，一九五七年，頁三八〇。

〔四〕辛德勇以爲『嘉靖本不出於成化本』二者同出於一種元刻本。清吴翌鳳抄本及閻琦等在《校點前言》以爲成化本即是嘉靖本的底本。

〔五〕《長安志圖》清抄本，九行二十字，無格。（國家圖書館善本書號：一〇八九七）

〔六〕整理本有辛德勇、郎潔點校，西安三秦出版社二〇一三年版；閻琦、李福標、姚敏傑校點，西安：三秦出版社，二〇一三年。

## 七、《治河圖畧》

《治河圖畧》，元王喜撰。文獻中關於王喜的記載甚少。其書首列六圖，圖末各繫以説，而附所作《治河方畧》及《歷代決河總論》二篇於後。其文屢稱臣謹論云云，疑爲經進之本。四庫館臣推測或作於元至正年間黃河決堤，大臣求治河方畧時。其治河策畧主張順其自然，而以浚新復舊爲主。又以爲黃河之水可分流：一是從北清河到梁山泊，匯御河之後入海；一是從南清河匯泗水入淮河。

本書河圖之後，另有不少篇幅詳論河源，内容當出自元潘昂霄所撰《河源志》，囿於當時條件，書中對於河源的認識多有不確。《元史》卷六三《地理六》後『河源附録』[1]，兼録八里吉思家藏梵文本和臨川朱思本譯本《河源志》，可與本書相參。

該書原本無存，乾隆時期，四庫館臣由《永樂大典》輯出，爲《四庫全書》本。此後，清嘉慶年間有張海鵬重加校刻，爲墨海金壺本（北京圖書館、復旦大學圖書館有藏）。《叢書集成初編》等多以墨海金壺本爲底本。我們此次整理，也以訛誤較少的國家圖書館藏墨海金壺本爲底本，參校他本。《元史》收録河源文獻雖與王喜所撰不同，而相關文字可供比勘者尚多，故本書亦加參酌考校。

在整理上述文獻的過程中，我們也酌情參考了此前學者的相關成果，如《宋元浙江方志集成》（浙江省地方志編輯委員會編著，杭州：杭州出版社，二〇〇九年），辛德勇、郎潔點校的《長安志·長安志圖》（西安：三秦出版社，二〇一三）等，謹此并申謝忱。限於學力，我們的整理必然存在不少疏誤，歡迎各位專家批評指正。

---

〔一〕《四庫全書總目提要》稱此書所采河源文獻被全文選入《元史·河渠志》，當出於誤記，實入《地理志》。

吴中水利書

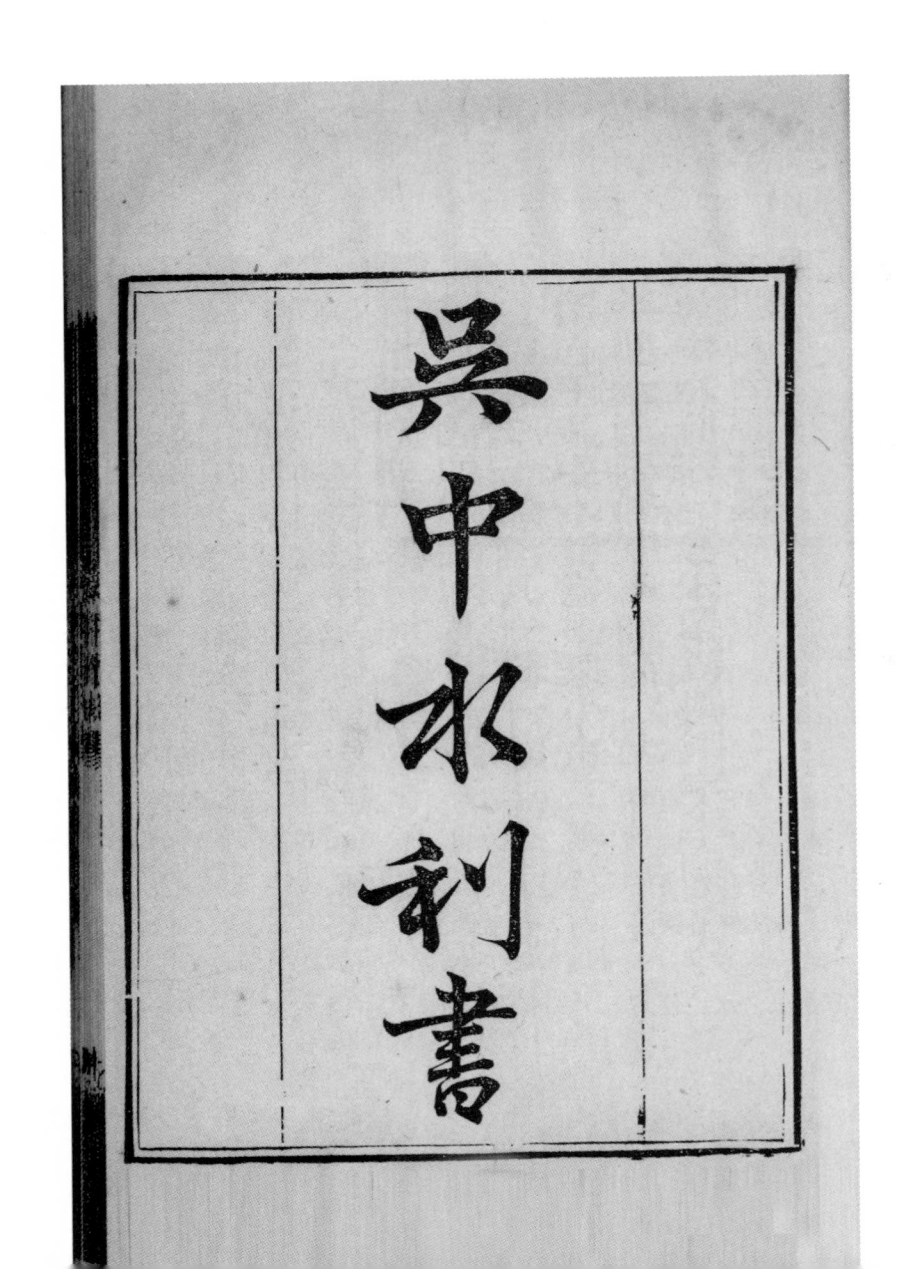

吳中水利書

## 《钦定四库全书提要》

　　《吴中水利书》一卷，宋单锷撰。锷字季隐，宜兴人。嘉祐四年进士，欧阳修知举时所取士也。得第以后不就官，独留心于吴中水利。尝[2]独乘小舟往来于苏州、常州、湖州之间，经三十余年。凡一沟一渎，无不周览其源流，考究其形势。因以所阅历，著为此书。元祐[1]六年，苏轼知杭州日，尝[2]为状进于朝。会轼为李定、舒亶所劾，逮赴御史台鞫治，其议遂寝。明永乐中，夏原吉疏吴江水门，濬宜兴百渎。正统中，周忱修筑溧阳二坝，皆用锷说。嘉靖中，归有光作《三吴水利录》，则称："治太湖不若治松江。锷欲修五堰，开夹苧干[3]渎以截西来之水，使不入太湖。不知扬

1 "元祐"，弇山铎本作"元丰"。
2 "尝"，底本作"常"，当误。
3 "干"，弇山本作"千"。

州藪澤天所以瀦東南之水也水爲民之害亦爲民之
利今以人力遏之就使太湖乾枯於民豈爲利歟其說
特與鍔異歲月綿邈陵谷變遷地形今古異宜各據所
見以爲論要之舊法未可全執亦未可全廢在隨時消
息之耳蘇軾進書狀載東坡集五十九卷中此書即附
其後書中有併圖以進之語載於其上加貼黃云其圖
盡得草略未敢進上乞下有司計會單鍔別畫此本刪
此貼黃惟存別畫二字自爲一行蓋此書久無專刻志
書從東坡集中錄出此本又從志書錄出故輾轉舛漏
如是也

---

州藪澤，天所以瀦東南之水也。水爲民之害，亦爲民之利。今以人力遏之，就使太湖乾枯，於民豈爲利歟？"其說特與鍔異。歲月綿邈，陵谷變遷，地形今古異，宜各據所見以爲論。要之，舊法未可全執，亦未可全廢，在隨時消息之耳。蘇軾進書狀載《東坡集》五十九卷中，此書即附其後。書中有"併圖以進"之語載於其上，加貼黃云："其圖盡得草略，未敢進上。乞下有司計會單鍔別畫。"此本刪此貼黃，惟存"別畫"二字，自爲一行。蓋此書久無專刻，志書從《東坡集》中錄出，此本又從志書錄出，故輾轉舛漏如是也。

# 吴中水利書

守山閣叢書[1] 史部
宋單鍔撰
金山錢熙祚錫之校

　　竊[2]觀三州之水，爲害[3]滋久，較舊賦之入，十常減其五六。以日月指之，則水爲害于三州，逾五十年矣。所謂三州者，蘇、常、湖也。朝廷屢責監司，監司每督州縣，又間出使者，尋按舊蹟，使講明利害之原。然而西州之官求東州之利，目未嘗歷覽地形之高下，耳未嘗講聞湍流之所從來。州縣憚其經營，百姓厭其出力。均[4]曰："水之患，天數也。"按行者駕輕舟于汪洋之陂，視之芒然，猶擿埴索途[5]，以爲不可治也。間有忠于國，志于民，深求而力究之，然猶[6]知其一而不知其二，知其末而不知其本，詳于此而略于彼。故有曰，三州之水咸注之震澤，震澤之

1 案，上海圖書館著録有清王筠校并跋，葉景葵跋的守山閣叢書本《河防通議》，而提請查檢之後，并未見校語及跋文。
2 "竊"，《蘇軾文集》（下稱《文集》）本作"切"。
3 "害"，《文集》作"患"。
4 "均"，《文集》作"鈞"。
5 擿埴索途：謂盲人以杖點地，摸索道路。
6 "猶"，《文集》作"有"。

水東入于松江由松江以至于海自慶歷以來吳江築長堤
橫截江流由是震澤之水常溢而不泄以至壅灌三州之田
此知其一偏者也或又曰由宜興而西溧陽縣之上有伍堰
者古所以節宣歙金陵九陽江之水由分水銀林二堰直趨
大平州蕪湖後之商人由宣歙販運簰木東入二浙以伍堰
爲艱阻因相爲之謀罔給官長以廢伍堰伍堰既廢則宣歙
金陵九陽之水或遇五六月山水暴漲則皆入于宜興之荆
溪由荆溪而入震澤蓋上三州之水東灌蘇常湖也此又知
其一偏者耳或又曰宜興之有百瀆古之所以洩荆溪之水
東入于震澤也今已堙塞而所存者四十九條疏此百瀆則
宜興之水自然無患此亦知其一偏者也三者之論未嘗參

---

1 按，底本作"歷"，今改正，下文亦逕改。

2 "伍堰"，《文集》俱作"五堰"。

3 "之水"，《文集》作"之衆水"。

4 "大"夋山本、《文集》俱作"太"。

5 簰，筏，編竹木以水運爲簰。

6 "官長"，《文集》作"官中"。

7 "九陽"，《文集》作"九陽江"。

水東入于松江，由松江以至于海。自慶歷[1]以來，吳江築長堤，橫截江流。由是震澤之水常溢而不泄，以至壅灌三州之田。此知其一偏者也。或又曰，由宜興而西，溧陽縣之上有伍堰[2]者，古所以節宣、歙、金陵、九陽江之水[3]，由分水、銀林二堰直趨大[4]平州、蕪湖。後之商人，由宣、歙販運簰[5]木，東入二浙。以伍堰爲艱阻，因相爲之謀，罔給官長[6]，以廢伍堰。伍堰既廢，則宣、歙、金陵、九陽[7]之水或遇五六月山水暴漲，則皆入于宜興之荆溪，由荆溪而入震澤。蓋上三州之水，東灌蘇、常、湖也。此又知其一偏者耳。或又曰，宜興之有百瀆，古之所以洩荆溪之水，東入于震澤也。今已堙塞，而所存者四十九條，疏此百瀆，則宜興之水自然無患。此亦知其一偏者也。三者之論，未嘗參

究其詳以鍔視其蹟自西伍堰東至吳江岸猶人之一身也
伍堰則首也荊溪則咽喉也百瀆則心也震澤則腹也旁通
震澤衆瀆則脈絡衆竅也吳江則足也今上廢伍堰之固而
宣歙池九陽江之水不入蕪湖反東注震澤下又有吳江岸
之阻而震澤之水積而不洩是猶有人焉桎其手縛其足塞
其衆竅以水沃其口沃而不已腹滿而氣絕視者恬然猶不
謂之已死今不治吳江岸不疏諸瀆以洩震澤之水是猶沃
水于人不去其手桎不解其足縛不決其竅塞恬然安視而
已誠何心哉然而百瀆非不可治伍堰非不可復吳江岸非
不可去蓋治有先後且未築吳江岸之先伍堰之廢已久然
而三州之田尚十年之間熟有五六伍堰猶未爲大患自吳

究其詳 [1]。以鍔視其蹟，自西伍堰，東至吳江岸，猶人 [2] 之一身也。伍堰則首也，荊溪則咽喉也，百瀆則心也，震澤則腹也，旁通震澤 [3] 衆瀆，則脈絡衆竅也，吳江則足也。今上廢伍堰之固，而宣、歙、池、九陽江之水不入蕪湖，反東注震澤。下又有吳江岸之阻，而震澤之水積而不洩。是猶有人焉，桎其手，縛其足，塞其衆竅，以水沃其口。沃而不已，腹滿而氣絕。視者恬然，猶不謂之已死。今不治吳江岸，不疏諸瀆以洩震澤之水，是猶沃水于人，不去其手桎，不解其足縛，不決其竅塞，恬然安視而已，誠何心哉？然而百瀆非不可治，伍堰非不可復，吳江岸非不可去，蓋治有先後。且未築吳江岸之先 [4]，伍堰之廢已久。然而三州之田，尚十年之間，熟有五六，伍堰猶未爲大患。自吳

1 "未嘗參究其詳"，《文集》作"未嘗參究，得之既不詳，攻之則易破"。
2 案，《文集》無"人"字。
3 "震澤"，《文集》作"太湖"。
4 "之先"，《文集》作"以前"。

江築岸已後十年之間熟無二三欲具驗之閱三州歲賦所
入之數可以見矣且以百瀆言之古者所以洩西來衆水入
震澤而終歸于海蓋震澤吐納衆水今納而不吐鍔竊視熙
寧八年時雖大旱然連百瀆之田皆魚游龜處之地低汙之
甚也其田去百瀆無多遠而田之苗是時亦皆旱死何哉蓋
百瀆及旁穿小港瀆歷年不遇旱皆爲泥沙堙塞與平地無
異矣雖去震澤甚邇民力難以私舉時官又無留意疏導者
苗卒歸于槁死自熙寧八年迄今十四載其田即未有不耕
之日歲歲訴潦民益憔悴昔嘉祐中邑尉阮洪深明宜興水
利方是時吳中水洪屢上書監司乞開百瀆監司允其請遂
鳩工于食利之民疏導四十九條是年大熟此百瀆之驗歲

---

1 "可以見矣"，《文集》
作 "則可見矣"。

2 "百瀆"，《文集》作
"宜興百瀆"。

3 "載"，《文集》作 "年"。

4 "不"，《文集》作 "可"，
是。

5 "開"，《文集》作 "開
通"。

---

江築岸已後，十年之間，熟無二三。欲具驗之，閱三州歲賦所入之數可以見矣[1]。且以百瀆[2]言之：古者所以洩西來衆水入震澤，而終歸于海，蓋震澤吐納衆水。今納而不吐。鍔竊視熙寧八年，時雖大旱，然連百瀆之田，皆魚游龜處之地，低汙之甚也。其田去百瀆無多遠，而田之苗是時亦皆旱死，何哉？蓋百瀆及旁穿小港瀆，歷年不遇旱，皆爲泥沙堙塞，與平地無異矣。雖去震澤甚邇，民力難以私舉，時官又無留意疏導者，苗卒歸于槁死。自熙寧八年迄今十四載[3]，其田即未有不[4]耕之日，歲歲訴潦，民益憔悴。昔嘉祐中，邑尉阮洪深明宜興水利。方是時，吳中水，洪屢上書監司，乞開[5]百瀆。監司允其請，遂鳩工于食利之民，疏導四十九條，是年大熟。此百瀆之驗，歲

水旱皆不可不開也。宜興所利，非止百瀆[1]。東有蠡河，橫亘荆溪，東北透湛瀆，東南接罨畫溪。昔范蠡所鑿，與宜興[2]西蠡運河，皆以昔賢名，呼爲蠡河[3]。遇大旱則淺澁[4]，中旱則流通[5]。又有孟徑[6]洩漏湖之水入震澤，其他溝瀆澁塞，其名不可縷舉。夫吳江岸界于吳淞江、震澤之間，岸東則江，岸西則震澤。江之東則大海[7]，百川莫不趨海。自西伍堰之上，衆川由荆溪入震澤，注于江，由江歸于海。地傾東南，其勢然也。慶歷二年，欲便糧運，遂築此隄。橫截江流五六十里，致[8]震澤之水，常溢而不洩，浸灌三州之田。每至五六月間[9]，湍流峻急之時視之，吳江[10]岸之東，水常低岸西之水不下一二尺。此隄岸阻水之跡自可覽也。又睹岸東江尾與海相接處汙澱，菱蘆叢生，沙泥漲

1《文集》此下復有“而已”二字。
2《文集》此下有“之”字。
3 案，“皆以昔賢名，呼爲蠡河”，《文集》作“皆以昔賢名呼。其蠡河”。
4 淺澁：水淺淤塞。
5“流通”，《文集》作“通流”。
6 弇山本、《文集》俱作“涇”。
7《文集》此下有“也”字。
8《文集》“致”前有“遂”字。
9“五六月間”，《文集》作“五六月之間”。
10《文集》“吳江”前有“則”字。

塞而江岸之東自築岸以來沙漲成一村昔爲湍流奔湧之
地今爲民居民田桑棗場圃吳江縣由是歲增舊賦不少雖
然增一邑之賦反損三州之賦知幾百倍耶夫江尾昔無葭
蘆壅障流水今何致此蓋未築岸之先源流東下峻急築岸
之後水勢緩無以滌蕩泥沙以至增積葭蘆生矣葭蘆生則
水道狹水道狹則流洩不快雖欲震澤之水不積其可得耶
今欲洩震澤之水莫若先開江尾葭蘆之地遷沙村之民運
其所漲之泥然後以吳江岸鑿其土爲木橋千所以通糧運
每橋用耐水土木棒二條各長二丈五尺橫樑三條各長六
尺柱六條各長二丈除首尾占閣外可得二丈餘䃏道每一
里計三百六十步一里爲橋十所計除占閣外可開水面二

1 "地"，《文集》作"處"。

2 "民田"，《文集》作"宅田"。

3 "知"，《文集》作"不知"。

4 "緩"，《文集》作"遲緩"。

5 《文集》"增積"二字之下有"而"字。

6 占閣：占地，占據。《李星沅集·南鹽因災紬運，酌籌辦理情形摺子》："臣查淮鹾先課後鹽，各商納新運舊，在場欲年運年引，在岸必年額年銷，歷綱套搭，未清前後，統算占閣成本不少。"

7 䃏，橋拱。

塞。而江岸之東，自築岸以來，沙漲成一村。昔爲湍流奔湧之地[1]，今爲民居民田[2]，桑棗場圃。吳江縣由是歲增舊賦不少。雖然，增一邑之賦，反損三州之賦知[3]幾百倍耶。夫江尾昔無葭蘆壅障流水，今何致此？蓋未築岸之先，源流東下峻急，築岸之後，水勢緩[4]，無以滌蕩泥沙，以至增積[5]葭蘆生矣。葭蘆生則水道狹；水道狹則流洩不快，雖欲震澤之水不積，其可得耶？今欲洩震澤之水，莫若先開江尾葭蘆之地，遷沙村之民，運其所漲之泥，然後以吳江岸鑿其土，爲木橋千所，以通糧運。每橋用耐水土木棒二條，各長二丈五尺。橫樑三條，各長六尺。柱六條，各長二丈。除首尾占閣[6]外，可得二丈餘䃏[7]道。每一里計三百六十步，一里爲橋十所，計除占閣外，可開水面二

1 斛門：堤堰中用以蓄洩渠水之閘門。

十三丈。每三十步一橋也。一千條橋，共開水面二千丈，計一十一里四十步也。隨橋礙開葭蘆爲港走水，仍于下流又開白蜆、安亭二江，使太湖水由華亭、青龍入海，則三州水患必大衰減。常州運河之北偏，乃江陰縣也。其地勢自河而漸低，上自丹陽，下至無錫運河之北偏，古有洩水入江瀆一十四條：曰孟瀆、曰黃汀堰瀆、曰東函港、曰北戚氏港、曰五卸堰港、曰梨溶港、曰蔣瀆、曰歐瀆、曰魏瀆涇、曰支子港、曰蠡瀆、曰牌涇，皆以古人名或以姓稱之。昔皆以洩衆水入運河，立斛門[1]，又北洩下江陰之江，今名存而實亡。今存者無幾，二浙之糧船不過五百石，運河止可常存五六尺之水，足可以勝五百石之舟。以其一十四處立爲石碶斛門，每瀆于岸北先築隄岸則制水入江若無隄防則水泛濫而不制將見灌浸江陰之民田民居矣昔熙寧中有提舉沈披者輒去五卸堰走運河之水北下江中遂害江陰之民田爲百姓所訟即罷提舉亦嘗被罪始欲以爲利而適足以害之此未達古人之智以至敗事也竊見錢塘進士余默兩進三州水利徒能備陳功力瑣細之事殊不知本末惟有言得常州運河晉陵至無錫一十四處置斗門洩水北下江陰大江雖三尺童子亦知如此可以爲利然余默雖能言斗門一事合鍔鄙策奈何無法度以制入江之水行之則豈止爲一沈披耶又睹主簿張實進狀言吳江岸爲阻水之患涇函不通其言然則然矣惟言吳江岸而不言措置水之術蓋古之所創涇函在運河之下

岸，則制水入江。若無隄防，則水泛濫而不制，將見灌浸江陰之民田民居矣。昔熙寧中，有提舉沈披者，輒去五卸堰，走運河之水，北下江中，遂害江陰之民田，爲百姓所訟，即罷提舉，亦嘗被罪。始欲以爲利，而適足以害之，此未達古人之智以至敗事也。竊見[1]錢塘進士余默，兩進三州水利，徒能備陳功力瑣細之事，殊不知本末。惟有言得常州運河晉陵至無錫一十四處置斗門洩水，北下江陰大江。雖三尺童子，亦知如此可以爲利。然余默雖能言斗門一事，合鍔鄙策，奈何無法度以制入江之水，行之，則豈[2]止爲一沈披耶？又睹主簿張實[3]進狀，言吳江岸爲阻水之患，涇函不通。其言然則然矣，惟[4]言吳江岸而不言措置水之術。蓋古之所創涇函在運河之下，用長梓木爲之中用銅輪刀水衝之則草可刈也置在運河底下暗走水入江今常州有東西兩函地名者乃此也昔治平中提刑元積中開運河嘗云見函管但見函管之中皆泥沙以爲功力甚大非可易復遂已今先開鑿江湖海故道堙塞之處洩得積水他日治函管則可若未能開故道而先治函管是知末而不知本也竊見常州運河之北偏皆江陰低下之田常患積水難以耕植今河上爲斗門河下築隄防以管水入江百姓由是緣此河堤可以作田圍此洩水利田之兩端也宜興縣西有夾苧干瀆在金壇宜興武進三縣之界東至滆湖及武進縣界西南至宜興北至金壇通接長塘湖西接五堰茅山薛步山水直入宜興之荊溪其夾苧干蓋古

用長梓木爲之，中用銅輪刀，水衝之，則草可刈也。置在運河底下，暗走水入江。今常州有東西兩函地名者，乃此也。昔治平中，提刑元積中開運河，嘗云見函管，但見函管之中皆泥沙，以爲功力甚大，非可易復，遂已。今先開鑿江、湖、海故道堙塞之處，洩得積水，他日治函管則可。若未能開故道而先治函管，是知末而不知本也。竊見常州運河之北偏，皆江陰低下之田，常患積水，難以耕植。今河上爲斗門，河下築隄防，以管水入江。百姓由是緣此河堤，可以作田圍，此洩水、利田之兩端也。宜興縣西有夾苧干瀆，在金壇、宜興、武進三縣之界。東至滆湖及武進縣界，西南至宜興，北至金壇，通接長塘湖。西接五堰、茅山、薛步山水，直入宜興之荊溪。其夾苧干，蓋古人亦所以洩長塘湖東入漏湖洩漏湖之水入大吳瀆塘口瀆白魚灣高梅瀆四瀆及白鶴溪而北入常州之運河由運河而入一十四條之港北入大江今一十四條之港皆名存而實亡累有知利便者獻議朝廷欲依古開通北入運河以注大江自漏湖長塘湖兩首各開三分之二焉彼田戶皆豪民不知利便惟恐開鑿己田陰構胥吏皆柅而不行元豐之間金壇長官奏請乞開朝廷又降指揮委江東及兩浙兩路監司相度及近縣官員相視又爲彼豪民計構不行倘開夾苧干瀆通流則西來他州入震澤之水可以殺其勢深利于三州之田也鍔于熙寧八年歲遇大旱竊觀震澤水退數里清泉鄉湖乾數里而其地皆有昔日邱墓街井枯木之根在

---

人亦所以洩長塘湖，東入漏湖，洩漏湖之水入大吳瀆、塘口瀆、白魚灣、高梅瀆四瀆及白鶴溪，而北入常州之運河，由運河而入一十四條之港，北入大江。今一十四條之港皆名存而實亡，累有知利便者獻議朝廷，欲依古開通，北入運河以注大江，自漏湖、長塘湖兩首各開三分之二。焉[1]彼田戶皆豪民，不知利便，惟恐開鑿己田，陰構胥吏，皆柅[2]而不行。元豐之間，金壇[3]長官奏請乞開，朝廷又降指揮，委江東及兩浙兩路監司相度，及近縣官員相視，又爲彼豪民計構不行。倘開夾苧干瀆通流，則西來他州入震澤之水可以殺其勢，深利于三州之田也。鍔于熙寧八年，歲遇大旱，竊觀震澤水退數里，清泉鄉湖乾數里，而其地皆有昔日邱墓、街井、枯木之根，在

1 "焉"，《文集》作"爲"，是。今依"爲"字標點，故屬下句。

2 柅：止車木塊。引伸爲遏止。《新唐書·牛徽傳》："徽治以剛明，柅杜干請，法度復振。"

3 案，《文集》"金壇"下有"令曾"二字。

數里之間，信知昔爲民田，今爲太湖也。太湖即震澤也。以是推之，太湖寬廣逾於昔時。昔云有三萬六千頃，自築吳江岸，及諸港瀆埋塞，積水不洩，又不知其愈廣幾多頃也。鍔又嘗見低下之田，昔人爭售之，今人爭棄之。蓋積年之水，千[1]無一熟，積空頭之稅，或遇頻年不收，則飢餓丐殍，鬻妻子以償王租，或置其田，舍其廬而遁。至于酒坊處有[2]水鄉，沽賣不行以致敗闕者，比年尤甚，皆緣水傷下田不收故也。鍔又嘗游下鄉，竊見陂淤[3]之間亦多邱墓，皆爲魚鼈之宅。且古之葬者，不即高山，則于平地陸野之間，豈即水穴以危亡魂耶？嘗得唐埋銘于水穴之中，今猶存焉。信夫昔爲高原，今爲汙澤，今之水不洩如故[4]也。昨熙寧間，檢正張鍔[5]命屬吏殿丞劉愨相視

1 "千"，《文集》及弇山本俱作"十"，是。
2 "有"，《文集》作"在"。
3 陂淤：池塘沼澤。淤，通"淹"。
4 "故"，《文集》作"古"，是。
5 "鍔"，弇山本作"諤"。

諸浦古有七十二會蓋古人爲七十二會曲折宛轉者蓋有
滌蕩沙泥設使今日開之明日復合又聞秀州青龍鎮入海
隨流以下今吳江岸阻絕百川湍流緩慢緩慢則其勢難以
阻諸浦雖暫有泥沙之壅然百川湍流浩急泥沙自然滌蕩
蓋以昔視諸浦無倒注之患而今乃有之蓋昔無吳江岸之
勢然也凡江湖諸浦港勢亦略同懇雖信其如此然猶有說
西流則有時因東風雖致西流風息則其流亦復歸于海其
百川也若反灌民田古人何爲置諸浦耶百川東流則有常
田諤謂懇曰地傾東南百川歸海古人開海口諸浦所以通
相視回申以謂若開海口諸浦則東風駕海水倒注反灌民
蘇秀二州海口諸浦瀆爲沙泥壅塞將欲疏鑿以決流水懇

1 "略"，《文集》作"一"。

蘇、秀二州海口諸浦瀆，爲沙泥壅塞，將欲疏鑿以決流水。懇相視回申，以謂若開海口諸浦，則東風駕海水倒注，反灌民田。諤謂懇曰："地傾東南，百川歸海。古人開海口諸浦，所以通百川也。若反灌民田，古人何爲置諸浦耶？百川東流則有常，西流則有時，因東風雖致西流，風息則其流亦復歸于海，其勢然也。凡江湖諸浦港，勢亦略[1]同。"懇雖信其如此，然猶有說。蓋以昔視諸浦無倒注之患，而今乃有之。蓋昔無吳江岸之阻，諸浦雖暫有泥沙之壅，然百川湍流浩急，泥沙自然滌蕩，隨流以下。今吳江岸阻絕，百川湍流緩慢，緩慢則其勢難以滌蕩沙泥。設使今日開之，明日復合。又聞秀州青龍鎮入海諸浦，古有七十二會。蓋古人爲七十二會曲折宛轉者，蓋有深意，以謂水隨地勢東傾入海，雖曲折宛轉，無害東流也。若遇東風駕起，海潮洶湧倒注，則于曲折之間有所回激，而泥沙不深入也。後人不明古人之意，而一皆直之，故或遇東風，海潮倒注，則泥沙隨流直上，不復有阻。凡臨江、湖、海諸港浦，勢皆如此。所謂今日開之，明日復合者，此也。今海浦昔日曲折宛轉之勢不可不復也。夫利害掛于眉睫之間，而人有所不知。今欲洩三州之水，先開江尾，去其泥沙荄蘆，遷沙上之民；次疏吳江岸爲千橋；次置常州運河一十四處之斗門石碿堤坊，管水入江；次開道[1]臨江、湖、海諸縣一切港瀆，及開通西[2]涇。水既洩矣，方誘民以築田圍。昔夾[3]亶嘗欲使民就深水之中，壘成圍岸。夫水行于地中，未能洩積水而先成田圍以

1 "道"，《文集》作"導"。
2 "西"，《文集》作"茜"。
3 "夾"，《文集》、弇山本作"郟"，是。

狹水道當春夏潦流浩急之時則水常湧行于田圍之上非止壞田圍且淹浸廬舍矣此不智之甚也欲乞朝廷指揮下兩浙轉運使擇智力了幹官員分佈諸縣則不越數月其功可畢所有創橋疏通河港置斗門利便制度不在規規而言也今所畫三州江湖溪海圖一本但可觀大略港瀆之名亦布其一二耳欲見其詳莫若下蘇常湖諸縣各畫溪河溝港圖一本各言某河某瀆通某縣某處俟其悉上合而為一圖則纖悉若視于指掌之間也鍔又覩秀州青龍鎮有安亭江一條自吳江東至青龍由青龍洩水入海昔因監司相視恐走透商稅遂塞此一江其江通華亭及青龍夫籠截商稅利國能有幾耶堰塞潦流其害實大又況措置商稅不為難事

1 "常"，《文集》作"當"。

狹水道，當春夏潦流浩急之時，則水常[1]湧行于田圍之上，非止壞田圍，且淹浸廬舍矣。此不智之甚也。欲乞朝廷指揮下兩浙轉運使，擇智力了幹官員分佈諸縣，則不越數月，其功可畢。所有創橋疏通河港，置斗門利便制度，不在規規而言也。今所畫《三州江湖溪海圖》一本，但可觀大略，港瀆之名，亦布其一二耳。欲見其詳，莫若下蘇、常、湖諸縣，各畫溪河溝港圖一本，各言某河某瀆，通某縣某處，俟其悉上，合而為一圖，則纖悉若視于指掌之間也。鍔又覩秀州青龍鎮有安亭江一條，自吳江東至青龍，由青龍洩水入海。昔因監司相視，恐走透商稅，遂塞此一江。其江通華亭及青龍。夫籠截商稅，利國能有幾耶？堰塞潦流，其害實大。又況措置商稅，不為難事。

竊聞近日華亭青龍人戶相率陳狀情願出錢乞開安亭江見有狀准本縣官吏未與施行近又訪得宜興西滆湖有二瀆一名白魚灣一名大吳瀆洩滆湖之水入運河由運河入一十四處斗門下江其二瀆在塘口瀆之南又有一瀆名高梅瀆亦洩滆湖之水入運河由運河入斗門在吳瀆之南近聞知蘇州王覿奏請開海口諸浦鍔竊謂海口諸浦不可開今開之不逾時或遇東風則泥沙又合矣嘗觀考工記曰善溝者水嚙之善防者水淫之蓋謂上水湍流峻急則自然下水泥沙嚙去矣今若俟開江尾及疏吳江岸爲橋與海口諸浦同時與工則自然上流東下嚙去諸浦沙泥矣凡欲疏導必自下而上先治下則上之水無不疏若先治上則水皆趨

竊聞近日華亭、青龍人戶，相率陳狀，情願出錢，乞開安亭江。見有狀准[1]，本縣官吏未與施行。近又訪得宜興西滆湖有二瀆：一名白魚灣，一名大吳瀆。洩滆湖之水入運河，由運河入一十四處斗門下江。其二瀆在塘口瀆之南。又有一瀆名高梅瀆，亦洩滆湖之水入運河，由運河入斗門，在吳瀆之南。近聞知蘇州王覿，奏請開海口諸浦。鍔竊謂海口諸浦不可開，今開之，不逾時[2]，或遇東風，則泥沙又合矣。嘗觀《考工記》曰："善溝者，水嚙之；善防者，水淫之。"蓋謂上水湍流峻急，則自然下水泥沙嚙去矣。今若俟開江尾及疏吳江岸爲橋，與海口諸浦同時與工，則自然上流東下，嚙去諸浦沙泥矣。凡欲疏導[3]，必自下而上。先治下，則上之水無不疏[4]，若先治上，則水皆趨

1 "准"，《文集》作"在"。
2 "時"，《文集》作"日"。
3 "導"，《文集》作"通"。
4 "疏"，《文集》作"流"。

下漫滅下道而不可施功力其勢然也故今治三州之水必
先自江尾海口諸浦疏鑿吳江岸及置常州一十四處之斗
門築堤制水入江北與吳江兩處分洩積水最爲先務也然
鍔觀合開三州諸瀆港不必全籍官錢蓋三州之民憔悴之
久人人欲開故半可以資食利戶之力也今略舉其一二若
開江尾疏吳江岸爲橋遷吳江岸東一村之民開地復爲昔
日之江置一十四處之斗門并築一十四條隄制水入江開
夾苧干白鶴溪白魚灣大吳瀆塘口瀆宜興東蠡河則上非
官錢不可開也若宜興之橫塘百瀆蘇州之海口諸浦安亭
江江陰之季子港春申港下港黃田港利港宜興縣之塘頭
瀆又諸縣凡有自古洩水諸港浜瀆盡可資食利戶之力也

---

1 "勢",《文集》作"勢
理"。
2 "瀆港",《文集》作
"溝瀆"。
3 "欲",《文集》作"樂"。
4 "復",《文集》作"使"。
5 "則上",《文集》作
"已上",若作"已上",
則當屬上讀。
6《文集》"港"前并有
"溝"字。

下，漫滅下道而不可施功力，其勢[1]然也。故今治三州之水，必先自江尾海口諸浦，疏鑿吳江岸，及置常州一十四處之斗門。築堤制水入江，北與吳江兩處分洩積水，最爲先務也。然鍔觀合開三州諸瀆港[2]，不必全籍官錢。蓋三州之民，憔悴之久，人人欲[3]開，故半可以資食利戶之力也。今略舉其一二。若開江尾，疏吳江岸爲橋，遷吳江岸東一村之民開地，復[4]爲昔日之江，置一十四處之斗門，并築一十四條隄，制水入江。開夾苧干、白鶴溪、白魚灣、大吳瀆、塘口瀆、宜興東蠡河，則上[5]非官錢不可開也。若宜興之橫塘、百瀆，蘇州之海口諸浦、安亭江，江陰之季子港、春申港、下港、黃田港、利港，宜興縣之塘頭瀆，及諸縣凡有自古洩水諸[6]港、浜、瀆，盡可資食利戶之力也。

莫若先下三州及諸縣抄錄諸道江湖海一切諸港瀆溝浜
自古有名者及供上丈尺之料功力之費或係官錢或係食
利私力期之以施工日月同日開鑿同日疏放若或放水有
先後則上水奔湧東下衝損在下開浚未畢溝港以故須同
日決放也或者有謂昔人創望亭呂城奔牛三堰所以慮運
河之水東下不制是以制堰以節之以通漕運自熙寧治平
間廢去望亭呂城二堰然亦不妨綱運者何耶鍔曰昔之太
湖及西來衆水無吳江岸之阻又一切通江湖海故道未嘗
堙塞故運河之水常慮走洩入于江湖之間是以制堰以節
之今自慶歷以來築置吳江岸及諸港浦一切堙塞是以三
州之水常溢而不洩二堰雖廢水亦常溢去堰若無害今若

莫若先下三州及諸縣，抄錄諸道江、湖、海一切諸港、瀆、溝、浜
自古有名者，及供上丈尺之料，功力之費，或係官錢，或係食利私
力，期之以施工日月，同日開鑿，同日疏放。若或放水有先後，則
上水奔湧東下，衝損在下開浚未畢溝港。以故，須同日決放也。或
者有謂："昔人創望亭、呂城、奔牛三堰[1]，所以慮運河之水東下不
制，是以制堰以節之，以通漕運。自熙寧、治平間，廢去望亭、呂
城二堰，然亦不妨綱運者，何耶？"鍔曰："昔之太湖及西來衆水，
無吳江岸之阻，又一切通江、湖、海故道，未嘗堙塞，故運河之
水，常慮走洩入于江湖之間，是以制堰以節之。今自慶歷以來，築
置吳江岸及諸港浦一切堙塞，是以三州之水，常溢而不洩，二堰雖
廢，水亦常溢，去堰若無害。今若

1《文集》此下有"蓋爲
丹陽下至無錫、蘇州。
地形東傾。古人創三
堰"，今本或脫。

1 "爲"，《文集》作"謂"。
2 "塞"，《文集》作"創"。

洩江湖之水，則二堰尤宜先復。不復，則運河將見涸而糧運不可行，此灼然之利害也。又若宜興創市橋，去西津堰。蓋嘉祐中邑尉阮洪上言監司，就長橋東市邑中創一橋，使運河南通荊溪。初開鑿市街，乃見昔日橋柱尚存泥中，咸謂古爲橋於此也。又運河之西口有古西津堰，今已廢去久矣。且古之廢橋置堰，以防走透運河之水。今也置橋廢堰，以通荊溪，則溪水常倒注運河之內，今之與古，何利害之相反耶？鍔以爲 [1] 古無吳江岸，衆水不積，運河高于荊溪，是以塞 [2] 橋置堰，以防洩運河之水也。今因吳江岸之阻，衆水積而常溢，倒注運河之內，是以創橋廢堰，見利而不見害也。今若治吳江岸洩衆水，則運河之水再防走洩，當于北門之外，創一堰可也。其

利害蓋如此也或又曰竊觀諸縣高原陸野之鄉皆有塘圩
或三百畝或五百畝爲一圩蓋古之人停蓄水以灌溉民田
以今視之其塘之外皆水塘之中未嘗蓄水又未嘗植苗徒
牧養牛羊畜放鳧雁而已塘之所創有何益耶鍔曰塘之爲
塘是猶堰之爲堰也昔日置塘蓄水以防旱歲今日三州之
水久溢而不洩則置而爲無用之地若決吳江岸洩三州之
水則塘亦不可不開以蓄諸水猶堰之不可不復也此亦灼
然之利害矣苟堰與塘爲無益則古人奚爲之耶蓋古之賢
人君子大智經營莫不除害興利出于人之所未到後之人
淺謀管見不達古人之大智顛倒穿鑿徒見其害而未見其
利也若吳江岸止知欲便糧運而不知遏三州之水反以爲

利害蓋如此也。"或又曰:"竊觀諸縣高原陸野之鄉,皆有塘圩,或三百畝、或五百畝爲一圩。蓋古之人停蓄水以灌溉民田。以今視之,其塘之外皆水,塘之中未嘗蓄水,又未嘗植苗,徒牧養牛羊,畜放鳧雁而已。塘之所創,有何益耶?"鍔曰:"塘之爲塘,是猶堰之爲堰也。昔日置塘蓄水,以防旱歲;今日三州之水,久溢而不洩,則置而爲無用之地。若決吳江岸,洩三州之水,則塘亦不可不開以蓄諸水,猶堰之不可不復也。此亦灼然之利害矣。苟堰與塘爲無益,則古人奚爲之耶?蓋古之賢人君子,大智經營,莫不除害興利,出于人之所未到。後之人淺謀管見,不達古人之大智,顛倒穿鑿,徒見其害而未[1]見其利也。若吳江岸,止知欲便糧運,而不知遏三州之水,反以爲

1　"未",《文集》作"莫"。

害。又若廢青龍安亭江，徒知不漏商旅之稅，又不知反狹水道，以遏百川。今之人所以戾古[1]者，凡如此也。”鍔竊觀無錫縣城內運河之南偏有小橋，由橋而南下則有小瀆，瀆南透梁溪瀆有小堰，名[2]單將軍堰。自橋至梁溪，其瀆不越百步。堰雖有，亦不渡船筏，梁溪即接太湖。昔所以爲此堰者，恐洩運河之水。昔熙寧八年，是歲大旱，運河皆旱涸，不通舟楫。是時，鍔自武林過無錫，因見將軍堰，既不渡舟筏而開是瀆者，古人豈無意乎？因語邑宰焦千之曰：“今運河不通舟楫，竊觀[3]將軍堰接運河，去梁溪無百步之遠。古人置此堰瀆，意欲取梁溪之水以灌運河。”千之始以鍔言爲狂，終則然之。遂率民車四十二管，車梁溪之水以灌運河。五日，河水通流，舟楫往來。信

1 “戾古”，《文集》作“不如古”。

2 “名”，《文集》作“名曰”。

3 “觀”，《文集》作“覩”。

夫古人經營利害，凡一溝一瀆，皆有微意，而今人昧之也。嘗見蘇州之茜涇，昔范仲淹命工開導以洩積水，以入于海。當時諫官不知蘇州患在積水不洩，咸上疏言仲淹走洩姑蘇之水。蓋不知其利而反以爲害。今茜涇自仲淹之後，未復開鑒，亦久堙塞。鍔存心三州水利凡三十年矣，每睹一溝一瀆，未嘗不明古人之微意。其間曲折宛轉，皆非徒然。鍔今日之議，未始增廣一溝一瀆，其言與圖符合。若非觀地之勢，明水之性，則無以見古人之意。今并圖以獻，惟執事者上之朝廷，庶幾[1]三州憔悴之民，有望于今日也。

貼黃

其圖畫得草略，未敢進上。乞下有司計會單鍔別畫。

1 《文集》"庶幾"二字之前有"則"字。

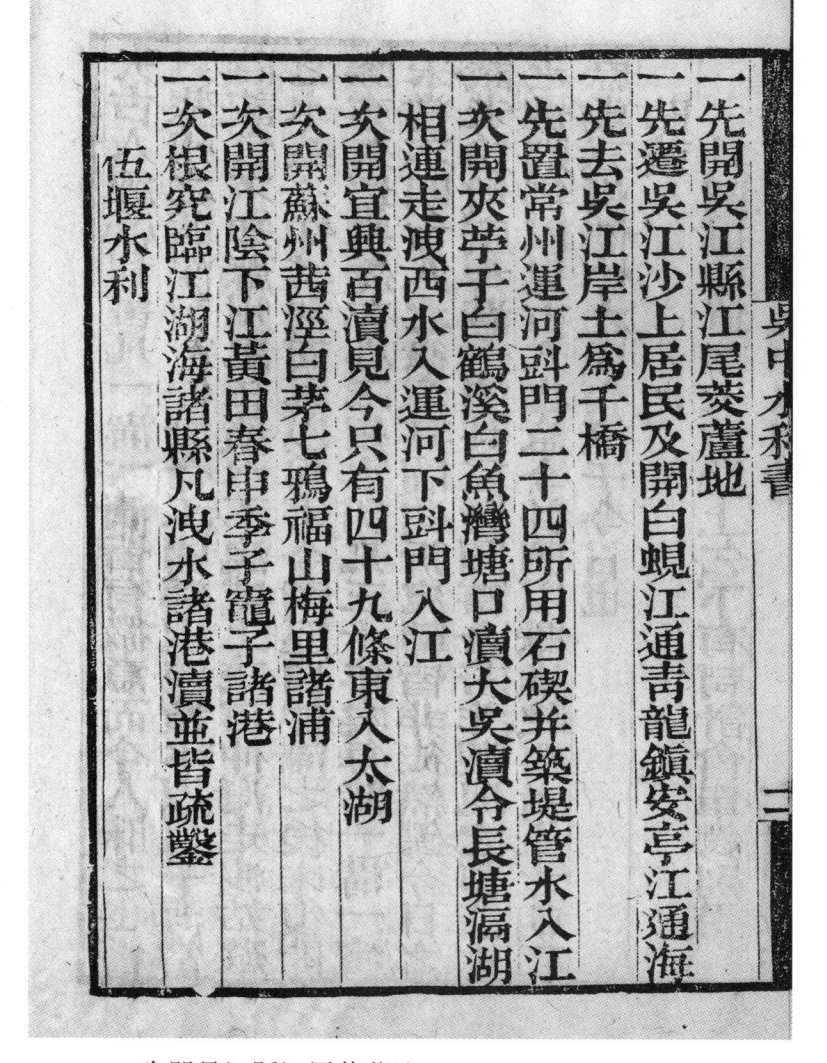

一、先開吳江縣江尾茭蘆地。

一、先遷吳江沙上居民，及開白蜆江，通青龍鎮安亭江通海。

一、先去吳江岸土爲千橋。

一、先置常州運河斗門二[1]十四所，用石碶并築堤，管水入江。

一、次開夾苧干、白鶴溪、白魚灣、塘口瀆、大吳瀆，令長塘[2]、漏湖相連，走洩西水，入運河，下斗門入江。

一、次開宜興百瀆，見今只有四十九條，東入太湖。

一、次開蘇州茜涇、白茅、七鴉、福山、梅里諸浦。

一、次開江陰下江[3]、黃田、春申、季子、竈子諸港。[4]

一、次根究臨江、湖、海諸縣，凡洩水諸港瀆，并皆疏鑿。

伍堰水利

昔錢舍人公輔爲守金陵，嘗究伍堰之利。雖知伍堰之利，而不知伍堰以東三州之利害。鍔知三州之水利，而未知伍堰以西之利害。一日，錢公輔以世所論伍堰之利害與鍔參究，方知始末利害之議完也。公輔以爲，伍堰者，自春秋時吳王闔閭用伍子胥之謀伐楚，始創此河，以爲漕運。春冬載二百石舟而東，則通大湖，西則入長江。自後相傳，未始有廢。至李氏時，亦常通運，而制牛于堰上，挽洩[1]船筏于固城湖之側。又常設監官[2]，置廨宇，以收往來之稅。自是，河道澱塞，堰埭[3]低狹，虛務添置者，十有一堰。往來舟筏，莫能通行，而水勢遂不復西。及遇春夏大水，江湖汎漲，則園頭、王母、龍潭三澗合爲一道而奔衝東來，河之不治，愈可見也。今若開通[4]故道而存留

1 “洩”，弁山本作“曳”，《文集》作“拽”。

2 案，“常設監官”，《文集》作“嘗設監司”，於義爲長。

3 埭：土壩，常作“壩”或“坝”。

4 “通”，《文集》作“深”。

銀林分水二堰則諸堰盡可去矣所欲存二堰者蓋本處銀林堰以西地形從東迤邐西下自分水堰以東地形從西迤邐東下而其河自西壩至東壩十六里有餘開淘之際須隨逐處地形之高下以濬之然後江東兩浙可以無大水之患然銀林堰南則通建平廣德北則通溧水江寧又當增修高廣以俟商旅舟船往還之多可以置官收稅如前之利此伍堰之所以不可不復也今莫若治伍堰使上之水不入于荊溪而由分水銀林二堰直趨太平之蕪湖下治吳江之岸爲千橋使太湖之水東入于海中治百瀆之故道與夫蘇常湖三州之有故道旁穿于太湖者雖不可縷舉而槩可以跡究也難者曰雖復伍堰奈何伍堰之側山水東下乎復堰無益

銀林、分水二堰，則諸堰盡可去矣。所欲存二堰者，蓋本處[1]銀林堰以西，地形從東迤邐西下；自分水堰以東，地形從西迤邐東下。而其河自西壩至東壩，十六里有餘。開淘之際，須隨逐處地形之高下以濬之，然後江東兩浙可以無大水之患。然銀林堰南則通建平、廣德，北則通溧水、江寧，又當增修高廣，以俟商旅舟船往還之多，可以置官收稅，如前之利。此伍堰之所以不可不復也。今莫若治伍堰，使上之水不入于荊溪，而由分水、銀林二堰直趨太平之蕪湖。下治吳江之岸爲千橋，使太湖之水東入于海中。治百瀆之故道，與夫蘇、常、湖三州之有故道旁穿于太湖者。雖不可縷舉，而槩可以跡究也。難者曰："雖復伍堰，奈何伍堰之側山水東下乎？復堰無益

1 案，《文集》此下有"地勢，自"三字，今本脫。

也。”鍔答曰：“由伍堰而東注太湖，則有宣、歙、池、廣、溧水之水。苟復堰，使上之水不入于荆溪，其餘之水寧有幾耶？比之未復，十須殺其五六[1]耳。”難者乃服。

按，宋神宗元豐間，議興水利。蘇文忠公知杭州，上封事，獻單鍔書，史不概載。且羅中丞李定、舒亶劾奏，非神宗決桑田之詠，幾釀大禍矣！蓋其時以蘇公見忌，而豈有于錄鍔哉。《易》曰：“屯其膏，施未光也。[2]”嗚呼！南渡之治，可以鑒矣。

歸震川曰：太湖入海之道，獨有一路，所謂吳松者。顧江自湖口，距海不遠，有潮泥填淤反土之患，爲民所占，所以松江日隘。昔人別鑿港浦，以求一時之利，而淞江之勢日失，海口遂至堙塞，豈非治水之過歟？宜興單鍔著書，爲蘇子

1 “五六”，《文集》作“六七”。
2 屯其膏，施未光也：儲存肥肉，布施就沒有廣大。以喻人囤積財貨，少有施與，則其施與未廣也。郝懿行《易説》：“施謂德施，澤未下流故未光大，若澤流即不爲屯矣。”

瞻所稱然欲修伍堰開夾苧干瀆以截西來之水使不入
太湖不知揚州藪澤天所以瀦東南之水也今以人力過
之夫水爲民之害亦爲民之利就使太湖乾枯于民豈爲
利哉治吳之水宜崇力于松江松江既治則太湖之水東
下而餘水不勞餘力矣或曰禹貢三江既入震澤底定吳
地尚有東江婁江與松江爲三震澤所以入海非一江也
曰張守節史記正義云一江西南上太湖爲松江一江東
南上至白蜆湖爲東江一江東北下曰婁江本言二水皆
松江之所分流水經所謂長瀆歷湖口東則松江出焉江
水奇分謂之三江口者也而非禹貢之三江大抵說三江
者不一惟郭景純以爲岷江浙江松江爲近蓋經特紀揚

1 奇分：京都大學藏抄本《水經注疏》："《箋》曰：奇分當作岐分。《爾雅》，水岐爲渚。全、趙、戴改《注》。趙云：按《廣韻》，奇，異也。言所出異道也，字不誤。"

瞻所稱。然欲修伍堰，開夾苧干瀆以截西來之水，使不入太湖，不知揚州藪澤，天所以瀦東南之水也，今以人力過之。夫水爲民之害，亦爲民之利。就使太湖乾枯，于民豈爲利哉？治吳之水，宜崇力于松江。松江既治，則太湖之水東下，而餘水不勞餘力矣。或曰：《禹貢》"三江既入，震澤底定。"吳地尚有東江、婁江與松江，爲三震澤。所以入海，非一江也。曰：張守節《史記正義》云，一江西南上太湖爲松江，一江東南上至白蜆湖爲東江，一江東北下曰婁江。本言二水皆松江之所分流，《水經》所謂"長瀆，歷湖口東則松江出焉。江水奇分[1]，謂之三江口"者也，而非《禹貢》之三江。大抵說三江者不一，惟郭景純以爲岷江、浙江、松江爲近。蓋經特紀揚州之水，今之揚子江、錢塘江、松江並在揚州之境，而松江由震澤入海，經蓋未之及也。由此觀之，則松江獨承太湖之水，其源近不可比儗揚子江，而深闊當與相雄長。范蠡云：“吳之與越，三江環之。”夫環吳越之境，非岷江、浙江、松江而何？則古三江並稱無疑。故治松江，則吳中必無他水之患。然必令深闊與揚子江埒，而後可言復禹之績也。按，此以岷江、松江、錢塘江為三江，與蔡註不同，更參之。按太湖，《禹貢》曰震澤，《爾雅》曰具區，《左傳》曰笠澤，《史記》曰五湖，皆此也。五湖者，張勃《吳錄》云，周行五百里，故名。虞仲翔云，東通長洲松江，南通烏程霅溪，西通義興荊溪，北通晉陵涌湖，東連嘉興韭溪，水凡五道，故謂之五湖。按今湖中自有五湖曰莠湖莫湖遊湖貢湖胥湖五湖之外又有三小湖梅梁湖金鼎湖東皋里湖總謂之太湖宜興有三湖太湖涌湖洮湖洮湖又在涌湖西北義興記太湖射湖貴湖陽湖洮湖是謂五湖

進單鍔吳中水利書　　蘇軾

臣竊聞議者多謂吳中本江海太湖故地魚龍之宅而居民與水爭尺寸以故常被水患蓋理之當然不可復以人力疏治是殆不然臣到吳中二年雖爲多雨亦未至過甚而蘇常湖三州皆大水害稼至十七八今年淫雨過常三州之水遂合爲一太湖松江與海渺然無辨者蓋因二年不退之水非今年積雨所能獨致也父老皆言此患所從來未遠不

〇三九

五湖：曰莠湖、莫湖、遊湖、貢湖、胥湖。五湖之外又有三小湖：梅梁湖、金鼎湖、東皋里湖，總謂之太湖。宜興有三湖：太湖、涌湖、洮湖。洮湖又在涌湖西北。《義興記》：太湖、射湖、貴湖、陽湖、洮湖，是謂五湖。

進單鍔吳中水利書　　蘇軾

臣竊聞議者多謂吳中本江海太湖故地，魚龍之宅，而居民與水爭尺寸，以故，常被水患。蓋理之當然，不可復以人力疏治。是殆不然。臣到吳中二年，雖爲多雨，亦未至過甚，而蘇、常、湖三州皆大水害稼，至十七八。今年淫雨過常，三州之水，遂合爲一。太湖、松江與海渺然無辨者，蓋因二年不退之水，非今年積雨所能獨致也。父老皆言，此患所從來未遠，不過四五十年耳，而近歲特甚。蓋人事不修之積，非特天時之罪也。三吳之水，瀦爲太湖，太湖之水，溢爲松江以入海。海水日兩潮，潮濁而江清，潮水常欲淤塞江路，而江水清駛，隨輒滌去，海口常通，故吳中少水患。昔蘇州以東，官私船舫皆以篙行，無陸挽[1]者。古人非不知爲挽路，以松江入海，太湖之咽喉，不敢鯁塞故也。自慶曆以來，松江始大築挽路，建長橋，植千柱水中，宜不甚礙。而夏秋漲水之時，橋上水長高尺餘，況數十里積石甕土，築爲挽路乎？自長橋挽路之成，公私漕運便之，日葺不已，而松江始艱噎不快。江水不快，軟緩而無力，則海之泥沙隨潮而上，日積不已，故海口湮滅而吳中多水患。近日議者但欲發民浚治海口，而不知江水艱咽，雖暫通，

1 陸挽：於岸上以繩拉船前行。亦作“陸輓”。沈德符《萬曆野獲編·河漕·黃河運道》：“泊於沙門，陸輓三十里，即入衛河，船運至京。”

快不過歲餘泥沙復積水患如故今欲治其本長橋挽路固不可去惟有鑿挽路于舊橋外別爲千橋橋洪各二丈千橋之積爲二千丈水道松江宜加迅駛然後官私出力以浚海口海口既浚而江水有力則泥沙不復積水患可以少衰臣之所聞大略如此未得其詳舊聞常州宜興進士單鍔有水學故召問之出所著吳中水利書一卷且口陳其曲折則臣言止得十二三耳臣與知水者考論其書疑可施用謹繕寫一本繳連進上伏望聖慈深念兩浙之富國用所恃歲漕都下百五十萬石其他財賦供餽不可悉數而十年九潦公私凋敝深可憫惜乞下臣言與鍔書委本路監司躬親按行或差強幹知水官吏考實其言圖上利害臣不勝區區謹錄奏

快不過歲餘，泥沙復積，水患如故。今欲治其本，長橋挽路固不可去，惟有鑿挽路，于舊橋外別爲千橋，橋洪各二丈。千橋之積，爲二千丈，水道松江，宜加迅駛。然後官私出力以浚海口，海口既浚而江水有力，則泥沙不復積，水患可以少衰。臣之所聞，大略如此，未得其詳。舊聞常州宜興進士單鍔有水學，故召問之，出所著《吳中水利書》一卷，且口陳其曲折，則臣言止得十二三耳。臣與知水者考論其書，疑可施用，謹繕寫一本，繳連進上。伏望聖慈深念兩浙之富，國用所恃，歲漕都下百五十萬石，其他財賦供餽不可悉數，而十年九潦，公私凋敝，深可憫惜。乞下臣言與鍔書，委本路監司躬親按行，或差強幹知水官吏考實其言，圖上利害。臣不勝區區。謹錄奏

聞伏候敕旨

單鍔字季隱宜興人錫之弟登嘉祐四年進士己亥劉輝榜不就官獨乘一小舟徧歷三州蘇、常、湖水道經三十年一溝一瀆無不周覽考究著吳中水利書蘇軾知杭州時嘗錄其書進于朝不果行遂隱居不仕李公擇誌其墓云才不竟于所用命不副于所學後至明時夏原吉治水疏吳江水門濬宜興百瀆周忱撫吳修築溧陽二壩皆如鍔策鍔墓在頤山之右

聞，伏候敕旨。

單鍔字季隱，宜興人，錫之弟。登嘉祐四年進士，己亥劉輝榜。不就官，獨乘一小舟，徧歷三州蘇、常、湖。水道。經三十年，一溝一瀆，無不周覽考究。著《吳中水利書》，蘇軾知杭州時，嘗錄其書進于朝，不果行，遂隱居不仕。李公擇誌其墓云："才不竟于所用，命不副于所學。"後至明時，夏原吉治水，疏吳江水門，濬宜興百瀆。周忱撫吳，修築溧陽二壩，皆如鍔策。鍔墓在頤山之右。

《吳中水利書》終

四明它山水利備覽

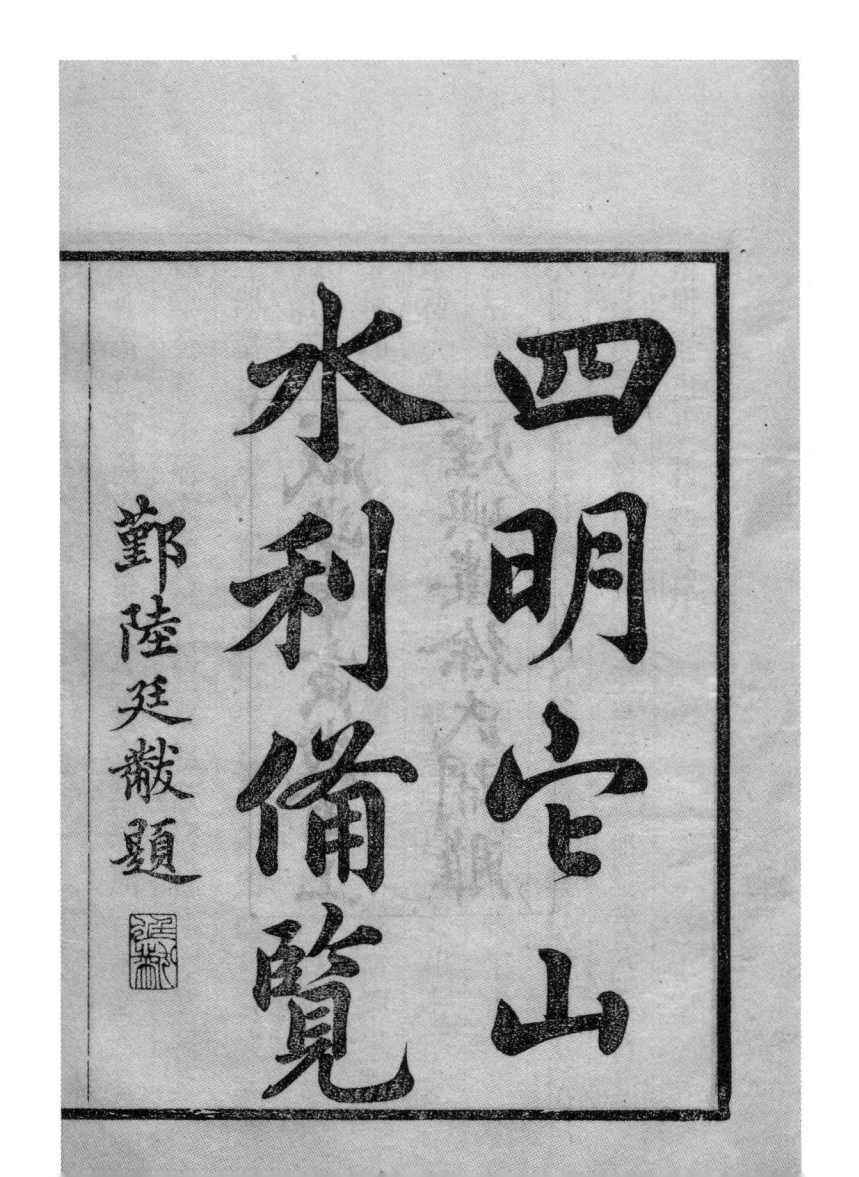

四明它山水利備覽

鄞陸廷黻題

欽定四庫全書提要

四明它山水利備覽二卷宋魏峴撰峴鄞縣人官朝奉
郎提舉福建路市舶鄞故有它山一水其始大溪與江
通流鹹潮衝接耕者弗利唐太和七年邑令王元暐始
築堰以捍江湖於是溪流灌注城邑而鄞西七鄉之田
皆蒙其利歲久廢壞宋嘉定間峴言於府請重修且董
興作之役因為是書記之上卷雜志源流規制及修造
始末下卷則皆碑記與題咏詩也按新唐書地理志載
明州鄞縣按鄞縣在唐為鄞縣南二里有小江湖溉田八百頃開
元中令王元緯置東二十五里有西湖溉田五百頃天
寶二年令陸南金開廣之今此編稱它山水入於南門

## 欽定四庫全書提要 [1]

《四明它山水利備覽》二卷，宋魏峴撰。峴，鄞縣人，官朝奉郎，提舉福建路市舶。鄞故有它山一水，其始大溪與江通流，鹹潮衝接，耕者弗利。唐太和七年 [2]，邑令王元暐始筑堰以捍江湖 [3]，於是溪流灌注城邑而鄞西七鄉之田皆蒙其利。歲久廢壞。宋嘉定間，峴言於府，請重修，且董興作之役，因為是書記之。上卷雜志源流規制及修造始末，下卷則皆碑記與題咏詩也。按《新唐書·地理志》載，明州鄞縣按，鄞縣在唐為鄞縣。南二里有小江湖，溉田八百頃，開元中令王元緯置。東二十五里有西湖，溉田五百頃，天寶二年令陸南金開廣之。今此編稱它山水入於南門，

1 案，清徐時棟煙嶼樓《宋元四明六志》本無"《欽定四庫全書提要》"及明陳朝輔序，今並用錢熙祚校《守山閣叢書》本補錄附此。

2 "太"當作"大"，參錢大昕《廿二史考異》卷四二"太和元年"條及鎮江甘露寺出土石刻文字。

3 案，"湖"，《文瀾閣四庫全書提要》本作"潮"，而文淵閣本《欽定四庫全書總目》作"湖"。

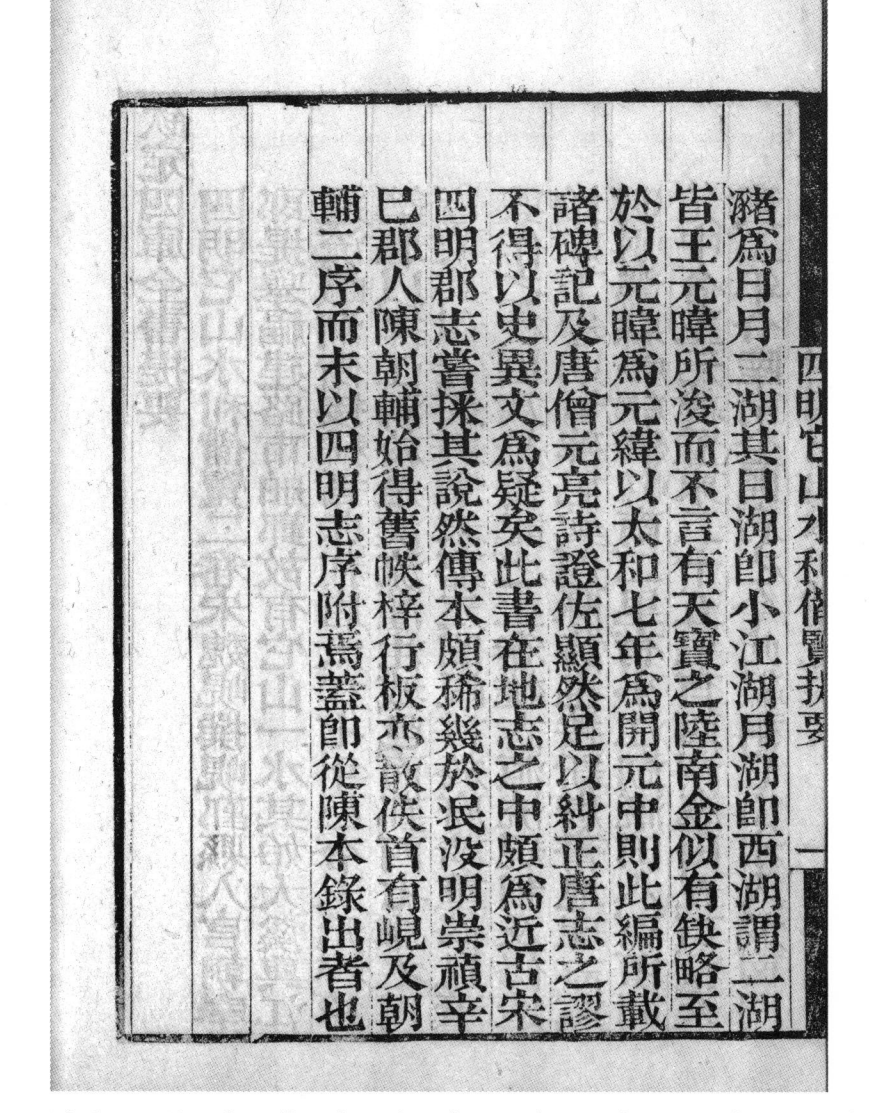

灊爲日、月二湖。其日湖即小江湖，月湖即西湖。謂二湖皆王元暐所浚，而不言有天寶之陸南金，似有缺略。至於以"元暐"爲"元緯"，以太和七年爲開元中[1]，則此編所載諸碑記及唐僧元亮詩，證佐顯然，足以糾正《唐志》之謬，不得以史異文爲疑矣[2]。此書在地志之中頗爲近古，宋《四明郡志》嘗採其說，然傳本頗稀，幾於泯沒[3]。明崇禎辛巳，郡人陳朝輔始得舊帙梓行，板亦散佚。首有峴及朝輔二序，而末以《四明志序》附焉，蓋即從陳本錄出者也。

1 案，《文溯閣四庫全書提要》中"元暐"與"元緯"詞序互倒，"以太和七年爲開元中"作"以開元中爲太和七年"，當誤。又，"太和"當作"大和"。

2 "史異文"，浙本及粵本《欽定四庫全書總目》作"一史異文"。

3 《文津閣四庫全書提要彙編》、《文溯閣四庫全書提要》同。

# 序[1]

　　蓋溝洫始于夏禹，經界始於商高宗，而水利所繇興。若《周官》營溝行水之制，止水蓄水之令，犁然大備。昔之爲民興利者，時行視郡中水泉，開通陂池，起水門提閼[2]數十處以廣灌漑。此王政必務其大也。唐鄮令王公元暐之作堰它山也，關吾鄉旱澇豐歉之數綦鉅。而潭[3]衍[4]不適于度，茨[5]埭[6]不愁于防，漏井匽瀦[7]不平其衡，水屬[8]梢溝[9]不符于則，此不令經界偕溝瀆脊病耶？郡乘間採宋魏峴《它山水利備覽》之說，而全帙漫漶，莫稽顛末。頃林郡公屬吾年友楊齊補此志之缺，予[10]過從商榷，繙[11]几上得之。詢是鍾潭舊家藏此鈔本，亦成化間物也。齊莊指示予，此即不得爲指南車，或亦借作驅山鐸[12]。而予亦

1　案，明本原作“刻它山水利備覽序”。

2　提閼：水閘。《漢書·循吏傳·召信臣》：“行視郡中水泉，開通溝瀆，起水門提閼凡數十處，以廣溉灌，歲歲增加，多至三萬頃。”

3　潭：沙渚也。《爾雅·釋水》：“潭，沙出。”郭注：“今江東呼水中沙堆爲潭。”

4　衍：《小爾雅》：“澤之廣者謂之衍。”

5　茨：積土填滿之也。與“垐”通。

6　埭：小堤。《文選·左思〈蜀都賦〉》：“峻岨埭坷，長城豁險。”李善注引劉逵曰：“大曰堤，小曰埭。”

7　漏井匽瀦：漏井，屋舍前受水潦之所。匽瀦，陰溝。又作“匽豬”、“匽豬”。《周禮·天官·宮人》：“爲其井匽，除其不蠲，去其惡臭。”鄭注云：“井，漏井，所以受水潦。”“匽豬，謂窞下之池，受畜水而流之。”楊慎《丹鉛總録·地理·漏井匽豬》：“按漏井，今之滲坑；匽豬，今之陰溝也。”

8　水屬：《周禮·考工記·匠人》：“凡溝逆地阞，謂之不行；水屬不理遜，謂之不行。”鄭注云：“屬讀爲注。”孫詒讓疏：“云‘屬讀爲注’者，《函人》注云：‘屬讀如灌注之注。’此讀爲注者，易其字也。”

9　梢溝：水流自然沖激而成之溝。《周禮·考工記·匠人》：“梢溝三十里而廣倍。”鄭注云：“謂不墾地之溝也。”

10　此序“予”字，明本皆作“余”。

11　繙：同“翻”。

12　驅山鐸：《太平廣記》卷三九九：“曾有漁人垂釣，得一金鎖，引之數百尺，而獲一鍾，又如鐸形。漁人舉之，有聲如霹靂，天晝晦，山川振動。鍾山一面崩摧五百餘丈，漁人皆沉舟落水。其山摧處如削，至今存焉。或有識者云，此即秦始皇驅山之鐸也。”

1 "鐫"，明本作"鋟"。
2 "灉"，明本左旁爲"山"，字書無此字，《校勘記》作"灉"。
3 "立"，明本作"五"。
4 漱：即"漱"。沖刷之意。《周禮·考工記·匠人》："善溝者，水漱之。"

驚喜見所未見，因先壽諸鐫[1]以傳。夫志牒之尚于過存也，即如孫叔敖芍陂一事，史僅約略言之。使不攷《唐六典》，疇知此陂首受灉[2]之淠水，又疇知濠水流注陂中？不攷《水經注》，疇知淝水東北經白芍亭下，東集爲湖，而芍陂以此得名？不攷《元和志》，疇知此陂外楚相又作陽泉、大業諸陂？不讀《鴻烈》，疇知芍陂之即是期思？不攷《三國志》及《鳳陽郡志》，疇知尚書郎鄧艾重修于建安間，旁爲立[3]十小陂，利被沿淮廣陵數十鎮？不攷《隋書》，疇知趙軌之修開六門爲三十六門，灌田至五千頃？夫以彼章章如是，而博雅君子猶有未能盡臚其事者，何況僻在東南，又僅藉寥寥文獻爲足徵？討論功疎，吾黨亦與有其責矣。《禮》有之，"上有大澤，則夫人待于下流"，此即善溝水漱[4]

之説也。《易》有之："地中有水，師。君子以容民畜衆。"此即
善防水淫之説也。漱則爲川爲渠，淫則爲澤爲陂。必如此而後盡溝
瀆之利，必如此而後倍經界之穡。坎止流行[1]之象，不觭爲水利
設，而水利之大通之政[2]矣。漱流之説可以旁通者，予得唐崔巏之
記大業陂曰，撲腐曝淤，倍高徹卑。又曰，橫殺衝波，泄流引洫。
即是數語，足賅《水經》。又得之穆員之記石斗門曰，善爲水者，
不與之競。如斧斯鋭，以分其衝；如月斯仰，以折其勢。宛然喉深
口速之象，猶指諸掌。以[3]《備覽》方《溝洫志》、《河渠書》，或
不足以方崔、穆二記有餘矣，而又安知崔、穆二記是修《溝洫》、
《河渠》者所必收乎？故此等書，通都大邑未必得，而板扉[4]小築
中或得之。鍾氏之藏，所謂禮失求之野也。予以得購訪遺書

1 坎止流行：遇坎而止，
乘流則行。喻依據環境
之逆順，確定進退行止。
語本《漢書·賈誼傳》：
"寥廓忽荒，與道翱翔。
乘流則逝，得坎則止。"
2 "之政"，明本作"於
政"。
3 "以"，明本作"兹以"。
4 板扉：即門板。

1 "仝"，明本作"同"。

之法，玉軸牙籤未足錄，而殘篇蠹簡中足錄之。齊莊之采，所謂謀于野則獲也。予以得網羅舊聞之法，要以水利經畫，自叔敖、李冰、史起以下，漢則有若劉信、文翁、鄭當時、兒寬、召信臣、王景諸人；唐則有若雲得臣、長孫祥、李襲、黎幹、温造、孟簡諸人；宋則有若范文正、劉彝、吕銳頤浩、錢良臣諸人；我明則有宋公禮、劉公大夏、陳公瑄、徐公有貞、朱公衡、潘公季馴諸人。計此一代遠猷，百年碩畫，暇時並當全[1]齊莊輯成全部，以商治河通漕之略。俾王公與前後諸賢並垂，又俾此書亦與前後諸賢紀述並傳。是豈在宋徐節孝先生治河議之下，而不遠出我朝戴村白老人獻策之上哉？經濟君子，循覽是書，廢修墜舉，當不僅爲此地旱澇豐歉之計大埤贊已也。齊莊大

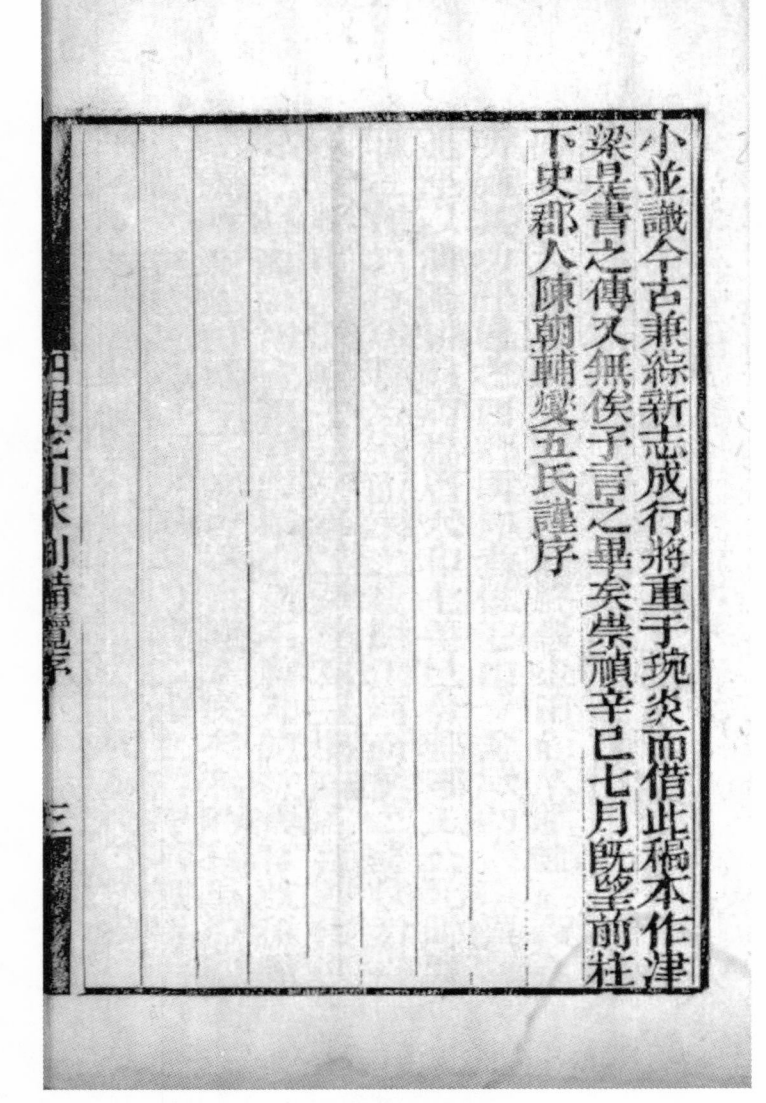

小並識，今古兼綜，新志成，行將重于琬炎，而借此稿本作津梁。是書之傳，又無俟予言之畢矣。崇禎[1]辛巳七月既望，前柱下史、郡人陳朝輔燮五氏謹序。

1　"崇禎"，明本提行，作"時在皇明崇禎"。

1 "以"，底本作"目"。爲便於讀者閲讀，凡文中異體字及古字俗字，一律參照本篇《釋文》部分改爲常用字形。下文不再一一出校。

2 粒我蒸民："粒"，"立"之假借。"蒸"同"烝"，衆也。《詩經·周頌·思文》："思文后稷，克配彼天。立我烝民，莫匪爾極。"馬瑞辰《毛詩傳箋通釋》："'立我烝民'，《箋》：'立當作粒。'《正義》：'《傳》不解立，宜爲存立衆民也。'瑞辰按：立當訓爲成立之立，《廣雅》：'立，成也。'成義同定，《皋陶謨》'烝民乃粒'，《史記·夏本紀》作'衆民乃定'。作粒者，假借字耳。訓立爲定，正與'莫匪爾極'訓極爲中義相貫。《箋》從《書》讀立爲粒，失之。"

3 磧：古同"谿"。《爾雅·釋水》："水注川曰磧。"《説文》："山瀆無所通者。"

4 "太和"，當作"大和"，下同。

5 堨：堰。

6 瀉鹵：鹽碱之地。

## 四明它山水利備覽序

民以[1]食爲天。然以滋以灌，生是百穀而粒我蒸民[2]者，非水之功虖？此六府養民所以首水而終穀也。田而不水，雖后稷無所施其功。鄞邑之西鄉所仰者，惟它山一源。厥初，大磧[3]與江通，涇以渭濁，耕鑿病焉。唐太和七年[4]，邑令琅琊王公元暐度地之宜，疊石爲堰，冶鉄而錮之，截斷江潮，而溪之清甘始得以貫城市，澆田疇。於是瀦爲二湖，築爲三堨[5]，疏爲百港，化七鄉之瀉鹵[6]而爲膏腴。雖凶年，公私不病，人飽粒食，官收租賦。歲歲所獲，爲利無窮，可謂功施國，德施民矣。然時有旱潦，則當蓄泄；水有通塞，則當啓閉。堨埭當修，沙土當捍，不無[1]待於後之人。峴幼嘗奉教於先生長者，以爲學道愛人之方，不必拘其事，苟可以致其道[2]人之心，無非道也。家距堰不數里，自問鑄來歸，閑居十餘年，日與田夫野老話井里閑事。且州家嘗屬以任修堨、淘沙、造閘之責，益得以講源委，究利病。又攷圖志所載及前哲記文，粗知興造增修之繇，參以己見，編爲一帙，目曰《四明它山水利備覽》。庶幾講明水政者，觀此或易爲力云。大宋[3]淳祐二年上元節，里人魏峴序[4]。

1 "不無"，疑爲"無不"之誤。
2 "道"，守山閣本作"愛"。
3 守山閣本刪"大宋"二字。
4 "序"，守山閣本作"書"。

四明它山水利備覽釋文

備覽重刻於明季今本與高隱學敬止錄中
本皆由此傳寫者脫錯難讀已爲是正語詳
校勘記中而吉州原書多古文假借字明人
以意更改但於篇下注云某字原本作某或
并不注明然其中有因不識古文而不改者
如展之爲襄委之爲㝹有因不知通字而不
改者如內之即納從之即縱有因改而悞者
如泚之誤沚模之誤撫有輾轉致誤者如之
之誤出敕之誤陳有脫去半字者如磊之誤

它山釋文　一　煙嶼樓校本

## 《四明它山水利備覽釋文》

　　《備覽》重刻於明季。今本與高隱學《敬止錄》中本皆由此傳寫者，脫錯難讀，已爲是正，語詳《校勘記》中。而吉州原書多古文假借字，明人以意更改，但於篇下注云"某字原本作某"，或并不注明。然其中有因不識古文而不改者，如"展"之爲"襄"，"委"之爲"㝹"；有因不知通字而不改者，如"內"之即"納"，"從"之即"縱"；有因改而誤者，如"泚"之誤"沚"，"模"之誤"撫"；有輾轉致誤者，如"之"之誤"出"，"敕"之誤"陳"；有脫去半字者，如"磊"之誤

嚴作礧
　或宋時有此字不敢改仍之○僧元亮詩櫂舟
　按嚴與嵒嵓礧通字書無礧字疑當爲嵒之譌

一作弌
　古文

由作繇
　古通

之作坐
　古文○日月二湖條導它山之水敬止錄誤出
水淘沙條一線之脈原本及敬止錄俱誤出脈
護隄條沙港淤塞之時原本及敬止錄俱誤出
時重建烏金碣記今自堰之東原本敬止錄及
康熙鄞縣志乾隆鄞縣志竝誤出東

焉

更正冀還舊觀別爲釋文如左使覽者有徵

書就其所注與雖未注而旁見他籍者竊復

磊坒之誤坐點竄古本貽惑後來今參攷羣

---

"磊"，"坒"之誤"坐"。點竄古本，貽惑後來。今參攷羣書，就其所注與雖未注而旁見他籍者，竊復更正，冀還舊觀。別爲釋文如左，使覽者有徵焉。

"之"作"坐"。古文。"日月二湖"條"導它山之水"，《敬止錄》誤"出水"。"淘沙"條"一線之脈"，原本及《敬止錄》俱誤"出脈"。"護隄"條"沙港淤塞之時"，原本及《敬止錄》俱誤"出時"。《重建烏金碣記》"今自堰之東"原本、《敬止錄》及康熙《鄞縣志》、乾隆《鄞縣志》竝誤"出東"。

"由"作"繇"。古通。

"一"作"弌"。古文。

"巖"作"礧"。按，"巖"與"嵒"、"嵓"、"礧"通。字書無"礧"字，疑當爲"嵒"之譌。或宋時有此字，不敢改，仍之。僧元亮詩"櫂舟

直到溪磊畔
誤作溪磊

此作芝
此之變文

流作汃
古文

溪作磝
廣韻溪

侯作矦
說文云侯

地作坔
本作矦文古

以作㠯
文古

喉作𠯢
集韻喉或作𠯢此由侯矦而通者按

前作歬
文古

供作共
古通○堰規制作條以共灌溉廣德湖條獨共輸灌程趙二公條可共車注趙都承條劉楠共

定山澤文
二
煙嶼樓校本

直到溪磊畔"誤作"溪磊"。

　"此"作"芝"。"此"之變文。

　"流"作"汃"。古文。

　"溪"作"磝"。《廣韻》："溪或作磝。"

　"侯"作"矦"。《說文》云："侯本作矦。"

　"地"作"坔"。古文。

　"以"作"㠯"。古文。

　"喉"作"𠯢"。《集韻》："喉或作𠯢。"按，此由"侯""矦"而通者。

　"前"作"歬"。古文。

　"供"作"共"。古通。"堰規制作"條"以共灌溉"，"廣德湖"條"獨共
輸灌"，"程趙二公"條"可共車注"，"趙都承"條"劉楠共

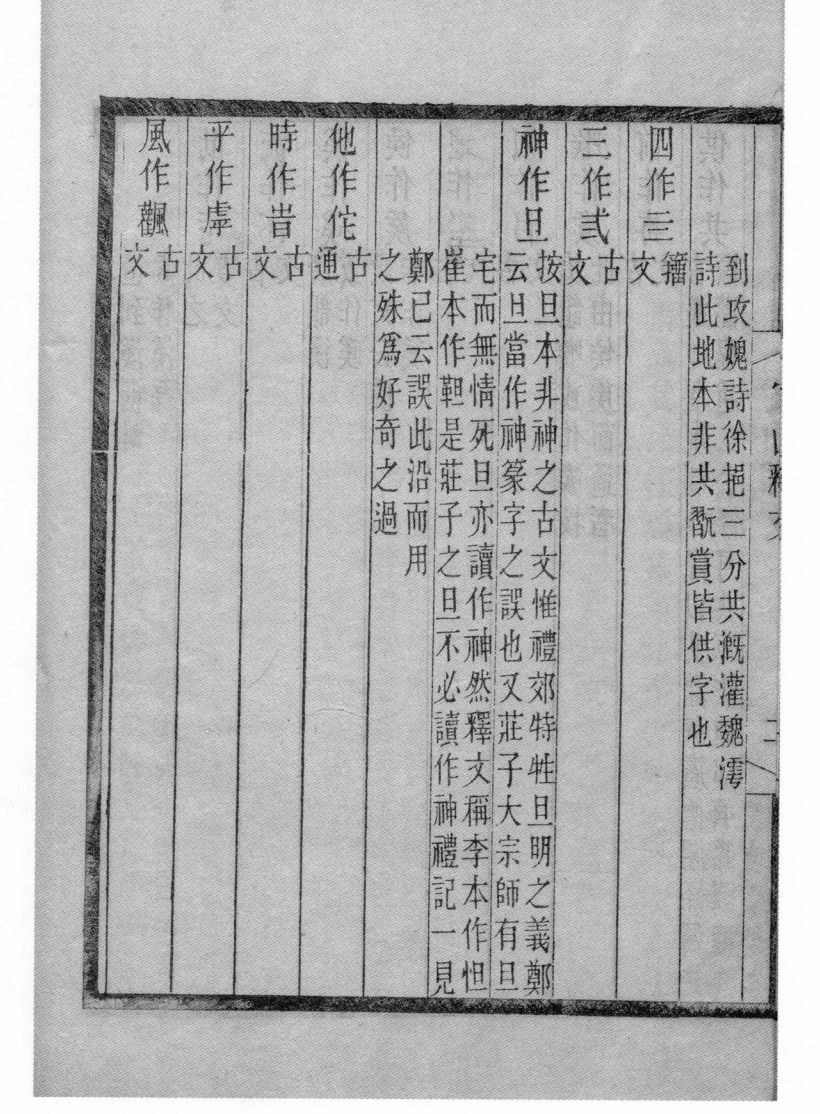

到”，《攻媿詩》“徐挹三分共溉灌”，魏涊詩“此地本非共酖賞”，皆“供”字也。

“四”作“三”。籀文。

“三”作“弍”。古文。

“神”作“旦”。按，“旦”本非“神”之古文，惟《禮·郊特牲》“旦明之義”，鄭云“‘旦’當作‘神’，篆字之誤也”。又《莊子·大宗師》“有旦宅而無情死”，“旦”亦讀作“神”。然釋文稱“李本作‘怛’，崔本作‘靼’”，是《莊子》之“旦”不必讀作“神”。《禮記》一見鄭已云誤，此沿而用之，殊爲好奇之過。

“他”作“佗”。古通。

“時”作“旹”。古文。

“乎”作“虖”。古文。

“風”作“飌”。古文。

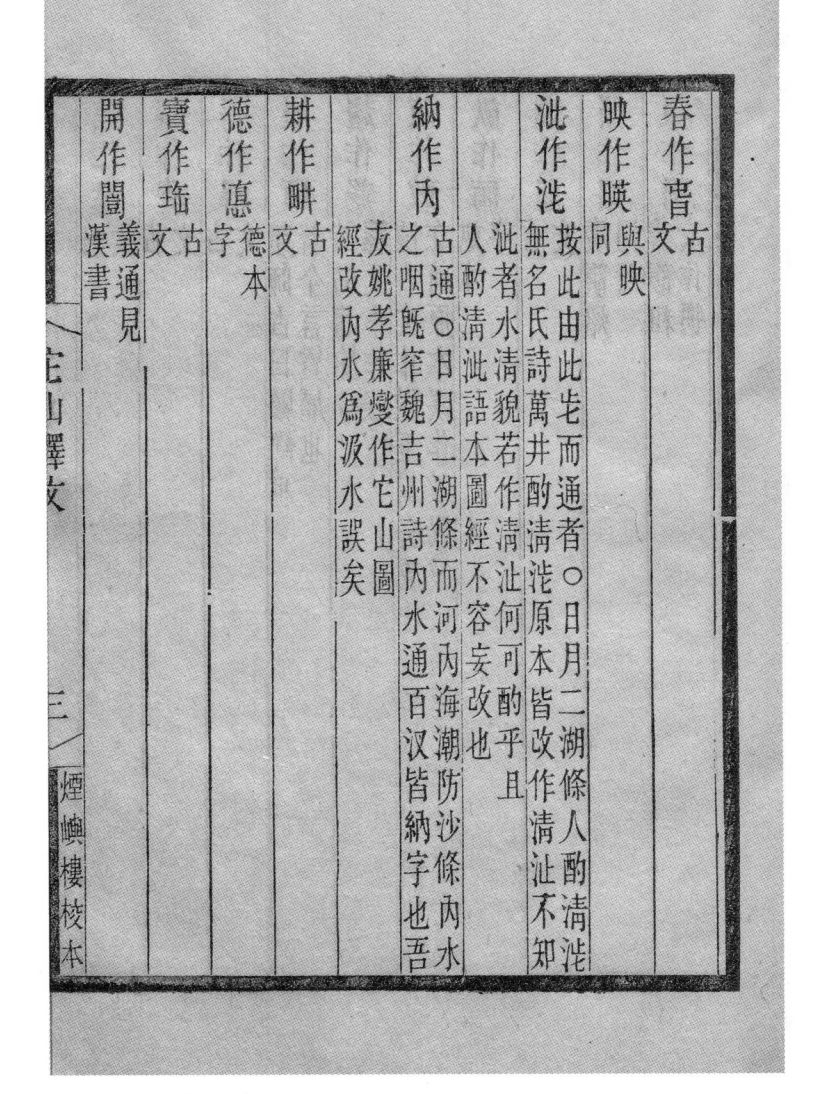

"春"作"旾"。古文。

"映"作"暎"。與"映"同。

"泚"作"沘"。按，此由"此""芒"而通者。"日月二湖"條"人酌清沘"，無名氏詩"萬井酌清沘"，原本皆改作"清泚"。不知"泚"者，水清貌。若作"清泚"，何可酌乎？且"人酌清沘"，語本《圖經》，不容妄改也。

"納"作"內"。古通。"日月二湖"條"而河內海潮"，"防沙"條"內水之咽既窄"，魏吉州詩"內水通百汊"，皆"納"字也。吾友姚孝廉燮作《它山圖經》，改"內水"爲"汲水"，誤矣。

"耕"作"畊"。古文。

"德"作"悳"。"德"本字。

"寶"作"珤"。古文。

"開"作"闓"。義通，見《漢書》。

茂作枺　古文
奔作犇　古文
得作㝶　古文
雇作顧　顏師古曰顧雠也若今言賃雇也
趨作趍　詩巧趨蹌兮釋文本作趍
陳作敶　陳古文作敶玉篇云或作敶○請加封條敶牒在前原本誤作敶牒敬止錄遂改爲陳牒大誤
歃作晦　字歃本
懼作愳　古文愳
照作炤　廣韻炤同照
粗作觕　集韻粗或作觕

"茂"作"枺"。古文。

"奔"作"犇"。古文。

"得"作"㝶"。古文。

"雇"作"顧"。顏師古曰"顧，雠也。若今言賃雇也"。

"趨"作"趍"。《詩》"巧趨蹌兮"，《釋文》本作"趍"。

"陳"作"敶"。"陳"，古文作"敶"。《玉篇》云："或作敶。""請加封條敶牒在前"，原本誤作"敶牒"。《敬止錄》遂改爲"陳牒"，大誤。

"歃"作"晦"。"歃"本字。

"懼"作"愳"。古文。

"照"作"炤"。《廣韻》："炤同照。"

"粗"作"觕"。《集韻》："粗或作觕。"

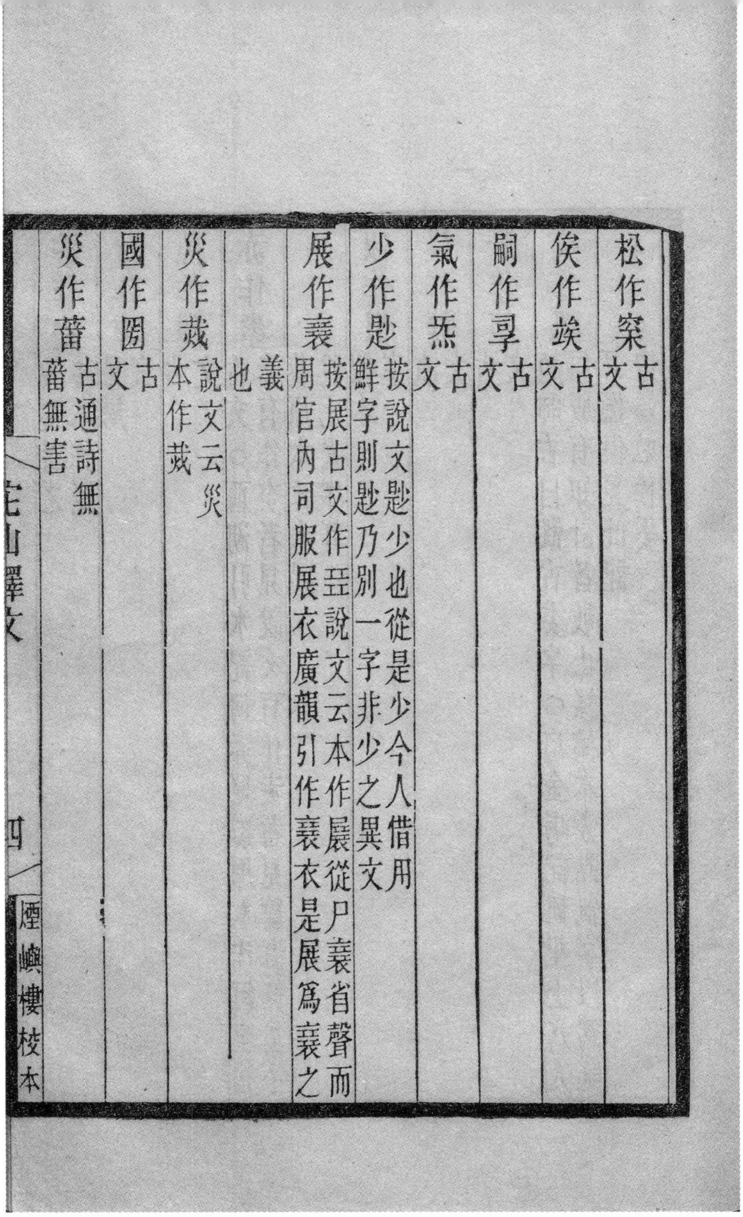

松作宩古文
俟作竢古文
嗣作孠古文
氣作炁古文
少作尟按說文尟少也從是少今人借用鮮字則尟乃別一字非少之異文
展作襄按展古文作㠭說文云本作㞡從尸襄省聲而周官內司服展衣廣韻引作襄衣是展爲襄之義也
災作烖說文云災本作烖
國作囶古文
災作菑古通詩無菑無害
宅山釋文　四　烟嶼樓校本

"松"作"宩"。古文。

"俟"作"竢"。古文。

"嗣"作"孠"。古文。

"氣"作"炁"。古文。

"少"作"尟"。按《説文》："尟，少也。從是少。"今人借用"鮮"字，則"尟"乃别一字，非少之異文。

"展"作"襄"。按"展"，古文作"㠭"，《説文》云："本作㞡，從尸，襄省聲。"而《周官·内司服》"展衣"，《廣韻》引作"㞡衣"，是"展"爲"㞡"之義也。

"災"作"烖"。《説文》云："災本作烖。"

"國"作"囶"。古文。

"災"作"菑"。古通。《詩》："無菑無害。"

表（竪排，自右至左）：

移作迻　按本作迻

呼作嘑　見周官

隙作隟　古文

赤作埊　古文○西湖引水記河赤地裂原本作河埊按赤有作灻者見說文有作夫者見篇海無埊字蓋原本作埊誤脫上火字耳

似作侣　似本字

農作辳　古文

野作埜　古文

委作骩　顏師古曰骩古委字○烏金堨記骩里士為人信服有知計者敬止錄稿本旁點骩字以為疑耳然但見此記中餘竝作委

"移"作"迻"。按，遷徙之"移"本作"迻"。

"呼"作"嘑"。見《周官》。

"隙"作"隟"。古文。

"赤"作"埊"。古文。《西湖引水記》"河赤地裂"，原本作"河埊"。按，"赤"，有作"灻"者，見《說文》；有作"夫"者，見《篇海》。無"埊"字。蓋原本作"埊"，誤脫上"火"字耳。

"似"作"侣"。"似"本字。

"農"作"辳"。古文。

"野"作"埜"。古文。

"委"作"骩"。顏師古曰："骩，古委字。"《烏金堨記》"骩里士為人信服有知計者"，《敬止錄》稿本旁點"骩"字以為疑耳。然但見此記中，餘竝作"委"。

模作橅　同與模

浙作淛　通古

乃作迺　同乃玉篇迺

歌作謌　同歌玉篇謌

呼作謼　謼古呼字顏師古曰

卻作郤　古通

食作飤　通作食玉篇云

拜作捭　拜本字

嬾作孏　同與嬾

濕作溼　或作濕說文溼

五　煙嶼樓校本

"模"作"橅"。與"模"同。

"浙"作"淛"。古通。

"乃"作"迺"。《玉篇》"迺"同"乃"。

"歌"作"謌"。《玉篇》"謌"同"歌"。

"呼"作"謼"。顏師古曰："謼，古呼字。"

"卻"作"郤"。古通。

"食"作"飤"。《玉篇》云："通作食。"

"拜"作"捭"。"拜"本字。

"嬾"作"孏"。與"嬾"同。

"濕"作"溼"。《說文》"溼"或作"濕"。

“杯”作“桮”。《説文》云：通作“杯”。

“蠱”作“蟲”。古文。

“搜”作“挍”。《集韻》云：與“搜”同。凡從夋者，今文作叟。

“剪”作“劗”。與“剪”同。

“慘”作“憯”。古通。《詩》：“胡憯莫懲。”

“縱”作“從”。《集韻》云：與“縱”同。

“玩”作“翫”。古通。

“鯨”作“鱷”。《説文》云：“鯨”本字。

“喜”作“憙”。《説文》云：省作“喜”。

“耶”作“邪”。《説文》云：俗作“邪”。

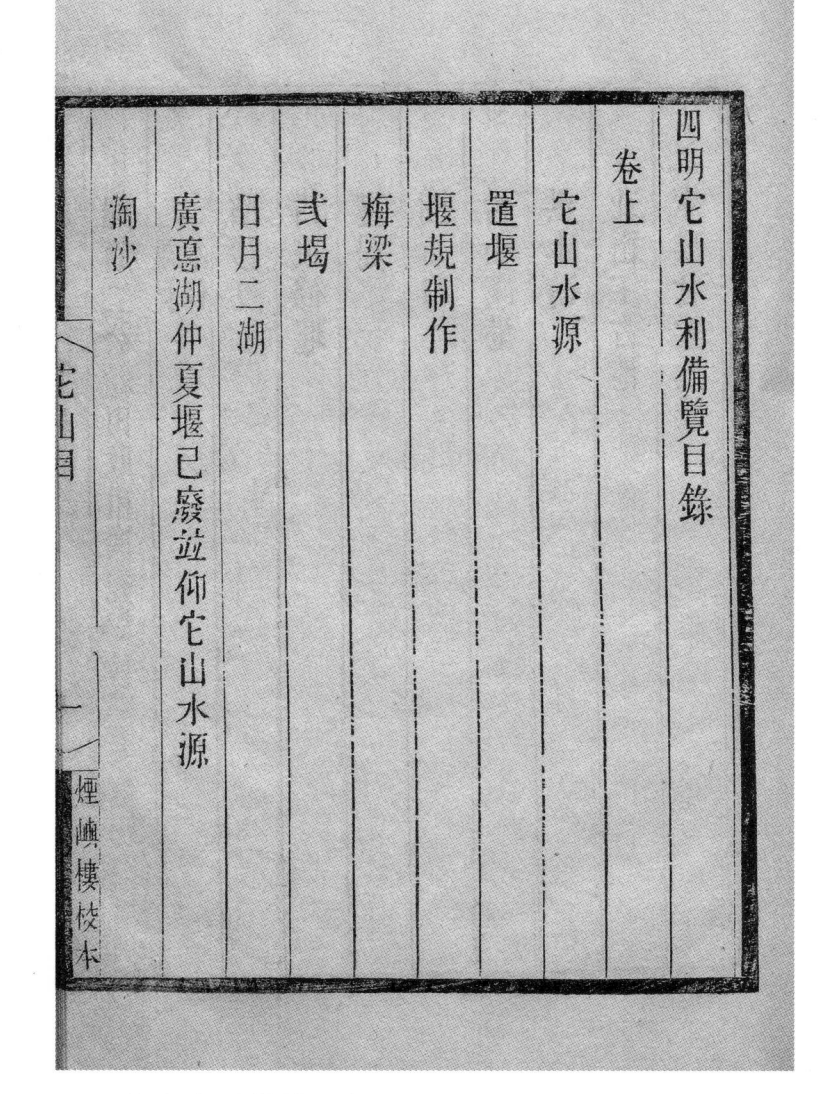

**四明它山水利備覽目録**

程趙二公給田收租歲充淘沙顧夫㞢用〔按曰〕此目新增說見本條
防沙
歬後修堰
護堤
闓水口
古小磎港
洪水灣
北山下古港
水喉食喉炁喉

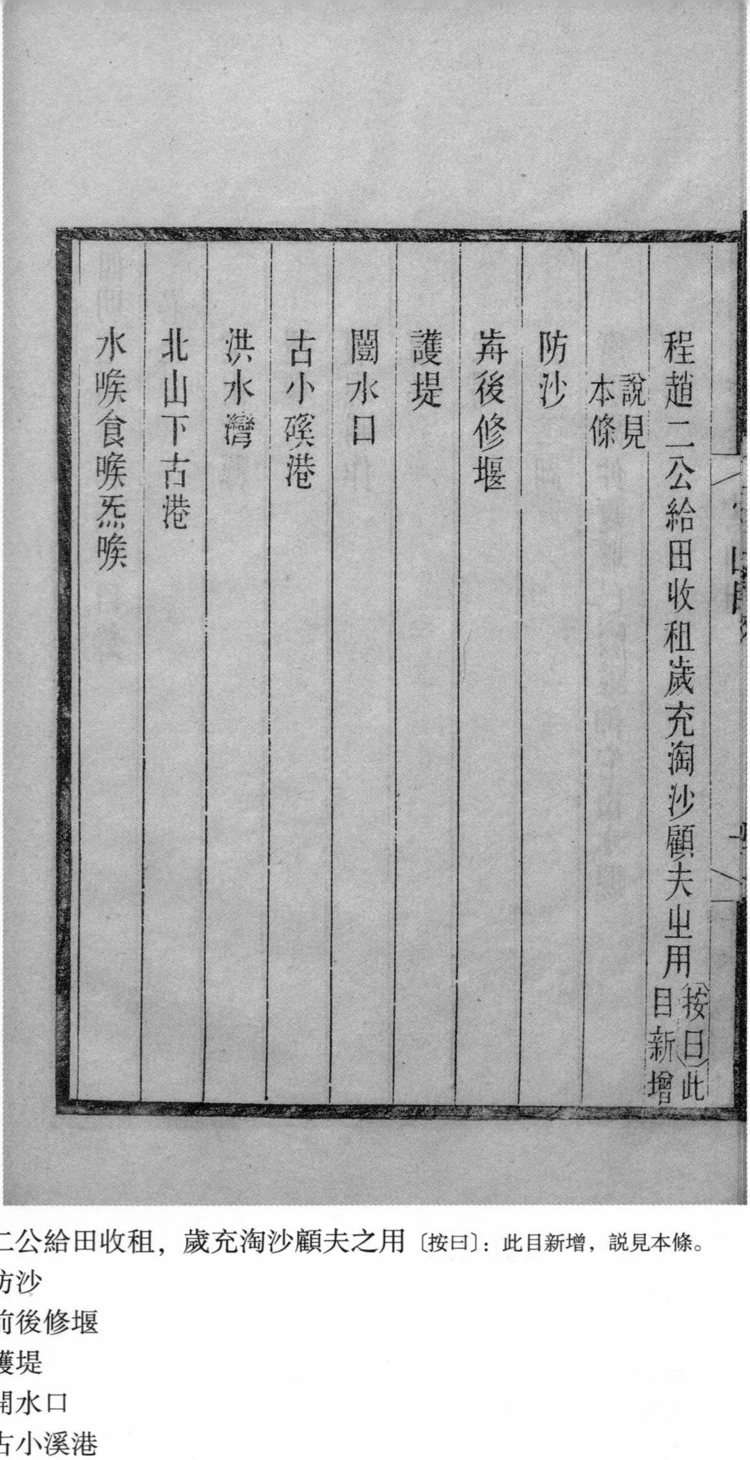

程趙二公給田收租，歲充淘沙顧夫之用〔按曰〕：此目新增，説見本條。

防沙

前後修堰

護堤

開水口

古小溪港

洪水灣

北山下古港

水喉、食喉、氣喉

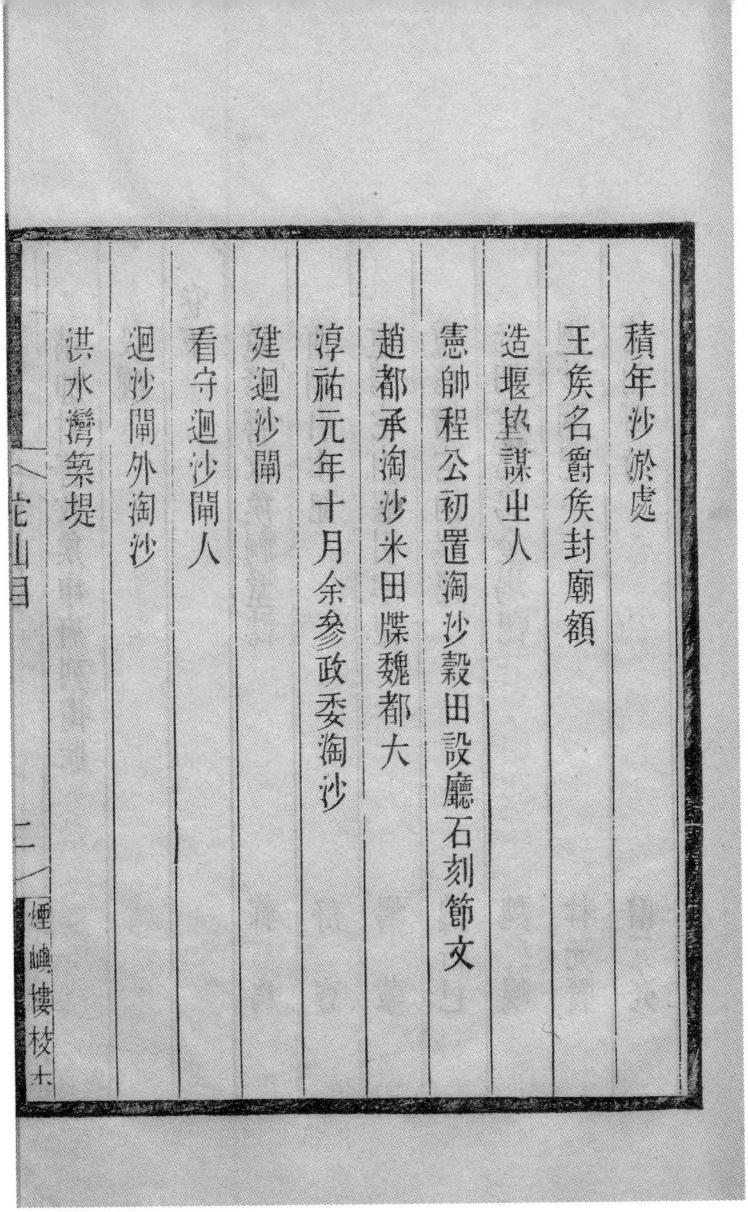

它山圖 二 煙嶼樓校本

積年沙淤處
王侯名爵侯封廟額
造堰協謀之人
憲帥程公初置淘沙穀田設廳石刻節文
趙都承淘沙米田牒魏都大
淳祐元年十月余參政委淘沙
建迴沙閘
看守迴沙閘人
迴沙閘外淘沙
洪水灣築堤

積年沙淤處
王侯名爵、侯封廟額
造堰協謀之人
憲帥程公初置淘沙穀田，設廳石刻節文
趙都承淘沙米田牒魏都大
淳祐元年十月余參政委淘沙
建迴沙閘
看守迴沙閘人
迴沙閘外淘沙
洪水灣築堤

又詩　寿人

題它山兼簡鄞令　舒亶

粹老使君寿被召約往它山既不果目書見抵謂可歎惜弁示廣悳湖新記因成詩弌首

寿人

它山堰　樓鑰

題它山善政矦廟　史彌甯

□□　無名氏

它山堰　薛叔振

它山堰次永嘉薛叔振韻　魏峴

它山目　三　煙嶼樓校本

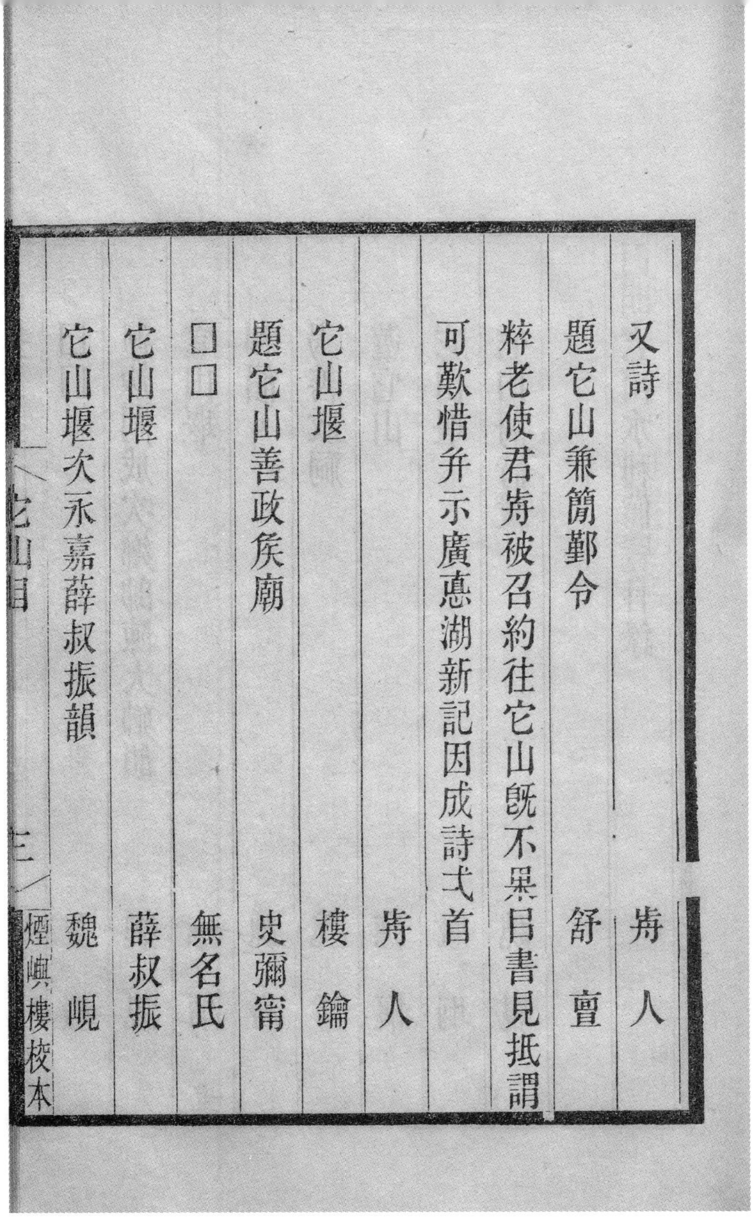

又詩　　前　人

題它山兼簡鄞令　　舒　亶

粹老使君前被召約往它山，既不果，以書見抵，謂可歎惜，并示《廣德湖新記》，因成詩一首

前　人

它山堰　　樓　鑰

題它山善政侯廟　　史彌甯

□□　　無名氏

它山堰　　薛叔振

它山堰次永嘉薛叔振韻　　魏　峴

□□　敷　塏
迴沙閘成次鄉帥陳大卿韻　魏　峴
它山堰　應　燗
和韻　魏　洽
謁善政祠　魏　滂
遊它山　應　樞
它山堰　敷　垌
它山謌詩跋　魏　峴
四明它山水利備覽目録

| | | |
|---|---|---|
| □□ | 陳 | 塏 |
| 迴沙閘成次鄉帥陳大卿韻 | 魏 | 峴 |
| 它山堰 | 應 | 燗 |
| 和韻 | 魏 | 洽 |
| 謁善政祠 | 魏 | 滂 |
| 遊它山 | 應 | 樞 |
| 它山堰 | 陳 | 垌 |
| 它山歌詩跋 | 魏 | 峴 |

《四明它山水利備覽》目録

**《四明它山水利備覽》卷上**　　　　《宋元四明六志》附録上
　　　　　　　　　　　　　　　　　　　　　　宋魏峴撰

### 它山水源

　　它山之水，源自越山，委蛇縣歷幾二百里。縣上虞縣分水嶺一名斤嶺，自趾至顛，凡六十里，故名。百餘里，然後歷大小皎、密岩、樟村、桓村、平水，此其大派也。又一派出仗[1]錫山，竝合衆山之流，會於大溪，至於它山。溪通大江，潮汐上下，清甘之流釃泄[2]出海，瀉鹵之水衝接入溪。來則溝澮皆盈，去[3]則河港俱涸。田不可稼，人渴於飲。唐太和[4]七年，邑令王侯元暐[5]相地之宜，以此爲水道所歷喉襟之處，規而作堰，

---

1　“仗”，守山閣本作“杖”。

2　釃泄：分流。《廣韻·紙韻》：“釃，分也。”劉向《説苑·君道》：“釃五湖而定東海。”

3　“去”，守山閣本作“出”。

4　“太和”，明本作“大和”，是。

5　明本“元暐”二字爲小字。

截斷鹹汐。導大溪之流，自堰之上，北入於溪百餘丈，折而東之，經新安，歷洞橋，此前港也。自鎮都入惠明橋，至仲夏，此後港也。仲夏之水，至新堰而合流，經北渡、櫟社、新橋，入南城甬水門，瀦爲二湖：曰日、曰月。暢爲支渠，脈絡城市[1]，以引以灌。出西城望京門，由望春橋接大雷、林村之水，直抵西渡。其間支分派別，流貫諸港，灌溉七鄉田數千頃。天之旱潦有不可必，此水歲可恃以爲常，田事仰之，實爲霖雨。自唐逮今四百十有六年，民食之所資，官賦之所出，家飲清泉，舟通物貨，公私所賴，爲利無窮。先賢堰是而以此水錫[2]吾邦人，所以爲生民立命也。

1 "市"，明本作"中"。
2 "錫"，通"賜"。

置堰

侯之經營是堰也歷覽山川相地高下見大磎之南沿
沿皆山其北則皆平地至是始有小山虎踞岸傍其
無山相接故謂它山詳見鄞志南岸之山勢亦俯瞰如
飲江之虹二山夾流鈐鎖兩岸其南有小嶼二屹然中
流有捍防之勢人目為強堰其北小山之西支港入磎
則七鄉水道襟喉之地因遂堰焉是磎江中分鹹鹵
不至清甘之流輸貫諸港入城市遶村落七鄉之田皆
賴灌溉七鄉曰通遠光同桃源句章清道武康東安
堰規制作

花山志　二　煙嶼樓校本

---

1 "山"，守山閣本作 "下"。
2 "傍"，守山閣本作 "旁"。

**置堰**

　　侯之經營是堰也，歷覽山川，相地高下，見大溪之南，沿流皆山 [1]，其北則皆平地，至是始有小山虎踞岸傍 [2]。以其無山相接，故謂它山，詳見《鄞志》。南岸之山勢亦俯瞰，如飲江之虹。二山夾流，鈐鎖兩岸。其南，有小嶼二，屹然中流，有捍防之勢，人目為強堰。其北，小山之西，支港入溪，則七鄉水道襟喉之地，因遂堰焉。由是，溪江中分，鹹鹵不至，清甘之流輸貫諸港，入城市，繞村落，七鄉之田皆賴灌溉。七鄉曰：通遠、光同、桃源、句章、清道、武康、東安。

**堰規制作**

它山乃衆流胥會之地。每歳至秋，萬山之間，洪水暴漲，湍激迅疾，極目如海[1]。侯之爲堰也，規其高下之宜，澇則七分水入於江，三分入溪，以洩暴流；旱則七分入溪，三分入江，以供[2]灌溉。堰脊橫闊四十有二丈，覆以石版，爲片八十有半。左右石級各三十有[3]六，歳久沙淤，其東僅見八九，西則皆隱於沙。堰身中空，擎以巨木，形如屋宇。每遇溪漲湍急，則有沙隨實其中，俗謂護隄沙。水平沙去，其空如初。土人以杖試之，信然。堰低昂適宜，廣狹中度，精緻牢密，功侔鬼神，其與[4]佗堰埭雜用土石、竹木、甎[5]篠，稍久輒壞者不同。常時，大溪之水從堰入江，下歷石

1 "海"，守山閣本作 "山海"。
2 "供"，底本作 "其"，當形近而誤，據守山閣本改。
3 守山閣本無 "有" 字。
4 "其與"，守山閣本作 "與其"。
5 甎：同 "磚"。

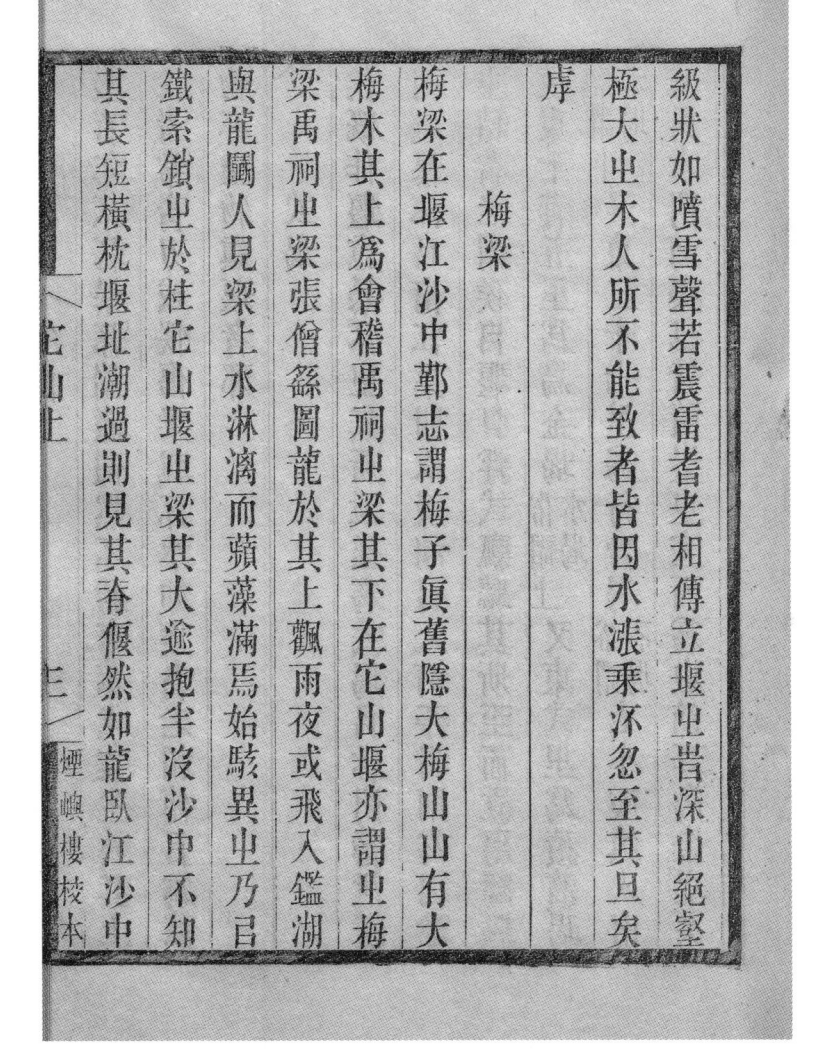

1 "若"，守山閣本作"如"。
2 《太平御覽》卷九七〇引漢應劭《風俗通》："夏禹廟中有梅梁，忽一春生枝葉。"唐徐浩《謁禹廟》："梅梁今不壞，松栢古仍留。"後以"梅梁"泛指宮殿廟宇或華美房屋之大梁。清錢泳《履園叢話·考索·梅梁》："禹廟梅梁，爲詞林典故，由來久矣。余甚疑之，意以爲梅樹屈曲，豈能爲棟梁乎……偶閱《説文》'梅'字注曰：'楠也，莫杯切。'乃知此梁是楠木也。"可備一説。
3 守山閣本無"之"字。
4 "長短"，守山閣本作"短長"。

級，狀如噴雪，聲若[1]震雷。耆老相傳：立堰之時，深山絶壑，極大之木，人所不能致者，皆因水漲，乘流忽至，其神矣乎！

**梅梁[2]**

梅梁在堰江沙中，《鄞志》謂，梅子真舊隱大梅山，山有大梅木，其上爲會稽禹祠之梁，其下在它山堰，亦謂之梅梁。禹祠之梁，張僧由圖龍於其上，風雨夜或飛入鑑湖，與龍鬥。人見梁上水淋漓而蘋藻滿焉，始駭異之，乃以鐵索鎖之[3]於柱。它山堰之梁，其大逾抱，半没沙中，不知其長短[4]，橫枕堰址。潮過則見其脊，偃然如龍臥江沙中，數百年不朽，暴流湍激，儼然不動。有草一叢，生於其上，四時常青，刃或誤傷，梁輒流水如血。耆老傳以爲龍物，亦聖物鎮堰[1]者耶？

### 三堨

侯既作堰，慮暴流之無所泄，遂爲三堨，以啓閉蓄泄。潦則醒暴流以出江，旱則取淡潮以入河，平時則爲河港之積[2]。耆老謂侯自堰口浮三瓢，聽其所至而立焉。由堰之東十有五里爲烏金堨，俗謂上水堨。又東三里爲積瀆堨，俗謂下水堨。又東二十七里爲行春[3]堨。俗謂石堨。此小溪鎮入南城甬水門河渠也，皆隨地之宜而爲之節耳[4]。烏金堨久

1 "堰"，守山閣本作"填"。

2 案，此句兩"河"字，守山閣本竝作"湖"。"積"，守山閣本作"侯"。

3 "行春"，明本作"春行"。

4 "節耳"，守山閣本作"四明"二字，屬下讀。

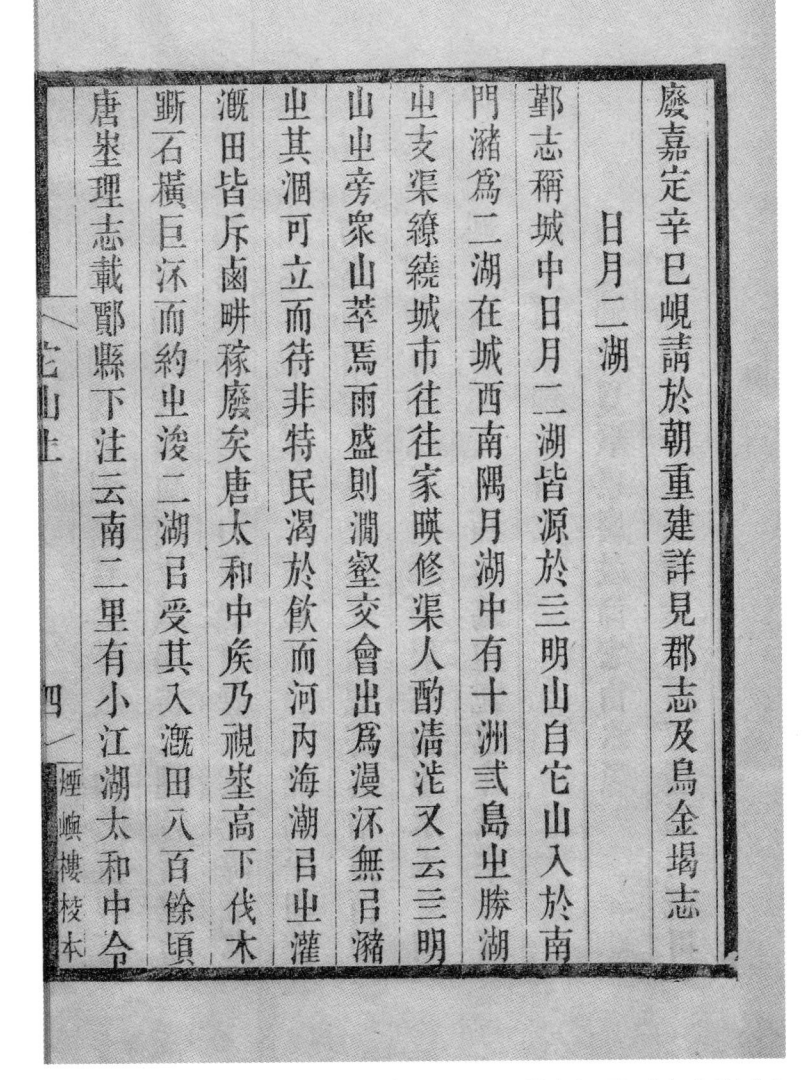

1 "泚"，守山閣本作
"沚"，誤。後文所附
"《校勘記》"已辨其非。
2 "稼"，守山閣本作
"種"。

廢，嘉定辛巳，峴請於朝重建。詳見《郡志》及《烏金碣志》。

**日月二湖**

《鄞志》稱，城中日、月二湖，皆源於四明山。自它山入於南門，瀦爲二湖，在城西南隅。月湖中有十洲三島之勝，湖之支渠繚繞，城市往往家映修渠，人酌清泚[1]。又云，四明山之旁，衆山萃焉。雨盛則澗壑交會，出爲漫流，無以瀦之，其涸可立而待。非特民渴於飲，而河內海潮，以之灌溉，田皆斥鹵，耕稼[2]廢矣。唐太和中，侯乃視地高下，伐木斷石，橫巨流而約之，浚二湖以受其入，溉田八百餘頃。唐《地理志》載"鄞縣"，下注云：南二里有小江湖，太和中令

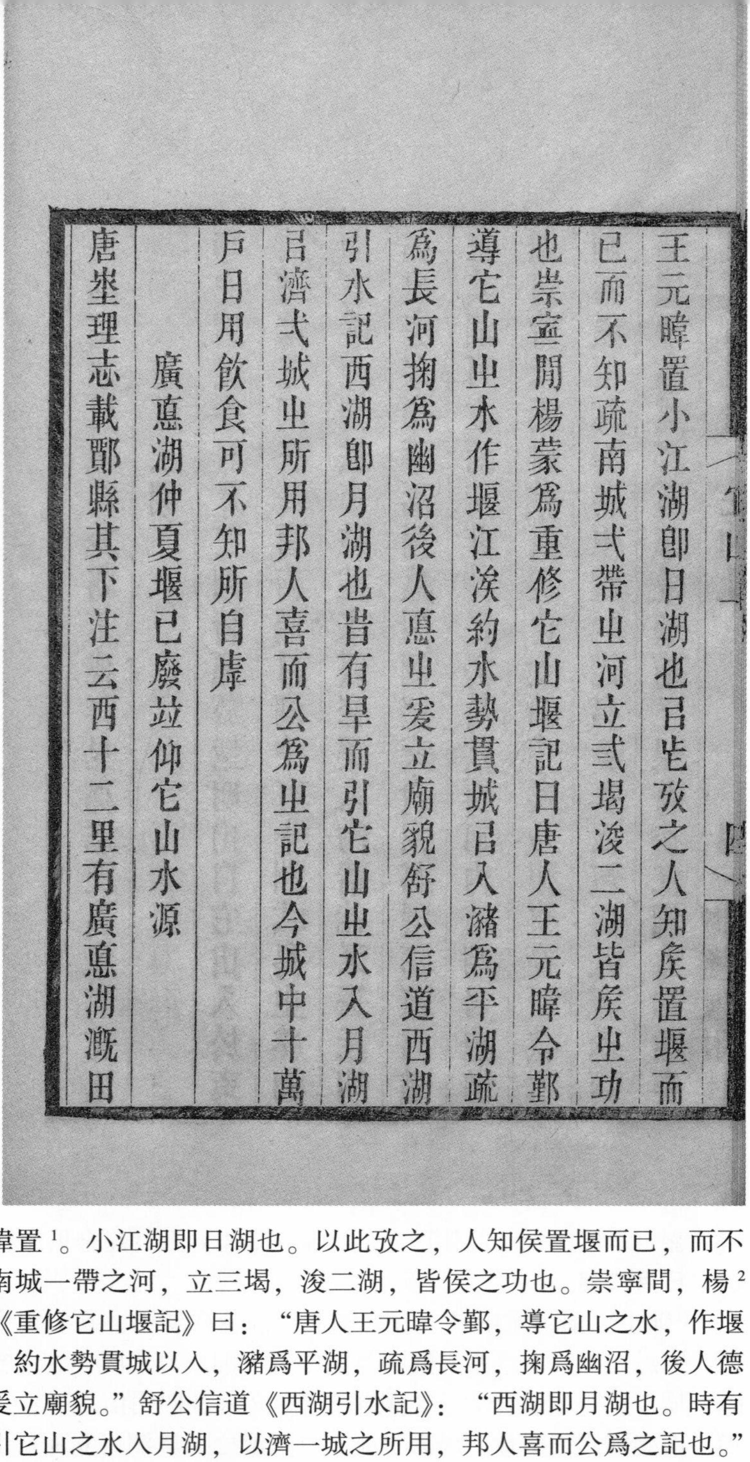

王元暐置小江湖即日湖也以此攷之人知矦置堰而
已而不知疏南城一帶之河立三堨浚二湖皆矦之功
也崇寧間楊蒙爲重修它山堰記曰唐人王元暐令鄞
導它山之水作堰江湀約水勢貫城以入潴爲平湖疏
爲長河掬爲幽沼後人德之爰立廟貌舒公信道西湖
引水記西湖即月湖也昔有旱而引它山之水入月湖
以濟一城之所用邦人喜而公爲之記也今城中十萬
戸日用飲食可不知所自乎
廣德湖仲夏堰已廢竝仰它山水源
唐地理志載鄮縣其下注云西十二里有廣德湖溉田

王元暐置[1]。小江湖即日湖也。以此攷之，人知侯置堰而已，而不知疏南城一帶之河，立三堨，浚二湖，皆侯之功也。崇寧間，楊[2]蒙爲《重修它山堰記》曰：“唐人王元暐令鄞，導它山之水，作堰江湀，約水勢貫城以入，潴爲平湖，疏爲長河，掬爲幽沼，後人德之，爰立廟貌。”舒公信道《西湖引水記》：“西湖即月湖也。時有旱而引它山之水入月湖，以濟一城之所用，邦人喜而公爲之記也。”今城中十萬户，日用飲食可不知所自乎？

**廣德湖仲夏堰已廢，竝仰它山水源**

唐《地理志》載“鄮縣”，其下注云：“西十二里有廣德湖，溉田

1 案：《新唐書》卷四一《地理五》注文作：“開元中令王元緯置。”
2 底本作“唐”，守山閣本作“楊”，是，今據改。

四百頃。貞元九年[1]，刺史任侗因故迹增修。西南四十里有仲夏堰，溉田數[2]千頃，太[3]和六年，刺史于季友[4]築。"今湖堰並廢。寶慶二年，郡守尚書胡榘再修。《鄞志》既載廣德湖興廢之由，復附言於後曰："今歲夏初，愆陽再旬，東鄉惟恃錢湖以不恐。西鄉渠流已竭，舟膠[5]不行，幸而禱雨隨應，錢湖之閘未開而澤已浹[6]。設更數日不雨，錢湖猶可[7]資灌溉，而它山堰水決無可救旱之理。"此蓋未知它山之水源深流長也。峴因亢陽[8]，惜水之泄，從權以土石增障堰上，約鄞江之水以入溪。又浚水口淤沙，引水以入田，故水勢流貫諸港，滔滔不已。使有人焉，力行障堰

1 "貞元九年"，守山閣本作"貞元十一年"。
2 "數"，守山閣本作"四"。
3 "太"，明本作"大"。
4 "友"，守山閣本作"夏"。
5 膠：粘泥不行。
6 浹：《爾雅·釋言》："徹也。"
7 "可"，守山閣本作"可以"。
8 亢陽：旱災。

排沙之說則何旱之足慮謂其無救於旱則誤矣或曰
廣悳廢湖之田中間川渠及仲夏之港縱橫流貫豈無
大雷林郙建嶴之流何獨它山夫言水利者不必言其
流衍之時而當言其旱涸之際如流衍之時何往無水
惟亢旱不竭方足恃也大雷林郙建嶴之水山近源淺
常時與它山合流絕無以別稍遇旱涸則流必先竭至
它山之水獨共輸灌以此言之雖謂悉仰它山之水可
也
淘沙
三明登陸之勝萬山深秀昔時巨木高森沿溪平地竹

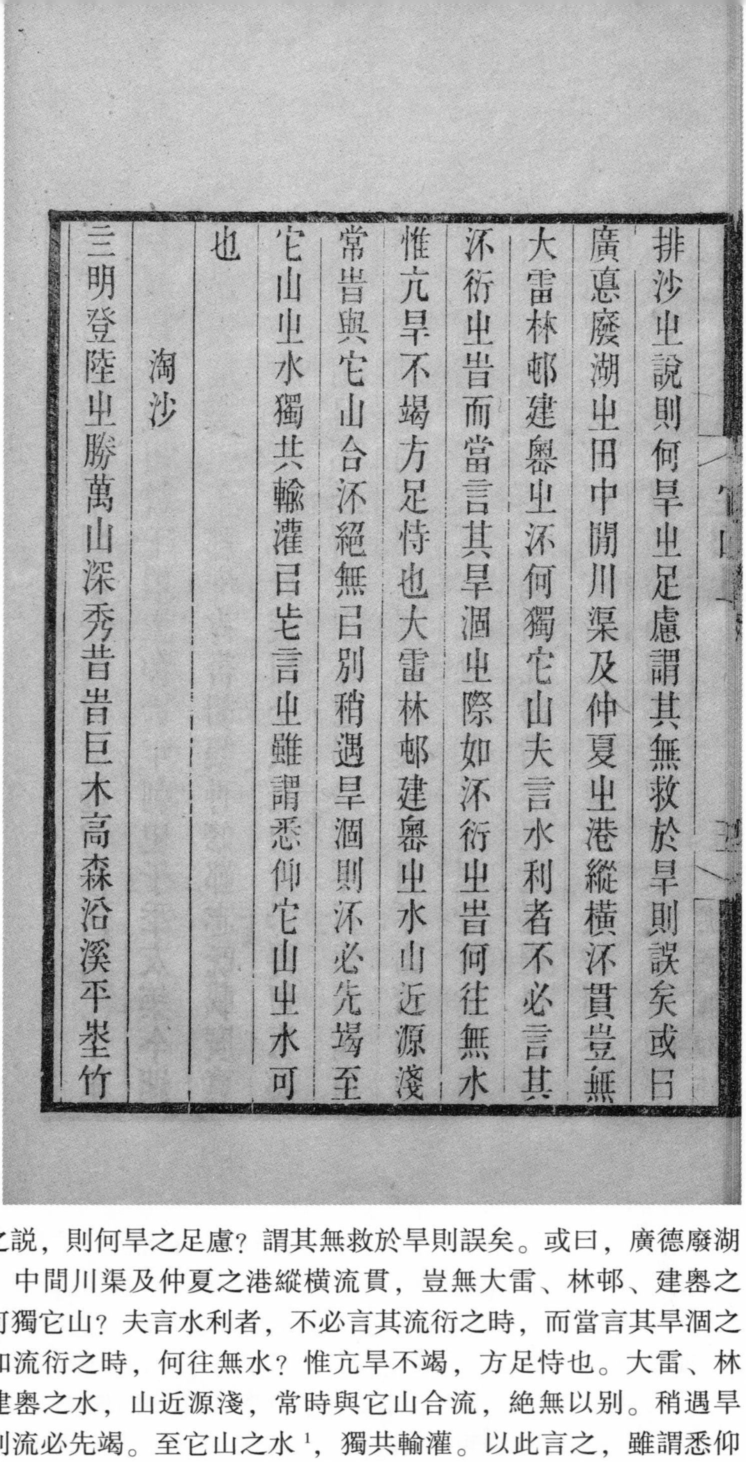

排沙之説，則何旱之足慮？謂其無救於旱則誤矣。或曰，廣德廢湖之田，中間川渠及仲夏之港縱横流貫，豈無大雷、林郙、建嶴之流，何獨它山？夫言水利者，不必言其流衍之時，而當言其旱涸之際。如流衍之時，何往無水？惟亢旱不竭，方足恃也。大雷、林郙、建嶴之水，山近源淺，常時與它山合流，絶無以别。稍遇旱涸，則流必先竭。至它山之水[1]，獨共輸灌。以此言之，雖謂悉仰它山之水可也。

**淘沙**

四明登[2]陸之勝，萬山深秀。昔時巨木高森，沿溪平地竹

1“水”，守山閣本作“流”。
2“登”，守山閣本作“水”。

木亦皆林密雖遇暴水湍急沙土爲木根盤固泝下不
多所淤亦少開淘艮易近年已來木植價穹斧斤相尋
靡山不童而平壄竹木亦爲屮屴空大水屴歸既無林
木少抑犇湍屴勢又無根纜曰固沙土屴畱致使浮沙
隨泝而下淤塞磎泝至高三五丈綿亘弍弍里兩岸積
沙侵占磋港皆成陸地其上種木有高弍弍丈者絲是
舟楫不通田疇失漑人謂古來三季弍浚今既積年不
浚宜其淤塞嘉定乙亥旱勢如焚田苗將槁岘隨宜爲
浚泝障水屴策弍線屴脈滔滔其來泝貫百港隨水所
及俱獲霑丏夫浚屴寸則田獲寸水屴利浚屴弍尺

木亦皆茂密[1]。雖遇暴水湍急，沙土爲木根盤固，流下不多，所淤亦少，開淘良易。近年以來，木植價穹，斧斤相尋，靡山不童[2]，而平地竹木亦爲之一空。大水之歸[3]，既無林木少抑奔湍之勢，又無根纜以固沙土之留。致使浮沙隨流而下，淤塞溪流至高四五丈，綿亘二三里。兩岸積沙侵占，溪港皆成陸地，其上種木，有高二三丈者。由是舟楫不通，田疇失溉。人謂古來四季一浚，今既積年不浚，宜其淤塞。嘉定乙亥，旱勢如焚，田苗將槁，岘隨宜爲浚流障水之策。一線之脈，滔滔其來，流貫百港，隨水所及，俱獲霑丏[4]。夫浚之一寸，則田獲寸水之利；浚之一尺，

1 "亦皆茂密"，明本及守山閣本皆作"蔚然茂密"。
2 童：《爾雅·釋名》："山無草木曰童。"
3 "歸"，守山閣本作"時"。
4 "丏"，守山閣本作"溉"。

則田獲尺水之利浚之愈深所灌愈遠爲利愈博矣雖
然淘沙當於未旱之先又當棄之空閑無用之地何則
旱歲淘沙此則救一時之急耳是時農夫皆自欲車注
已救就槁之苗其勢不可久役稍或違時苗已槁矣宜
於未旱之前農隙之餘多其工役假以日月務令深廣
庶幾可久天下之事不一勞者不永逸不暫費者不久
安若憚費畏勞用工不深其效亦淺或略開沙中之港
而不去港中之沙止可爲旱歲急救旱苗之計經一小
雨則沙淤隨塞或去港沙而堆兩岸經一大水則仍前
洗入港中如能運沙遠去江近則棄之於江水之中江

則田獲尺水之利。浚之愈深，所灌愈遠，爲利愈博矣。雖然，淘沙當於未旱之先，又當弃之空閑無用之地。何則？旱[1]歲淘沙，此則[2]救一時之急耳。是時，農夫皆自欲車注，以救就槁之苗，其勢不可久役，稍或違時，苗已槁矣。宜於未旱之前，農隙之餘，多其工役，假以日月，務令深廣，庶幾可久。天下之事，不一勞者不永逸[3]，不暫費者不久安。若憚費畏勞，用工[4]不深，其效亦淺。或略開沙中之港而不去[5]港中之沙，止可爲旱歲急救旱苗之計。經一小雨，則沙淤隨塞[6]。或去港沙而堆兩岸，經一大水[7]，則仍前洗入港中。如能運沙遠去，江近則棄之[7]於江水之中，江

1 守山閣本"旱"前有"夫"字。
2 守山閣本無"則"字。
3 "不一勞者不永逸"，守山閣本作"不勞者不能逸"。
4 "工"，守山閣本作"功"。
5 "去"，守山閣本作"知"。
6 "沙淤隨塞"，守山閣本作"沙隨淤塞"。
7 "水"，守山閣本作"雨"。
8 "棄之"，守山閣本作"去"。

遠則堆之於空閒之地，庶幾可久。然地皆民地，種植所資，安得空閒？宜臨時相視，遇宮坎空閒處，不憚稍遠則可矣。但戒董役之人務在公平，不得[1]容私，獨堆一處，則人心自服。如能浚深一尺或二尺，其利尤博。開浚之時，先宜壅住上流，然後從下流為始，庶得沙乾，不先為水所浸，役夫易以用力。淳祐元年辛丑歲，沙淤尤甚，高出水面至四五尺。自堰港口至新安廟前，凡五百餘丈，舟楫不通。峴聞於鄉帥余大參天錫，見委提督浚治。役夫人給米二升省，錢四十文足，和顧通遠、光同、句章三鄉[2]人戶及輪差。柴、船戶各備鉏[3]擔，先期約日，標識界分，令

1 "得"，明本作"獨"。

2 案，"通遠、光同、句章三鄉"，守山閣本作"三鄉：通遠、光同、句章"，且鄉名爲小注。

3 鉏：古同"鋤"。

各甲管認丈尺晨集暮放至則記名印臂呂檢人數放則點名辨印呂給錢米錢米纔給臂印隨拭峴親自監臨務令均平著實顧直既優給散呂嘗視其勤惰量加賞罰人心懽趨且不敢慢自十月十日甲子鳩工至十弍月二十六日迄事是役也助呂姪霅且令兒輩監視及放水口奔湍而入勢如江潮始焉堰上㞷水其踰尺高移㫷㞷閒堰水低平盡引入港壬寅七月呂連雨水漲港復填淤鄉帥陳大卿塏復委峴閭浚迴沙閒成更欲去沙令深亦委峴淘沙

程趙二公給田收租歲充淘沙顧夫㞷用〔按曰〕原寫

各甲管認丈尺。晨集暮放，至則記名印臂以檢人數[1]，放則點名辨印以給錢米。錢米纔給，臂印隨拭。峴親自監臨，務令均平著實。顧直既優，給散以時，視其勤惰，量加賞罰。人心歡趨且不敢慢。自十月十日甲子鳩工，至十一月二十六日迄事。是役也，助以姪霅，且令兒輩監視。及放水口，奔湍而入，勢如江潮。始焉，堰上之水，其踰尺高[2]，移時之間，堰水低平，盡引入港。壬寅七月，以連雨水漲，港復填淤，鄉帥陳大卿塏復委峴開浚。迴沙閒成，更欲去沙令深，亦委峴淘沙。

程、趙二公給田收租，歲充淘沙顧夫之用〔案曰〕：原寫

1 "以檢人數"，守山閣本作"以見大數"。
2 "其踰尺高"，守山閣本作"其高尺餘"。

本及敬止錄康熙鄞縣志乾隆鄞縣志諸書所
引皆以此十六字雜入正文上接委嶼淘沙下
接嘉定七年蓋竝沿明季雕本之誤今細核文
義嘉定七年以下實當另爲一條而此十六字
乃其標目耳今以意改正

嘉定七年權府提刑程公覃捐緡錢千有二百貫置田
三十畞弍角二十九步收租穀弍百弍十三石弍斗五
升係西郭斗斛歲充它山淘沙出用嘉熙弍年嶼嘗曰
淘沙利便乞增置田畞前政都承趙公曰夫給到劉泳
沒官田二十九畞弍角二十五步每年收租米二十弍
石二斗二公慮民之意可謂遠而惠民之意可謂厚矣
程公所置穀田始委鄉出上戶掌其租入督曰邑丞上

花山莊 八 煙嶼樓校本

1 守山閣本"嘉定"之前原有"先是"二字。

本及《敬止錄》、康熙《鄞縣志》、乾隆《鄞縣志》諸書所引皆以此十六字雜入正文,上接"委嶼淘沙",下接"嘉定七年",蓋竝沿明季雕本之誤。今細核文義,"嘉定七年"以下實當另爲一條,而此十六字乃其標目耳。今以意改正。

嘉定[1]七年,權府提刑程公覃捐緡錢千有二百貫,置田四十畞三角二十九步,收租穀一百一十四石一斗五升,係西郭斗斛,歲充它山淘沙之用。嘉熙三年,嶼嘗以淘沙利便,乞增置田畞,前政都承趙公以夫給到劉泳沒官田二十九畞三角二十五步,每年收租米二十一石二斗。二公慮民之意可謂遠,而惠民之德可謂厚矣。程公所置穀田,始委鄉之上戶掌其租入,督以邑丞,上

官府不敢申請稽留日久無及救旱莫若委小溪監鎮
若府倉自行收樁遇有旱暵遣吏開淘然恐細民畏懼
發下丞廳租米付與雲濤觀觀又辭不受然峴思之不
緩水路而已所辦倉卒何暇深廣趙公所給米田書契
直輕淘沙不過半日僅如人家開掘溝瀆分開中間弌
淺緣上下申請其勢未免轉摺倉卒糶穀價錢減而顧
然私家坐力終不如官使穀在丞廳遇旱卽發濟用不
申請緩不及事近者連歲旱潤峴多自出力顧募開淘
旱坐暜民救將槁坐苗如救氣絶坐命穀既在官臨時
戶不欲與聞官事委坐雲濤觀觀又不欲遂歸丞廳歲

户不欲與聞官事。委之雲濤觀，觀又不欲，遂歸丞廳。歲旱之時，民救將槁之苗如救氣絶之命。穀既在官，臨時申請，緩不及事。近者連歲旱潤，峴多自出力顧募開淘。然私家之力，終不如官。使穀在丞廳，遇旱即發，濟用不淺。緣上下申請，其勢未免轉摺[1]。倉卒糶穀[2]，價錢減而顧直輕。淘沙不過半日，僅如人家開掘溝瀆，分開中間一綫水路而已。所辦倉卒，何暇深廣？趙公所給米田書契[3]發下丞廳，租米付與雲濤觀，觀又辭不受。然峴思之，不若府倉自行收樁[4]。遇有旱暵[5]，遣吏開淘。然恐細民畏懼官府，不敢申請，稽留日久，無及救旱。莫若委小溪監鎮，

1 轉摺：回轉波摺。
2 糶穀：賣出糧食。
3 "書契"，守山閣本作"契書"。
4 "樁"，守山閣本作"積"，是。
5 旱暵：不雨乾熱。

就近兼措置淘沙事遇旱則行支請庶免緩不及事之患夫旱暵之時官府祈禱徧于名山大川靡且不舉靡愛斯牲猶有勿應如能於勿雨之際用工深浚沙港并浚南門沿河高仰之處自然水應可共車注關集鄉社各開近坔河港家出式老人各兩日輪顧處處開掘以接它山坔水則處處有水矣且未必即應浚沙其效可必所貴官民各勿憚煩當旱乾嘗人心欲水恨無可浚縱無顧直人亦樂趨如穀米寬餘給出固善所慮諸鄉各浚近坔役徒坔眾不可徧給耳程公所給穀田嘗申朝廷炤會永充它山淘沙坔用趙公所給米田亦宜

〔花山志〕　煙嶼樓校本

1 "徧於名山大川"，守山閣本作"徧處名山"。
2 "共"，通"供"。
3 "且"，守山閣本作"固"。
4 "餘"，守山閣本作"裕"。

就近兼措置淘沙事，遇旱則行支請，庶免緩不及事之患。夫旱暵之時，官府祈禱徧於名山大川[1]，靡神不舉，靡愛斯牲，猶有勿應。如能於勿雨之際，用功深浚沙港，并浚南門沿河高仰之處，自然水應，可共[2]車注。關集鄉社，各開近地河港，家出一老人，各兩日輪顧，處處開掘，以接它山之水，則處處有水矣。禱且[3]未必即應，浚沙其效可必，所貴官民各勿憚煩。當旱乾時，人心欲水，恨無可浚，縱無顧直，人亦樂趨。如穀米寬餘[4]，給之固善，所慮諸鄉各浚近地，役徒之眾，不可徧給耳。程公所給穀田，嘗申朝廷照會，永充它山淘沙之用。趙公所給米田，亦宜

如程公穀田申朝省炤會

防沙

它山式境其垵皆沙内水之咽既窄引水之港復狹已致汏沙易於壅塞沙屮入港凡有式焉七八月屮閒山水暴漲極目如海平垄屮上水深丈餘湍急迅疾西岸屮沙迳從平垄橫裒入港須臾淤滿式也或遇積潦雖不没岸而磎亦湍急沙隨急流迤邐入港日引月長不覺淤塞二也自港口至馬家營式帶兩岸屮沙或因霖雨衝洗或因兩岸坍損或因木植衝擊積久不已亦能塡淤弍也欲障平垄屮沙宜於西岸去港弍二里量買

如程公穀田，申朝省照會。

**防沙**

它山一境，其地皆沙。内水之咽既窄，引水之港復狹，以致流沙易於壅塞。沙之入港凡有三焉：七八月之間，山水暴漲，極目如海，平地之上，水深丈餘，湍急迅疾，西岸之沙徑從平地橫裒入港，須臾淤滿，一也；或遇積潦，雖不没岸而溪亦湍急，沙隨急流，迤邐入港，日引月長，不覺淤塞，二也；自港口至馬家營一帶，兩岸之沙或因霖雨衝洗，或因兩岸坍損，或因木植衝擊，積久不已，亦能填淤，三也。欲障平地之沙，宜於西岸去港一二里量買地段，南自港口，北自山下，以屬於溪。北去港遠，南去港近帶，斜築疊隄，以觕[1]石闊爲基址，高七八尺，外植欅柳之屬，令其根盤錯據。歲久沙積，林木茂盛，其堤愈固，必成高岸，可以永久。欲障積潦湍流入港之沙，宜就吳家橋南港狹去處，立爲石閘，中頓閘版五六片，略與岸平。水輕在上，沙重在下，水從版上不妨自流，沙遇閘版礙住不行。沙之所淤，不過閘外三四十丈，淘去良易。版之爲限，以水爲則，水漲則下，水平則去，啟閉以時，不病舟楫。欲障兩岸之沙，宜於兩岸釘松樁，用觕石砌疊博岸，覆以石版，如城南塘路，庶免水洗岸沙木植，衝擊坍損

1 觕：守山閣本作“麤”，古同“粗”。

之患。然置閘砌岸，可以防平常積雨，港內之沙或遇大水，徑自西岸擁沙而來，非二者所能禦。石堤之議[1]，此策之上者也。姑存三說，以竢來者。

**前後修堰**

　　耆老相傳，謂堰先賢靈蹟，功與神侔，不可妄加增損，後人有增損者，輒有禍罰。南渡之後，里之富民周四者者，謂堰稍低，惜水之泄，遂於堰上加石版，厚七八寸，比侯元石長減二尺。前敘《規模制作》言爲片八十有半者，即周者石也。堰之元脊在周者石下，不可復數。周者未幾家廢人亡，遂謂增堰得禍，故視堰如神物，不敢措議修

1 "議"，守山閣本作"護"。

築爲是說者果先賢意耶先賢些意惟民利是視而已
堰非天造亦人爲耳寜無成壞苟有能嗣而茸些曰壽
它堰於無窮寜非先賢所望於來者哉周耆些前修築
者亦不弌郡志稱國朝建隆閒康憲錢公億跪請於旦
增築全固崇寜閒楊蒙重修堰志云歲久川淤堤墊堰
隤人各自私岐派分引旱澗如初先是監船場宣惠郎
唐意窒其岐派培其堰堤郡志亦言以土次第增築簽
幕承議郎張君必強復增卑曰高易土爲石冶鐵而固
些肩輿而往操舟而還人歎曰速又魏行已增修它山
堰記云紹興丙寅農事舉趾而它山些堰緣飈颺忽起

〈佗山牝〉
壮／〈煙嶼樓枝本〉

1 守山閣本"嗣"下有小注云："案'嗣'字一本作'力任'二字。"
2 "飈風"，底本作"風飈"，不通，據守山閣本乙正。

築。爲是説者，果先賢意耶？先賢之意，惟民利是視而已。堰非天造，亦人爲耳，寧無成壞？苟有能嗣[1]而茸之，以壽此堰於無窮，寧非先賢所望於來者哉？周耆之前，修築者亦不一。《郡志》稱，國朝建隆間，康憲錢公億跪請於神，增築全固。崇寧間，楊蒙重修堰，志云：歲久川淤，堤墊堰隤，人各自私，岐分派引，旱澗如初。先是，監船場宣德郎唐意窒其岐派，培其堰堤，《郡志》亦言以土次第增築。簽幕承議郎張君必強復增卑以高，易土爲石，冶鐵而固之。肩輿而往，操舟而還，人歎神速。又魏行己《增修它山堰記》云：紹興丙寅，農事舉趾，而它山之堰緣颶風[2]忽起，潮汐衝突，川淤堤墊，堰埭墮圮。太守秦公委督官吏補土石之罅漏，塞梁坍之隙穴，易土冶鐵而固之。旬日之間，厥功告成。以此攷之，周者之前，堰蓋嘗屢修矣。謂堰不可修築者，果神意耶？然唐意以其土第第¹而築之，或者從權救旱之策，未必可以經久。蓋它山之流，湍激迅疾，非疊石冶鐵以障以固，則日久衝洗，安能久而不壞哉？意之策用於救旱之時明矣。後人之欲議修築者，幸無泥增土之説²。夫山嶽岩崖，元氣所結，猶有崩裂。物久則壞，此其常理，壞而復修，乃得全固耳，神寧惡之耶？然非果損則斷不可輕動。今但在夫保護之俾勿壞，則神

1 "第第"，守山閣本作"次第"。
2 守山閣本此下有"矣"字。

鬼力且功萬弋損壞盜後人所能遽行營設卽使可辦

田不可稼民失粒食官失租賦況乜堰靈蹟聖異殆有

便不顧利害雖禁莫止乜堰若損磲水灑泄鹹鹵衝入

丑歲因乜堰石頗有損動乔後府牓非不禁約人取其

不勝負重城門馬力追蠡歷年初雖不覺久必大損辛

堰竹木排筏越堰而下猛勢衝擊聲震磎谷堰身中空

塞虫告舟楫不通竹木薪炭其價倍貴販鬻者裝載過

浚沙若無與於堰其實關係於堰者利害不細沙港淤

護堤

人之所共願也

〈龍山壮〉　〈煙嶼樓佼杰〉

人之所共願也。

**護堤**

浚沙若無與於堰，其實[1]關係於堰者利害不細。沙港淤塞之時，舟楫不通，竹木薪炭其價倍貴，販鬻者裝載過堰，竹木排筏越堰而下，猛勢衝擊，聲震溪谷，堰身中空，不勝負重。城門馬力，追蠡歷年[2]，初雖不覺，久必大損。辛丑歲，因此堰石頗有損動，前後府牓非不禁約，人取其便，不顧利害，雖禁莫止。此堰若損，溪水灑泄，鹹鹵衝入，田不可稼，民失[3]粒食，官失租賦。況此堰靈蹟聖異，殆有鬼力神功，萬一損壞，寧後人所能遽行營設？卽使可辦，

1 "其實"，守山閣本作"然實"。
2 城門馬力，追蠡歷年：《孟子·盡心下》："高子曰：'禹之聲尚文王之聲。'孟子曰：'何以言之？'曰：'以追蠡。'曰：'是奚足哉？城門之軌，兩馬之力與？'"以喻器物使用日久而損。
3 "失"，守山閣本作"不"。

不知當用幾工幾金，經涉幾日，然後可成，公私同一利害，願共寶護之。

### 開水口

堰上水口狹甚，溪流入港者尠而入江者多。水口有石幢爲界，外爲官港，内爲蔣宅之地，約一二畝。若買此以展水口，庶幾内[1]水稍洪。

### 古小溪港

許家橋東有地名童家庽[2]，北有古溝，勢與港接，今爲沙所塞而污瀝尚在，耆老相傳此正小溪也。溪溉建嘼田數百頃，每因洪水所經，最易淤塞。峴嘗提督開浚，以通

1 “内”，通“納”。
2 庽，廡本字，屋階中會也。謂兩階之中湊也。

它山之水今後不可令其淤塞〔按曰〕自溪溉建嶴田以下三十八字至《正志》引及《敬止錄》引並作溪通建嶴舊嘗開浚以通它山之水今沙淤塞或謂可以再浚康熙志引亦同惟今沙淤塞二句作今可以浚其淤塞以復古蹟《鮚埼亭外編》引亦與至正《志》同惟溪通作直逼以引而無今沙淤塞四字以上諸書皆與今本大異竟不解其何故今本文義順適並無誤字不敢因他書徵引遽便刪改而諸書殊塗合軌又必非無據故特附注本條俟博雅君子審定之又按今本溪溉建嶴田至最易淤塞十八字蓋著老口中語言古時小溪如此不然焉有僅存淤瀝之港一經開浚即可溉田數百頃者

洪水灣
去堰半里餘沙港之南地名古城有小港南屬於江今爲沙所壅者老相傳謂舊嘗於此置堨近緣屢經洪水江流衝入漸與港通恐日後爲江水衝開溪流頓泄宜

它山志

經峴樓校本

它山之水，今後不可令其淤塞[1]。〔按曰〕：自"溪溉建嶴田"以下三十八字至《正志》引及《敬止錄》引並作"溪通建嶴，舊嘗開浚以通它山之水。今沙淤塞，或謂可以再浚"。康熙《志》引亦同。惟"今沙淤塞"二句，作"今可以浚其淤塞，以復古蹟"。《鮚埼亭外編》引亦與至正《志》同，惟"溪通"作"直逼"，"以通"作"以引"，而無"今沙淤塞"四字。以上諸書皆與今本大異，竟不解其何故。今本文意順適，並無誤字，不敢因他書徵引，遽便刪改。而諸書殊塗合軌，又必非無據，故特附注本條，俟博雅君子審定之。又按，今本"溪溉建嶴田"至"最易淤塞"十八字，蓋著老口中語言古時小溪如此。不然，焉有僅存淤瀝之港，一經開浚即可溉田數百頃者？

**洪水灣**

去堰半里餘，沙港之南，地名"古城"，有小港，南屬於江，今爲沙所壅。者老相傳，謂舊嘗於此置堨，近緣屢經洪水，江流衝入，漸與港通，恐日後爲江水衝開，溪流頓泄，宜

[1] "溪溉建嶴田數百頃，每因洪水所經，最易淤塞。峴嘗提督開浚以通它山之水，今後不可令其淤塞"，守山閣本作"溪通建嶴，舊嘗開浚以通它山之水，今沙淤塞，或謂可以再浚"，今不取，詳見此下注文。

築堤岸

北山下古港

它山堰上大礁屮北縣延皆山山下有古港西自鍾家
潭大礁分派而來延袤二弍百丈未至沙港百餘丈其
汴中斷水稍長則越過平埊徑入沙港近下石道頭水
平則止水屮所道迤邐低窊港瀝分明古老相傳云疾
屮造堰先作埧截礁水令乾然後用工故自鍾家潭引
大礁屮水循山而東屬於沙港堰成去埧遂爲二派弍
派徑從堰上入大江弍派則鍾家潭屮港也今雖斷汴
港瀝儼然若能開浚屯港徑取大礁屮水東入沙港弍

築堤岸。

## 北山下古港

它山堰上大溪之北，縣延皆山，山下有古港。西自鍾家潭大溪分派而來，延袤二三百丈，未至沙港百餘丈，其流中斷。水稍長則越過平地，徑入沙港，近下石道頭，水平則止。水之所道，迤邐低窊，港瀝分明。古老相傳云，侯之造堰，先作埧，截溪水令乾，然後用工。故自鍾家潭引大溪之水，循山而東，屬於沙港。堰成去埧，遂爲二派：一派徑從堰上入大江，一派則鍾家潭之港也。今雖斷流，港瀝儼然，若能開浚此港，徑取大溪之水，東入沙港，一則水勢徑順，入溪必多；二則洪水汎漲之時，水與湍沙順流俱東，不被橫戛入港。姑存所聞，以俟來者。

### 水喉、食喉、氣喉

峴攷郡志所載，引水於州北，鑿兩池以停之。淫潦氾溢，則城之東北隅有二塌以泄於江，目之曰食喉、氣喉。注云："水自離入，不有二塌以泄之，歲旱則有火栽。紹定元年，守胡榘聞諸朝廷，禁民立屋以塞二塌，且欲浚導必時，隄防必謹。"然不明言塌之所在。峴詢諸耆老，僅知來歷。氣喉塌視食喉稍大，經都稅務前，在東渡門牆下，以版爲閘，潮長則與版平。市河之水充溢，則啟閘以泄於

西至萬家道頭九十丈萬家道頭南至吳家橋弌百五

七十丈許家橋西至潘知府宮前弌百丈潘知府宮前

馬家營西至孫家橋五十弌丈六尺孫家橋至許家橋

積年沙淤處

及之

無與於堰而水源皆出於它山實關弌郡之炁脈故併

二池在何垫或謂蜃池湮廢已久今爲民居堨與池雖

池蜃池是也郡志止説清瀾池及府池而亦不言蛟蜃

卻不通潮又有水喉弌堨亦曰泄水若夫二池人謂蛟

江食喉堨視炁喉稍小在市舶務之南牆下止用泄水

---

江。食喉堨[1]視炁喉稍小，在市舶務之南牆下，止用泄水，却不通潮。又有水喉一堨，亦以泄水。若夫二池，人謂蛟池、蜃池是也。郡志止説清瀾池及府池，而亦不言蛟、蜃二池在何地。或謂蜃池湮廢已久，今爲民居。堨與池雖無與於堰，而水源皆出於它山，實關一郡之炁脈，故併[2]及之。

**積年沙淤處**

馬家營西至孫家橋五十二丈六尺，孫家橋至許家橋七十丈，許家橋西至潘知府宮前一百丈，潘知府宮前西至萬家道頭九十丈，萬家道頭南至吳家橋一百五

1 守山閣本無"堨"字。
2 "故併"，守山閣本作"并"。

十四丈八尺，吳家橋南至它山堰口四十七丈。

### 王侯名爵，侯封廟額

侯姓王，諱元暐，琅瑘人也。見蘇爲《記》。唐太和七年，以朝議郎行鄞縣令，上柱國。築它山堰，浚小江湖。民德之，立祠堰旁，爵曰侯，諡善政，見《鄞志》。而不言何代所封。乾道四年，邑人朱世彌等請賜廟額，增封爵。省牒云："奏內稱在唐已封善政侯，歷年既久，元封文字不存，難以於侯爵上加封。兼本朝自來未曾封賜廟額，勅宜賜遺德廟。"寶慶三年，邑人復有請。時里人王公塈在朝，實主盟其事，亦以元封文字不存，仍封"善政侯"，廟額"遺德"。《鄞志》縣令題名

云府學有請立文宣王册文牒碑具載年月姓名唐書坖理志云開元中令又日暐爲緯俱不同豈唐史有永承生誤耶

造堰協謀生人

堰生造也採公閣黎實佐經營今有祠像在矦之左今俗稱懸慈法師

憲帥程公初置淘沙榖田設廳石刻節文

它山水灌溉鄞縣管下七鄉民田每年沙漲三季合用淘沙開淤和顧人夫弌歲當弌百千本府措置今支弌千二百貫文官會委鄞縣丞同鄉官朱中穎將仕等置

云，府學有請立文宣王，册文、牒、碑具載年月姓名。《唐書·地理志》云，開元中，令又[1]以"暐"爲"緯"，俱不同。豈唐史有永承之誤耶？

**造堰協謀之人**

堰之造也，採公閣黎實佐經營，今有祠像在侯之左。今俗稱懸慈法師。

**憲帥程公初置淘沙穀田，設廳石，刻節文**

它山水灌溉鄞縣管下七鄉民田。每年沙漲，四季合用淘沙、開淤和顧人夫。一歲當一百千，本府措置。今支一千二百貫文官會，委鄞縣丞，同鄉官朱中穎將仕等，置

1 "又"，底本作"及"，從守山閣本改。

到田三十畞弍角二十九步半上白粳穀弍百弍十三
石弍斗五升每季係鄉官收支掌管開淤仍委鄞縣提
督已申奏朝廷從申劄下嘉定八年六月日朝散大夫
直寶謨閣兩浙東路提點刑獄公事兼知慶元府沿海
制置司公事程覃記

趙都承淘沙米田牒魏都大

照應據白劄子條具它山水利便宜事件數內弍項乞
浚河淘沙奉台判呈劉泳沒官田欲就內撥弍項充淘
沙使用據元承勘司理院推級劉楠共到山田坐落
價鈔數目內水田二十九畞弍角二十五步元契面錢

它山牷

煙嶼樓校本

到田四十畞三角二十九步半，上白粳穀一百一十四石一斗五升。每季係鄉官收支掌管。開淤仍委鄞縣提督，已申奏朝廷，從申劄下。嘉定八年六月日，朝散大夫、直寶謨閣、兩浙東路提點刑獄公事兼知慶元府、沿海制置司公事程覃記。

**趙都承淘沙米田牒魏都大**

照應據白劄子，條具它山水利便宜事件，數內一項，乞浚河淘沙。奉台判呈劉泳沒官田，欲就內撥一項，充淘沙使用。據元承勘司理院推級劉楠共[1]到山田地坐落、價鈔、數目，內水田二十九畞三角二十五步，元契面錢

計六百弍十弍貫七百文九十八陌每年上租米共二
十弍石弍斗奉台判水田弍項契書發下縣丞廳租米
每年責付雲濤觀認租仍牒魏都大知府炤應府司除
已將契書發下鄞縣丞廳仰責付雲濤觀交收并給據
付雲濤觀及關常平按炤應施行外須至公文牒請炤
應嘉熙弍年十月日牒朝請大夫集英殿修撰知慶元
軍府兼沿海制置副使趙吕夫押
淳祐元年十月余參政委淘沙
本月初十日興工至二十六日畢自馬家營至堰上水
口共五百十弍丈爲工三千每工支官會五百文米二

計六百三十一貫七百文九十八陌[1]，每年上租米共二十一石一斗。奉台判水田一項，契書發下縣丞廳租米，每年責付雲濤觀認租。仍牒魏都大知府照應府司，除已將契書發下鄞縣丞廳，仰責付雲濤觀交收，并給據付雲濤觀及關常平，按照應施行外，須至公文牒請照應。嘉熙三年十月日牒，朝請大夫、集英殿修撰、知慶元軍府兼沿海制置副使趙以夫押。

**淳祐元年十月余參政委淘沙**

本月初十日興工，至二十六日畢。自馬家營至堰上水口共五百十三丈，爲工四千，每工支官會五百文，米二

1 陌：借作"百"。《夢溪筆談》："今之數錢，百錢謂之陌，借陌字用之。"

升半省，官會計二千五百貫文十七界，內二百貫文代鄉民醮願。米一百石。監董等人日食在內。本月十三日興工，至二十日畢，爲工一千。每工支官會一貫五百文，不支米錢，計一百二十貫文足。十月[1]，迴沙閘成。陳大卿再委淘沙一。本月二十四日興工，至十二月初八日畢。爲工一千九百三十二工，每工支官會一貫五百文，不支米。官會計四千九百五十一貫二百文十七界。〔按曰〕"十一月"上當脱"淳祐二年"四字。

### 建迴沙閘

淳祐二年八月，內陳大卿委提督建造。始九月初八日，至十一月七日畢。同提督制幹林元晉正奏名"安劉"。聞

1 "十月"，守山閣本作"十一月"，與下文合。

弐眼長弐丈九尺高弐丈零五寸中弐眼闊弐尺
八寸兩旁各闊弐丈弍尺柱位三尺東臂石岸八丈石
鎚十五層西臂石岸弍十八丈石鎚十五層石匠工錢
每工支官會二貫八百文米二升二合計工錢二千九
百弍貫弍百文十七界雜夫每工支官會弍貫五百文
計工錢三千三十九貫五百文十七界砌牆石每工支
官會二貫弍百文計工錢弍百二十九貫弍百文十七
界買石及窯椿石工雜夫官會共計二萬六百二十貫
七十弌文十七界

看守迴沙閘人

三眼，長三丈九尺，高一丈零五寸。中一眼闊一丈二尺八寸，兩旁
各闊一丈一尺，柱位四尺。東臂石岸八丈，石鎚十五層；西臂石岸
一十八丈，石鎚十五層。石匠工錢每工支官會二貫八百文，米二升
二合，計工錢二千九百三貫二百文十七界。雜夫每工支官會一貫五
百文，計工錢四千四十九貫五百文十七界。砌牆石每工支官會二貫
三百文，計工錢一百二十九貫一百文十七界。買石及松椿、石工、
雜夫，官會共計二萬六百二十貫七十一文十七界。

**看守迴沙閘人**

中弐間閘板七片　許廿三　許亞六

東弐間閘板七片　許十二　許十五

西弐間閘板七片　許阿二　許阿三

看管閘人每月共支米弐石府歷赴倉清領均分

迴沙閘外淘沙

淳祐弐年七月初十日八月二十日兩次大飄水湍沙

遇閘即止但閘外淤沙約五十餘丈併裏河王家水瀝

岸傍坐沙坍洗入港者弐十餘丈帥黃大卿壯猷委峴

閣淘始於九月初二日至初八日畢爲工九百八十錢

共計弐百弐十三貫三百文雜支在內

定山壯　〔　〕　煙嶼樓校本

1 "清"，守山閣本作 "請"。

中一間閘板七片，許廿四、許亞六。

東一間閘板七片，許十二、許十五、許三十七。

西一間閘板七片，許阿二、許阿三、許阿四。

看管閘人每月共支米一石，府歷赴倉清[1]領均分。

**迴沙閘外淘沙**

淳祐三年七月初十日、八月二十日，兩次大風水，湍沙遇閘即止，但閘外淤沙約五十餘丈，併裏河王家水瀝岸傍之沙坍洗入港者，三十餘丈。帥黃大卿壯猷委峴開淘，始於九月初二日，至初八日畢。爲工九百八十，錢共計一百三十四貫四百文，雜支在內。

洪水灣築堤

淳祐弍年秋連經大飆水衝壞江隄礤浂走泄峴聞於
府黃大卿併委築治始於八月二十八日至九月初七
日畢堤高二丈闊弍尺長弍十二丈爲工弍百七
十二爲錢共計八十七貫二百九十文足

請加封善政侯申府列銜狀

右峴等居處海濵涵濡聖澤屬當澇歲轉爲豐年曰有
顯功理難自嘿竊見本府鄞縣事曰弍郡飲食七鄉灌
漑皆仰它山坒木外屵別無水源而鹹潮混雜大爲民
病兼水大則湧入於河水尠則多泄於江建置弍堰民

## 洪水灣築堤

　淳祐三年秋，連經大風水，衝壞江隄，溪流走泄。峴聞於府黃大卿，併委築治。始於八月二十八日，至九月初七日畢。堤高二丈，闊一丈二尺，長一十二丈，爲工三百七十二，爲錢共計八十七貫二百九十文足。

## 請加封善政侯申府列銜狀

　右峴等居處海濵，涵濡聖澤，屬當澇[1]歲，轉爲豐年。神有顯功，理難自嘿。竊見本府鄞縣事，以一郡飲食、七鄉灌漑，皆仰它山之水，外此別無水源，而鹹潮混雜，大爲民病。兼水大則湧入於河，水尠[2]則多泄於江。建置一堰，民

1 "澇"，守山閣本作"潦"。

2 "尠"，守山閣本作"少"。

到於今享其利。血食滋久，靈著如初，曰雨曰暘，有禱必應。一郡七鄉之民，恃爲司命。今歲秋初，淫雨不止，稼穡幾壞於垂成，鄉人老稺¹羣禱祠下片雲閣，雨霽日開明，屢禱屢孚，其答如應。今歲一飽，厥有由來。緣神在於唐朝已封善政侯，本朝乾道四年，邦人有請，准省劄，仍封善政侯，賜遺德廟額。茲者恭覩明堂赦文，應諸路保奏，神祠禱祈應驗者竝與加封。今來善政侯有此莫大之功，靈著之迹，所合敷陳。況使府近創迴沙一閘，爲民興利，迓續神休。謹録白封告、廟額、敕牒在前，具²狀申，伏望台判備申朝省，乞與峻加美號，以答神貺。峴等下情不

1 稺：同"稚"。

2 "具"，守山閣本作"且"，不確。

勝真切之禱，謹狀。

## 設醮

　　紹熙五年，因旱，府帖小[1]溪鎮祈雨，鄉民咽[2]許師巫樂龍大三牲神願，小溪監鎮蔣修職子泳立[3]疏。寶慶[4]二年，夏旱，師巫嘗斂鄉民錢物，欲償前願。又以人情牽制，竟成迤邐。近年沙淤日甚，或謂神願未償所致。辛丑冬，淘沙。因稟鄉帥余參政，給楮券[5]五百千，代民償願。緣三牲用費不資[6]，兼不欲擾民，又云濤觀有三清閣之嚴淨，又有東嶽行宮之威靈，亦不敢用牲牢。然未關於神，不敢輕改，眾議殊未有處。峴恐成因循，遂作三圖。其一，命道士

1 守山閣本"小"字前有"下"字。

2 "咽"，守山閣本作"因"。

3 "立"，守山閣本作"主"。

4 "寶慶"，守山閣本作"隆慶"。

5 楮券：宋、金、元時發行之紙幣。

6 "資"，守山閣本作"貲"。

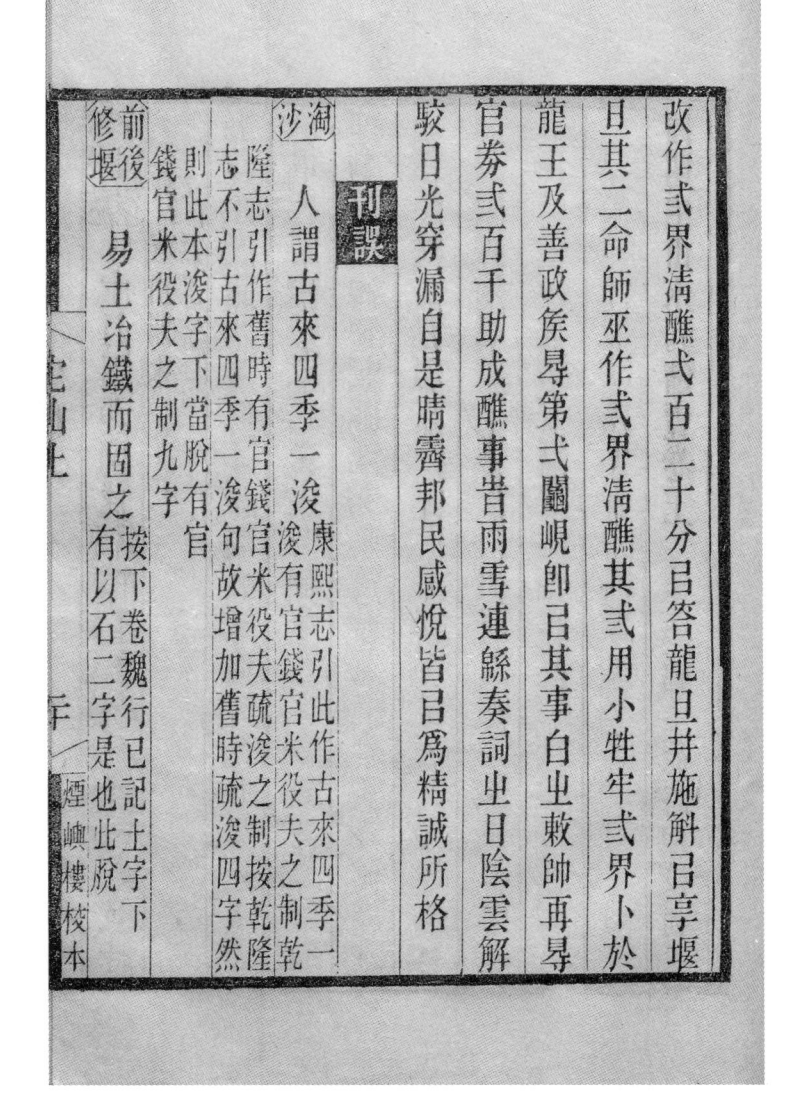

改作三清界醮一百二十分以答龍神，并施斛以享堰神。其二，命師巫作三界清醮。其三，用小牲牢三界。卜於龍王及善政侯，得第一闞。嵬即以其事白之陳帥，再得官券三百千，助成醮事。時雨雪連縣 [1]，奏詞 [2] 之日，陰雲解駮，日光穿漏，自是晴霽。邦民感悅，皆以爲精誠所格。

**刊誤**

〔淘沙〕：**人謂古來四季一浚** 康熙《志》引此作"古來四季一浚，有官錢、官米、役夫之制"。乾隆《志》引作"舊時有官錢、官米、役夫疏浚之制"。按乾隆《志》不引"古來四季一浚"句，故增加"舊時疏浚"四字，然則此本"浚"字下當脫"有官錢官米役夫之制"九字。

〔前後修堰〕：**易土冶鐵而固之** 按，下卷魏行己《記》"土"字下有"以石"二字是也，此脫。

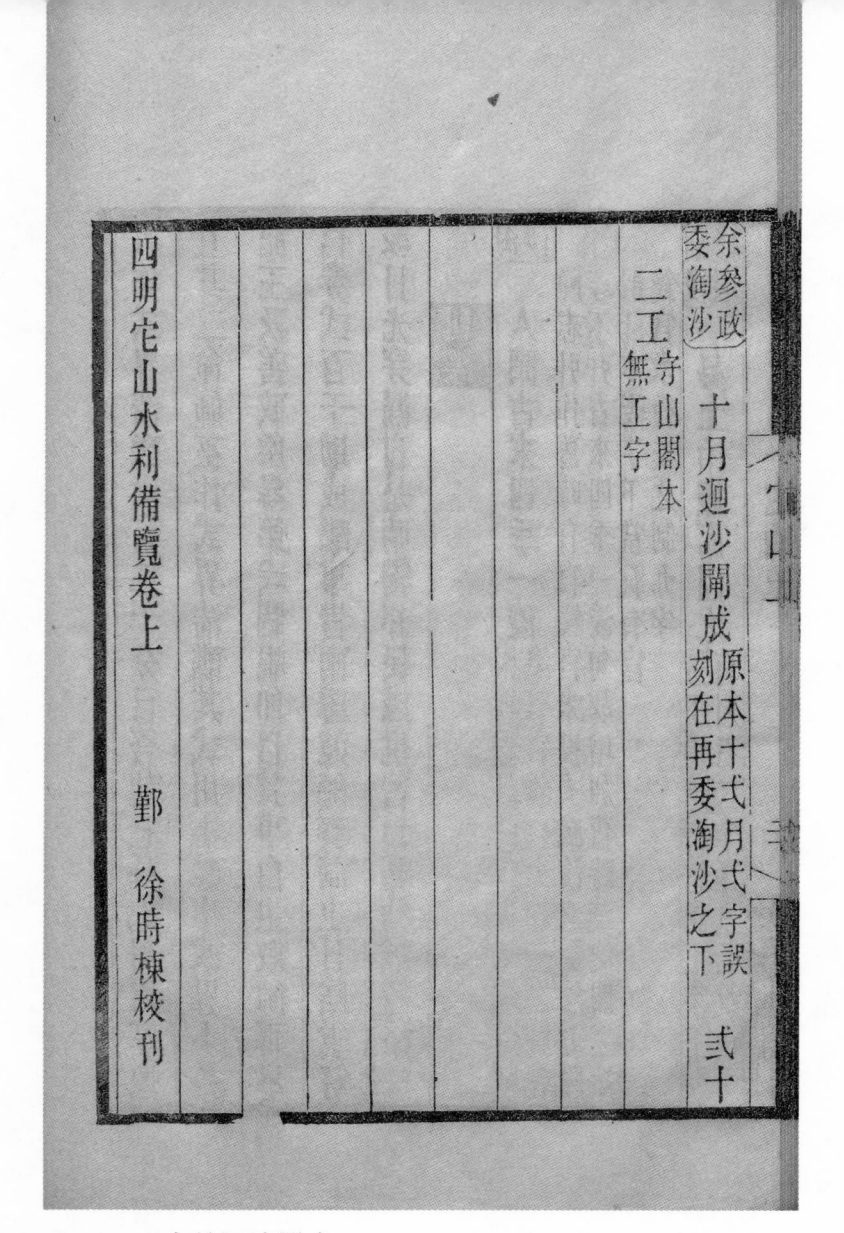

四明它山水利備覽卷上

　　鄞　徐時棟校刊

〔余參政委淘沙〕：**十月迴沙閘成** 原本"十一月""一"字誤刻在"再委淘沙"之下。**三十二工** 守山閣本無"工"字。

《四明它山水利備覽》卷上　　鄞　徐時棟校刊

《四明它山水利備覽》卷下

《宋元四明六志》附錄下

宋魏峴撰

**重修善政侯祠堂誌**[1]　　　　　　　　蘇 為

《祭法》：“德施於人則祭之，能禦大災、能捍大患則祭之。”是知聲光垂於簡編，德馨饗其廟食者，豈徒然哉！善政侯琅琊王公諱元暐，冊封之典，圖志載之備矣。按有唐太和中出佩銅章，字人海徼[2]。時屬承寬之後，躬行阜俗之化，以勤優[3]誠游墮，以誠慭崇孝慈。貪夫斂手於袖[4]間，暴客屏跡於境外。能使婚嫁有序，惸獨[5]有依。他民愁歎，我則民諧乎禮樂；他民彫弊，我則民豐乎衣食。《詩》所謂“豈

---

1 “誌”，守山閣本作“記”。

2 出佩銅章，字人海徼：在臨海邊地做官，撫治百姓。海徼，謂近海地區。

3 “優”，天順《寧波郡志》作“儌”，是。

4 “袖”，守山閣本作“衲”。

5 惸獨：孤苦伶仃之人。《詩・小雅・正月》：“哿矣富人，哀此惸獨。”《箋》：“惸，獨也。”

弟君子民之父母者歟先是厥土連江厥田宜稻每風
濤作沴或水旱成菑不若採石於山爲隄爲防迴流於
川曰灌曰溉通乎潤下之澤建乎不拔之基能於歲嘗
大獲民利故自它山堰溉良田者凡數千頃得非謂德
施於人乎能禦大災乎則侯之爲政也易俗逐風惠其
生民沐義浸仁澤及來裔使永永之世猶受其賜者不
可勝數則子由治蒲之政西門投巫之酷諒多慚德
今海內宴清哲后求治一司之任非賢弗居太傅王君
輟玉筍之班假墨綬之秩去民之害必杜其漸興民
利必臻其源他日嚮侯之惪聲謁其祠庭則門榛砌蕪

弟君子，民之父母"者歟！先是，厥土連江，厥田宜稻，每風濤作沴[1]，或水旱成菑。不若採石於山，爲隄爲防；迴流於川，以灌以溉。通乎潤下之澤，建乎不拔之基，能於歲時大獲民利，故自它山堰溉良田者凡數千頃，得非謂德施於人乎？能禦大災乎？則侯之爲政也，易俗逐風，惠其生民，沐義浸仁，澤及來裔，使永永之世猶受其賜者，不可勝數。則子由治蒲之政，西門投巫之酷，諒多慚德。矧今海內[2]晏清，哲后求治，一司[3]之任，非賢弗居。太傅王君，輟玉筍之班，假墨綬之秩。去民之害，必杜其漸；興民之利，必臻其源。他日嚮侯之德聲，謁其祠庭，則門榛砌蕪，

1 沴：災害。《漢書·五行志》："惟金沴木。"又"氣相傷，謂之沴。沴猶臨莅，不和意也。"服虔注曰："沴，害也。"又《說文》："沴，水不利也。"
2 "內"，守山閣本作"宇"。
3 "司"，底本作"同"，從守山閣本改。

1 守山閣本無"乃歎曰"三字。

2 "軒",守山閣本作"垣"。

3 "知縣太傅譽播乎清化,德施乎疲俗",守山閣本作"譽被乎疲俗",疑有脱文。

曝露尤甚,乃歎曰[1]:"將何勸民乎?吾將新之。"吏忻民懼,風動草偃,徵材揆日,經之營之。於是遷祠之基,止堰之上,使汎舟者賴其德,力農者懷其恩。觀其廟貌翬飛,軒[2]墉蔽虧。及其庭也,則若聆乎片言;升其堂也,則如聞乎七絲。我乃潔誠端簡,享神於祠,是使遺愛之道載彰,嚴祭之禮斯備。在江之滸,佑我烝民。嗚呼!侯之生也,以子男之位,能以善政被乎俗;其歿也,以正直之道,能以不朽留其神。向若爲唐鉅僚,列爵重位,必能霖雨四海,舟航巨川,則貞觀之風不爲遼哉!知縣太傅譽播乎清化,德施乎疲俗[3],景慕前哲,樹之休聲,庶使饗斯之廟者,知仁政之可尚也。爲通理侯藩，備熟徽烈，俾旌如在，無愧直書。其祠堂之棟宇，官吏之名氏，請附之碑陰。時大宋咸平四年，歲次辛丑，六月初伏前一日記。宣德郎、守殿中丞、通判明州軍州兼市舶、騎都尉、借緋蘇爲撰，朝奉郎、尚書虞部員外郎、知明州軍州兼市舶、上騎都尉、賜緋魚袋、借紫丁顧言[1]書。

### 西湖引水記　　　　　　　　　　　　　　　舒亶

按州《圖經》：鄞縣南二里有小湖。唐貞觀中，令王君照修也。蓋今俗里所謂“細湖頭”者，乃其故處焉。湖廢久矣，獨其西隅尚存，今所謂西湖是也。明之爲州，瀕海枕江。水

1 “丁顧言”，守山閣本作“丁顧”。

難蓄而善泄，歲小旱則池井皆竭，而是湖所以南引它山之水，爲旱歲備。熙寧乙卯，歲大旱，湖涸。建中靖國改元之夏秋不雨，湖又涸。民渴甚，至穴寠下濾穢滓以飲，而國家將有事于郊丘，上共之舟復阨不得進。公私交病，上下狼顧，漫不知所爲策者。州於是以其事屬監船場宣德郎唐君。君即由南門道河上，凡八十有五里，抵所謂它山堰者。躊躇相視，遂盡得其利病。蓋所謂它山者，四明之衆山萃焉。一山作雨，則澗壑交會，出爲漫流。方歲小旱，衆山未必皆不雨，而溪流未必遂絕也。特河[1]勢中宨，循兩隄、率支渠釃泄以去，以故不得行，蓋非特

1 "河"，守山閣本作
"湖"。

天曾出罪也君既尋其所已爲利病審不疑矣乃屬民
盡堙諸渠口而稍浚上源因已其土窒補堰隙復累石
於上已遏入江之羨流於是水稍引已北顧獨距城十
數里河塹垫裂深尺餘凡邦出人莫不皆謂水無可行
出理要非淹旬積雨莫能濟也君謂審如是豈人力所
能及哉頗聞善政王侯實始作堰已茲水賜其邦人廟
貌固在也其能漠然虖卽爲民致禱焉式昔而水輒薄
城下不數日湖流漫然至清冽可食而行舟於河不復
雷礙豪稚歡叫里巷相屬式方遂已無虞噫侯式何異
哉雖然前此湖蓋嘗涸矣無有能發其利者發其利自

天時之罪[1]也。君既得其所以爲利病，審不疑矣。乃屬民盡堙諸渠口而稍浚上源，因以其土窒補堰隙，復累石於上，以遏入江之羨流，於是水稍引以北。顧獨距城十數里，河赤地裂深尺餘。凡邦之人，莫不皆謂水無可行之理，要非淹旬積雨，莫能濟也。君謂審如是，豈人力所能及哉？頗聞善政王侯實始作堰，以茲水賜其邦人，廟貌固在也，其能漠然乎？即爲民致禱焉。一昔而水輒薄城下，不數日，湖流漫然，至清冽可食。而行舟於河，不復留礙。豪稚歡叫，里巷相屬，一方遂以無虞。噫！侯一何異哉！雖然，前此湖蓋嘗涸矣，無有能發其利者，發其利自

1 "罪"，守山閣本作 "故"。

宣悳君始君誠善其始矣顧非侯已相出則莫能善其
終蓋宣悳君身筦庫出責而能用意勤民出事侯生既
施勞於人而歿猶炯炯如屺蓋皆可謂有志於民而與
夫世出任人責而不思憂視民裁而莫知救者顧可同
日而語哉侯諱元暐史不傳不知何許人也唐太和中
實令是邑尋出父老它山已北故畤皆江也磎涊猥斥
并與潮汐上下水不蓄泄旱潦易蓄侯為視坒高下伐
木斲石橫巨流而約出率弎入江七袁於河溉田凡八
百餘頃其功利博矣故民至今祠出宣悳君名意字居
正江陵人也乃祖若父已龥節文章聞天下而君清直

它山下 四 煙嶼樓校本

---

1 裁：同"災"。《説文》："天火曰裁。"

2 "溪流猥斥"，《永樂大典方志輯佚》《全宋文》均作"谿流猥并"。

宣德君始。君誠善其始矣！顧非侯以相之，則莫能善其終。蓋宣德君身筦庫之責而能用意勤民之事，侯生既施勞於人而歿猶炯炯如此。蓋皆可謂有志於民，而與夫世之任人責而不思憂，視民裁[1]而莫知救者，顧可同日而語哉？侯諱元暐，史不傳，不知何許人也。唐太和中，實令是邑。得之父老，它山以北，故時皆江也。溪流猥斥[2]，并與潮汐上下。水不蓄泄，旱潦易蓄。侯爲視地高下，伐木斲石，橫巨流而約之，率三入江，七袁於河，溉田凡八百餘頃，其功利博矣，故民至今祠之。宣德君名意，字居正，江陵人也。乃祖若父以風節文章聞天下，而君清直

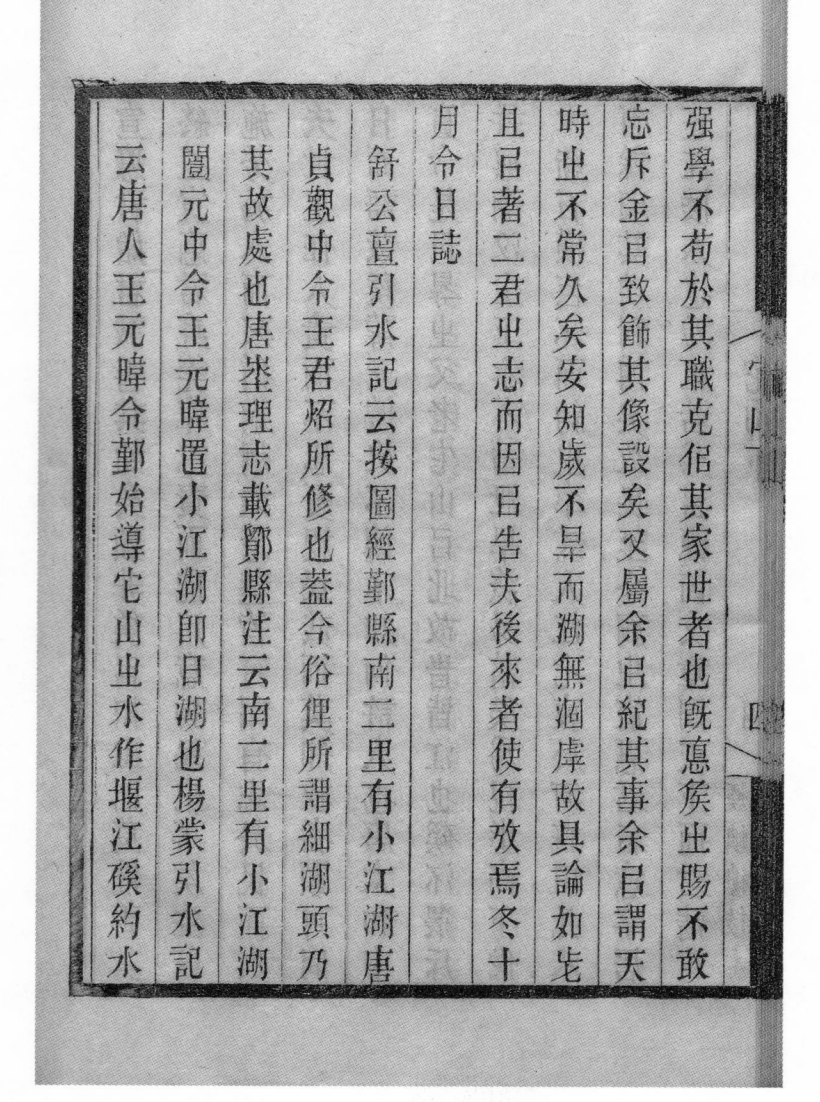

强學，不苟於其職，克似其家世者也。既德侯之賜不敢忘，斥金以[1]致飾其像設矣，又屬余以紀其事。余以謂天時之不常久矣，安知歲不旱而湖無涸乎？故具論如此，且以著二君之志而因以告夫後來者，使有攷焉。冬十月令日誌。

舒公亶《引水記》云，按《圖經》，鄞縣南二里有小江湖。唐貞觀中，令王君炤所修也。蓋今俗俚所謂"細湖頭"，乃其故處也。唐《地理志》載鄞縣注云："南二里有小江湖，開元中令王元暐置。"小江湖即日湖也。楊蒙《引水記》云："唐人王元暐令鄞，始導它山之水，作堰江溪，約水

勢貫城已入，瀦爲平湖。魏行己增修堰記云：它山一
堰，七鄉膏腴無慮千數百頃，瀦爲平湖，疏爲長河，以
待旱乾水溢之患。唐志言小江湖王侯所置，二記亦
言侯置堰瀦湖。君焰在貞觀而王侯在太和，不應貞
觀嘗修而太和復言始置。豈王君既修之後湖廢，而
侯復開浚之，故言置邪？蓋湖之爲湖久矣，它山未堰
之前，四明諸山之水多泄於江，水不及湖，雖修易涸，
其餘可知。它山既堰之後，王侯疏河引水入城，復開
是湖，以爲瀦蓄之地。若是，則雖謂侯置湖可也。然舊
實有湖，不言修而言置，何邪？夫略有沮洳餘瀝之可

它山下　　　　　五　　　　煙嶼樓校本

---

"勢貫城以入，瀦爲平湖。"魏行己《增修堰記》云："它山一堰，七鄉膏腴無慮千數百頃，瀦爲平湖，疏爲長河，以待旱乾水溢之患。"唐《志》言小江湖王侯所置，二《記》亦言侯置堰[1]瀦湖。君焰在貞觀而王[2]侯在太和，不應貞觀嘗修而太和復言始置。豈王君既修之後湖廢，而侯復開浚之，故言置邪？蓋湖之爲湖久矣，它山未堰之前，四明諸山之水多泄於江，水不及湖，雖修易涸，其餘可知。它山既堰之後，王侯疏河[3]引水入城，復開是湖，以爲瀦蓄之地。若是，則雖謂侯置湖可也。然舊實有湖，不言修而言置，何邪？夫略有沮洳[4]餘瀝[5]之可

1 守山閣本脱"堰"字。
2 守山閣本無"王"字。
3 "河"，守山閣本作"湖"，恐誤。
4 沮洳：低濕之地。《詩·魏風·汾沮洳》："彼汾沮洳，言采其莫。"孔穎達疏："沮洳，潤澤之處。"
5 餘瀝：本指剩酒。《韓非子·内儲説下》："齊中大夫有夷射者，御飲於王，醉甚而出，倚於郎門。門者刖跪請曰：'足下無意賜之餘瀝乎？'"此處指因其少量存水而修起湖堰。

因謂出修可也明出爲州東北皆江而西南皆山皆

弍二百里湖在平陽出坐水無其源何昔不廢爲平

坐明矣非置而何魏峴記

重修它山堰引水記　　　　楊　蒙

三明澤國也大湖漫其西南大江帶其東北然七八月

出交十日不雨則舟膠於河民病喝矣蓋湖獨用呂溉

旁湖出田江又潮汐上下鹵惡而不適用唐人王元暐

令鄞始導它山出水作堰江磎約水勢貫城已入瀦爲

平湖疏爲長河掬爲幽沼後人惠出爰立廟貌丐請封

爵侯曰善政世世祀出歲久川淤堤墊堰墮人各自私

---

因，謂之修可也。明之爲州，東北皆江而西南皆山，皆一二百里。湖在平陽之地，水無其源，何時不廢爲平地明矣。非置而何？魏峴記。

### 重修它山堰引水記　　　　　　　楊　蒙

四明，澤國也。大湖漫[1]其西南，大江帶其東北。然七八月之交[2]，十日不雨則舟膠於河，民病喝矣。蓋湖獨用以溉旁湖之田，江又潮汐，上下鹵惡而不適用。唐人王元暐令鄞，始導它山之水作堰江溪，約水勢，貫城以入，瀦爲平湖，疏爲長河[3]，掬爲幽沼。後人德之，爰立廟貌，丐請封爵，侯曰"善政"，世世祀之。歲久川淤，堤墊堰墮，人各自私，

1 "漫"，守山閣本作"浸"。

2 "七八月之交"，守山閣本作"七八月間"。

3 "河"，守山閣本作"湖"。

岐分派引，旱涸[1]如初。先是，監船場宣德郎唐意往[2]窒其岐派，培其堰堤，水雖暫至，二年復涸，議者謂不可修[3]矣。簽幕承議郎張君適莅其事，白於州。率邑大夫宣議郎龔君詢其父老，相其利害，增卑以高，易土以石，冶鐵而固[4]之，俾潦不至淫，旱不至涸。肩輿而往，操舟而還，邦人聚觀，歎瞻神速。承議君諱必強，明人也，蓋古所謂不敢欺者。宣議君諱行修，循政勤民，蓋古所謂不忍欺者。二君相濟，公私不擾而厥功告成。實崇寧二年七月二十七日，承議郎錢塘楊蒙為之記。其詞曰：有唐太和，王侯始基。粵歲數百，民食其利。二君嗣功，既固既崇，又將永

[1] "涸"，守山閣本作"湖"。
[2] "往"，守山閣本作"德"。
[3] "不可修"，守山閣本作"不可復修"。
[4] "固"，守山閣本作"錮"。

永而無窮。湯湯其流，汎汎其舟。以溉以濯，以酌以遊，於以著二君之休。

### 重修增它山堰記　　　　　　　　　　魏行己

漢宣帝嘗曰："庶民所以安其田里而無愁恨者，政平訟理也。與我共此者，其惟良二千石乎？"噫！若漢宣帝者，可謂知治之本，所以能中興漢室，功光祖宗也。今天子挺上聖之資，造中興之業，凡以得爲邦之本，加惠於元元者，至優至渥。方且輜近班之法從，殿方面之侯藩，躬行阜俗之化，專意牧字之仁，千里之民，何其幸也！紹興丙寅，農事舉趾，而它山之堰，緣風颺忽起，潮汐衝突，川淤堤墊堰埭隳圮七鄉民田將就枯涸海波江鹵駸駸瀰漫太守待制秦公憂見顏色乃默禱神祠使息風濤委督官吏經營強堰然後增葺它山補土石之罅漏塞梁坍坰陻穴易土曰石冶鐵而固之旬日之間厥功告成非獨使今秋豐稔千里足食且俾斯民永賴其利於無窮古之良二千石雖龔黃不能過也誠可已仰寬東顧者憂上副明天子委任之意猗歟休哉堰成之日泛舟者謌詠其惪力農者懷感其恩咸謂異昔入秉鈞衡登庸華要必能霖雨三海舟航巨川蓋權輿見於此也夫三明澤國負弍江捍兩湖潮汐上下衝接山下其來則

芝山下　七　煙嶼樓校本

堤墊，堰埭隳圮。七鄉民田，將就枯涸，海波江鹵，駸駸瀰漫。太守待制秦公憂見顏色，乃默禱神祠，使息風濤。委督官吏，經營強堰。然後增葺它山，補土石之罅漏，塞梁坍之陻穴，易土以石，冶鐵而固之。旬日之間，厥功告成。非獨使今秋豐稔，千里足食，且俾斯民永賴其利於無窮。古之良二千石，雖龔、黃不能過也。誠可以仰寬東顧之憂，上副明天子委任之意，猗歟休哉！堰成之日，泛舟者歌詠其德，力農者懷感其恩，咸謂異時入秉鈞衡，登庸華要，必能霖雨四海，舟航巨川，蓋權輿見於此也。夫四明澤國，負三江，捍兩湖，潮汐上下，衝接山下。其來則溝澮皆盈，其去則田疇竝涸。所恃以分甘泉、鹹鹵者，隄防堅固而已。方其堅全，則均被其利；毀決，則悉羅其厄。惟它山一堰，所係尤重。七鄉之間，膏腴無慮千數百頃，瀦為平湖，疏為長河，以待旱乾水溢之患，皆它山一堰之利。是以今春偶經塹決，環境之民惶怖憂恐。所謂九工積累，公帑私財，不擾不費，若有神助，成以不日，皆太守待制秦公至誠之所感也。邦人德之，形於歌頌。行己偶奉府檄，實董其事，不敢嘿而不書。大宋紹興十六年餘月望日，知明州鄞縣丞魏行己謹誌。

**四明重建烏金堨記**　　　　　　　　　　　　魏　峴

1 提閘：水閘。

　　出城南五十五里，有堰曰它山，唐鄞令王侯諱元暐所建。水自越之上虞，歷四明山，萬壑爭流，演迤砰湃，南注於江。自堰之立，約水入河，乘除有數。鄞西七鄉爲田數千頃，藉以灌溉。其流貫於城之日、月湖，闔郡之人飲焉食焉，泳焉游焉，堰之利博矣。然視水之大小而提閘1者，碣之助爲多。野老謂侯由堰口浮三瓢，聽所止而立，殆神其事。今自堰之東十有五里爲烏金，又東三里爲積瀆，又東二十七里爲行春，皆相地之宜而爲之節。惟烏金首枕上流，歲久摧圮。人情往往拘閡，因仍苟簡，日就湮塞，莫能興其廢者。沙淤愈甚，河流易涸，公私交困。嘉定辛巳，耆老合辭以請。少保、大丞相魯公素知本末，慨然下其事於郡，且俾峴劾規畫之愚。迺計工賦材，選州縣官主之。骫[1]里士為人信服、有計知者督其役。出給調度，一[2]不以屬吏，民以不擾而咸勸趨。於是從旁南低舊趾三尺許，身東西五丈二尺有奇，南趾七尺，臂東二十七丈，西十三尺，橋五丈五尺，而長高九尺，闊稱之。合石為之櫃，植石為之檽，規橅宏壯，工力縝密。時少卿余公建，監簿章公良朋相繼來牧，皆捐金佐費，始終其成。初，郡併請修行春，築朱瀨堰，浚江東道士堰河。至是，悉以次就緒。蓋給於朝者，錢十萬；助於郡者，四百萬。總為工

1 骫：古“委”字。
2 “一”，守山閣本作“皆”。

萬有九千，越三月而畢。邦人舉手加額曰："願有紀。"峴世居光[1]溪之濱，與田夫野叟念此至熟。茲幸贊是役，則敘次事實，不當以固陋辭。切惟是堨防建於有唐太和中，距今數百載。補罅苴漏，寧無其人，而莫有記歲時之詳者。獨元祐六年二月十六日重修，有石刻在，實呂銳公大防當軸時也。君明臣良，百廢具舉，相望餘兩甲子。今相國復推廣公德，志切爲民，推[2]此邦無窮之利，視元祐成績有光矣。或曰，相國霖雨四海，澤及萬世，一水利之興，顧何足以頌勳德之盛？峴曰：不然。謝文靖晉室賢輔，沘水之功偉矣，絕口不言而拳拳於召伯之一堨。愛人利

1 守山閣本此句無"光"字。
2 "推"，守山閣本作"惟"。

歲東西㵎俱歉於澇明獨有秋公曰今所導者㳅爾盡
日斗門曰大河橋修堨號爲喉者弍曰食曰水曰㲼是
溢歲久多圯民甚患坒夏澇公剙堨一曰保豐復堨二
儲水而啓閉曰嘗者曰堨泄而不防則乾積而不醒則
制置沿海二年𣊟闓藩諏連歲失稔故父老曰是邦
淳祐改元冬可齋敕公繇少司農曰秘閣修撰出鎮兼
慶元表東海壑枕江抱湖水政舉則多豐年不則爲沴

迴沙閘記　　　　林元晉

二月旦朝奉郎提舉福建路市舶魏峴記并書
物大臣坒用心固如此是不可不書餘皆載坒碑陰十

物，大臣之用心固如此，是不可不書。餘皆載之碑陰。十二月旦，朝奉郎、提舉福建路市舶魏峴記并書。

### 迴沙閘記　　　　　　　　　　　　　　　　林元晉

慶元表東海地，枕江抱湖，水政舉則多豐年，不則爲沴。淳祐改元冬，可齋陳公由少司農以 [1] 秘閣修撰出鎮兼制置沿海。二年春，開藩 [2]，諏連歲失稔之故，父老曰："是邦儲水而啓閉以時者，曰堨。泄而不防則乾，積而不醒則溢。歲久多圯，民甚患之。"夏澇，公剙堨一：曰保豐。復堨二：曰斗門，曰大河橋。修堨號爲喉者三：曰食，曰水，曰氣。是歲，東西㵎 [3] 俱歉於澇，明獨有秋。公曰："今所導者流爾。盡

1 "以"，守山閣本作"兼"。
2 開藩：指到外省任高級官職。
3 㵎：同"澗"。

治其源城內外爲湖爲港鄞西七鄉以灌以溉皆源於它山而邦人知其利未知其害者居半也它山而上則又大溪爲之源越水所注夾岸沙彌望雨則與水俱下長官堰下上級皆三十六其上沙沒殆盡下不沒者五六梅梁夭矯之狀不可復見其瀁入於溪者數里溪流幾斷於是井皆汲鹵田苦竭澤歲浚至三四役工數萬計民亦勞止間有暴漲自西岸而下堙塞尤甚一日公顧其屬林元晉曰岸之防固未易圖而浚治之繁其可無簡要之策與其浚於既積不若遏於未至水輕清居上沙重濁居下宜閘以止之水平則啓通道如故沙聚

它山下　十　煙嶼樓校本

---

"治其源？"城內外爲湖爲港，鄞西七鄉以灌以溉，皆源於它山，而邦人知其利未知其害者居半也。它山而上，則又大溪爲之源。越水所注，夾岸沙彌望，雨則與水俱下。長官堰下上級皆三十六，其上沙沒殆盡，下不沒者五六，梅梁夭矯之狀不可復見。其瀁入於溪者數里，溪流幾斷。於是井皆汲鹵，田苦[1]竭澤，歲浚至三四役，工數萬計，民亦勞止。間有暴漲，自西岸而下，堙塞尤甚。一日，公顧其屬林元晉曰："岸之防固未易圖，而浚治之繁，其可無簡要之策？與其浚於既積，不若遏於未至。水輕清居上，沙重濁居下，宜閘以止之。水平則啓，通道如故，沙聚

1 "田苦"，守山閣本作"入田皆"。

於外則去业易爲力會新吉州魏侯峴吕書來述鄉氓
意與公合卜於長官祠又合迺度地吳家橋去大磎五
十尋而近經始營业侯家磎上疏它山业澤夙備肯總
其事佐以新進士安君劉合志堅久起八月戊寅迄今
十月丁丑無一日不晴已乃雨是殆天所助人心大懌
公命元晉記业夫水业利若害判於反覆手禹川漢渠
疏濬釃導不遑暇何古人拳拳加意而近世率視爲故
常也公家古靈先生受業胡安定业門淵源所漸遠矣
體用业學公得其傳大抵推所學吕達諸政勘不自其
心始多事者爲民不能專多欲者及民不能詳公澹然

於外，則去之易爲力。"會新吉州魏侯峴以書來，述鄉氓意，與公合。卜於長官祠，又合。迺度地吳家橋，去大溪五十尋而近，經始營之[1]。侯家溪上，疏它山之澤夙備，肯總其事，佐以新進士安君劉[2]，合志堅久。起八月戊寅，迄今十月丁丑，無一日不晴，已乃雨。是殆天所助，人心大懌。公命元晉記之。夫水之利若害，判於反覆手[3]。禹川漢渠，疏濬釃導不遑暇，何古人拳拳加意而近世率視爲故常也？公家古靈先生，受業胡安定之門，淵源所漸遠矣！體用之學，公得其傳，大抵推所學以達諸政，勘不自其心始。多事者爲民不能專，多欲者及民不能詳。公澹然，

1 "經始營之"，守山閣本作"始經營之"。
2 "君劉"，守山閣本作"君"，誤。安劉，字景周，鄞人，淳祐四年進士。
3 "反覆手"，守山閣本作"天壤"。

政尚清簡，見明行果，於利民一無所靳。躝近租六十萬，積平糴本百萬，惠猶以爲小，要未可以施諸是邦者限量也。唐僧元亮賦堰詩有曰"海潮從此作回期"，人謂絕唱。長官距今四百十有六年，始有繼其志者。堰之於潮，閘之於沙，古今一轍爾。邦人又將世世爲美談。公名壋，長樂人。餘月庚戌，從事郎、特差沿海制置使司幹辦公事林元晉記，奉議郎、新除大理寺簿趙隆書，奉議郎、主管建康府崇禧觀應儵[1]篆蓋。

## 它山歌詩　　　　　　　　　　　　　　　　　　唐僧元亮

它山堰，堰在四明之鄞縣。一條水出四明山，晝夜長流

1 "儵"，底本作"儵"，按《宋史》卷四二〇及《字彙補·人部》當作"儵"。

如白練連接大江通海水鹹潮直到深潭裏淡水雖多

無計停半邑人民田種費太和中有王侯令清優爲官

立民政昨因祈禱入山行識得水源知利病權舟直到

磎磖畔極目江山波濤漫略呼父老問來繇便設機謀

造其堰疊石橫鋪兩山嘴截斷鹹潮積磎水灌溉民田

萬頃餘此謂齊天功不毀民閒日用自不知年年豐稔

因阿誰山邊卻立佗神廟不爲長官興弎祠本是長官

治此水卻將飲食祭閒鬼時人若解感此恩年年祭拜

王元暐

又詩　　　　　　　　　　　　　　　　　　　前人

如白練。連接大江通海水，鹹潮直到深潭裏。淡水雖多無計停，半
邑人民田種費。太和中有王侯令，清優爲官立民政。昨因祈禱入山
行，識得水源知利病。權舟直到溪岩畔，極目江山波濤漫。略呼父
老問來繇，便設機謀造其堰。疊石橫鋪兩山嘴，截斷鹹潮積溪水。
灌溉民田萬頃餘，此謂齊天功不毀。民間日用自不知，年年豐稔因
阿誰。山邊卻立佗神廟，不爲長官興一祠。本是長官治此水，卻將
飲食祭閒鬼。時人若解感此恩，年年祭拜王元暐。

**又詩**　　　　　　　　　　　　　　　　　前人

截斷寒流疊石基海潮從此作回期行人自老青山路澗
急水聲無絕時

題它山兼簡鄞令　　　　　　　　　　宋孀堂舒亶

嗚呼王封君心事鬼出沒驅山截長江化作雲水窟旱
火六月天萬棟挂龍骨蕭條一祠宇像設何髣髴破屋
夜見星漏雨濕衫笭杯酒謝車篝茲事恐亦忽我聞古
先王報施亦稱物矧今崇佛宮民力殆言屈豈無制作
手弌爲起荒蕪李侯仁賢資撫字良矻矻可但清似水
方看健如鶻沉蹟千載後行且見披拂陰功世易忘
慮俗多咈勉哉君勿遲斯民久已鬱

---

**左側注釋**

1 篝：負物籠也。《史記·滑稽列傳》："甌窶滿篝，汙邪滿車，五穀蕃熟，穰穰滿家。"《集韻·侯韻》："篝，蜀人負物籠，上大下小而長，謂之篝笭。"

2 咈：同"拂"，違逆、乖戾。

---

截斷寒流疊石基，海潮從此作回期。行人自老青山路，澗急水聲無絕時。

### 題它山兼簡鄞令　　　　　　　宋孀堂舒亶

嗚呼王封君，心事鬼出沒。驅山截長江，化作雲水窟。旱火六月天，萬棟挂龍骨。蕭條一祠宇，像設何髣髴。破屋夜見星，漏雨濕衫笭。杯酒謝車篝[1]，茲事恐亦忽。我聞古先王，執施亦稱物。矧今崇佛宮，民力殆言屈。豈無制作手，一爲起荒蕪。李侯仁賢資，撫字良矻矻。可但清似水，方看健如鶻。沉蹟千載後，行且見披拂。陰功世易忘，遠慮俗多咈[2]。勉哉君毋遲，斯民久已鬱。

　　粹老使君前被召約往它山，既不果，以書見抵，謂可歎惜，并示廣德湖新記，因成詩一首。

舒亶

　　長江滾滾西南流，秋水時至狂不收。大浪似屋山欲浮，王侯神智禹所啾。萬鬼琢石它山幽，梅梁贔屭臥龍虯。咄嗟湍駃就斂揫[1]，巨靈縮手愚公羞。障成十里沙中洲，支分脈引聽所求。赤旱稽浸民不憂，那得蟲蝗隨督郵。汙邪甌窶滿車簹，斯民飽暖何所酬。廟貌突兀寒灘頭，歲歲雞黍祠春秋。老農擊鼓稚子謳，當時人物紛鴈鷗。豈無鼎食腰金儔，朽骨往往空蒿丘。姓名幾復人間留，

1　斂揫：收縮，無法展開。揫，同"揪"，《説文》："揫，束也。"

惟侯惠施膏如油江聲浩浩風颸颸千古不見使人愁
拔俗萬丈山標嶠使君不減裴商州下車百蠹隨鋤耰
弌笑三境無瘡疣天閑老步須驊騮已聞歸作金華遊
欽賢訪古意未休畫船載酒岸鳴騶相約與我置脯臘
冠蓋紛紛睱莫偷搔首悵望情綢繆我問使君亦何尤
西湖萬頃蛟龍漱幾年荒蕪今則修蘀鼓勿勝財不掊
長堤岌嶪高岑樓寫有澮兮蕩有溝餘波北注引漕舟
桑麻被埜禾連疇鶴鶴白鳥雜遊篠菰蒲菱芡矗採搜
楊柳成幄蔭道周耕漁呼謌贏病瘳使君之賜侯可侔
天邊旌旆看悠悠父老雪涕爭攀輈地僻借恂恨無繇

惟侯惠施膏如油。江聲浩浩風颸颸，千古不見使人愁。拔俗萬丈山標嶠，使君不減裴商州。下車[1]百蠹隨鋤耰，一笑四境無瘡疣。天閑老步須驊騮，已聞歸作金華遊。欽賢訪古[2]意未休[3]，畫船載酒岸鳴騶。相約與我置脯臘，冠蓋紛紛睱莫偷。搔首悵望情綢繆，我問使君亦何尤。西湖萬頃蛟龍漱，幾年荒蕪今則修。蘀鼓[4]勿勝財不掊，長堤岌嶪[5]高岑樓。寫有澮兮蕩有溝，餘波北注引漕舟。桑麻被野禾連疇，鶴鶴白鳥雜游篠。菰蒲菱芡矗採搜，楊柳成幄蔭道周。耕漁呼歌贏病瘳，使君之賜侯可侔。天邊旌旆看悠悠，父老雪涕[6]爭攀輈[7]。地僻借恂恨無由，

1 "車"，守山閣本作"軍"。
2 "古"，守山閣本作"士"。
3 "休"，守山閣本作"收"。
4 蘀鼓：大鼓。古用於奏樂或役事。《詩·大雅·綿》："百堵皆興，蘀鼓弗勝。"
5 岌嶪：高峻貌。
6 "雪涕"，守山閣本作"雲梯"。
7 輈：車轅。

高文摘秀春華抽。豐碑崒嵂鑱銀鈎，千年空此留海陬。君知佗日思君不，還如今日人思侯。

**它山堰**〔按曰〕原本此下七詩無題，今據《攻媿集》補此題目。

攻媿樓鑰

它山堰頭足[1]奇觀，百萬雷霆聲不斷。誰把并州快翦刀，平翦波瀾成兩段。四明山深水源遠，衆壑會溪長漫汙。滔天狂潦不可留，瀉入長江勢奔竄。賢哉唐家王長官，欲圖永利輸長算。想得慘澹經營時，一一山川應飽看。西偏千嶺相屬聯，惟有茲[2]山擁東岸。遂於此地築横塠，截取衆流心自斷。斟酌利害不全取，高下參差僅強[3]半。

1 "足"，守山閣本作"作"。
2 "茲"，守山閣本作"它"。
3 "強"，守山閣本作"存"。

水大七分入於江，徐挒[1]三分供溉灌。支流瀰漫穿郡城，脈絡貫通平且緩。旱時及此水亦足，坐使千年忘旱暵。無窮廟祀報元功，像設森嚴人敢玩？梅梁夭矯有冥助，大患於今尚能捍。前輩所作多神靈，日月真成赤心貫。後人小知或更易，費盡工夫隨破散。河堙盡浚謀不集，堤斷河傾流甚悍。富民縮手人受殃，仰望古人重興歎。老木號風波湛碧，畫屏俯仰丹青煥。更須積雨看驚湍，濡足褰裳何足憚[2]。去家不遠時一游，短艇垂綸流可亂。八月倘有仙槎來，便欲乘之泝[3]天漢。

**題它山善政侯廟**〔按曰〕此目據《友林乙稿》補。

1 "挒"，守山閣本作"把"。
2 "憚"，守山閣本作"嘆"。
3 "泝"，守山閣本作"泛"。

嘉定丙子友林史彌寧

粲曉輕舠掠水飛，乘閒來訪長官祠。靈巒著色四時畫，石瀨[1]有聲千古詩。華黍幾沾膏澤潤，甘棠長起後人思。伊渠不盡爲霖意，除卻梅龍[2]誰得知。

□□〔按曰〕《它山圖經》以此詩爲史春芳坊作，今《乙稿》無之。又目作"題它山"，亦不知其何據也。

無名氏

誰將倚天劍，劚[3]出天河水。傾瀉落人間，合流奔至此。六丁戰海若，橫築萬石壘。波濤斂潮汐，辟易走千里。蓄泄有堨埭，深長富源委。支派繚村落，湖[4]渠貫城市。千畦藉灌溉，萬井[5]酌清沚。偉哉霖雨功，千載流不已。

1 石瀨：水爲石激所形成之急流。《楚辭·九歌·湘君》："石瀨兮淺淺，飛龍兮翩翩。"
2 "龍"，守山閣本作"梁"。
3 劚：同"斸"，砍斫。
4 "湖"，守山閣本作"河"。
5 "井"，守山閣本作"升"。

1 "禹蒸"，守山閣本作 "爲烝"。

**它山堰**〔按曰〕此目據《四明詩存》選《魏吉州次韻詩》擬補

永嘉薛叔振

官爲唐令尹，心切禹蒸[1]民。疊石流川水，分波及稼雲。萬濤驚不夜，千古見如新。更有朝宗脈，聲容匪獨鄞。

**它山堰次永嘉薛叔振韻**〔按曰〕此目據《四明詩存》補。又按，例下魏峴詩原目當作 "合韻" 二字。

魏　峴

一朝堰此水，千載粒吾民。只仰溪爲雨，何勞旱望雲。四時人飲碧，六月稻嘗新。流出心源澤，年年惠我鄞。

□□〔按曰〕據《四明詩存》選《魏吉州次韻詩》，此題當作 "迴沙開成" 四字。然至正《志》載鄭安晚同韻詩二首，詳其題目，首倡者實係安晚。因合四詩互勘，蓋可齋方有意水利，安晚以詩勉之。

既而可齋按視它堰，拜長官祠而思防沙之策，乃用安晚原韻賦此，以答其意。是時迴沙閘固未成也，及閘既成，安晚再用韻頌美其功，而吉州和之耳。然則此詩原題必非迴沙閘，諸家選本不見此詩，姑仍闕文，以俟博雅。○又按它山圖經載此詩題作它山行。○

補據

可齋敕塏

數月兩出郊，勸農復觀稼。始言麥壠春，今已稻畦夏。女紅綵紝餘，丁黃耘耔暇。暄涼故不齊，晴雨候忽乍。百豐未爲多，弌歉誠所怕。蠲逋廣上恩，平糶裁米價。毫髮可及民，豈不念夙夜。昔有王長官，築堰它山下。惠利久益博，旦靈此其舍。泓深或龍蟄，堅屹無蟻鏬。定爲弍七分，醴爲數十汊。石梁貫雲濤，誰敢著足跨。泮沙從何來，疑

---

既而可齋按視它堰，拜長官祠而思防沙之策，乃用安晚原韻賦此，以答其意。是時迴沙閘固未成也，及閘既成，安晚再用韻頌美其功，而吉州和之耳。然則此詩原題必非"迴沙閘"，諸家選本不見此詩，姑仍闕文，以俟博雅。又按，《它山圖經》載此詩題作"它山行"。是書晚出難信，未敢據補。

可齋陳塏

　　數月兩出郊，勸農復觀稼。始言麥壠春，今已[1]稻畦夏。女紅綵紝餘，丁黃耘耔[2]暇。暄涼故[3]不齊，晴雨候忽乍。百豐未爲多，一歉誠所怕。蠲逋廣上恩，平糴裁米價。毫髮可及民，豈不念夙夜。昔有王長官，築堰它山下。惠利久益博，神靈此其舍。泓深或龍蟄，堅屹無蟻鏬。定爲三七分，醴爲數十汊[4]。石梁貫雲濤，誰敢著足跨。流沙從何來，疑

1 "今已"，守山閣本作"已見"。

2 "耘耔"，守山閣本作"耔耘"。案，"耘耔"於韻不合。

3 "故"，守山閣本作"雖"。

4 汊：河流之分岔。

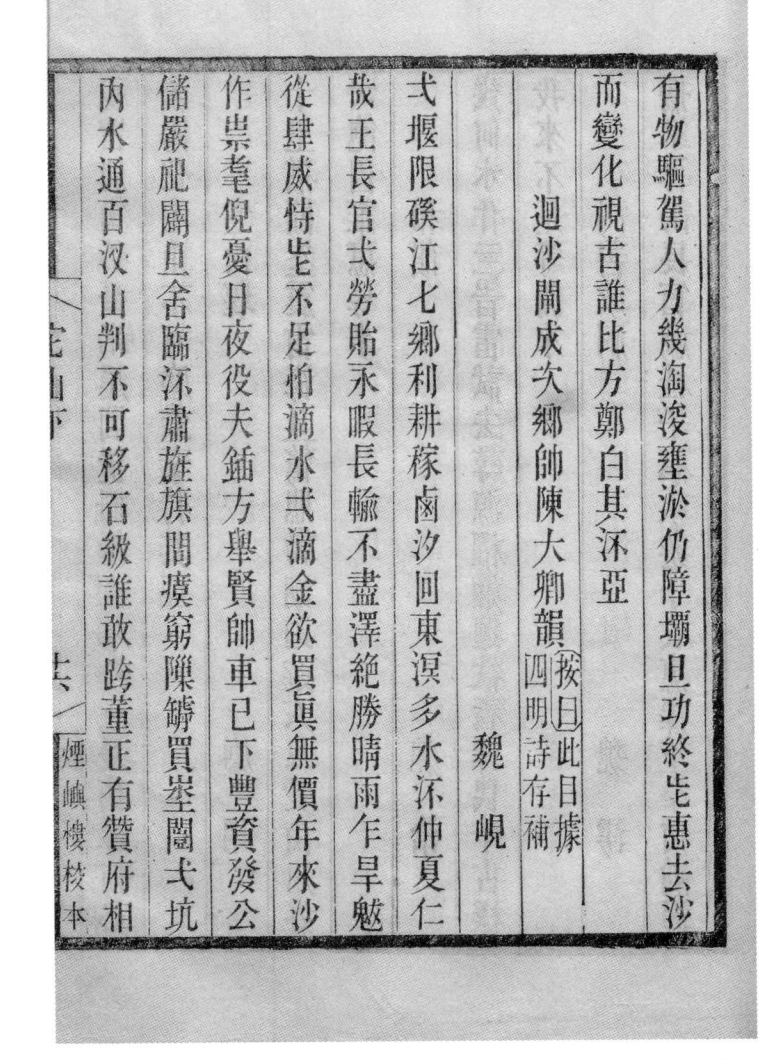

1 旱魃：旱鬼。《詩·大雅·雲漢》："旱魃爲虐，如惔如焚。"孔穎達疏："《神異經》曰：'南方有人，長二三尺，袒身，而目在頂上，走行如風，名曰魃，所見之國大旱，赤地千里，一名旱母。'"

2 "闉"，底本作"闈"，從守山閣本改。

3 陳：同"隙"。

有物驅駕。人力幾淘浚，壅淤仍障壩。神功終此惠，去沙而變化。視古誰比方，鄭白其流亞。

**迴沙閘成次鄉帥陳大卿韻** 〔按曰〕此目據《四明詩存》補。

魏峴

一堰限溪江，七鄉利耕稼。鹵汐回東溟，多水流仲夏。仁哉王長官，一勞貽永暇。長輸不盡澤，絕勝晴雨乍。旱魃¹從肆威，恃此不足怕。滴水一滴金，欲買真無價。年來沙作祟，耄倪憂日夜。役夫鍤方舉，賢帥車已下。豐資發公儲，嚴祀闉²神舍。臨流肅旌旗，問瘼窮陳³罅。買地開一坑，內水通百汊。山判不可移，石級誰敢跨。董正有贊府，相視皆別駕。仍憂堨尾閭[1]，置柵抵立壩。即此是商霖[2]，何必驕陽化。它山不可磨，錢秦特其亞。

### 它山堰　　　　　　　　　　　　　　　應熠

十里猶聞地震雷，海神驚懼勒潮迴。遊人只愛山川好，一飽因誰惠得來。

### 和韻　　　　　　　　　　　　　　　魏洽

幾何水作四時雷，試去尋源櫂懶迴。欲看澤民千古樣，我來不是等閒來。

### 謁善政祠　　　　　　　　　　　　魏霽

攜家再謁長官祠，桂子風吹遊子衣。惠澤至今猶瀚漫，

1 "堨"，底本作"竭"，從錢本改。尾閭，《莊子·秋水》："天下之水，莫大於海，萬川歸之，不知何時止而不盈；尾閭泄之，不知何時已而不虛。"成玄英疏："尾閭者，泄海水之所也。"

2 商霖：《尚書·説命上》載，商王武丁任用傅説爲相時，命之曰："若歲大旱，用汝作霖雨。"孔傳："霖，三日雨。霖以救旱。"謂依爲濟世之佐，後以"商霖"爲稱譽大臣之詞。

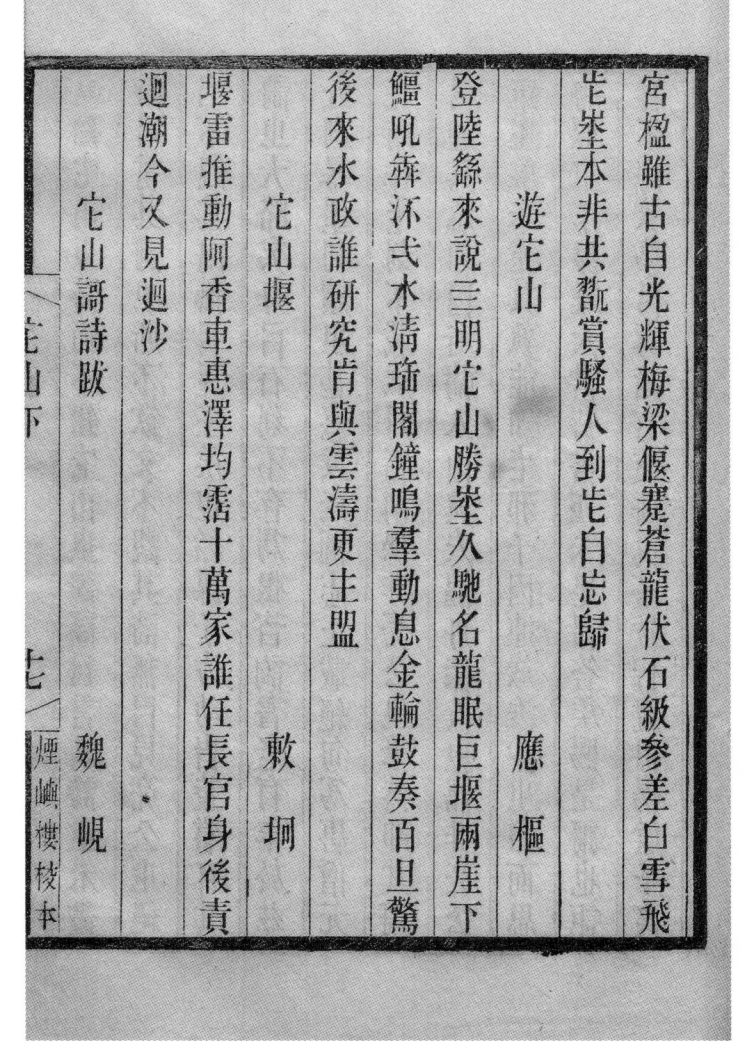

1 "眠"，守山閣本作"瞑"，與詩文用字對仗要求不合。
2 "後"，守山閣本作"從"。
3 阿香車：雷神之車，亦借指雷神。

宮楹雖古自光輝。梅梁偃蹇蒼龍伏，石級參差白雪飛。此地本非共玩賞，騷人到此自忘歸。

**遊它山**　　　　　　　　　　　　　　應樞

登陸由來說四明，它山勝地久馳名。龍眠[1]巨堰兩崖下，鯨吼奔流一水清。寶閣鐘鳴鼉動息，金輪鼓奏百神驚。後[2]來水政誰研究，肯與雲濤更主盟。

**它山堰**　　　　　　　　　　　　　　陳坰

堰雷推動阿香車[3]，惠澤均霑十萬家。誰任長官身後責，迴潮今又見迴沙。

**它山歌詩跋**　　　　　　　　　　　魏峴

人知它山之詩而不知它山之歌歌以言其詩之未盡
詩以言其歌之所不欲文不觀其詩無以見亮公之絶
唱不觀其歌無以見王侯之始謀予方幼時蓋嘗耳其
歌之大略矣每以石刻不存爲恨咨詢耆老有年於茲
近劃得墨刻讀之甚喜或疑圖志止載絶句爲唐僧元
亮所作此刻不載歲月名稱恐非亮公之筆然即其歌
以遡其意如因祈禱入山與夫權舟深入之語非亮公
距王侯未遠其孰能知此邪予因連歲浚沙之艱而思
剙堰之不易雖大書特書亦未足以答侯賜是歌也詎
容不傳敬摹以壽諸石使歌與詩竝行益以揚侯千萬

　　人知它山之詩而不知它山之歌。歌以言其詩之未盡，詩以言其歌之所不欲文。不觀其詩，無以見亮公之絶唱；不觀其歌，無以見王侯之始謀。予方幼時，蓋嘗耳其歌之大略矣。每以石刻不存爲恨，咨詢耆老有年。於茲近劃得墨刻，讀之甚喜。或疑圖志止載絶句，爲唐僧元亮所作。此刻不載歲月名稱，恐非亮公之筆。然即其歌以遡其意，如因祈禱入山與夫權舟深入之語，非[1]亮公距王侯未遠，其孰能知此邪？予因連歲浚沙之艱而思剙堰之不易，雖大書特書，亦未足以答侯賜。是歌也，詎容不傳？敬摹以壽諸石，使歌與詩竝行，益以揚侯千萬

1 守山閣本"非"字前有"後人"二字，用詞累贅。

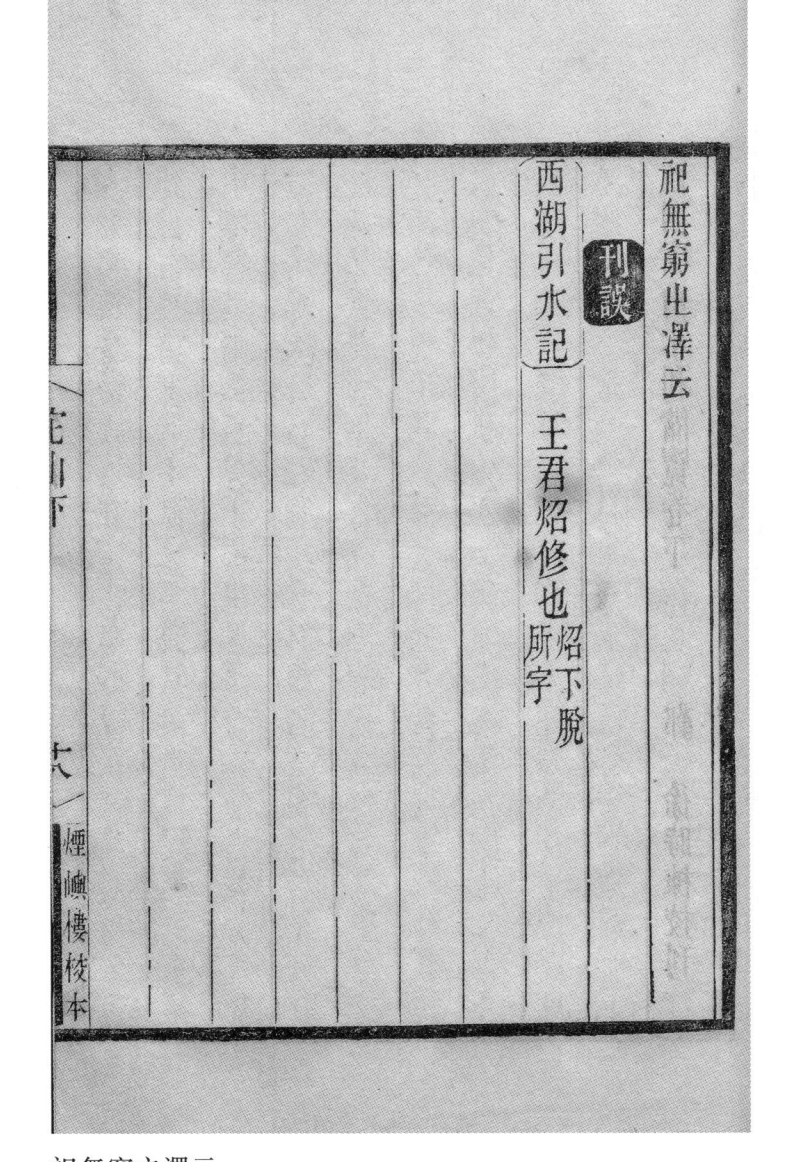

祀無窮之澤云。

**刊誤**

〔西湖引水記〕：王君照修也　　"照"下脱"所"字。

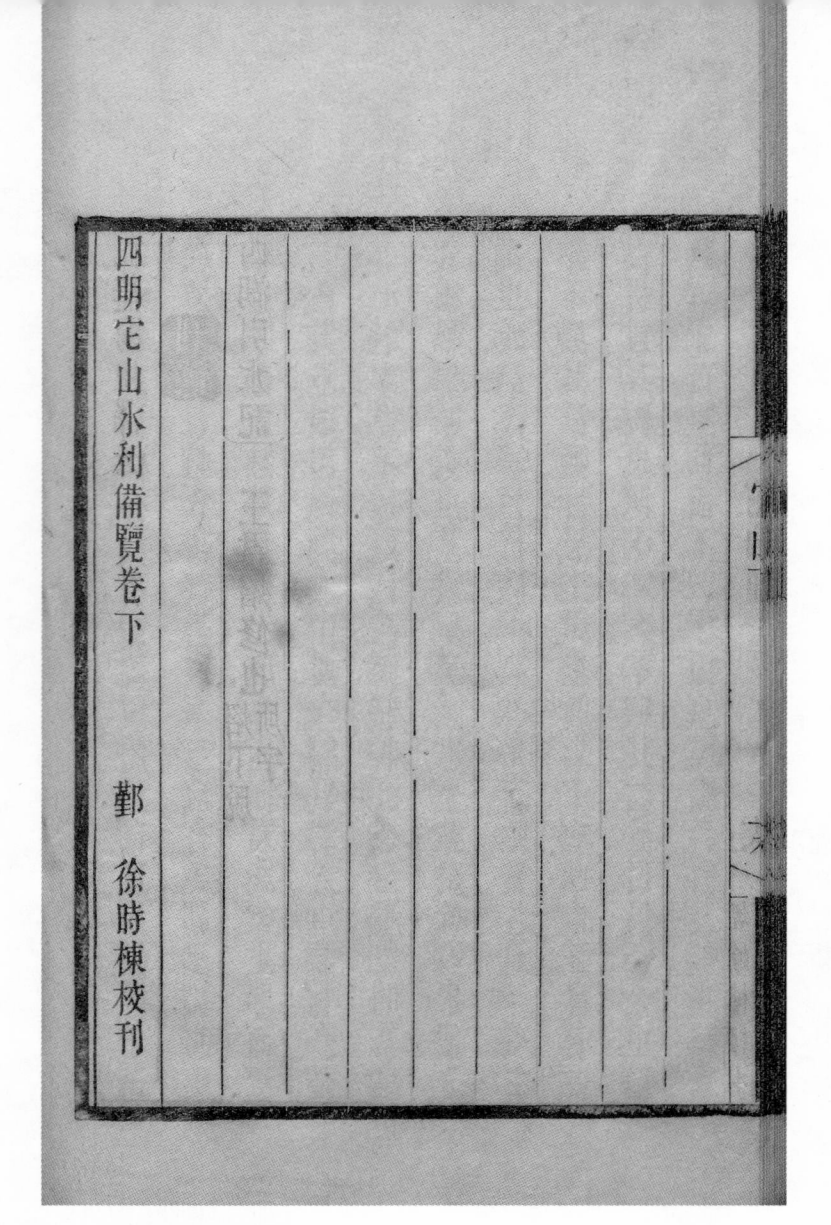

《四明它山水利備覽》卷下　　　　鄞　徐時棟校刊

《宋元四明六志校勘記》卷二十

鄞　　徐時棟

### 劄記二十

**四明它山水利備覽** 《浙志》引此書或作《便覽》。

煙嶼樓藏本　十餘年前，妻兄朱祺絳山以此本詒余。此本爲乾隆十六年六月鍾嘉秀字蘊芳者所手抄。鍾與絳山皆它山里人，始明崇禎間，楊高唐得成化抄本於它山朱氏，以付諸梓。及乾隆間，鍾氏復由明刻本傳抄，後入朱氏，歸吾家，以得重雕，附六志之末，亦見它山之代有人焉。原抄本每葉十八行，每行二十六字，錯誤脫闕不一而足。絳山云，別有一善本在姚燮復莊處。會復莊出游未歸，不得與此本一相校讎。然曩以所作《它山圖經》示余，其中徵引此書，紕繆略等，則亦與此本伯仲而已。此本前有陳太僕序，又前有蘊芳所作《魏泉使傳說》。陳序今錄於《雜記》卷中，而《傳說》則但稱魏"在淳祐間以朝奉郎提舉福建路市舶"而已。按，此銜見魏所作《烏金碶記》，《記》載本書，故蘊芳知之。不知魏後又官都大坑冶，本書明有"趙都承牒魏都大"條目。史稱其抑蘄州進士馮杰爲鑪戶，爲官僚所劾，事在理宗紹定五年，（謝山極重《寶慶志》而不能無芥蒂於胡尚書。草頭，古之諺。若魏峴此事，蓋爲謝山所未及，見者不然，又當爲此老所訶矣。）惟嘗官坑冶，故當時稱爲"泉使"，但耳食而沿稱之耳。魏既罷官退歸，頗講邦水利，浚沙建閘，《備覽》即作於是時。《序》所謂"問鑄來歸，閑居十餘年，州家屬以修堨淘沙之責"者是也。其後復起用知吉州，故淳祐六年作《蔣山龍潭廟記》，署銜稱"中大夫直秘閣新知吉州軍事"，而林制幕《迴沙閘記》作於淳祐二年，已稱"新吉州魏侯"。淳祐三年，魏尚在鄉黨築隄淘沙，蓋此時命下而未赴任耳。《郡志》云峴官至廬陵守，廬陵即吉州，蓋魏官止此。而謝山以魏爲吉州人來寓居者非也。魏事雖不少概見，然如余所説者，皆略考便知，蘊芳未能言之，《傳説》又云，耆老相傳，瀾浦魏家府基爲公第，在鄉言鄉，語或有本。乃其下復疑瀾浦之第爲魏文節山房，又疑泉使即文節後裔，游移惝悅，漫無考證，其他皆浮詞。支説文筆亦極茸闒，不足觀也，今刪之。

高武部本
即敬止錄中所載者武部名字泰明季遺
而備覽則全錄其書惟於下卷刪數詩而已按有
中山川攷它山條下武部手記云陳燮五年伯
它山水利志所見即是明刻本故與鍾太
僕然則武部刻此書之陳
同以曾經點勘爲此善於彼耳○余刻宋元志增損
故於五志但錄鄞事既非全書則校勘記
稱爲高本者即前札記
中之所稱敬止錄者也

四明它山水利備覽卷首

凡正譌字五補脫字五十一刪衍字一十七
乙倒字二○按凡以作目之屬雖改
歸其舊然不得謂之
錯誤也皆不入數

〔序〕
原本序上有原字
明人所加
以意刪
澆田疇　澆康熙
志作繞
不病不下康熙志有

---

**高武部本**　即《敬止錄》中所載者。武部名宇泰，明季遺老，入國朝著《敬止錄》，多采撫宋元五志而《備覽》則全錄其書，惟於下卷刪數詩而已。按，《錄》中"山川攷""它山"條下，武部手記云"陳燮五年伯有《它山水利志》，可錄入"。陳燮五即序刻此書之陳太僕。然則武部所見即是明刻本，故與鍾本脫誤略同，以曾經點勘，爲此善於彼耳。余刻宋元志，增損圖乙，藉武部之力居多。然其書爲鄞一縣而作，故於五志但錄鄞事。既非全書，則校勘記中不得稱爲某本。至《備覽》，已十載其九，今特表而出之，後凡稱高本者，即前札記中之所稱《敬止錄》者也。

### 《四明它山水利備覽》卷首

凡正譌字五，補脫字五十一，刪衍字一十七，乙倒字二。按，凡"以"作"目"，"之"作"㞢"之屬，雖改歸其舊，然不得謂之錯誤也，皆不入數。

〔序〕原本"序"上有"原"字，明人所加，以意刪。澆田疇"澆"，康熙《志》作"繞"。不病"不"下康熙《志》有

劄記二十

宋魏峴撰　　　　　今以備覽並校完書而目與書合蓋明人爲之　　　四明它山水利備覽卷上以卷上二字原倒　　　目錄卷上原本倒以意乙下同　　僧元亮原本僧上有唐字又下舒亶上有宋孋堂三字樓鑰上有攻媿二字史彌甯上有嘉定丙子友林六字薛叔振上有永嘉二字陳塏上有可齋二字　　本作志據乾隆志改　　於作時有旱潦時康熙志引作歲潦作澇下同　　字作告官收租賦收康熙志作取功施國德施民兩施字康熙志引皆作於致其愛人之心原愛

齊莊訂正十六字下卷同　　原本題卷後第一行書大宋魏峴編輯六字第二三行書皇明陳朝輔變五錄傳楊德周　　凡正譌字七十二補脱字一百八刪衍字三十三乙倒字三

"告"字。官收租賦 "收"，康熙《志》作"取"。功施國德施民 兩"施"字康熙《志》引皆作"於"。時有旱潦 "時"康熙《志》引作"歲"，"潦"作"澇"，下同。致其愛人之心 "愛"原本作"道"，據乾隆《志》改。

〔目錄〕卷上 原本倒，以意乙，下同。僧元亮 原本"僧"上有"唐"字，又下"舒亶"上有"宋孋堂"三字，"樓鑰"上有"攻媿"二字，"史彌甯"上有"嘉定丙子友林"六字，"薛叔振"上有"永嘉"二字，"陳塏"上有"可齋"二字，今以竝詳本書目中，無庸贅設刪之。又按，《備覽》非完書，而目與書合，蓋明人爲之。

《四明它山水利備覽》卷上 "卷上"二字原倒，以意乙，下卷同。

凡正譌字七十二，補脱字一百八，刪衍字三十三，乙倒字三。

〔宋魏峴撰〕原本題卷後第一行，書"大宋魏峴編輯"六字，第二三行書"皇明陳朝輔變五錄傳楊德周齊莊訂正"十六字，下卷同。

它山水源　自趾至顛作巔高　密巖高本密作蜜○本書巖作磊札記改從今文餘仿此　又一派某處一派竝未分晰　除仿此河渠多本備覽立論彼志不明言徵引未敢　又字殊覺無謂考至正志河渠多　分派甚多疑皆係此書脫文以彼不明言徵引未敢　人俱洞作皆洞喉襟之處志作康熙地此後港也　及原本脫此四字據至正志仲夏之水至新堰面合　原高補康熙志所脫更多　流二據至正志及　水云此前港也　接仲夏之水二字故係　者原有此後　高本有此前港也四字乃武部因上云此前港也四字擬加者而不知尚脫仲夏二字故之水竝改作二水　水字殊不知新堰面係前港之水仲夏係後港之水　合流則二水者何水乎謬誤顯然○面字康熙志無○本　校勘記二十三

　　〔它山水源〕自趾至顛　"顛"高作"巔"。密巖　高本"密"作"蜜"。本書"巖"作"磊",《札記》改从今文,餘仿此。又一派　高本同。按上但言大派,竝未分晰某處一派,某處一派,此云又一派,又字殊覺無謂。考至正《志》,河渠多本《備覽》立論,彼《志》分派甚多,疑皆係此書脫文,以彼不明言徵引,未敢補入。俱洞　康熙《志》作"皆洞"。喉襟之處　"處"康熙《志》作"地"。此後港也　原本脫此四字,據至正《志》及高補。康熙《志》所脫更多。仲夏之水至新堰面合流　原及高本及康熙《志》竝脫"仲夏"二字,而"之"字又作"二",據至正《志》改補。按至正《志》既敘折而東之之水云此前港也,又敘經仲夏之水云此後港也,下即接仲夏之水至新堰面合流云云,支派清晰,無可疑者。原本無"此後港也仲夏"六字,蓋因"仲夏"重文誤脫。高本有"此後港也"四字,乃武部因上云"此前港也"四字擬加者而不知尚脫"仲夏"二字,故"之水"竝改作"二水"。殊不知新堰面係前港之水,仲夏係後港之水,云仲夏之水至新堰面合流是也。若云二水至新堰面合流,則二水者何水乎?謬誤顯然。"面"字康熙《志》無,

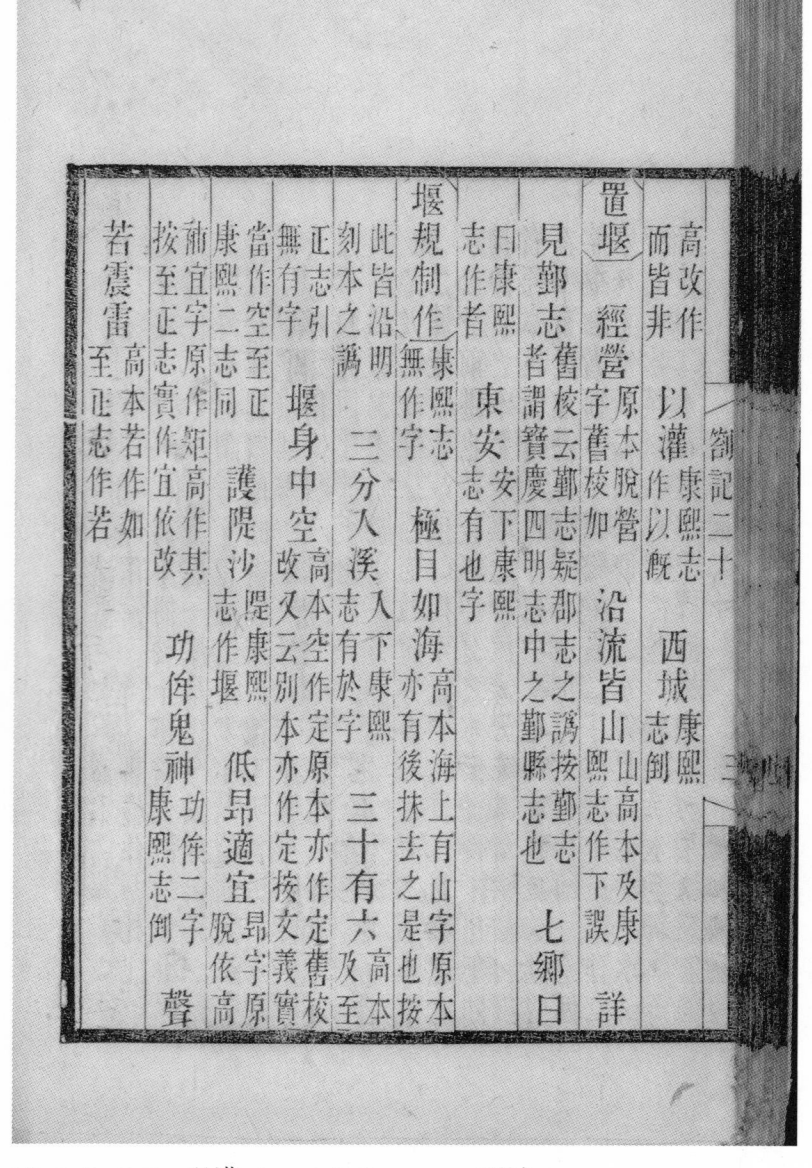

高改作"而"，皆非。**以灌** 康熙《志》作"以溉"。**西城** 康熙《志》倒。

〔置堰〕**經營** 原本脫"營"字，舊校加。**沿流皆山** "山"，高本及康熙《志》作"下"，誤。**詳見《鄞志》** 舊校云"鄞志"疑"郡志"之譌。按，鄞志者，謂《寶慶四明志》中之《鄞縣志》也。**七鄉曰** "曰"康熙《志》作"者"。**東安** "安"下康熙《志》有"也"字。

〔堰規制作〕康熙《志》無"作"字。**極目如海** 高本"海"上有"山"字，原本亦有，後抹去之是也。按此皆沿明刻本之譌。**三分入溪** "入"下康熙《志》有"於"字。**三十有六** 高本及至正《志》引無"有"字。**堰身中空** 高本"空"作"定"，原本亦作"定"，舊校改，又云別本亦作"定"。按文義實當作"空"，至正、康熙二《志》同。**護隄沙** "隄"，康熙《志》作"堰"。**低昂適宜** "昂"字原脫，依高補。"宜"字原作"矩"，高作"其"。按至正《志》實作"宜"，依改。**功倖鬼神** "功倖"二字康熙《志》倒。**聲若震雷** 高本"若"作"如"，至正《志》作"若"。

鄞志即寶慶志中鄞志也聞隱君　山有大梅
疑古無鄞志改作古志誤矣
木原本及高竝脱山有大三字據康熙志引補寶慶鄞志作山頂有大梅木
爲會稽禹
祠之梁原本無之字據高本補
其下在它山堰亦謂之梅梁禹
祠之梁原本無此十六字據高本補康熙志亦脱而於横枕堰址之下加即大梅之下折也七字
蓋因文義不貫
自以已意補之　圖龍康熙志作畫龍
鑑湖康熙志作鏡湖
滿
焉康熙志作滿身
鎖之於柱高及康熙志無之字　潮過康熙志作潮退
數
百年不朽原及高本皆無其
字據康熙志引加
刃或誤傷梁輒流水如血十字原及
字據康熙志引補
生於其上原及

三堨

滂則釃暴流以出江　原本釃下有泄字高本無按文與正志亦無

/ 校勘記二十 /

〔梅梁〕鄞志 即寶慶《志》中《鄞志》也。聞隱君疑古無《鄞志》，改作"古志"，誤矣。山有大梅木 原本及高竝脱"山有大"三字，據康熙《志》引補。寶慶《鄞志》作"山頂有大梅木"。爲會稽禹祠之梁 原無"之"字，據高本補。其下在它山堰亦謂之梅梁禹祠之梁 原本無此十六字，據高本補。康熙《志》亦脱而於"横枕堰址"之下加"即大梅之下折也"七字，蓋因文義不貫，自以己意補之。圖龍 康熙《志》作"畫龍"。鑑湖 康熙《志》作"鏡湖"。滿焉 康熙《志》作"滿身"。鎖之於柱 高及康熙《志》無"之"字。潮過 康熙《志》作"潮退"。數百年不朽 原及高本"數"竝作"如"，蓋草書形近之譌，據康熙《志》改。生於其上 原及高皆無"其"字，據康熙《志》引加。刃或誤傷梁輒流水如血 十字原及高本竝脱，據康熙《志》引補。

　　〔三堨〕滂則釃暴流以出江 原本"釃"下有"泄"字，高本無，至正《志》亦無。按文與下句

志未引至正

河港之積原及高本竝作候　不可解依至正志改　行春

爲是今刪以無

劄記二十

堨高本倒行二字非　皆隨地之宜而爲之節耳烏金堨久

廢堨記及高本竝無節耳二字　亦云相地之

四明二字烏金堨上冠以四明殊屬無

特節耳與四明絶不類不知何以致誤也〇烏金堨

日月二湖　人酌清泚原及高本泚竝誤沚據乾道志改語詳前釋文　眾山

萃焉亦山高本誤　唐地理志理原及高作里理里古通　太和中

令王元暐按唐書地理志太和作開元暐作緯由文宣王册牒之碑唐僧元亮之詩蘇爲之記

觀之實係史誤故寶慶志繫於太和七年而駁正之曰唐書地理志開元中令誤也特此係引史似當

仍其原文附加案語如後名爵侯封條云云者今竟更易之於引據似爲失

云云者今竟更易之於引據似爲失實　楊蒙二本竝作

相偶，以無爲是，今删。**河港之積** "積" 原文及高本竝作 "候"，不可解，依至正《志》改。**行春堨** "行春" 二字高本倒，非。**皆隨地之宜而爲之節耳烏金堨久廢** 原及高本竝無 "節耳" 二字，據至正《志》補。下卷《烏金堨記》亦云 "相地之宜而爲之節"。又二本 "烏" 字上有 "四明" 二字，"烏金堨" 上冠以 "四明"，殊屬無謂，今以意删，特 "節耳" 與 "四明" 絶不類，不知何以致誤也。"烏金堨" 以下至正《志》未引。

〔日月二湖〕**人酌清泚** 原及高本 "泚" 竝誤 "沚"，據乾道《志》改，語詳前《釋文》。**眾山萃焉** "眾山" 高本作 "亦山"，誤。**唐地理志** "理" 原及高作 "里"，"理" "里" 古通。**太和中令王元暐** 按《唐書·地理志》 "太和" 作 "開元"，"暐" 作 "緯"，由文宣王册牒之碑、唐僧元亮之詩、蘇爲之記觀之，實係史誤，故寶慶《志》繫於太和七年而駁正之曰："《唐書·地理志》云：開元中令誤也。"特此係引史似當仍其原文，附加案語如後名爵侯封條云云者。今竟更易之於引據，似爲失實。**楊蒙** 二本竝作

唐蒙依修堰條及下卷改

明刻本誤改之也

導它山之水 字係古文形近出字而

之高本作出因原本之

廣德湖仲夏堰

正元九年刺史任侗 原本作十二年高本作十一年今唐書實作九年又乾道寶慶二志作元年而寶慶刺史題名引唐志復作九年是元字爲九字形近之譌無疑今此係引唐志語依志改○侗二本竝誤州

西南四十里有仲夏堰溉田數千頃 四十里二本作十里數千作四千竝依唐地志改補 于季友 二友二本竝誤夏

禱雨隨應 本隨原誤及高本及寶慶志改

錢湖之闑未開而澤已浹設更數日不雨 蓋因二錢湖字誤脫今按無此十六字文義乖違甚矣據寶慶志補

救旱之理 旱字二本竝脫依寶慶志補按下文明駁其說云謂其無救於旱則誤矣云云 校勘記二十

岘因亢陽 因上高有屢字 如

煙嶼樓初本

---

"唐蒙"，依修堰條及下卷改。導它山之水 "之"，高本作 "出"，因原本之字係古文形近 "出" 字而明刻本誤改之也。

　〔廣德湖仲夏堰〕正元九年刺史任侗 原本作 "十二年"，高本作 "十一年"，今《唐書》實作 "九年"。又乾道、寶慶二《志》作 "元年"，而寶慶刺史題名引《唐志》復作 "九年"，是 "元" 字爲 "九" 字形近之譌無疑。今此係引《唐志》語，依《志》改。"侗" 二本竝誤 "州"。西南四十里有仲夏堰溉田數千頃 "四十里" 二本作 "十里"，"數千" 作 "四千"，竝依《唐·地志》改補。于季友 "友" 二本竝誤 "夏"。禱雨隨應 "隨" 原誤，必據高本及寶慶《志》改。錢湖之闑未開而澤已浹設更數日不雨 原及高本竝無此十六字，蓋因二 "錢湖" 字誤脫。今按，無此十六字，文義乖違甚矣，據寶慶《志》補。救旱之理 "旱" 字二本竝脫，依寶慶《志》補。按下文明駁其說云，"謂其無救於旱則誤矣" 云云，此必當有。岘因亢陽 因上高有 "屢" 字。如

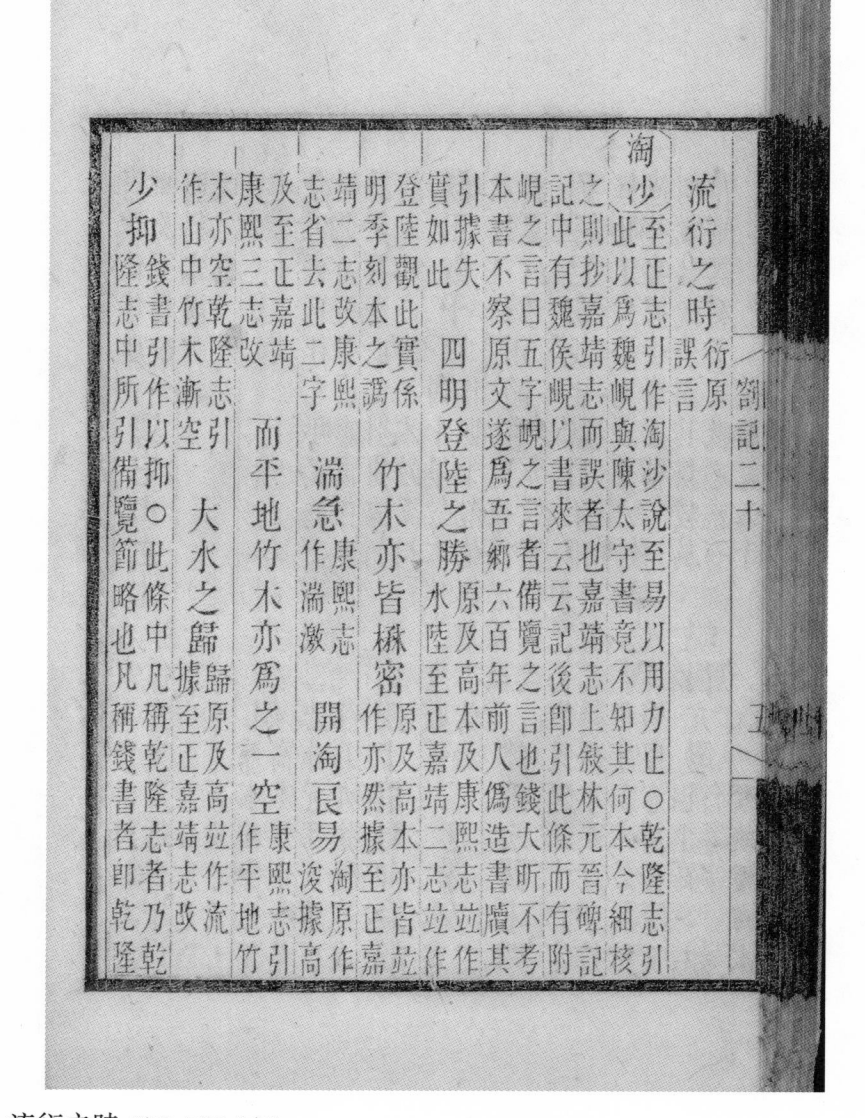

**流衍之時**　"衍"原誤"言"。

〔淘沙〕至正《志》引作"淘沙説至易，以用力止"。乾隆《志》引此以爲魏峴與陳太守書竟不知其何本，今細核之，則抄嘉靖《志》而誤者也。嘉靖《志》上敘林元晉碑記，記中有"魏侯峴以書來"云云，記後即引此條而有"附峴之言曰"五字。峴之言者，《備覽》之言也。錢大昕不考本書，不察原文，遂爲吾鄉六百年前人僞造書牘，其引據失實如此。**四明登陸之勝**　原及高本及康熙《志》竝作"水陸"，至正、嘉靖二《志》竝作"登陸"，觀此實係明季刻本之譌。**竹木亦皆梀密**　原及高本"亦"皆竝作"亦然"，據至正、嘉靖二《志》改，康熙《志》省去此二字。**湍急**　康熙《志》作"湍激"。**開淘良易**　"淘"原作"浚"，據高及至正、嘉靖、康熙三《志》改。**而平地竹木亦爲之一空**　康熙《志》引作"平地竹木亦空"，乾隆《志》引作"山中竹木漸空"。**大水之歸**　"歸"原及高竝作"流"，據至正、嘉靖《志》改。**少抑**　錢書引作"以抑"。此條中凡稱乾隆《志》者，乃乾隆《志》中所引《備覽》節略也。凡稱錢書者，即乾隆志中所稱與陳太守書也 又無根纜 二本"根"作"包"，今依二《志》改。 以固沙土之畾 二本"畾"作"苗"，據至正引改。 至高四五丈 二本"五"竝作"七"，據至正、嘉靖《志》改。"丈"，嘉靖《志》及錢書作"尺"。 兩岸積沙 原本脫"沙"字，舊校於"積"上加"堆"字，今據高本及至正、嘉靖二《志》刪補。 今既積年 "積"高本作"即"，誤。 嘉定乙亥 "乙亥"，各本各《志》作"己亥"，改語見至正札記。 槁 二本竝誤作"稿"，下同。 隨宜爲浚流 "宜"字原脫，依高及至正《志》引補。 一線之脈 二本"線"作"緜"，"之"作"出"，據至正《志》引改。 所灌愈遠 嘉靖《志》引"灌"作"溉"，錢書同，又"遠"作"廣"。 愈博 嘉靖《志》及錢書"博"竝作"溥"。 旱歲淘沙 二本"旱"字上竝有"無"字，後竝抹去。按至正《志》引是"夫"字，蓋明刻始誤，今以此字可省，姑仍原本。 此則救一時之急耳 原本無"則"字，依高本加，至正、嘉靖二《志》及錢書竝無。 不一勞者不永逸 二本"永"皆作"能"，據至正、嘉靖二《志》改。"一"字高本脫。 急救旱苗 嘉靖同錢

---

《志》中所稱《與陳太守書》也。又無根纜 二本"根"作"包"，今依二《志》改。以固沙土之畾 二本"畾"作"苗"，據至正引改。至高四五丈 二本"五"竝作"七"，據至正、嘉靖《志》改。"丈"，嘉靖《志》及錢書作"尺"。兩岸積沙 原本脫"沙"字，舊校於"積"上加"堆"字，今據高本及至正、嘉靖二《志》刪補。今既積年 "積"高本作"即"，誤。嘉定乙亥 "乙亥"，各本各《志》作"己亥"，改語見至正札記。槁 二本竝誤作"稿"，下同。隨宜爲浚流 "宜"字原脫，依高及至正《志》引補。一線之脈 二本"線"作"緜"，"之"作"出"，據至正《志》引改。所灌愈遠 嘉靖《志》引"灌"作"溉"，錢書同，又"遠"作"廣"。愈博 嘉靖《志》及錢書"博"竝作"溥"。旱歲淘沙 二本"旱"字上竝有"無"字，後竝抹去。按至正《志》引是"夫"字，蓋明刻始誤，今以此字可省，姑仍原本。此則救一時之急耳 原本無"則"字，依高本加，至正、嘉靖二《志》及錢書竝無。不一勞者不永逸 二本"永"皆作"能"，據至正、嘉靖二《志》改。"一"字高本脫。急救旱苗 嘉靖同錢

劄記二十

淤沙復淤作港　見大字亦誤以意從之改　誤作輪以意改　設醮下稱鄉帥　據原條稱鄉帥余大卿及後補　役夫無夫字誤也錢書沿屬上而　不得令依　在字非錢書嘉靖志無　志無空閒錢書引　嘉靖前字錢書同　仍前嘉靖志引無　旱苗二字錢所改也經一大水二本水竝作雨據二志改則　書急救二字倒而無

其蹌尺高蹌二本作餘以意改港復填淤　鉏擔二本作鉏檐以意改以檢人數二本竝作以見大數高本後改大　及輪差二本及竝作反高後改及　鄉帥余大參二本竝無帥字參政　役夫嘉靖志役作沒　一尺或二尺或字下有則字皆非　不得容私不可高本改作不得二本作不獨原本改作　務在錢書務上有使字　不憚稍遠竝作勞二本嘉靖志及錢書　空閒錢書引作空闊　則棄之於則堆之於二之字高本及　經一大水雨據二志改二本竝作　則仍前

書，"急救"二字倒而無 "旱苗"二字，錢所改也。**經一大水** 二本 "水" 竝作 "雨"，據二《志》改。**則仍前** 嘉靖《志》引無 "前" 字，錢書同。**則棄之於則堆之於** 二 "之" 字高本及嘉靖《志》無。**空閒** 錢書引作 "空闊"。**不憚稍遠** "遠" 嘉靖《志》及錢書竝作 "勞"。**務在** 錢書 "務" 上有 "使" 字，非。嘉靖《志》無。**不得容私** 二本竝作 "不獨"，原本改作 "不可"，高本改作 "不得"，二《志》亦作 "不得"，今依。**一尺或二尺** 錢書 "一尺" 下有 "許" 字，"或" 字下有 "則" 字，皆非。**役夫** 嘉靖《志》 "役" 作 "沒"，屬上而無 "夫" 字，誤也。錢書沿之。**鄉帥余大參** 二本竝無 "帥" 字，據下稱 "鄉帥陳大卿" 及後 "設醮" 條稱 "鄉帥余參政" 補。**及輪差** 二本 "及" 竝作 "反"，高後改 "及"，從之。"輪" 原誤 "輪"。**鉏擔** 二本作 "鉏檐"，以意改。**以檢人數** 二本竝作 "以見大數"，高本後改 "大" 作 "人" 是也，從之。"見" 字亦誤，以意改。**其蹌尺高** "蹌" 二本作 "餘"，以意改。**港復填淤** 高本作 "港沙復淤"。

程趙二公給田收租歲充淘沙雇夫之用 按委峴淘沙
沙嘉定七年以下專言淘沙田而以此十六字橫亘
中間古今無此文法也且程公給田在嘉定趙公給田在嘉
熙事竝在淳祐兩次淘沙之前而乃逆邅說
下於文既非補叙於事實爲倒置今劃分兩條始清
眉目特明刻之妄無論矣而數百年來引用此書者
如高武部聞徵士錢宮詹諸君皆不悟其謬誤亦可怪
也嘗以淘沙利便淘沙原本及高本竝作沙淤以意改
矣字二本無以意加 書契二字高倒 官府祈禱祈禱二字原
無以字二本補 徧於名山大川徧二本竝作偏高後改徧從之於字竝作去據康熙志改高本無大川二字
字猶有勿應勿雨之際二勿字高本竝作不 不可徧給耳二本給字下竝有故字以意刪 嘗申朝廷嘗字高本改作常非 申朝省
亦作廷高本省

校勘記二十

煙嶼樓初本

〔程趙二公給田收租歲充淘沙雇夫之用〕按"委峴淘沙"以上專言淘沙，"嘉定七年"以下專言淘沙田，而以此十六字橫亘中間，古今無此文法也。且程公給田在嘉定，趙公給田在嘉熙，事竝在淳祐兩次淘沙之前，而乃逆邅說下，於文既非補叙，於事實爲倒置。今劃分兩條，始清眉目，特明刻之妄無論矣！而數百年來引用此書者如高武部、聞徵士、錢宮詹諸君皆不悟其謬，誤亦可怪也。嘗以淘沙利便"淘沙"原本及高本竝作"沙淤"，以意改。可謂厚矣"矣"字二本無，以意加。書契二字高倒。官府祈禱"祈禱"二字原脫，依高本補。徧於名山大川"徧"二本竝作"偏"，高後改"徧"，從之。"於"字竝作"去"，據康熙《志》改。高本無"大川"二字。猶有勿應勿雨之際二"勿"字高本竝作"不"。不可徧給耳二本"給"字下竝有"故"字，以意刪。嘗申朝廷"嘗"字高本改作"常"，非。申朝省高本"省"亦作"廷"。

〔防沙〕或遇積潦 高本“潦”作“澇”，至正《志》作“潦”。沙隨急流 原本無“流”字，據高及至正《志》補。量買地段 舊校於“段”上加“一”字，高本及至正《志》皆無，今删。嘉靖《志》有“一”字而無“量”字。今其根盤錯據 至正、嘉靖二《志》竝無“錯”字。不妨自流 至正《志》同，嘉靖《志》“自”作“通”。礙住不行 至正《志》同嘉靖《志》，“住”作“阻”。平常積雨 二本“常”作“嘗”，據至正《志》改。石隄之議 “議”二本竝作“護”，嘉靖《志》作“禦”，今依至正《志》。姑存三説 “存”二本皆作“從”，依至正《志》改。

〔前後修堰〕厚七八寸 “厚”上康熙《志》有“一片”二字。先賢之意 “之意”二字原脱，據高本補。周耆之前 “周”上康熙《志》有“况”字。崇甯間 此下康熙《志》引與此本詳略互異，豈聞隱君據各《記》自爲增損耶？未可因此竄亂原書，姑存所引於此。建中靖國初，城内之西湖涸，監船場宣德郎唐意抵它山堰相視，盡堙諸渠口而稍浚上源，因以其土窒補堰隙，復累石於其上，以遏入江之漢流。於是水稍引以北，漸薄其城下，不數日，湖流漫然。舒亶作《西湖引水記》：崇寧間簽幕承議郎張必强、邑大夫宣議郎龔行修又相其利害，增卑以高，易土以石，冶鐵而固之。潦不至淫，旱不至涸。楊蒙作《重修它山堰引水記》：紹興丙寅，堰緣風潮衝突，川淤隄墊，堰埭隤圮。郡守秦棣補土石之罅漏，塞梁坍之頹穴，以石易土，冶固以鐵。邑丞魏行己作《重修堰記》。按此下似可接"以此考之"云云。康熙《志》所載較略，則引書體例應爾。以土第第增築 原本抹去一"第"字，非是。高本及寶慶《志》並作"第第"，下文亦作"第第"。按二字不知何解，或即次第之第，"第第"猶云層層耳。張君必强 "强"字當删，語詳乾道札記。易土爲石 下卷楊蒙《記》"爲"作"以"。堰埭隤圮 原脫"埭"字，依高本補。

　　〔護堤〕詳本條文義，當作"護堰"，然二字及康熙、乾隆諸《志》及本書目録並作"隄"，蓋堤即堰也。故前"堰規制作"條"俗謂護堰沙"，原本亦作"護隄沙"，今仍之。沙港淤塞之時 "之"二本並誤"出"。排

筏　二本並作"排筏"，據康熙《志》改。《唐韻》："桰，筏也。"越堰　乾隆《志》引作"越境"，誤。堰身中空　康熙《志》此下引作"堰身中空，日就損壞，所關利害甚大，官司當禁約之"，乃自以意抄撮增損者，乾隆《志》同。非不禁約　"禁約"原作"嚴禁"，據高本及康熙《志》改。民失粒食　"失"原作"不"，據高本改。

〔開水口〕內爲蔣宅之地　康熙、乾隆二《志》並作"內爲民地"。約一二畝若買此以展水口　乾隆《志》引作"能購買一二畝以展之"。內水　"內"讀作"納"。

〔古小溪港〕有地名童家塔　"塔"原本及嘉靖《志》並作"坡"，誤也。高本作"圇"，康熙《志》作"庖"，皆"庖"之譌。至正《志》作"塔"。按鄞人至今呼村落土地名有曰塔者，或寫作"庖"，二字於義皆不甚相附。蓋土人所呼，不必定有其字，至筆之於書，則隨其音而各以意實之，原難確究也。今以至正較古且"坡""塔"形近，故改從"塔"。又按，至正《志》引《備覽》佚文有"李家塔"，正足與此旁証。又浙《志》引《甯波志》作"童家坂"，則又因

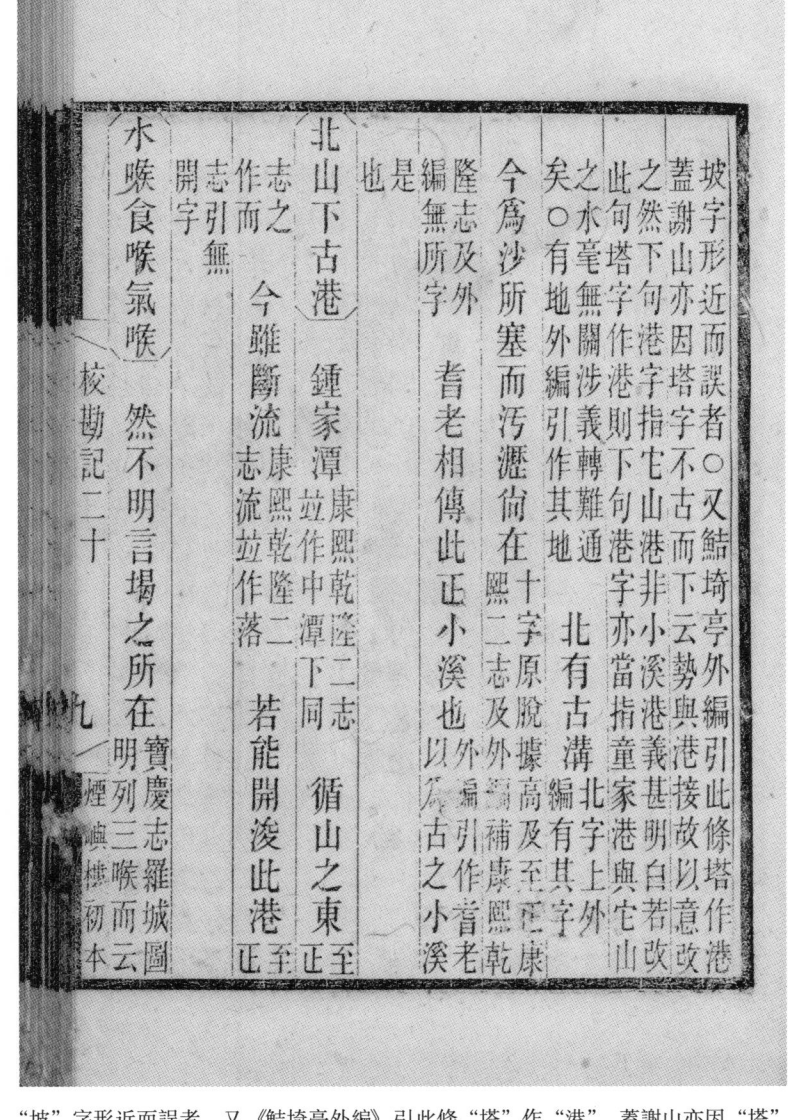

"坡"字形近而誤者。又《鮚埼亭外編》引此條"塔"作"港"，蓋謝山亦因"塔"字不古而下云"勢與港接"，故以意改之。然下句"港"字指它山港，非小溪港，義甚明白。若改此句"塔"字作"港"，則下句"港"字亦當指童家港，與它山之水毫無關涉，義轉難通矣。"有地"《外編》引作"其地"。北有古溝"北"字上《外編》有"其"字。今為沙所塞而污瀍尚在十字原脱，據高及至正、康熙二《志》及《外編》補。康熙、乾隆《志》及《外編》無"所"字。耆老相傳此正小溪也《外編》引作"耆老以為古之小溪是也。"

〔北山下古港〕鍾家潭 康熙、乾隆二《志》立作"中潭"，下同。循山之東 至正《志》"之"作"而"。今雖斷流 康熙、乾隆二《志》"流"立作"落"。若能開浚此港 至正《志》引無"開"字。

〔水喉食喉氣喉〕然不明言堨之所在 寶慶《志》羅城圖明列三喉而云

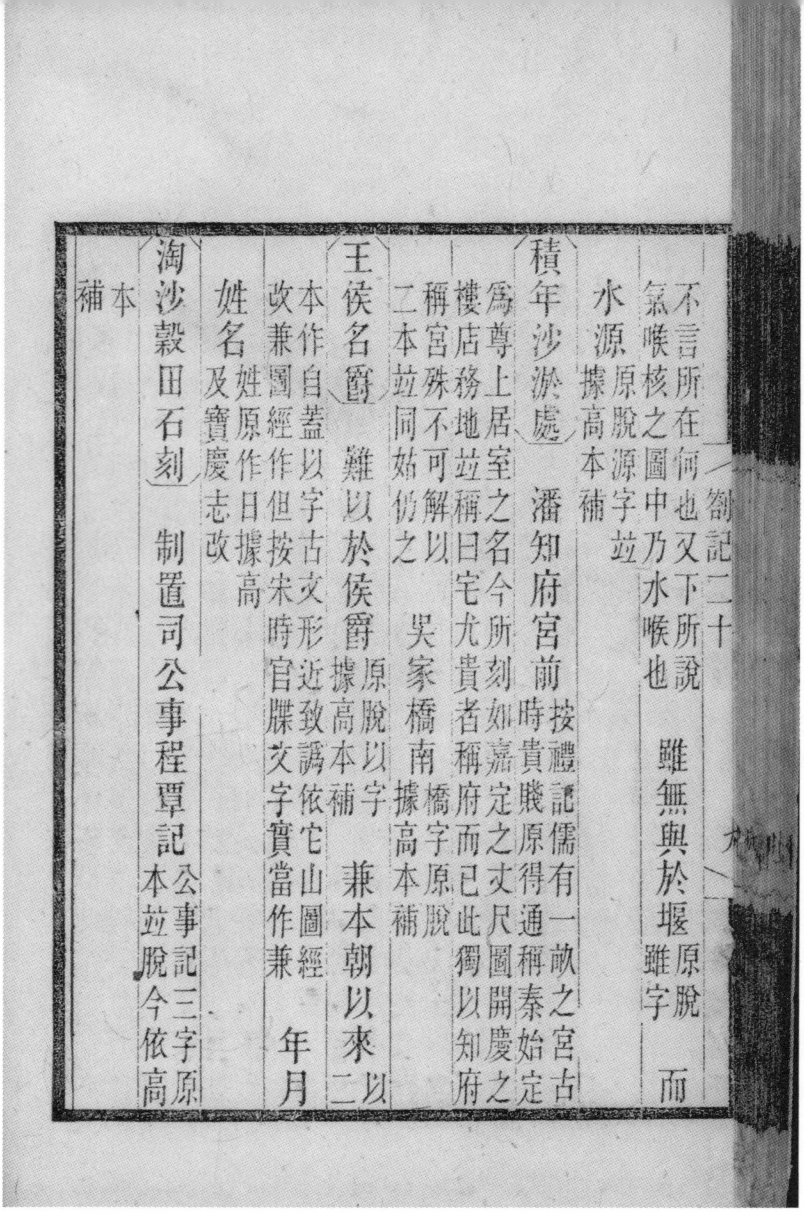

補本

淘沙穀田石刻 制置司公事程覃記 公事記三字原本竝脫今依高本補

姓名及寶慶志改 改兼園經作自蓋經作但按宋時官牒文字實當作兼 年月

王侯名爵 難以於侯爵原脫以字兼本朝以來以二本作自蓋以字古文形近致譌依它山圖經改

本作自蓋圖經作曰按姓名及寶慶志改

積年沙淤處 潘知府宮前 按禮記儒有一畝之宮古時貴賤原得通稱秦始定爲 爲尊上居室之名今所刻如嘉定之丈尺圖開慶之樓店務地竝稱曰宅尤貴者稱府而已此獨以知府稱宮殊不可解以二本竝同姑仍之 吳家橋南橋字原脫據高本補

水源據高本補源字竝

氣喉核之圖中乃水喉也 額記二十

不言所在何也又下所說 雖無與於堰原脫雖字而

---

"不言所在何也"。又下所説"氣喉"核之圖中乃"水喉"也。雖無與於堰原脫"雖"字。而水源原脫"源"字，竝據高本補。

〔積年沙淤處〕潘知府宮前 按《禮記》"儒有一畝之宮"，古時貴賤原得通稱，秦始定爲尊上居室之名，今所刻如嘉定之《丈尺圖》，開慶之"樓店務地"竝稱曰宅，尤貴者稱府而已。此獨以知府稱宮，殊不可解，以二本竝同，姑仍之。吳家橋南 "橋"字原脫，據高本補。

〔王侯名爵〕難以於侯爵 原脫"以"字，據高本補。兼本朝以來 "以"二本作"自"，蓋"以"字古文形近致譌，依《它山圖經》改。"兼"《圖經》作"但"，按宋時官牒文字實當作"兼"。年月姓名 "姓"原作"日"，據高及寶慶《志》改。

〔淘沙穀田石刻〕制置司公事程覃記 "公事記"三字原本竝脫，今依高本補。

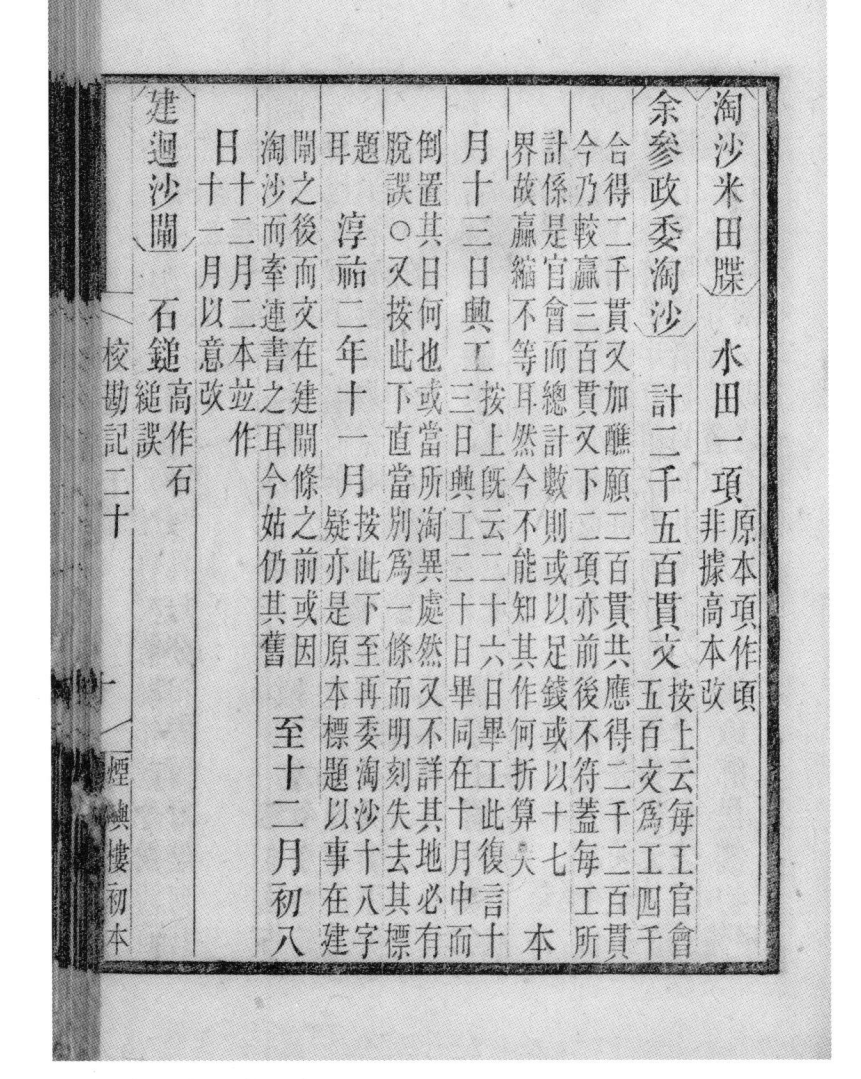

〔淘沙米田牒〕水田一項 原本"項"作"頃"，非，據高本改。

〔余參政委淘沙〕計二千五百貫文 按上云每工官會五百文，爲工四千，合得二千貫。又加醮願二百貫，共應得二千二百貫，今乃較贏三百貫。又下二項亦前後不符，蓋每工所計係官會，而總計數則或以足錢，或以十七界，故贏縮不等耳。然今不能知其作何折算矣。本月十三日興工 按上既云二十六日畢工，此復言十三日興工，二十日畢，同在十月中而倒置其日，何也？或當所淘異處，然又不詳其地，必有脫誤。又按，此下直當別爲一條而明刻失去其標題耳。淳祐二年十一月 按此下至"再委淘沙"十八字疑亦是原本標題，以事在建閘之後而文在建閘條之前，或因淘沙而牽連書之耳，今姑仍其舊。至十二月初八日 "十二月"二本竝作"十一月"，以意改。

〔建迴沙閘〕石鎚 高作"石縋"，誤。

看守迴沙閘人　剳記二十

清領均分　舊校"清"疑作"請"，今按"清領"與"均分"相對，謂府歷向倉領米，竝無倉吏需索等弊也。

請加封狀　別無水源　"水"高本作"大"，非。今歲秋初　二本竝作"今歲初"，必有脫文。按下云"稼穡垂成"，則秋初無疑，以意補。羣禱原作"祈禱"亦通，高作"羣禱"更妥，又與下文"禱祈"不複。敕牒在前　"敕"原作"敇"，"陳"之古文也。高本因寫作"陳"，大誤，今以意改。"在前"原作"前前"，依高本改。具狀申　"具"二本竝作"且"，非，以意改。峴等下情　"下情"二字原脫，依高補。

設醮　咽許　二本同，舊校改"咽"作"因"。按，此方言也。今俗許神願稱"口許"，疑"咽許"猶"口許"耳。又今俗又稱"應許"，"應"字宜讀去聲而呼作平聲。《集韻》云"咽音駰"，"駰""應"音近焉，知非"咽許"之譌乎？今仍之。寶慶　二本竝作"隆慶"，蓋原本"寶"作"珤"，明刻妄改之者，今更正。嘗斂鄉民錢物　"錢"字

---

〔看守迴沙閘人〕清領均分 舊校"清"疑作"請"，今按"清領"與"均分"相對，謂府歷向倉領米，竝無倉吏需索等弊也。

〔請加封狀〕別無水源 "水"高本作"大"，非。今歲秋初 二本竝作"今歲初"，必有脫文。按下云"稼穡垂成"，則秋初無疑，以意補。羣禱原作"祈禱"亦通，高作"羣禱"更妥，又與下文"禱祈"不複。敕牒在前 "敕"原作"敇"，"陳"之古文也。高本因寫作"陳"，大誤，今以意改。"在前"原作"前前"，依高本改。具狀申 "具"二本竝作"且"，非，以意改。峴等下情 "下情"二字原脫，依高補。

〔設醮〕咽許 二本同，舊校改"咽"作"因"。按，此方言也。今俗許神願稱"口許"，疑"咽許"猶"口許"耳。又今俗又稱"應許"，"應"字宜讀去聲而呼作平聲。《集韻》云"咽音駰"，"駰""應"音近焉，知非"咽許"之譌乎？今仍之。寶慶 二本竝作"隆慶"，蓋原本"寶"作"珤"，明刻妄改之者，今更正。嘗斂鄉民錢物 "錢"字

原脱，依高本補。**施斞** 記道家書享鬼謂之"施斞食"，此"斞"下疑脱"食"字。**奏詞**原作"奏祠"，依高本改。

### 《四明它山水利備覽》卷下

凡正譌字七十，補脱字六十四，删衍字二十六，乙倒字二。

〔重修善政侯祠堂誌〕按誌即記也。吉州好奇，故前卷稱"烏金堨記"亦作"烏金堨志"，然其餘又多作"記"，豈明人所改耶？**祭法** 乾道《志》"法"下有"曰"字。**德施於人** "德"，《祭法》作"法"，乾道、延祐二《志》及高本竝作"法"，此獨作"德"，或草書形近致譌。然篇中重述此語亦作"德施於人"，未必兩處皆譌。且吉州原本寫"德"作"悳"，又與"法"字不類。按，《漢書·郊祀志》及《韋玄成傳》兩引《祭法》竝作"功施於民"。又《祭法》原文實"法施於民則祀之"，而各《志》各本載此文"民"竝作"人"，"祀"竝作"祭"，則"法"之作"德"或已引古偶異，非必傳寫錯誤也。此碑已不存，今姑各仍其舊。**海徼** 原作"海隞"，字書無此字，今依前《志》改。**袖**

劄記二十

閒 原誤衲閒。民諧乎禮樂 浙志引諧作懷，乾隆志乎作於。彤弊 彤各志竝作凋，弊浙志引作療。得非謂 浙志作非所謂。於人乎 乎上浙志引有者字，下句亦有。則子由治蒲之政西門投巫之酷諒多慚德 乾隆志改此三句作則視昔西門豹之治鄴渠其治績似猶過之。愚按文以治蒲爲慚德固自不可爲訓，然竟改之，何如刪節之也？況刪此數語於文氣本自無礙。一同之任 此用左傳列國一同及淮南諸侯一同語也，原作一司，非。他日嚮侯 嚮原本作饗，依乾道志改。乃歎曰 三字原本無，似必不可省，今依乾道志補。將何勸民乎 浙志引無民字，乾隆志作將何以勸民乎，餘見乾道延祐札記。徵材 浙志引作擇木。於是遷祠之基 是字原無。止堰之上 止浙志引作於。聆乎片言聞乎九絲 二乎字乾隆志引竝作其。斯備 備字原無。則正觀之風 之風二字原脱。譽

閒 原誤"衲閒"。民諧乎禮樂 浙《志》引"諧"作"懷"，乾隆《志》"乎"作"於"。彤弊 "彤"各《志》竝作"凋"，"弊"浙《志》引作"療"。得非謂 浙《志》作"非所謂"。於人乎 "乎"上浙《志》引有"者"字，下句亦有。則子由治蒲之政西門投巫之酷諒多慚德 乾隆《志》改此三句作"則視昔西門豹之治鄴渠其治績似猶過之"。愚按文以"治蒲爲慚德"固自不可爲訓，然竟改之，何如刪節之也？況刪此數語於文氣本自無礙。一同之任 此用《左傳》列國一同及《淮南》諸侯一同語也，原作"一司"，非。他日嚮侯 "嚮"原本作"饗"，依乾道《志》改。乃歎曰 三字原本無，似必不可省，今依乾道《志》補。將何勸民乎 浙《志》引無"民"字，乾隆《志》作"將何以勸民乎"，餘見乾道、延祐札記。徵材 浙《志》引作"擇木"。於是遷祠之基 "是"字原無。止堰之上 "止"浙《志》引作"於"。聆乎片言聞乎九絲 二"乎"字乾隆《志》引竝作"其"。斯備 "備"字原無。則正觀之風 "之風"二字原脱。譽

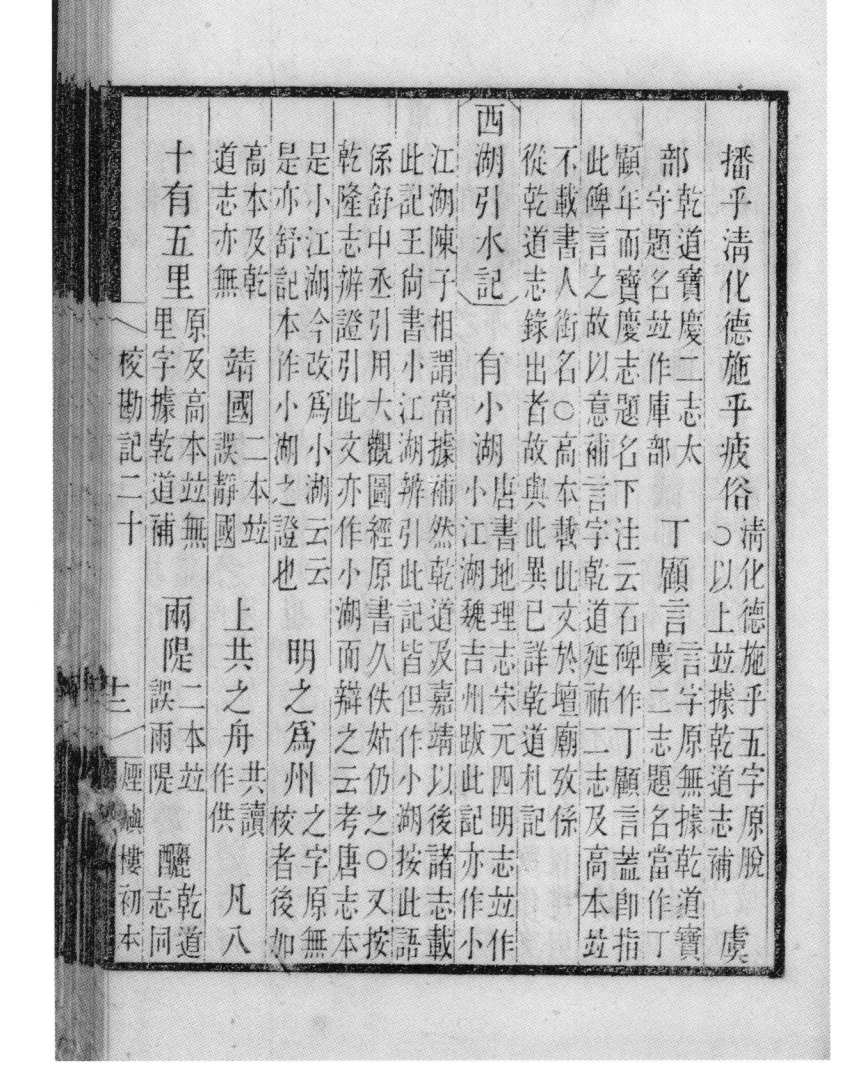

播乎清化德施乎疲俗 "清化德施乎"五字原脱。以上並據乾道《志》補。虞部 乾道、寶慶二《志》太守題名並作"庫部"。丁顧言 "言"字原無，據乾道、寶慶二《志》題名，當作"丁顧年"，而寶慶《志》題名下注云"石碑作丁顧言"，蓋即指此碑言之，故以意補"言"字。乾道、延祐二志及高本並不載書人銜名。高本載此文於"壇廟攷"，係從乾道《志》録出者，故與此異，已詳乾道札記。

〔西湖引水記〕 有小湖 《唐書·地理志》、宋元《四明志》並作"小江湖"，魏吉州跋此記亦作"小江湖"，陳子相謂當據補，然乾道及嘉靖以後諸志載此《記》"王尚書小江湖辨"引此記皆作"小湖"。按此語係舒中丞引用《大觀圖經》，原書久佚，姑仍之。又按乾隆《志》"辯證"引此文亦作"小湖"而辯之云，考《唐志》本是小江湖，今改爲小湖云云，是亦舒《記》本作"小湖"之證也。明之爲州 "之"字原無，校者後加，高本及乾道《志》亦無。靖國 二本並誤"静國"。上共之舟 "共"讀作"供"。凡八十有五里 原及高本並無"里"字，據乾道補。兩隄 二本並誤"雨隄"。釃 乾道《志》同。

高本作「灑」審不疑矣宜依乾道改　復累石於上高本於下
道志亦並皆　顧非侯以相之後據乾道改　蓋皆可
謂字二本據乾道補　故時皆江也字古文形近譌　魏跋
按圖經脱二字原依高本補　而王侯在太和高無王字
重修它山堰引水記　作堰江溪此溪作溪上卷日月二湖條引
可乾道志亦作溪字亦　堤塾作堤壅固通然此引岐
分派引朱校改作支　室其岐派亦改作漢港引支
水溉田是也岐派　不可修矣字上高本有復　白於州
本及乾道志依高補　宣議郎當作宣義　詢其父老
作諸志實崇甯二年二本崇甯上並有徽宗二字大誤按崇甯二年下距五國城之

剳記二十

高本作"灑"。**審不疑矣**"疑"二本竝作"宜"，依乾道改。**復累石於上**"於"下高本有"其"字，乾道《志》亦有。**顧非侯以相之**"侯"二本竝誤，後據乾道改。**蓋皆可謂**二本竝無"皆"字，據乾道補。**故時皆江也**"時"，高本作"昔"，"時"字古文形近譌。**魏跋按圖經**"圖經"二字原脱，依高本補。**而王侯在太和**高無"王"字。

〔重修它山堰引水記〕**作堰江溪**上卷"日月二湖"條引此"溪"作"淡"固通，然此堰在江溪之間，則作"溪"字亦可。乾道《志》亦作"溪"，今兩仍之。**堤塾**乾隆《志》引作"堤壅"，非。**岐分派引**朱校改作"支分派別"，下"室其岐派"亦改作"支派"，大誤。鍾云謂"水政不修，人各開掘汉港，引水溉田"，是"岐派"非"支派"也。**不可修矣**"修"上高本有"復"字，乾道《志》亦有。**白於州**"白"字原脱，依高本及乾道《志》補。**宣議郎**高本同，按當作"宣義"。**詢其父老**"其"，乾隆《志》作"諸"。**實崇甯二年**二本"崇甯"上竝有"徽宗"二字，大誤。按崇甯二年下距五國城之

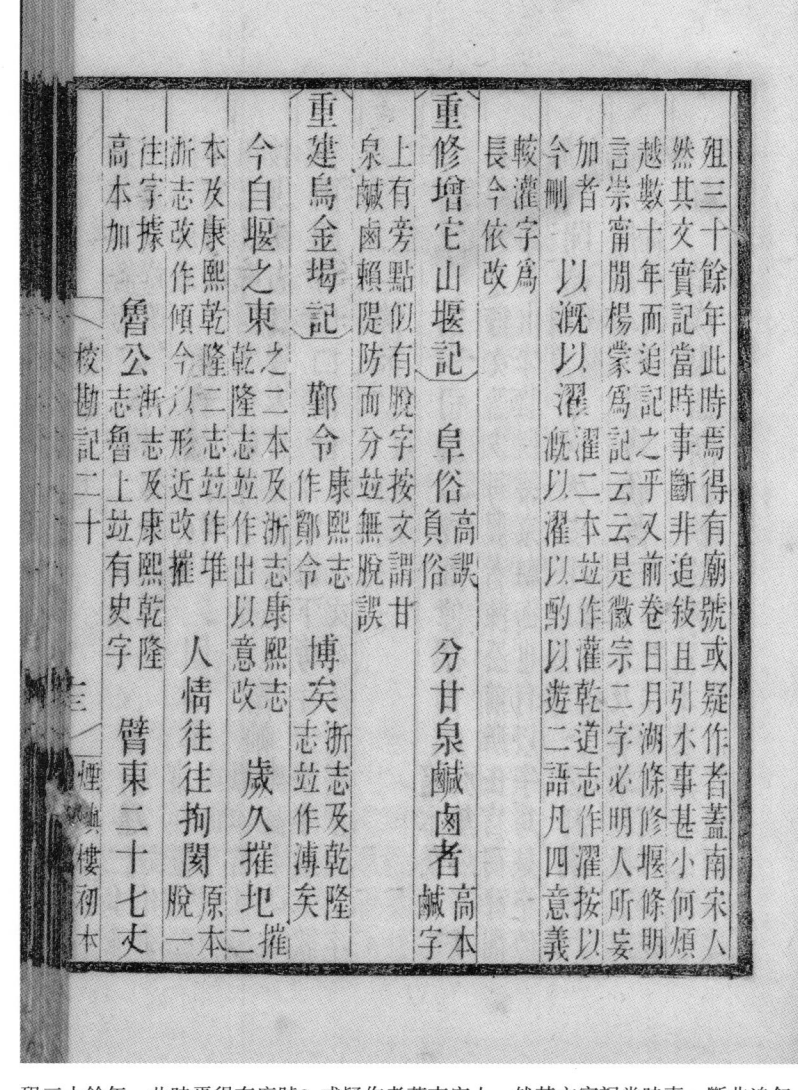

俎三十餘年，此時焉得有廟號？或疑作者蓋南宋人，然其文實記當時事，斷非追叙。且引水事甚小，何煩越數十年而追記之乎？又前卷"日月湖"條、"修堰"條明言崇甯間楊蒙爲記云云，是"徽宗"二字必明人所妄加者，今删。以漑以濯 "濯"二本竝作"灌"，乾道《志》作"濯"，按"以漑以濯以酌以遊"二語凡四意，義較"灌"字爲長，今依改。

〔重修增它山堰記〕阜俗 高誤"負俗"。分甘泉鹹鹵者 高本"鹹"字上有旁點，似有脱字。按文謂甘泉鹹鹵賴隄防而分，竝無脱誤。

〔重建烏金堨記〕鄞令 康熙《志》作"鄘令"。博矣 浙《志》及乾隆《志》竝作"溥矣"。今自堰之東 "之"二本及浙《志》、康熙《志》、乾隆《志》竝作"出"，以意改。歲久摧圮 "摧"二本及康熙、乾隆二《志》竝作"堆"，浙《志》改作"傾"，今以形近改"摧"。人情往往拘閡 原本脱一"往"字，據高本加。魯公 浙《志》及康熙、乾隆《志》"魯"上竝有"史"字。臂東二十七丈

"東"各本各志作"京"，以意改。規模 二本及康熙《志》竝誤"規撫"。俞公建 二本"俞"竝作"余"，據寶慶《志》"郡守門"改。行春 浙《志》引"春"下有"碶"字。固陋辭 康熙、乾隆二《志》此下但有"因書之碑"四字，按乾隆《志》只是抄康熙《志》耳，實未曾見《備覽》也。當軸 原作"當輔"，據高本改。霖雨四海□□萬世 高本"海"下旁注一"缺"字，鍾本誤混入正文，今按文義當脱二字，以意加二方空。偉矣 二本竝作"緯矣"，以意改。

〔迴沙閘記〕由少司農以祕閣修撰出鎮 高本及諸《志》引無"以"字，按文義似是衍文，然少司農者，陳公前所任官而祕閣修撰則其出守時所帶京朝銜也。有"以"字爲是，今仍原本。開藩 "開"原誤"閒"。歲久多圮 乾隆《志》無"多"字。公刱堨一 "堨"原誤"磑"，據嘉靖《志》及高本改。號爲喉者三 高本及嘉靖、乾隆《志》竝無"三"字，然當以有爲是，今仍原本。是對東西浙俱歉於澇 高本及嘉靖《志》、浙《志》、乾隆《志》竝無"浙"字，按

〔校勘記二十〕

宋史載理宗淳祐二年秋七月，自夏積雨，浙右大水，則當以此本有浙字者爲是也。流爾　乾隆《志》爾作耳。城內外　嘉靖《志》、乾隆《志》引城下竝有門字，非。爲湖　浙《志》引湖作河。則又大溪爲之源　高本及諸《志》竝無爲字，非。其盪入於溪者　原無人字，據高補，嘉靖《志》亦有。田苦竭澤　原本田上有人字，蓋盪入之人誤衍於此，又苦作若，竝依高本刪改。至三四　浙《志》引四下有尺字。新吉州　高本無新字，誤脱也。謝山蓋嘗見此高本，故誤以魏峴爲吉州人耳。乾隆《志》引亦無新字。以書來　來原誤成，據高本及嘉靖《志》改。鄉岷　乾隆《志》作鄉民。長官祠　嘉靖《志》祠下有下字。五十尋而近　原本無而字，非。據高本及嘉靖《志》補。夙備　高本及嘉靖《志》作夙有功。安君劉　君原誤居。起八月戊寅迄今十月丁丑　高本及嘉靖《志》、浙《志》、乾隆《志》八月上竝有秋字，又今作冬。人心大懌　高及嘉靖《志》作人情大悦。夫水之

《宋史》載理宗淳祐二年秋七月，自夏積雨，浙右大水，則當以此本有"浙"字者爲是也。流爾 乾隆《志》"爾"作"耳"。城內外 嘉靖《志》、乾隆《志》引"城"下竝有"門"字，非。爲湖 浙《志》引"湖"作"河"。則又大溪爲之源 高本及諸《志》竝無"爲"字，非。其盪入於溪者 原無"人"字，據高補，嘉靖《志》亦有。田苦竭澤 原本"田"上有"人"字，蓋"盪入"之"人"誤衍於此，又苦作"若"，竝依高本刪改。至三四 浙《志》引"四"下有"尺"字。新吉州 高本無"新"字，誤脱也。謝山蓋嘗見此高本，故誤以魏峴爲吉州人耳。乾隆《志》引亦無"新"字。以書來 "來"原誤"成"，據高本及嘉靖《志》改。鄉岷 乾隆《志》作"鄉民"。長官祠 嘉靖《志》"祠"下有"下"字。五十尋而近 原本無"而"字，非。據高本及嘉靖《志》補。夙備 高本及嘉靖《志》作"夙有功"。安君劉 "君"原誤"居"。起八月戊寅迄今十月丁丑 高本及嘉靖《志》、浙《志》、乾隆《志》"八月"上竝有"秋"字，又"今"作"冬"。人心大懌 高及嘉靖《志》作"人情大悦"。夫水之

校記二十

僧元亮它山歌詩

利若害之〇　原無若字高亦無後加今從
改本　據高本改　有字原無
多慾者　據高本改慾原誤愬　應縣
限量據高本改原作量量
年　據高本補　十有六
作於淳祐二年署銜稱主管　應參政以淳祐二年敘復奉祠此文
崇禧觀則為縣字之誤無疑

堰在四明之鄞縣　各本及至正志竝同惟康熙
志鄞作鄮按鄮之改鄞始於五代則唐詩似以鄮為是
然鄞縣在春秋為鄞地元亮或從古稱如今稱甯波
府為明州者亦無不可今不從　田種費
無與諸本異或復莊別有所本或即以己意
更改者晚出單詞不足依據姑為附存於此
多改者晚出單詞
中有王侯令　清優　康熙志竝作清
作勤優今此又以清儉為清優各本竝同惟備覽
儉按蘇為祠堂記以勤儉誠游墮各本竝同惟
作勤優今此又以清儉為清優各本竝同

利若害　原無“若”字，高亦無，後加，今從之。自此以下嘉靖《志》不載。故常　原誤“故嘗”，據高本改。多慾者　“慾”原誤愬，據高本改。限量　原作“量量”，據高本改。十有六年　“有”字原無，據高本補。應縣　原作“應衙”，字書無此字。按應參政以淳祐二年敘復奉祠，此文作於淳祐二年，署銜稱主管崇禧觀，則為縣字之誤無疑。

〔僧元亮它山歌詩〕堰在四明之鄞縣　各本及至正《志》竝同，惟康熙《志》“鄞”作“鄮”。按“鄮”之改“鄞”始於五代，則唐詩似以“鄮”為是。然鄞縣在春秋為鄞地，元亮或從古稱，如今稱甯波府為明州者，亦無不可，今不從。田種費　《它山圖經》作“田地圯”。按《它山圖經》所載《備覽》諸詩多與諸本異，或復莊別有所本，或即以己意更改者，晚出單詞，不足依據，姑為附存於此。太和中有王侯令　《它山圖經》作“太和年間有王令”。清優　高本同至正《志》、康熙《志》，竝作“清儉”，按蘇為《祠堂記》“以勤儉誠游墮”，各本竝同，惟《備覽》作“勤優”，今此又以“清儉”為“清優”。“清儉”二字未知所通，

又粹老使君　舒亶題它山　又詩

袞袞 乾道志作滾滾盧本延祐志作袞袞　力殆言屈 力原作亦依乾道志改言乾道作欲　澗急 寶慶志同嘉靖志作澗闊

它山圖經改作　茲事 它山圖經改作此事

作波汗漫 至正志濤作瀾它山圖經又改作波汗漫

高本刪此下二詩　制作手 手原誤年　亦稱物 亦乾道志作必

眞經又改　圖經改以意修飾同嘉　疊石二本竝作疊山誤　圖經改作以意修飾詞氣較順而古意衰矣

吉州好用古文通字或有本耶　昨因它山圖經改作偶因　知利病它山圖經知改作真　棹舟溪巖畔二本棹誤擢巖誤磊　造其堰其改作厭　截斷鹹潮鹹作寒至正志改　民田山它

校勘記二十　秋水它山圖經改作　沈蹟　制作手　亦稱物亦　截斷鹹潮　民田山它

煙嶼樓初本

---

吉州好用古文通字，或有本耶？ 昨因《它山圖經》改作“偶因”。知利病《它山圖經》“知”改作“真”。棹舟溪巖畔二本“棹”誤“擢”，“巖”誤“磊”。波濤漫至正《志》“濤”作“瀾”，《它山圖經》又改作“波汗漫”。略呼《它山圖經》改作“因呼”。造其堰《它山圖經》“其”改作“厭”。疊石二本竝作“疊山”，誤，據至正《志》改。截斷鹹潮至正《志》“鹹”作“寒”。民田《它山圖經》改作“田疇”。此詩如古謠歌，奇作也。《它山圖經》以意修飾，詞氣較順而古意衰矣。

〔又詩〕澗急寶慶《志》同嘉靖《志》，作“澗闊”。

〔舒亶題它山〕茲事《它山圖經》改作“此事”。亦稱物“亦”乾道《志》作“必”。民力殆言屈“力”原作“亦”，依乾道《志》改。“言”乾道作“欲”。制作手“手”原誤“年”。沈蹟《它山圖經》作“塵蹟”。高本刪此下二詩。

〔又粹老使君〕袞袞乾道《志》作“滾滾”，盧本延祐《志》作“袞袞”。秋水《它山圖經》改作

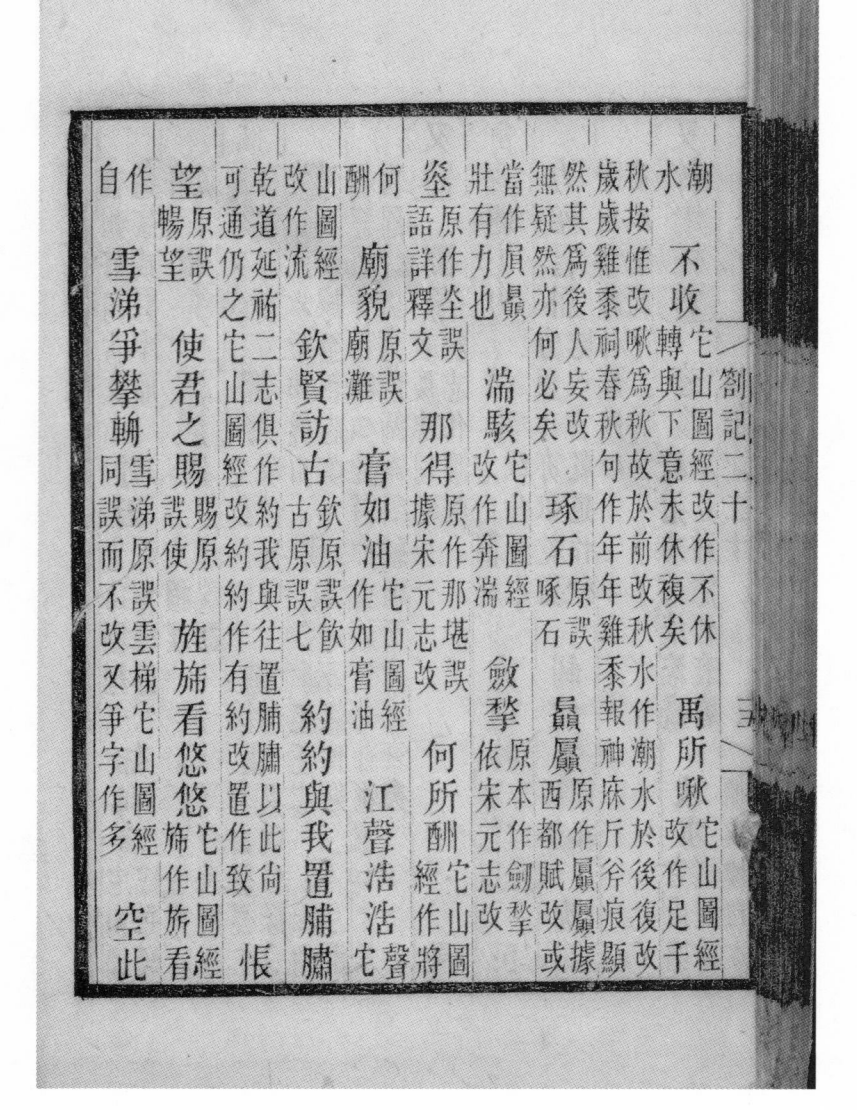

“潮水”。不收《它山圖經》改作“不休”，轉與下意“未休”複矣。禹所啾《它山圖經》改作“足千秋”。按惟改“啾”爲“秋”，故於前改“秋水”作“潮水”，於後復改。“歲歲雞黍祠春秋”句作“年年雞黍報神庥”，斧斤痕顯然，其爲後人妄改無疑，然亦何必矣。琢石原誤“啄石”。贔屭原作“屭屭”，據《西都賦》改，或當作“屭贔”，壯有力也。湍駁《它山圖經》改作“奔湍”。斂摯原本作“劍摯”，依宋元《志》改。坴原作“坒”，誤，語詳《釋文》。那得原作“那堪”，誤，據宋元《志》改。何所酬《它山圖經》作“將何酬”。廟貌原誤“廟灘”。膏如油《它山圖經》作“如膏油”。江聲浩浩“聲”《它山圖經》改作“流”。欽賢訪古“欽”原誤“飮”，“古”原誤“七”。約約與我置脯臅乾道、延祐二《志》俱作“約我與往置脯臅”，以此尚可通，仍之。《它山圖經》改“約約”作“有約”，改“置”作“致”。悵望原誤“暢望”。使君之賜“賜”原誤“使”。旌斾看悠悠《它山圖經》“斾”作“旄”，“看”作“自”。雪涕爭攀輈“雪涕”原誤“雲梯”，《它山圖經》同誤而不改，又“爭”字作“多”。空此

《它山圖經》改作"惟此"。君知他日思君不 他日原本作今日必乾道 改作惟此 舊校改從之 之此日也尚可通 延祐二志作此日蓋承上句千年而言謂千年後 《它山圖經》改作後日則非矣

集本尚有詩序 〔樓鑰它山堰〕 足奇觀 足作作康熙志 平剗康熙志作半剗 非是 不可畱 高本同集及至正康熙雍正三志竝作不少畱 輪長算康熙志輪作輸 經營時它山圖經改時作日 一一山川高本同本集及三志竝作下上山川 兹山二本及它山圖經竝作它山依本集及三志改 高下參差僅強半 高下康熙志作高上非 強二本竝誤雖據集改 水大七分入於江至正康熙志同本集及雍正志作水大十分七入江 徐挹三分供溉灌 徐挹二本及至正志竝作徐把據集及雍正志改 康熙志作除把它山圖經又作餘把皆誤 溉灌二本誤倒 瀰漫集作瀰瀰雍正志同 忘旱嘆亡讀作無亦通 或更易或雍正志

校勘記二十

煙嶼樓初本

---

《它山圖經》改作"惟此"。君知他日思君不 "他日"原本作"今日"，必誤。舊校改，從之。乾道、延祐二《志》作"此日"，蓋承上句"千年"而言，謂千年後之此日也，尚可通，《它山圖經》改作"後日"則非矣。

〔樓鑰它山堰〕本集尚有詩序。足奇觀 康熙《志》"足"作"作"。平剗 康熙《志》作"半剗"，非是。不可畱 高本同集及至正、康熙、雍正三《志》竝作"不少畱"。輪長算 康熙《志》"輪"作"輸"。經營時 《它山圖經》改"時"作"日"。一一山川 高本同本集，及三《志》竝作"下上山川"。兹山 二本及《它山圖經》竝作"它山"，依本集及三《志》改。高下參差僅強半 "高下"康熙《志》作"高上"，非。"強"二本竝誤"雖"，據集改。水大七分入於江 至正、康熙《志》同本集，及雍正《志》作"水大十分七入江"。徐挹三分供溉灌 "徐挹"二本及至正《志》竝作"徐把"，據集及雍正《志》改。康熙《志》作"除把"，《它山圖經》又作"餘把"，皆誤。"溉灌"二本誤倒。瀰漫 集作"瀰瀰"，雍正《志》同。忘旱嘆 "忘"康熙《志》作"亡"，"亡"讀作"無"亦通。或更易 "或"雍正《志》

作枉非枉字　意在下句也

流甚悍　"悍"二本竝誤"捍"　古人　雍正志作"先賢"　短

艇二本及《它山圖經》竝誤"短船"，據本集及三志改　泝二本竝作"汎"，據集及三志改

史彌甯題善政侯廟　以下三詩高本刪去　粲曉《它山圖經》改作"乘曉"　輕舠原作"輕船"，據友林乙稿改　乘閒　稿作"趁閒"　來訪　稿作"來款"　雲巒　原作"靈巒"，據乙稿改　梅龍　原作"梅梁"，據乙稿改

無名氏詩　奔至此《它山圖經》改"奔"作"直"　萬石壘"壘"原作"疊"，以意改，《它山圖經》亦作"疊"　潮汐"汐"原本作"沙"，以意改　富源委《它山圖經》"富"作"窮"

薛叔振它山堰《它山圖經》此題作"題它山"　聲容《它山圖經》作"聲名"

魏峴它山堰《它山圖經》題作"和薛永嘉題它山韻"　此水《四明詩存》選以下數詩凡"此"字皆誤作"前"，不知何以致譌　稻嘗新　嘗原作常，據高本改　心源澤《它山圖經》"心"作

作"枉"，非。"枉"字意在下句也。流甚悍 "悍"二本竝誤"捍"。古人 雍正《志》作"先賢"。短艇 二本及《它山圖經》竝誤"短船"，據本集及三《志》改。泝 二本竝作"汎"，據集及三《志》改。

〔史彌甯題善政侯廟〕以下三詩高本刪去。粲曉《它山圖經》改作"乘曉"。輕舠 原作"輕船"，據友林乙稿改。乘閒 稿作"趁閒"。來訪 稿作"來款"。雲巒 原作"靈巒"，據乙稿改。梅龍 原作"梅梁"，據乙稿改。

〔無名氏詩〕奔至此《它山圖經》改"奔"作"直"。萬石壘"壘"原作"疊"，以意改。《它山圖經》亦作"疊"。潮汐"汐"原本作"沙"，以意改。富源委《它山圖經》"富"作"窮"。

〔薛叔振它山堰〕《它山圖經》此題作"題它山"。聲容《它山圖經》作"聲名"。

〔魏峴它山堰〕《它山圖經》題作"和薛永嘉題它山韻"。此水《四明詩存》選以下數詩凡"此"字皆誤作"前"，不知何以致譌。稻嘗新"嘗"原作"常"，據高本改。心源澤《它山圖經》"心"作

煙嶼樓初本

非深

惠我鄞 《它山圖經》惠作爲

〔陳塏詩〕
勸農復觀稼 《它山圖經》勸作劬復作須
始言 《它山圖經》作始焉然言語助辭儘通
暄涼故不齊 故二本竝作雖當以《它山圖經》作故爲是破例從之
上恩 《詩存》本作主恩
築堰 惟《它山圖經》作築隄
流沙從何來 《它山圖經》作沙何所來
物驅駕 《它山圖經》改物作神
淘浚 惟《它山圖經》作浚淘
障壩 原誤障霸
神功終此惠去沙而變化 按此禱神之辭也《它山圖經》改作神功真不朽千秋乘變化轉覺無謂

〔魏峴迴沙閘成〕 《它山圖經》題作和陳守它山行原韻
鹵汐迴東溟 鹵汐猶鹹潮也《它山圖經》改作滷沙非溟原作冥依高本改
晴雨 惟《它山圖經》作雨晴
車已 下已各本作方以意改
旌騎 《它山圖經》改作旌旂
內水 讀作納水《它山圖經》改作

校勘記二十

---

"深"，非。惠我鄞《它山圖經》"惠"作"爲"。

〔陳塏詩〕勸農復觀稼《它山圖經》"勸"作"劬"，"復"作"須"。始言《它山圖經》作"始焉"，然"言"語助辭，儘通。暄涼故不齊"故"二本竝作"雖"，當以《它山圖經》作"故"爲是，破例從之。上恩《詩存》本作"主恩"。築堰 惟《它山圖經》作"築隄"。流沙從何來《它山圖經》作"沙何所來"。物驅駕《它山圖經》改"物"作"神"。淘浚 惟《它山圖經》作"浚淘"。障壩 原誤"障霸"。神功終此惠去沙而變化 按此禱神之辭也，《它山圖經》改作"神功真不朽，千秋乘變化"，轉覺無謂。

〔魏峴迴沙閘成〕《它山圖經》題作"和陳守它山行原韻"。鹵汐迴東溟"鹵汐"猶鹹潮也，《它山圖經》改作"滷沙"，非。"溟"原作"冥"，依高本改。晴雨 惟《它山圖經》作"雨晴"。車已 下"已"各本作"方"，以意改。旌騎《它山圖經》改作"旌旂"。內水 讀作"納水"，《它山圖經》改作

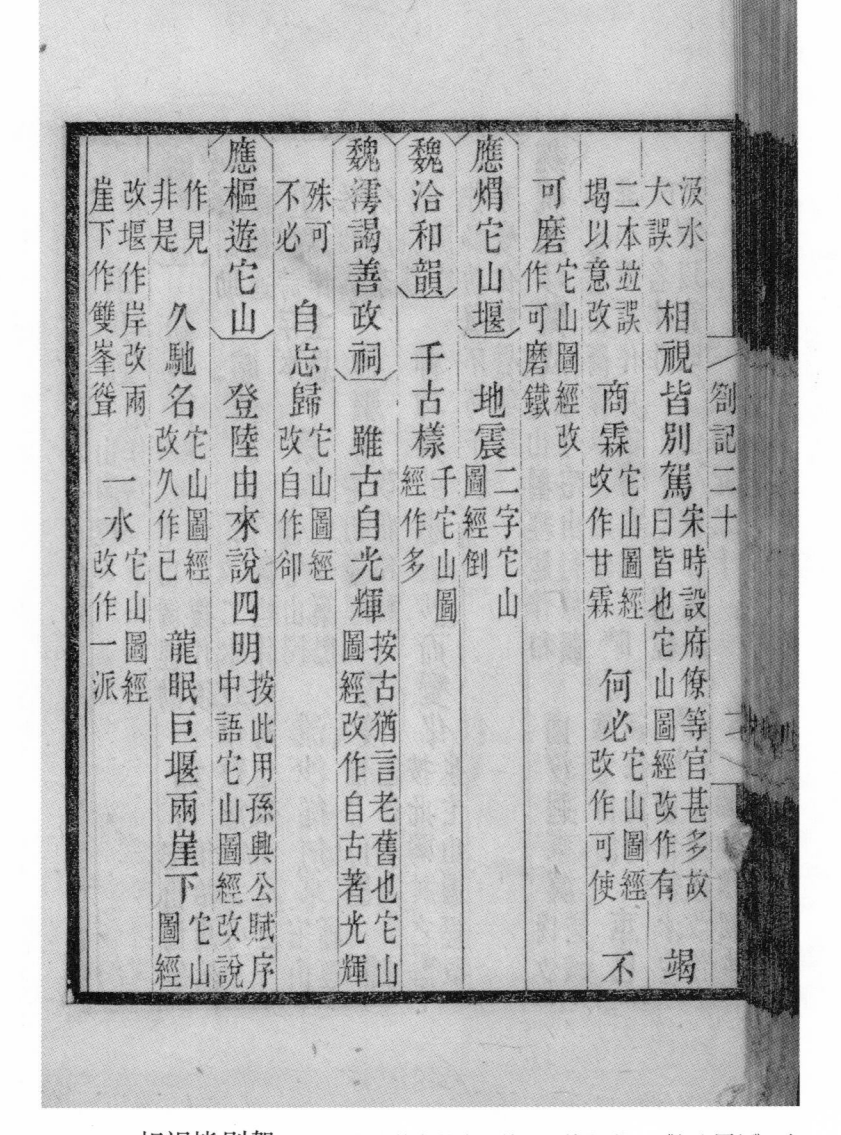

“汲水”，大誤。相視皆別駕 宋時設府僚等官甚多，故曰“皆”也。《它山圖經》改作“有”。竭 二本竝誤“揭”，以意改。商霖《它山圖經》改作“甘霖”。何必《它山圖經》改作“可使”。不可磨《它山圖經》改作“可磨鐵”。

〔應熴它山堰〕地震 二字《它山圖經》倒。

〔魏洽和韻〕千古樣 “千”《它山圖經》作“多”。

〔魏霙謁善政祠〕雖古自光輝 按“古”猶言老舊也。《它山圖經》改作“自古著光輝”，殊可不必。自忘歸《它山圖經》改“自”作“卻”。

〔應樞遊它山〕登陸由來説四明 按此用孫興公賦序中語，《它山圖經》改“説”作“見”，非是。久馳名《它山圖經》改“久”作“已”。龍眠巨堰兩崖下《它山圖經》改“堰”作“岸”，改“兩崖下”作“雙峰聳”。一水《它山圖經》改作“一派”。

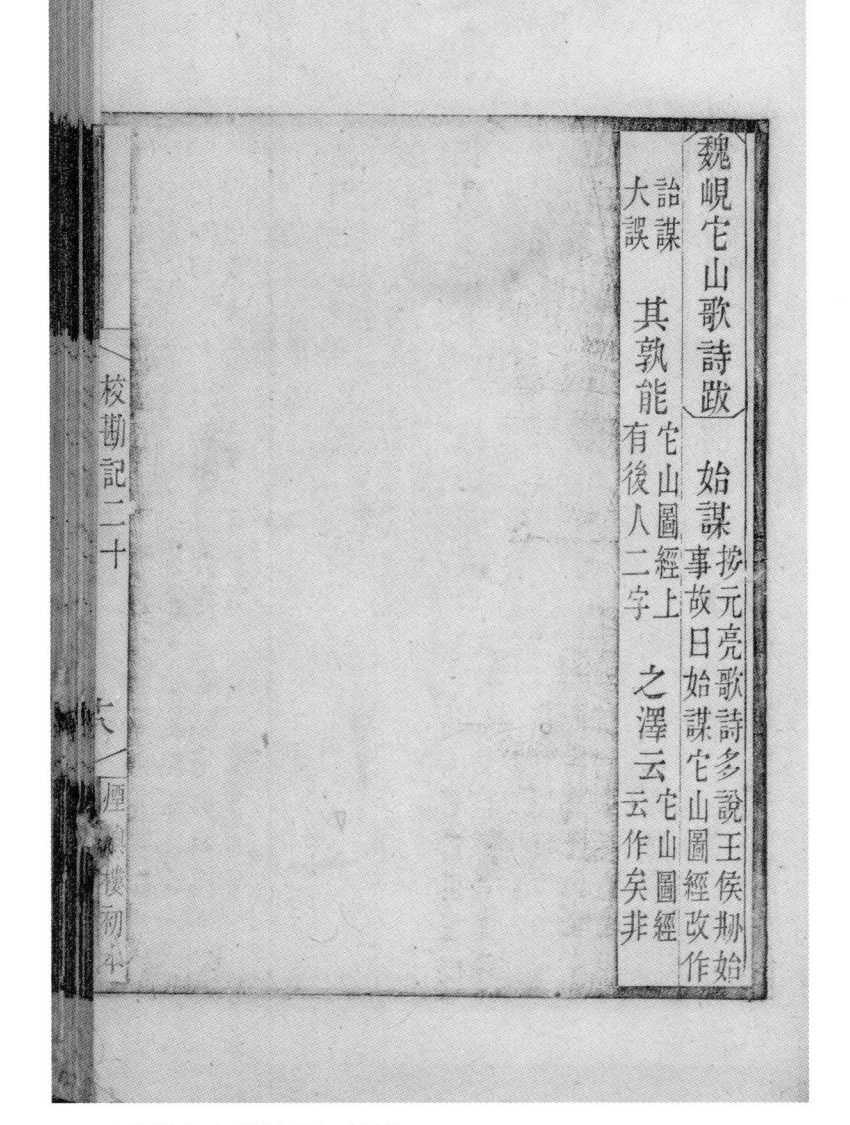

〔魏岘它山歌詩跋〕**始謀** 按元亮歌詩多説王侯籾始事，故曰"始謀"，《它山圖經》改作"詒謀"，大誤。**其孰能**《它山圖經》上有"後人"二字。**之澤云**《它山圖經》"云"作"矣"，非。

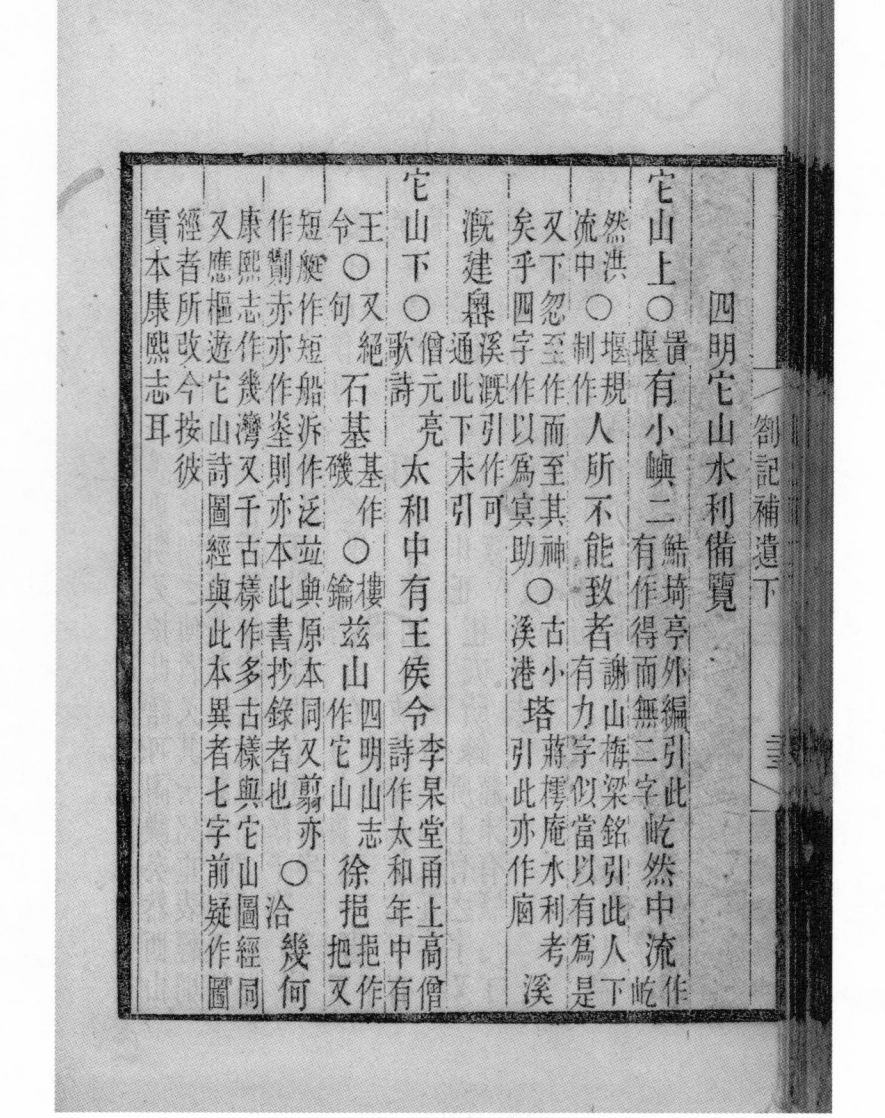

---

## 《宋元四明六志校勘記》卷二十一

鄞徐時棟

### 四明它山水利備覽

它山上置堰　有小嶼二《鮚埼亭外編》引此"有"作"得"而無"二"字。
屹然中流　作"屹然洪流中"堰規制作　人所不能致者　謝山《梅梁銘》引此
"人"下有"力"字，似當以有爲是。又下"忽至"作"而至"，"其神矣乎"四字作
"以爲冥助"。古小溪港　塔　蔣樗庵《水利考》引此亦作廟。溪溉建鄤"溪溉"引
作"可通"，此下未引。

　　它山下僧元亮歌詩　太和中有王侯令　李杲堂《甬上高僧詩》作"太和年
中有王令"。又絕句。石基"基"作"礶"。樓鑰　茲山《四明山志》作"它山"。
徐揑"揑"作"把"，又"短艇"作"短船"，"泝"作"泛"，竝與原本同。又"鬎"
亦作"劙"，"赤"亦作"垄"，則亦本此書抄錄者也。洽　幾何　康熙《志》作"幾
灣"。又"千古樣"作"多古樣"，與《它山圖經》同。又應樞《遊它山詩》，《圖經》
與此本異者七字，前疑作《圖經》者所改，今按彼實本康熙《志》耳。

附録一　徐時棟《四明它山水利備覽校勘記》二十六"佚文四"

**四明它山水利備覽**
佚文四十一條。
卷上
北山下古港
而更開建奧以導之，尤足以佐大雷諸水所未及。
十九字在"不被橫叏入港"之下。蔣學鏞《水利考》引《備覽》。
建迴沙閘

大小溪之上夾岸皆沙雨則與水俱下溪塞不流七鄉河渠不受利歲發衆淘之至三四舉費緡錢數萬已復塞如初與其淘於既積不若未至而遏之便用爲閘則水輕上流沙重下止水濫則閉平則啓使得行舟沙溢閘外淘之易爲力乃仍吳家橋閘之三門板各七刻平字水則字於兩柱上令土人許阿一者司之啓閉有節榜石於旁以示禁

嘉靖甯波志二十三引水利備覽○雍正甯波志十四引水利備覽○按今本防沙篇亦說建閘事而與此不同且防沙篇議於未建之前此則論於既建之後至今本建閘條則但說歲月丈尺及工役費用而已似亦有脫此百餘字當在建閘條之首

---

大小溪之上，夾岸皆沙。雨則與水俱下，溪塞不留，七鄉河渠不受利。歲發衆淘之，至三四舉，費緡錢數萬，已復塞如初。與其淘於既積，不若未至而遏之便。用爲閘則水輕上流，沙重下止，水濫則閉，平則啟，使得行舟。沙溢閘外，淘之易爲力。乃仍吳家橋閘之三門板各七刻"平"字水則[1]，字於兩柱上，令土人許阿一者司之，啟閉有節，榜石於旁以示禁。

嘉靖《甯波志》二十三引《水利備覽》。雍正《甯波志》十四引《水利備覽》。按，今本"防沙篇"亦說建閘事而與此不同，且"防沙篇"議於未建之前，此則論於既建之後。至今本"建閘"條，則但說歲月丈尺及工役費用而已，似亦有脫，此百餘字當在"建閘"條之首。

1 水則：立於水中測量水位高低的標尺。

一八三

○○按至正《志》及《敬止錄》所引《備覽》諸堰凡三十九條，原本必當別有標目，今不可考矣，然必在上卷無疑。

欄浦堰　《鮚埼亭集外編》三十五引"欄"作"攔"。去它山七八里，在小溪鎮，有土壩。

唐家堰去小溪鎮洞橋二三里。

黃家堰去唐家堰一二里。

新堰面。《外編》引無"面"字。

擂木堰在謝家巉。

朱家堰近風伯廟。

風伯碶[1]北渡橋南與風伯廟相對，舊有碶，今廢。

1　碶：水閘。

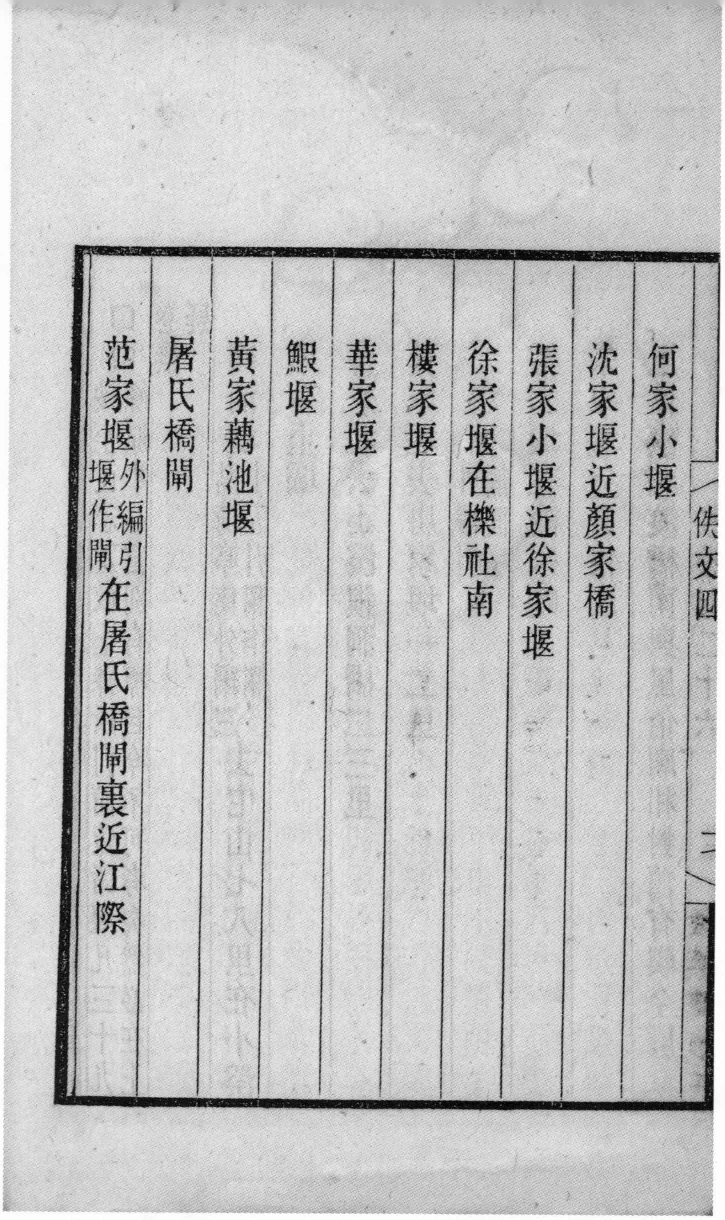

范家堰堰作閘《外編》引
屠氏橋閘
黃家藕池堰
鯤堰
華家堰
樓家堰
徐家堰在櫟社南
張家小堰近徐家堰
沈家堰近顏家橋
何家小堰

在屠氏橋閘裏近江際

何家小堰。

沈家堰近顏家橋。

張家小堰近徐家堰。

徐家堰在櫟社南。

樓家堰。

華家堰。

鯤堰。

黃家藕池堰。

屠氏橋閘。

范家堰《外編》引"堰"作"閘"。在屠氏橋閘裏近江際。

邢家堰《外編》引「邢」作「靳」。

鄭家堰在縣城外半里。

祁胡堰以上堰竝在范家堰之左右。

李家塔堰。

陳五耆堰近娜兒渡，去城十二里。

張家堰與余村港相對，去城十餘里。

小馮堰近鑪頭堰。

鑪頭堰近蔣家堰，去縣南二十五里。

蔣家堰行春碶南居民新刱。

大蘇堰行石碶下。

段塘堰去城六里。

朱瀨堰。

王家堰近松樹浦。

松樹浦有小閘通江及有强堰。

鄭十八郎堰。

鄭家食利堰在南城門外。以上三十三條至正《志》四引魏峴《水利備覽》。《敬止錄》"山川考五"引《水利備覽》無"新堰面"、"風伯磧"、"鰕堰"、"鄭家堰"四條，又餘條注文亦多與至正《志》引小異，已詳《札記》弟十九卷，不贅述。至正《志》又曰："凡江溪相通去處竝在它山堰東，蓋皆防蓄水源滲洩去處，時加修築，以備旱澇農事之急務也。"按，此三十餘字疑亦《備覽》文。

長堰。

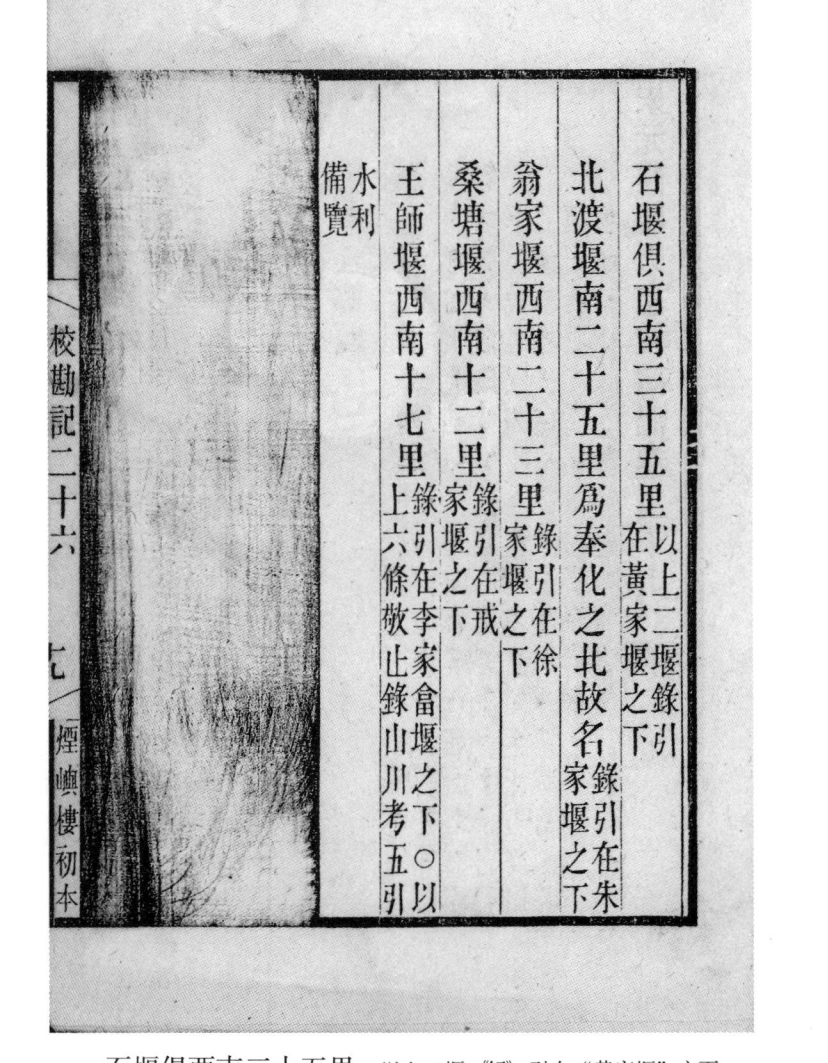

石堰俱西南三十五里。以上二堰《錄》引在"黃家堰"之下。

北渡堰南二十五里爲奉化之北，故名。《錄》引在"朱家堰"之下。

翁家堰西南二十三里。《錄》引在"徐家堰"之下。

桑塘堰西南十二里。《錄》引在"戒家堰"之下。

王師堰西南十七里。《錄》引在"李家畲堰"之下。以上六條《敬止錄》"山川考五"引《水利備覽》。

《宋元四明六志校勘記》卷二十六

嘗來明州采訪因得而錄之同 上

王元恭字居敬號寶軒眞定人以至元六年任總管爲

四明續志十二卷與延祐志竝刻以傳志跋王侯去思碑

四明它山水利備覽

一十七條。雜錄二卷體例本同序說今凡後人題識元以前則入之本書瞻思之序刻寶慶志

是也明以後則入之雜錄陳朝輔之序刻備覽是也餘篇仿此

宋淳祐間守陳塏咨於鄉人廬陵守魏峴峴作水利備覽

嘉靖甯波志河渠書。雍正甯波府志河渠同

蓋溝洫始於夏禹經界始於商高宗而水利所緣興若

## 《宋元四明六志校勘記》 二十八　雜錄下

### 四明它山水利備覽

一十七條。《雜錄》二卷，體例本同序說。今凡後人題識元以前則入之本書，瞻思之序刻《寶慶志》是也。明以後則入之《雜錄》，陳朝輔之序刻《備覽》是也。餘篇仿此。

宋淳祐間，守陳塏咨於鄉人廬陵守魏峴，峴作《水利備覽》。嘉靖《甯波志·河渠書》、雍正《甯波府志·河渠》同。

蓋溝洫始於夏禹，經界始於商高宗而水利所由興。若

《周官》營溝行水之制，止水畜水 按，原本作"蓄水"。之令，犁然大備。昔之爲民興利者，時行視郡中水泉，開通陂池，起水門提閼數十處，以廣灌溉，此王政必務其大也。唐鄮令王公元暐之作堰它山也，關吾鄉旱澇豐歉之數綦鉅。而潭衍不適於度，茨埭不毖於防，漏井匽潴不平其衡，水屬梢 按，原作"稍"，據《考工記》改。溝不符於則，此不令經界偕溝瀆胥病耶？郡乘閒採宋魏峴《它山水利備覽》之說，而全帙漫漶，莫稽顛末。頃林郡公屬吾年友楊齊莊補此志 按，此志者，謂上郡乘也。或改作"地志"，非是。之缺，余過從商榷，繕几上得之，詢自鍾潭舊家藏此鈔本，亦成化閒物也。齊莊指示余此即不得爲指南車或亦借作驅山鐸按原本誤而余亦驚喜見所未見因先壽諸鋟以傳夫志牒之尚於過存也即如孫叔敖芍陂一事史僅約略言之使不考唐六典疇知此陂首受灊之淠水按灊原本作𡽲字書所無考漢書地理志云廬江郡灊縣沘水所出北至壽春入芍陂沘水即即淠水也灊本山名漢時以名縣故唐六典云淮南道其行山有灊山徐靈期南嶽記云徙南嶽之祭於廬江灊山然則芍陂所受之水出灊山無疑原本從山誤也今改正又疇知濠水流注陂中按唐六典無此語不知所據何本不考水經注疇知肥按原作沘據水經注改水東北經按水經注作逕白芍亭下東集爲湖按水經注云東北逕白芍亭東積而爲湖當以東字爲句此添下字以東字屬下句誤而芍陂以此得名不考元和志疇知此陂外楚相又作陽泉大業諸

得爲指南車，或亦借作驅山鐸。按，原本誤"驛"，今改正。而余亦驚喜見所未見，因先壽諸鋟以傳。夫志牒之尚於過存也，即如孫叔敖芍陂一事，史僅約略言之。使不考《唐六典》，疇知此陂首受灊之淠水，按，"灊"原本作"𡽲"，字書所無。考《漢書·地理志》云："廬江郡灊縣沘水所出，北至壽春，入芍陂。"沘水即即淠水也。灊本山名，漢時以名縣，故《唐六典》云，淮南道，其行山有灊山。徐靈期《南嶽記》云，徙南嶽之祭於廬江灊山。然則芍陂所受之水出灊山無疑。原本從山誤也，今改正。又疇知濠水流注陂中？按，《唐六典》無此語，不知所據何本。不考《水經注》，疇知肥 按，原作"沘"，據《水經注》改。水東北經 按，《水經注》作"逕"。白芍亭下，東集爲湖，按，《水經注》云，東北逕白芍亭，東積而爲湖。當以"東"字爲句，此添"下"字，以"東"字屬下句，誤。而芍陂以此得名？不考《元和志》，疇知此陂外楚相又作陽泉、大業諸

陂不讀鴻烈疇知芍陂之即是期思不考三國志及鳳
陽郡志疇知尚書郎鄧艾重修於建安間旁爲五十小
陂利被沿淮廣陵數十鎮不考隋書疇知趙軌之修開
五門按序論它堰而遠及風馬不及之芍陂觀縷不厭過詳似乎有意炫博然此陂所受者有巫山霍山如谿白沙河期思騶虞石橫石黎漿舊溝諸水其別有香門龍泉及芍陂瀆安豐塘諸名其重修有漢王景魏劉馥晉劉頌宋劉義欣齊垣崇祖諸人悉數未易終物而博考群書僅得淠濠肥三水期思一名鄧趙二人則亦未爲能盡臚其事者矣又唐以前書說芍陂事者如漢地理志續漢郡國志崔寔月令皇覽意林通典壽春圖經輿地志之屬皆有証明宋以後書更難枚舉亦非僅此五六書可盡也夫以彼章章如是而博雅君子猶有未能盡臚其事者何況僻東南又僅藉

〈校勘記二十八〉 〈三〉 〈煙嶼樓初本〉

陂？不讀《鴻烈》，疇知芍陂之即是期思？不考《三國志》及《鳳陽郡志》，疇知尚書郎鄧艾重修於建安間，旁爲五十小陂，利被沿淮、廣陵數十鎮？不考《隋書》，疇知趙軌之修開五門 按，原本誤作"六開"，據《隋書·循吏傳》改正。爲三十六門，灌田至五千頃？按，《序》論它堰而遠及風馬不及之芍陂，觀縷不厭過詳，似乎有意炫博。然此陂所受者有巫山、霍山、如谿、白沙河、期思、騶虞、石橫、石黎漿、舊溝諸水，其別有香門、龍泉及芍陂瀆、安豐塘諸名。其重修有漢王景、魏劉馥、晉劉頌、宋劉義欣、齊垣崇祖諸人，悉數未易終物。而博考群書，僅得淠、濠、肥三水，期思一名，鄧、趙二人，則亦未爲能盡臚其事者矣。又唐以前書說芍陂事者，如《漢·地理志》、《續漢·郡國志》、崔寔《月令》、《皇覽》、《意林》、《通典》、《壽春圖經》、《輿地志》之屬，皆有証明，宋以後書更難枚舉，亦非僅此五六書可盡也。夫以彼章章如是，而博雅君子猶有未能盡臚其事者，何況僻東南又僅藉寥寥文獻爲足徵討論功疎吾黨亦與有其責矣禮有之上有大澤則民〔按民字原脱〕夫人待於下〔按下字流此即〕善溝水漱之說也易有之地中有水師君子以容民畜〔按原作蓄衆此即善防水淫之說也漱則爲川爲渠淫則爲〕澤爲陂必如此而後盡溝瀆之利必如此而後倍經界之穜坎止流行之象不觭爲水利設而水利之大通於政矣漱流之說可以旁通者余得唐韋瓘〔按原作崔罐唐無其人據唐文粹所載乃韋懋宏文也今改正下同又按瓘罐尚以形近致譌而崔韋二字絕不類乃篇中三稱三誤不可解之記大農陂〕按原作大業陂誤也本目作宣州南陵縣大農陂記曰撥〔按原誤挨〕腐曝淤倍〔志云增卑倍薄今仍之〕高徹卑又曰橫殺

寥寥文獻爲足徵，討論功疎，吾黨亦與有其責矣。《禮》有之："上有大澤，則民 按 "民"字原脱。夫人待於下 按 "下"字原脱。流。"此即善溝水漱之説也。《易》有之："地中有水，師。君子以容民畜 按 原作"蓄"。衆。"此即善防水淫之説也。漱則爲川爲渠，淫則爲澤爲陂，必如此而後盡溝瀆之利，必如此而後倍經界之穜。坎止流行之象，不觭爲水利設而水利之大通於政矣。漱流之説可以旁通者，余得唐韋瓘 按 原作"崔罐"，唐無其人。據《唐文粹》所載，乃韋懋宏文也。今改正，下同。又按 "瓘"、"罐"尚以形近致譌，而"崔"、"韋"二字絕不類，乃篇中三稱三誤，不可解也。之記大農陂， 按 原作"大業陂"，誤也。本目作《宣州南陵縣大農陂記》。曰"撥 按 原誤"挨"。腐曝淤，倍 按 文本作"培"，然《漢書·溝洫志》云"增卑倍薄"，今仍之。高徹卑。"又曰："橫殺衝波，泄流引洫。"即是數語，足眩 按，原作"眩"，以意改。《水經》。
又得之穆員之記石斗門 按，本目作《新修漕河石斗門記》曰，善爲水者，
不與之競，按，穆與直《記》云："善爲水者，唯其所趣使若自然，其要在於不與之
競而已。"如斧斯銳，以分其衝；如月斯仰，以折其勢。宛然喉深口
束 按，"束"原作"速"，自"宛然"以下乃陳太僕自爲文。而此四字亦本穆《記》，
《記》首云："舊制：喉不深，口不束。"今據改。之象，猶指諸掌。茲以《備
覽》方《溝洫志》、《河渠書》，不足以方韋、穆二《記》有餘矣，
而又安知韋、穆二《記》是修《溝洫》、《河渠》者之所必收乎？
故此等書，通都大邑未必得，而板屝小築中或得之。鍾氏之藏，所
謂"禮失求之野"也。余以得購訪遺書之法，玉軸牙籤未足錄，而
殘編蠹簡中足錄之。齊莊之采，所謂

謀於野則獲也余以得網羅舊聞之法要以水利經畫自叔敖李冰史起以下漢則有若劉信文翁鄭當時兒寬召信臣王景按原作京據後漢書及水經注改諸人唐則有若雲得臣長孫祥李襲譽按原本無譽字唐書地理志及李襲志傳並云襲譽作雷塘不聞唐時治水利者又有李襲也玉海聯語中有李襲引雷陂之語蓋板刻偶脫陳或誤本之耳今補黎幹溫造孟簡諸人宋則有若范文正劉彝呂頤浩錢良臣諸人我明則有宋公禮劉公大夏陳公瑄徐公有貞朱公衡潘公季馴諸人按此處忽作點鬼簿掛一漏萬於義何取且即其稱述治水諸人亦多未當蓋隨意牽扯以示博雅明人習氣往往如此又所數漢劉信者不知何人史河渠書漢溝洫志皆無此人姓名又不知其何所據也計此一代遠猷百年碩畫暇時竝當全齊莊

謀於野則獲也。余以得網羅舊聞之法，要以水利經畫，自叔敖、李冰、史起以下，漢則有若劉信、文翁、鄭當時、兒寬、召信臣、王景按，原本作"京"，據《後漢書》及《水經注》改。諸人；唐則有若雲得臣、長孫祥、李襲譽、按，原本無"譽"字，《唐書·地理志》及《李襲志傳》竝云襲譽作雷塘，不聞唐時治水利者又有李襲也。《玉海》聯語中有李襲引雷陂之語，蓋板刻偶脫，陳或誤本之耳。今補。黎幹、溫造、孟簡諸人；宋則有若范文正、劉彝、呂銳頤浩、錢良臣諸人；我明則有宋公禮、劉公大夏、陳公瑄、徐公有貞、朱公衡、潘公季馴諸人。按，此處忽作點鬼簿，掛一漏萬，於義何取？且即其稱述治水諸人，亦多未當。蓋隨意牽扯，以示博雅。明人習氣，往往如此。又所數漢劉信者，不知何人。《史·河渠書》、《漢·溝洫志》皆無此人，姓名又不知其何所據也。計此一代，遠猷百年，碩畫暇時，竝當全齊莊輯成全部，以商治河通漕之略。俾王公與前後諸賢竝垂，又俾此書亦與前後諸賢紀述竝傳，是豈在宋徐節孝先生治河議之下，而不遠出我朝戴村白老人獻策之上哉？經濟君子循覽是書，廢修墜舉，當不僅爲此地旱澇豐歉之計大埤贊已也。齊莊大小竝識，今古兼綜，新志成，行將重於琬琰，而借此蘽本作津梁，是書之傳，又無俟余言之畢矣！時在皇明崇禎辛巳七月既望，前柱下史、郡人陳朝輔燮五氏謹序。《重刻它山水利備覽序》

按曰：太僕此序，頗非合作，已略爲是正，附注篇中。至其篇首謂王公作堰"不適於度"，"不愆

於防不平其衡不符於則則紕繆之尤者也
夫其所謂不適不愆不平不符者謂當日事
耶則是顛倒黑白之語不足與詰者矣謂今
日事耶則是因漢唐以後河水屢決而妄議
神禹者矣反覆推求未得其解乃其下又不
申明之但牽附他說炫博矜奇而於王公所
以作堰魏吉州所以著書之意絲毫無關痛
癢雖不作可也
又按曰太僕引用諸書余皆爲之攷証惟鳳
陽郡志未之見耳而元和郡縣圖志繙閱一

於防"，"不平其衡"，"不符於則"，紕繆之尤者也。夫其所謂"不適"、"不愆"、"不平"、"不符"者，謂當日事耶？則是顛倒黑白之語，不足與詰者矣。謂今日事耶？則是因漢唐以後河水屢決而妄議神禹者矣。反覆推求，未得其解。乃其下又不申明之，但牽附他説，炫博矜奇。而於王公所以作堰，魏吉州所以著書之意，絲毫無關痛癢，雖不作可也。

又按曰，太僕引用諸書，余皆爲之攷證，惟《鳳陽郡志》未之見耳。而《元和郡縣圖志》繙閱一

周，不見所謂陽泉、大業諸陂。或余審視不密，容有漏遺，
不敢自諱也。抑芍陂在唐隸淮南道，而淮南卷原書久亡，太
僕亦不得見之。此二陂者，或本楚地而隸他道者耶？記之以
俟再考。

四明山之水注於江，與海潮相接，鹹[1]不可[2]漑田。唐太和間，
縣令王元暐疊石爲堰於兩山間[3]，闊[4]四十二丈，級三十有六。冶
鐵灌之，渠與江截爲二，其詳見諸文，而魏峴之論備矣。乃鄞萬世
之利也。高宇泰《敬止録·山川攷》。

至正《續志》言自蘭浦堰以下，載之魏峴《水利備覽》。今里

1 "鹹"，底本作"減"，
當形近而誤，以意改。
2 "可"，底本作"河"，
當涉形近而誤，據守山
閣本改。
3 "山間"二字，底本
缺，據守山閣本補。
4 "闊"，底本脱，據守
山閣本補。

中所刻岘书未有，始知尚未全也。同上。

魏岘官卢陵守，寓隐鄞之小溪，著《四明它山水利备览》。康熙《鄞县志》修辞攷。

魏太守寓在小溪之上，吉州魏岘尝知卢陵，及为泉使，归，閒居于此，著《它山水利备览》。又《杂记攷》

按曰，岘世居溪上，吉州乃其宦地，即卢陵也。为泉使在守吉州之前。先辈说岘里居官位无不误者，详见后"作者"卷中。

《四明它山水利备览》上下卷，淳祐二年里人魏岘编辑。《浙江通志·两浙志乘》

它山水利備覽一卷予鈔之故太僕陳朝輔家然非足本也按至正四明續志載它山堰東諸碶閘凡三十有三曰攔浦堰曰唐家堰曰黃家堰曰新堰曰攦木堰曰朱家堰曰風伯碶曰何家小堰曰沈家堰曰張家小堰曰徐家堰曰樓家堰曰華家堰曰蝦堰曰黃家藕池堰曰屠氏橋閘曰范家閘曰靳家堰曰鄭家堰曰祁胡堰曰李家墻堰曰陳五者堰曰張家堰曰小馮堰曰鱸頭堰曰蔣家堰曰大蘇堰曰段塘堰曰朱瀨堰曰王家堰曰松樹浦曰鄭十八郎堰曰鄭家食利堰王總管曰以上皆載魏氏水利備覽近松樹浦又有强堰皆防蓄水

校勘記二十八　〔卷〕　煙嶼樓初本

---

　　《它山水利備覽》一卷，予鈔之故太僕陳朝輔家，然非足本也。按，至正《四明續志》載它山堰東諸碶閘凡三十有三：曰攔浦堰、曰唐家堰、曰黃家堰、曰新堰、曰攦木堰、曰朱家堰、曰風伯碶、曰何家小堰、曰沈家堰、曰張家小堰、曰徐家堰、曰樓家堰、曰華家堰、曰蝦堰、曰黃家藕池堰、曰屠氏橋閘、曰范家閘、曰靳家堰、曰鄭家堰、曰祁胡堰、曰李家墻堰、曰陳五者堰、曰張家堰、曰小馮堰、曰鱸頭堰、曰蔣家堰、曰大蘇堰、曰段塘堰、曰朱瀨堰、曰王家堰、曰松樹浦、曰鄭十八郎堰、曰鄭家食利堰。王總管曰："以上皆載魏氏《水利備覽》。近松樹浦又有强堰，皆防蓄水

源滲泄去處宜時加修築以備旱潦今是本皆無之是
知非完豹也五百年以來水利日荒三十三堰蓋多不
可考者矣書為泉使魏峴所作吾鄉魏氏大都出丞相
文節公之後其見於志者有豹文有峻而泉使以水利
之書傳有功梓里不媿溪上之彥哉泉使諸子曰霨曰
洽皆以詩稱亦見是書中 全祖望《它山 水利備覽跋》

魏吉州名峴由廬陵來僑居著它山水利備覽最為詳
善又重浚古小溪港議自註

四明它山水利備覽二卷寫本右宋鄞縣魏峴撰自序
謂鄞之水利皆仰於它山峴為里人故攷其顛末為此

源滲泄去處，宜時加修築，以備旱潦。"今是本皆無之，是知非完
豹也。五百年以來，水利日荒，三十三堰蓋多不可考者矣。書為泉
使魏峴所作，吾鄉魏氏大都出丞相文節公之後，其見於志者，有
豹文，有峻，而泉使以水利之書傳，有功梓里，不媿溪上之彥哉！
泉使諸子曰霨、曰洽，皆以詩稱，亦見是書中。全祖望《它山水利備
覽跋》

魏吉州名峴，由廬陵來僑居。著《它山水利備覽》，最為詳善。
又《重浚古小溪港議》自註。

《四明它山水利備覽》二卷，寫本。右宋鄞縣魏峴撰。《自序》
謂鄞之水利皆仰於它山，峴為里人，故攷其顛末為此，

俾後來講明水利者觀之易爲力云。《浙江采集遺書總録》

宋魏公峴，佐大參余公天錫，提督四明它山水政，纘王侯舊績，著有《它山水利備覽》。其講明源委，指陳利害，嗚呼懋哉，功媲王侯。鍾嘉秀《魏泉使傳説》

公淳祐間朝奉郎提舉福建路市舶，耆老相傳瀾浦魏家府基爲公第。觀《水利備覽》序，公自稱里人，林元晉《迴沙閘記》云魏侯家溪上。公又自云，峴家距堰不數里。據此，則公第在瀾浦，誠若可信。及考郡志，宋時光溪濱有魏學士山房，而學士名杞，非名峴，豈學士卜宅於兹而公乃其後與？抑山房非公宅與？是皆未可知也。同上。

楊德周字南仲最精考据宋人魏峴著它山水利備覽
魏峴四明它山水利備覽二卷 乾隆鄞縣志藝文
人嘉秀字蘊芳亦鍾潭人
功不可沒也故為節其稍可觀覽者以存其
未輾轉歸余得以附刻六志之後則嘉秀之
石渠之儲藏而嘉秀復手錄此本於乾隆辛
據以付雕傳人 ■聖代用以備 ■天祿
本不易覯賴成化間鍾潭人繕抄一帙先輩
念吉州此書雖見采於至正嘉靖二志而專
按曰嘉秀所為傳說卑弱蕪穢本不足錄轉

　　按曰：嘉秀所爲傳說卑弱蕪穢，本不足錄。轉念吉州此書，雖見采於至正、嘉靖二《志》，而專本不易覯，賴成化間鍾潭人繕抄一帙，先輩據以付雕傳人　。聖代用以備　天祿、石渠之儲藏，而嘉秀復手錄此本。於乾隆辛未輾轉歸余，得以附刻六志之後，則嘉秀之功不可沒也。故爲節其稍可觀覽者，以存其人。嘉秀字蘊芳，亦鍾潭人。

魏峴《四明它山水利備覽》二卷。乾隆《鄞縣志·藝文》。

楊德周，字南仲，最精考據。宋人魏峴著《它山水利備覽》，

為之注且板行焉 蔣學鏞《甬上先賢傳·文苑》。

按曰余家所蓄本即從楊本錄出者卷首但

題楊德周齊莊訂正而已又同時陳太僕作

序亦但云齊莊得此於鍾潭舊家見所未見

先壽諸鋟然則固未嘗為之作注也樗庵此

傳自注本續耆舊集今集中亦無此語且耆

舊集作於謝山而謝山跋此書亦不云齊莊

曾有注本當是樗庵誤記耳

吾鄉水利日已廢塞幸里中先正之書猶有存者如魏

提舉峴之宅山水利備覽又水利考序

《校勘記二十八》 〔煙嶼樓初本

為之注，且板行焉。蔣學鏞《甬上先賢傳·文苑》。

按曰：余家所蓄本即從楊本錄出者，卷首但題"楊德周齊莊訂正"而已。又同時陳太僕作序，亦但云"齊莊得此於鍾潭舊家，見所未見，先壽諸鋟"，然則固未嘗為之作注也。樗庵此傳自注本續《耆舊集》，今集中亦無此語。且《耆舊集》作於謝山，而謝山跋此書亦不云齊莊曾有注本，當是樗庵誤記耳。

吾鄉水利日已廢塞，幸里中先正之書有存者，如魏提舉峴之《它山水利備覽》。又《水利考序》。

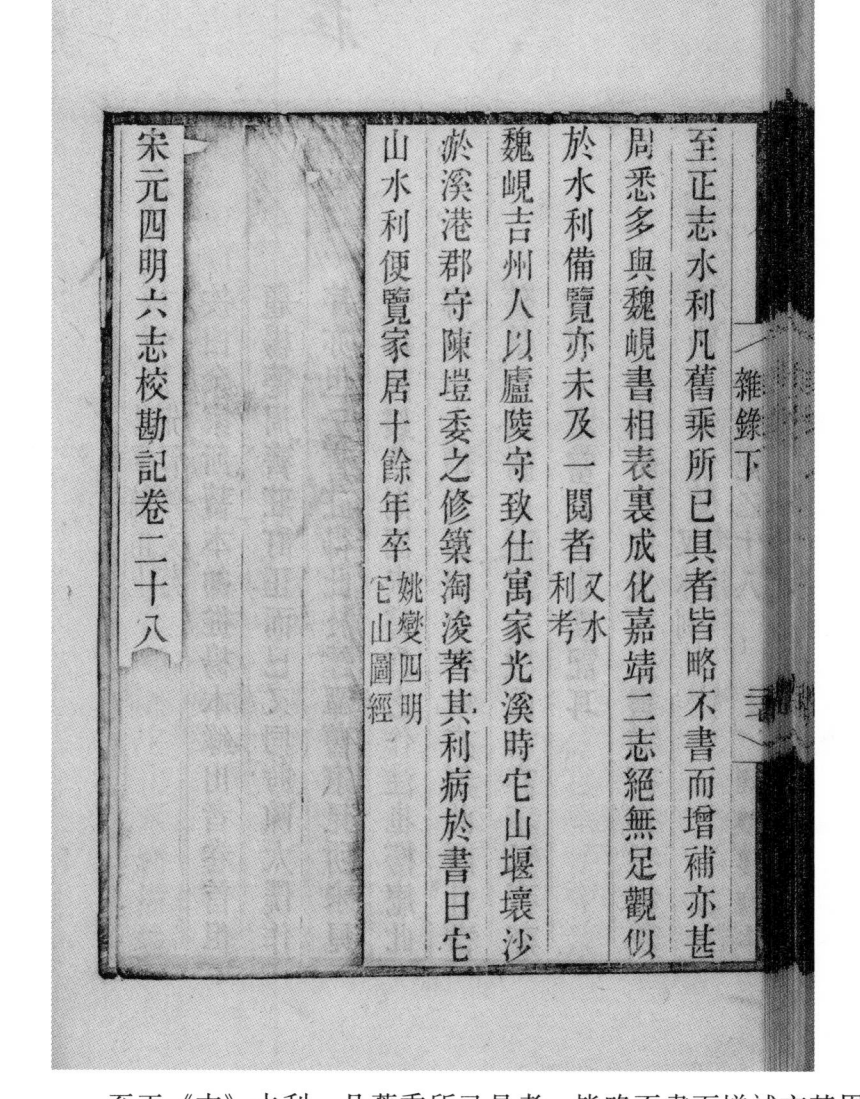

至正《志》水利，凡舊乘所已具者，皆略不書而增補亦甚周悉，多與魏峴書相表裏。成化、嘉靖二《志》絕無足觀，似於《水利備覽》亦未及一閱者。又《水利考》。

魏峴，吉州人，以廬陵守致仕。寓家光溪時，它山堰壞沙淤溪港，郡守陳塏委之修築淘浚，著其利病於書，曰《它山水利便覽》。家居十餘年，卒。姚爕《四明它山圖經》。

《宋元四明六志校勘記》卷二十八

魏峴鄞縣人理宗嘉定間以朝奉郎提舉福建路市舶
見峴所撰烏金塲記紹定初爲都大坑冶司按史稱坑冶司在饒
者領江東淮浙七閩峴蓋冶饒州故淮西路蘄州爲所屬耳○又按
寶慶志兩云嘉定十四年泉使魏峴似峴在嘉定間已司坑冶

作者一人按若以時世爲先後則方羅二傳之前今以其書本爲附刻
故仍錄其傳於末

四明它山水利備覽

職浙東者合據以正之

之任與其三茅志序稱元統元年秋獻元忝

職官門獻元寶以元統元年九月二十一日

志矣今按延祐志中副使無獻元名至正志

作者下

《宋元四明六志校勘記》卷三十　作者下

### 四明它山水利備覽

作者一人　按，若以時世爲先後，則魏傳當在胡尚書之下，方、羅二傳之前，今以其書本爲附刻，故仍録其傳於末。

魏峴，鄞縣人。理宗嘉定間以朝奉郎提舉福建路市舶。見峴所撰《烏金塲記》。紹定初爲都大坑冶司　按，史稱坑冶司在饒者，領江東淮、浙、七閩。峴蓋冶饒州，故淮西路蘄州爲所屬耳。又按，寶慶《志》兩云嘉定十四年，泉使魏峴，似峴在嘉定間已司坑冶。

然烏金堨記作於是年十二月尚以舶司署銜蓋志作於紹定初據其現官記舊事耳○又按備覽目錄稱魏都大而趙都承牒中稱魏都大知府蓋爲泉使時又兼知府事也五年五月臣僚言積陰霖霆必有致咎之故比聞坑冶司抑蘄州進士馮杰爲鑪戶其妻以憂死女繼之弟大聲赴愬死於道杰知不免毒其二子一妾舉火自經死民冤如此以是干陰陽之和帝詔峴罷職此事未可盡信説見後淳祐二年此據寶慶志十二及林元晉迴沙閘記起爲直祕閣以中大夫知吉州軍事兼內勸農使見峴所撰蔣山龍潭廟記○按此碑署銜見敬止錄原本吉作台必傳寫形近致譌據寶慶志峴世家光溪之濱見烏金堨記唐鄮令王元暐築堰其地以界江溪曰它山堰溪上苦沙淤峴常募

校勘記三十

煙嶼樓初本

然《烏金堨記》作於是年十二月，尚以舶司署銜，蓋《志》作於紹定初，據其現官記舊事耳。又按，《備覽》目錄稱"魏都大"，而趙都承牒中稱"魏都大知府"，蓋爲泉使時又兼知府事也。五年五月，臣僚言積陰霖霆，必有致咎之故。比聞坑冶司抑蘄州進士馮杰爲鑪戶，其妻以憂死，女繼之。弟大聲赴愬，死於道。杰知不免，毒其二子一妾，舉火自經死。民冤如此，以是干陰陽之和。帝詔峴罷職。見《宋史·理宗本紀》。按，此事未可盡信，説見後。淳祐二年，此據寶慶《志》十二及林元晉《迴沙閘記》。起爲直祕閣，以中大夫知吉州軍事，兼管內勸農使。見峴所撰《蔣山龍潭廟記》。按，此碑署銜見《敬止錄》，原本"吉"作"台"，必傳寫形近致譌，據寶慶《志》及林《記》改正。峴世家光溪之濱，見《烏金堨記》。唐鄮令王元暐筑堰其地，以界江溪，曰它山堰。溪上苦沙淤，峴常募

工淘浚本書程趙給田條云：「近者連歲旱涸，峴多自出
沙竝見本書淘沙條顧以爲私家力弱不敢於官始攝守程覃置
淘沙田三十畝有奇嘉定七年峴請於守趙以夫乞增置以
夫復給田三十畝然田穀掌之丞廳遇旱申請緩不及
事峴請委就近措置乃以田租責付溪上雲
濤觀竝牒峴照應嘉熙三年見趙及制置陳壋將建迴
沙闉適峴述鄉民意走書白壋壋因屬峴主其事而以
幕官林元晉進士安劉佐之淳祐二年見本書建闉條
峴嘗謂君子學道愛人不拘其事苟致愛人之心無非
道也民以食爲天田以水爲本六府所以首水而終穀

工淘浚。本書"程趙給田條"云："近者連歲旱涸，峴多自出力顧募開淘。"又，嘉定八年及淳祐元年、二年淘沙竝見本書"淘沙"條。顧以爲私家力弱，不敢於官，始攝守程覃置淘沙田三十畝有奇。嘉定七年。峴請於守趙以夫，乞增置，以夫復給田三十畝。然田穀掌之丞廳，遇旱申請，緩不及事。峴請委就近措置，見本書"程趙給田"條。乃以田租責付溪上雲濤觀，竝牒峴照應。嘉熙三年，見趙都承米田牒。及制置陳壋將建迴沙闉，適峴述鄉民意，走書白壋，壋因屬峴主其事，而以幕官林元晉、進士安劉佐之。淳祐二年，見本書"建闉"條、寶慶《志》十二及《迴沙闉記》。峴嘗謂，君子學道愛人，不拘其事。苟致愛人之心，無非道也。民以食爲天，田以水爲本，六府所以首水而終穀。

校勘記三十

本書故其家居疏它山之澤夙備見迴沙請於朝得祠牒使里中朱王二氏按渠堰隄閘之壞而修之慶志又修烏金碶四又謂洪水灣積爲江水所衝久之將泄溪流宜築隄岸卒告於守黃壯猷成之侯善政侯條而設齋醮以答神貺條具造堰始末與其利害以及夫所當興修隄防者著於篇以告後人曰四明它山水利備覽凡二卷淳祐五年旱峴率里人禱蔣山龍潭得雨倡眾新其廟明年春廟成峴爲之記蓋此時尚未之吉州任云

本書序。故其家居，疏它山之澤夙備。見《迴沙閘記》。請於朝，得祠。牒使里中朱、王二氏，按渠堰隄閘之壞而修之。嘉定十四年，寶慶《志》四。又修烏金碶。嘉定十四年，見本書"三碣"條、寶慶《志》十二及《烏金堨記》。又謂洪水灣積爲江水所衝，久之將泄溪流，宜築隄岸。本書"洪水灣"條。卒告於守黃壯猷成之。淳祐三年，見本書"洪水灣築隄"條。又請加封王侯，本書"請加封善政侯"條。而設齋醮以答神貺。淳祐元年，見本書"設醮"條。於是條具造堰始末與其利害，以及夫所當興修隄防者著於篇，以告後人，曰《四明它山水利備覽》，凡二卷。淳祐五年，旱。峴率里人禱蔣山龍潭，得雨，倡眾新其廟。明年春，廟成，峴爲之記。蓋此時尚未之吉州任云。見《蔣山龍潭廟記》。

按曰吾鄉前輩說魏吉州里居官位雖博雅
如全謝山亦無不錯者吉州自序備覽云家
距堰不數里其作烏金碯記云峴世居光溪
之濱林制幕迴沙閘記云侯家溪上寶慶志
云泉使魏峴以鄉郡爲念顯證如此而謂其
寓居溪上何也舊志云官至盧陵守盧陵即
吉州故林記稱新吉州魏侯寶慶志稱新盧
陵魏守蔣山廟記自署新知吉州軍事顯證
如此而謂其自吉州來寓溪上又何也蓋寶
慶志弟十二卷有溪上寓公新盧陵魏守之

　　按曰：吾鄉前輩說魏吉州里居官位，雖博雅如全謝山，亦無不錯者。吉州自序《備覽》云"家距堰不數里"；其作《烏金碯記》云"峴世居光溪之濱"；林制幕《迴沙閘記》云"侯家溪上"；寶慶《志》云"泉使魏峴以鄉郡爲念"。顯證如此，而謂其寓居溪上，何也？舊志云"官至盧陵守"，盧陵即吉州。故林《記》稱"新吉州魏侯"，寶慶《志》稱"新盧陵魏守"，《蔣山廟記》自署"新知吉州軍事"。顯證如此，而謂其"自吉州來寓溪上"，又何也？蓋寶慶《志》弟十二卷有"溪上寓公新盧陵魏守"之

語而林記中所云新吉州魏侯者一本誤脫
新字語見劄記弟二十前輩必本此二者爲詞不知
宋時稱寓不必寄公或從其自題郡望或主
其應舉籍貫故寶慶志公宇門稱陳清敏卓
爲寓貴開慶志高橋記稱余尚書晦爲寓橐
尚書爲橐按前人呼此皆生長四明里籍又顯之史
傳者今以偶然之稱謂與傳寫之誤本而反
沒其人自稱里貫之鐵據可乎又寶慶志嘗
稱峴爲泉使後人相率沿稱之亦究不知其
何官也余攷理宗紀始知其嘗爲都大坑冶

校勘記三十

煙嶼樓刻本

二一一

---

語，而林《記》中所云"新吉州魏侯"者。一本誤脫"新"
字。語見《劄記》第二十。前輩必本此二者爲詞。不知宋時稱
"寓"，不必寄公，或從其自題郡望，或主其應舉籍貫。故寶慶
《志》"公宇"門稱陳清敏"卓爲寓貴"，開慶《志》"高橋
記"稱余尚書"晦爲寓橐"，按，前人呼"尚書"爲"橐"。此皆生長
四明，里籍又顯 之史傳者。今以偶然之稱謂，與傳寫之誤
本，而反沒其人自稱里貫之鐵據，可乎？又寶慶《志》嘗稱峴
爲泉使，後人相率沿稱之，亦究不知其何官也。余攷《理宗
紀》，始知其嘗爲都大坑冶

司。宋制，都大坑冶司掌鑄泉貨。由是而《備覽》序中之所云"問鑄"，《蔣山廟記》中之所云"鍾官"，按，二字見《史記·平準書》及《漢書·百官公卿表》。注云，主鑄錢官也。寶慶《志》中之所云"魏泉使"，《備覽》書中之所云"魏都大"，一皆豁然貫通，無復疑義。不然，開卷茫然，恐不知"生軍"是何物矣。謝山作《甬上族望表》云"泉使魏氏，吉州人也。自泉使峴來鄞"，此數語，無一字不錯。"泉使"雖不錯，然峴官坑冶遠在知吉州之前，何得稱其舊任？蓋亦未知泉使是何官耳。然吾不解謝山何以錯誤至此。

又按曰，《宋史·真文忠傳》稱，德秀爲江東轉運副使，旱蝗，廣德、太平爲甚。德秀親至廣德，與太守魏峴同以便宜發廩，使教授林庠振給。先是，胡槻、薛極每誚德秀迂儒，試以事必敗。至是，政譽日聞。因倡言旱傷本輕，監司好名，振贍太過，乃使峴劾庠以撼德秀。德秀上章自明，朝廷悟，與峴祠，授庠幹官而擢德秀知泉州云云。夫始既目擊情形，便宜發粟，繼乃爲人指使，彈劾同事，反覆如此，其人殆不足道。後余綜核時事，始知別一魏峴，而非吾鄉之魏吉州也。文忠本傳爲江東轉運副使，在嘉定間。《宋史·甯宗紀》於嘉定八年書：「是歲，兩

浙、江東西路旱蝗。」又書：「秋七月，丙子，發米三十萬石，振糶江東饑民。」紀與傳合。三十萬石，即文忠與魏峴所發之廩無疑，而《備覽》「淘沙」條云：「嘉定乙亥，旱勢如焚，田苗將槁，峴隨宜爲浚沙障水之策。」乙亥者，八年也，正與《本紀》書兩浙旱蝗之語合。然則是年五六月間，吉州方以鄉邦憂旱，淘沙浚河，而其秋七月，乃即在江東路廣德軍發粟振貸，此事理所必無者。且發粟雖在七月，而其目擊旱蝗與文忠講論荒政，亦必在五六月間，又況所見所

聞，吉州從無知廣德之說，其爲姓名偶同而
別自一人斷斷無疑至理宗紀所書都大坑
冶之魏峴可決爲吾鄉之魏吉州者以旁証
甚多又且坑冶罷職在紹定五年備覽序作
於淳祐二年序云問鑄來歸閒居十餘年其
年數又適脗合則此事固難曲爲吉州諱矣
特吾甚有疑焉吉州事蹟雖不少概見讀備
覽一書勤勤懇懇憂民甚至當不至以人命
爲兒戲且進士非平民何至以鑪戶受逼卽
爲鑪戶何至憂死其妻女其人尚在何以弟

校勘記三十

煙嶼樓初本

聞，吉州從無知廣德之説，其爲姓名偶同而別自一人斷斷無
疑。至《理宗紀》所書都大坑冶之魏峴，可決爲吾鄉之魏吉州
者，以旁證甚多，又且坑冶罷職在紹定五年，《備覽》序作於
淳祐二年。《序》云，問鑄來歸，閒居十餘年，其年數又適脗
合，則此事固難曲爲吉州諱矣。特吾甚有疑焉。吉州事蹟雖不
少概見，讀《備覽》一書，勤勤懇懇，憂民甚至，當不至以人
命爲兒戲。且進士非平民，何至以鑪戶受逼？即爲鑪戶，何至
憂死？其妻女、其人尚在，何以弟

爲代愬？理曲在彼，何以不自申論？坑冶司非赫然在朝之權姦，進士非懦弱無知之編氓，而乃自殺其子，又殺其妾，既死其身，又火其家，一若死亡頃刻，萬難自全，必不得已而出此者。按之事理，劾語殊恍惚叵信，況此事果實，黜免已幸，何以復起知州郡乎？蓋理宗久之亦悟其冤矣。抑吾又聞吳丞相之兄莊敏者，當時所謂正人君子者也。方莊敏官都大坑冶時，臣僚劾其恃才貪虐，籍人家貲以數百萬計。 見《宋史·理宗紀》。又有"大蜈蚣"、"小蜈蚣"之謠，見李

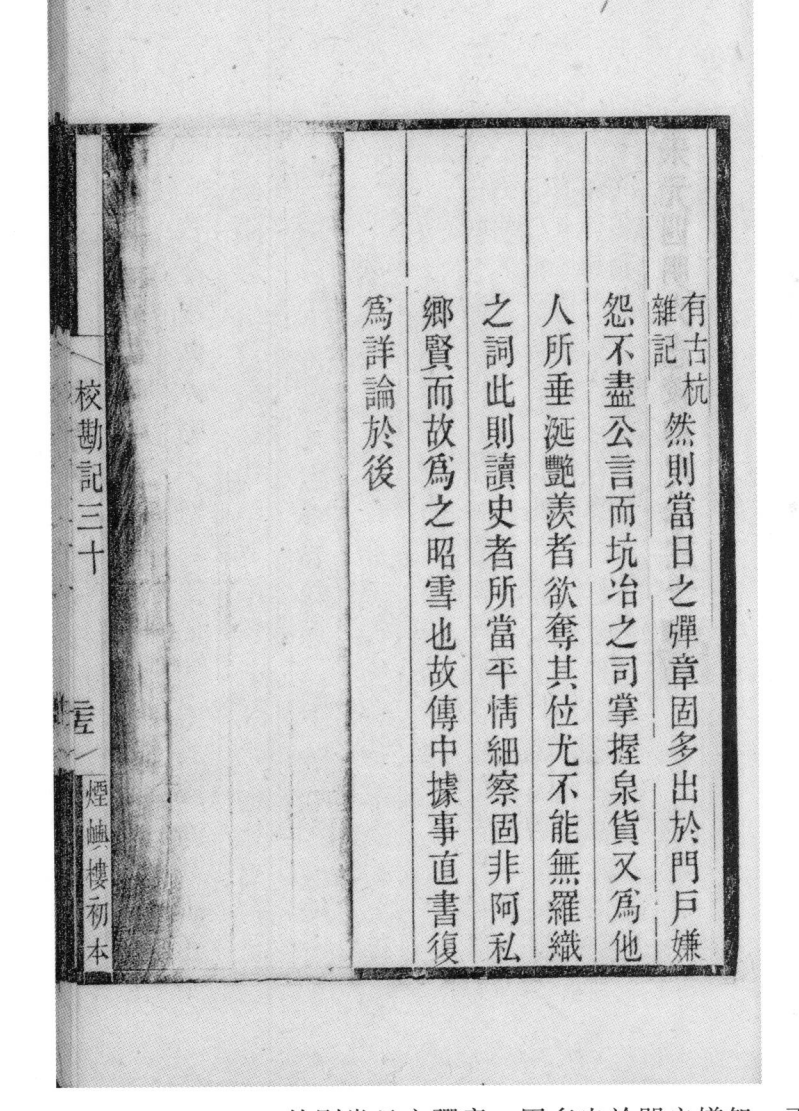

有《古杭雜記》。然則當日之彈章，固多出於門户嫌怨，不盡公言。而坑冶之司掌握泉貨，又爲他人所垂涎艷羨者，欲奪其位，尤不能無羅織之詞。此則讀史者所當平情細察，固非阿私鄉賢，而故爲之昭雪也。故傳中據事直書，復爲詳論於後。

《宋元四明六志校勘記》卷三十

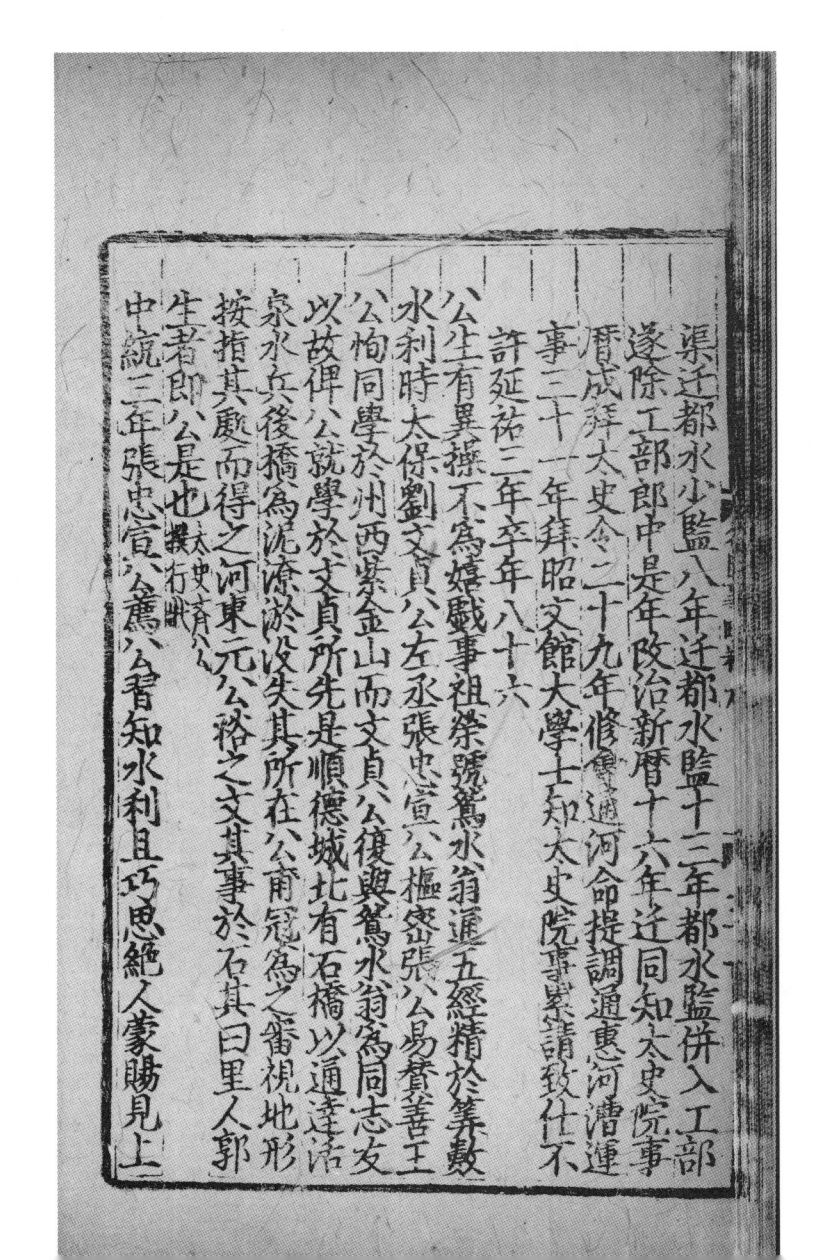

元朝名臣事畧

渠迁都水少監八年迁都水監十二年都水監并入工部
遂除工部郎中是年陞治新曆十六年迁同知太史院事
曆成辞太史令二十九年修國通河命提調通惠河漕運
事三十一年拜昭文館大學士知太史院事辭請致仕不
許延祐三年卒年八十六
公生有異操不為嬉戲事祖粲號鸞水翁通五經精於算數
水利時太保劉文貞公左丞張忠宣公樞密張公易賢善王
公恂同學於州西紫金山而文貞公復與鸞水翁為同志友
以故俾公就學於文貞所先是順德城北有石橋少通達活
泉水兵後橋久為泥淖淤没失其所在公甫冠為之審視地形
按指其處而得之河東元公裕之文其事於石其曰里人郭
生者即公是也撰行狀
中統三年張忠宣公薦公眷知水利且巧思絕人蒙賜見上

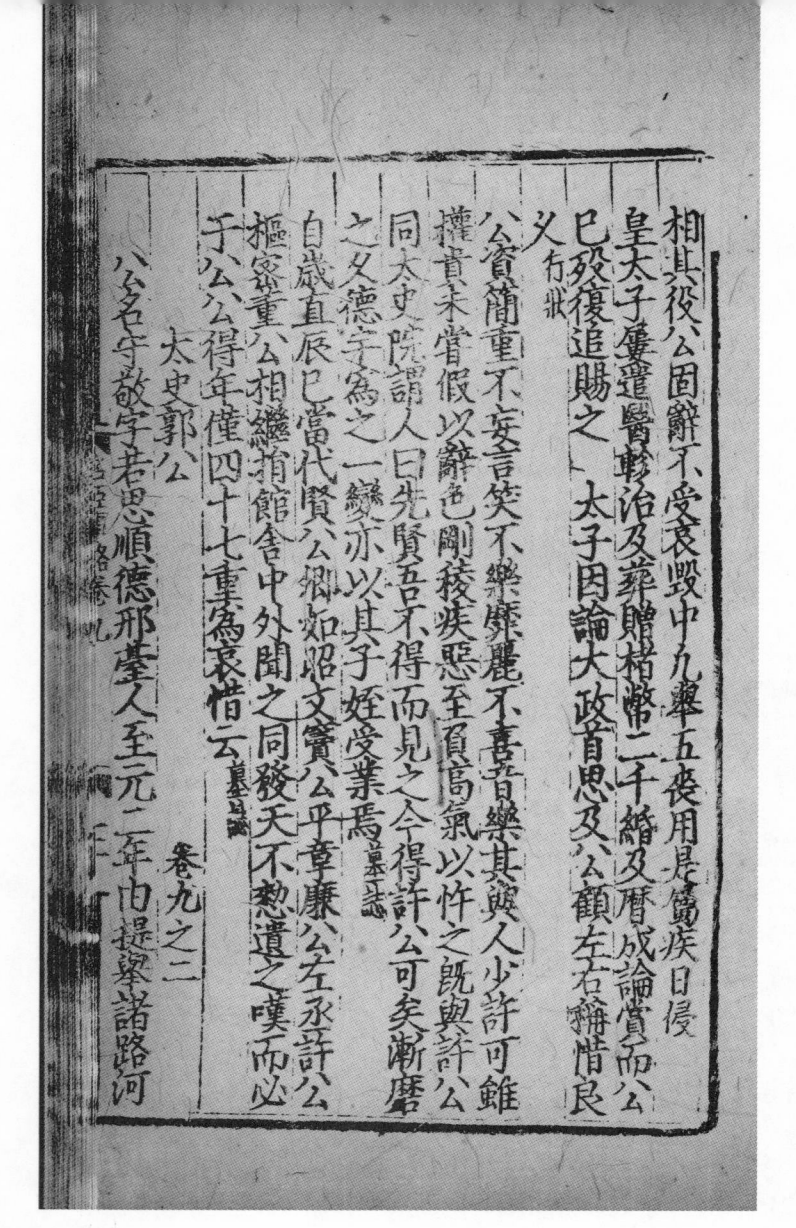

國朝名臣事略

太史郭公　卷九之二

公名守敬，字若思，順德邢臺人。至元二年，由提舉諸路河

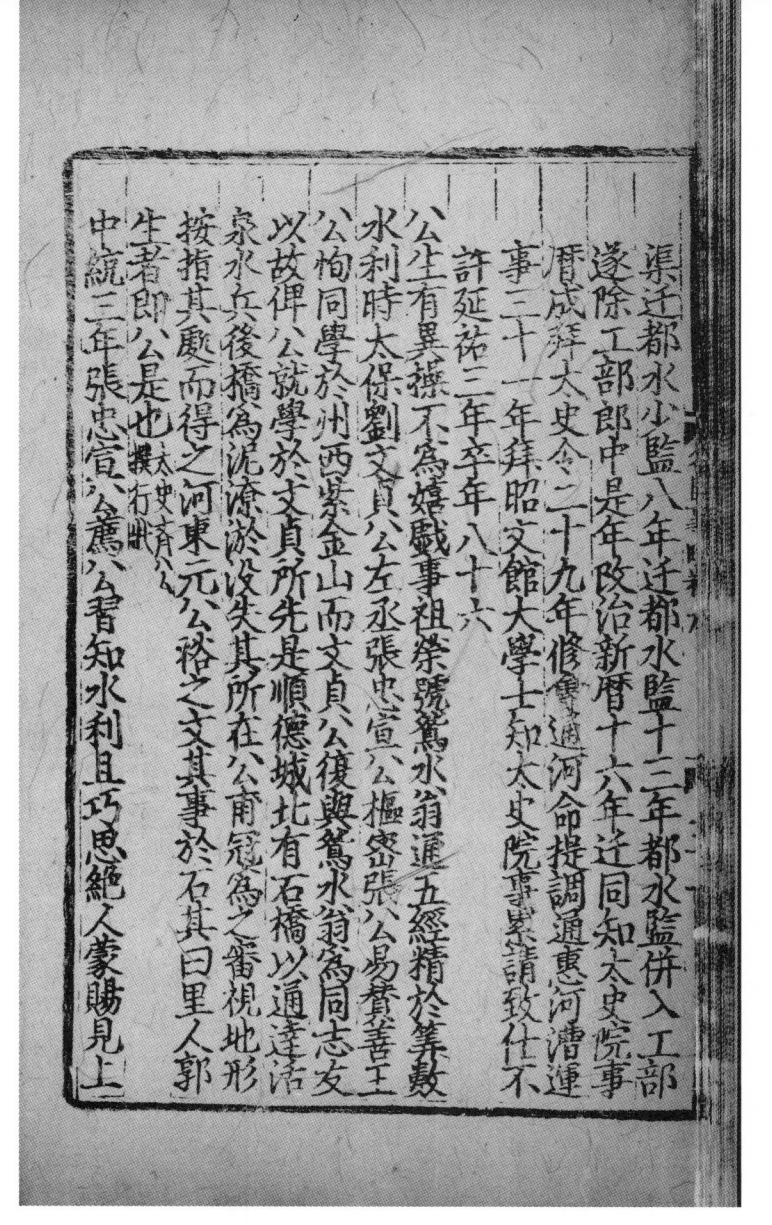

渠遷都水少監。八年，遷都水監。十三年，都水監併入工部，遂除工部郎中。是年改治新曆。十六年，遷同知太史院事。曆成，拜太史令。二十九年，修會通河，命提調通惠河漕運事。三十一年，拜昭文館大學士，知太史院事。累請致仕，不許。延祐三年卒，年八十六。

公生有異操，不爲嬉戲事。祖榮，號鴛水翁，通五經，精於算數、水利。時太保劉文貞公、左丞張忠宣公、樞密張公易、贊善王公恂，同學於州西紫金山，而文貞公復與鴛水翁爲同志友。以故，俾公就學於文貞所。先是順德城北有石橋，以通達活泉水。兵後，橋爲泥潦淤没，失其所在。公甫冠，爲之審視地形，按指其處而得之。河東元公裕之文其事於石，其曰里人郭生者，即公是也。太史齊公撰《行狀》。

中統三年，張忠宣公薦公習知水利，且巧思絕人。蒙賜見上

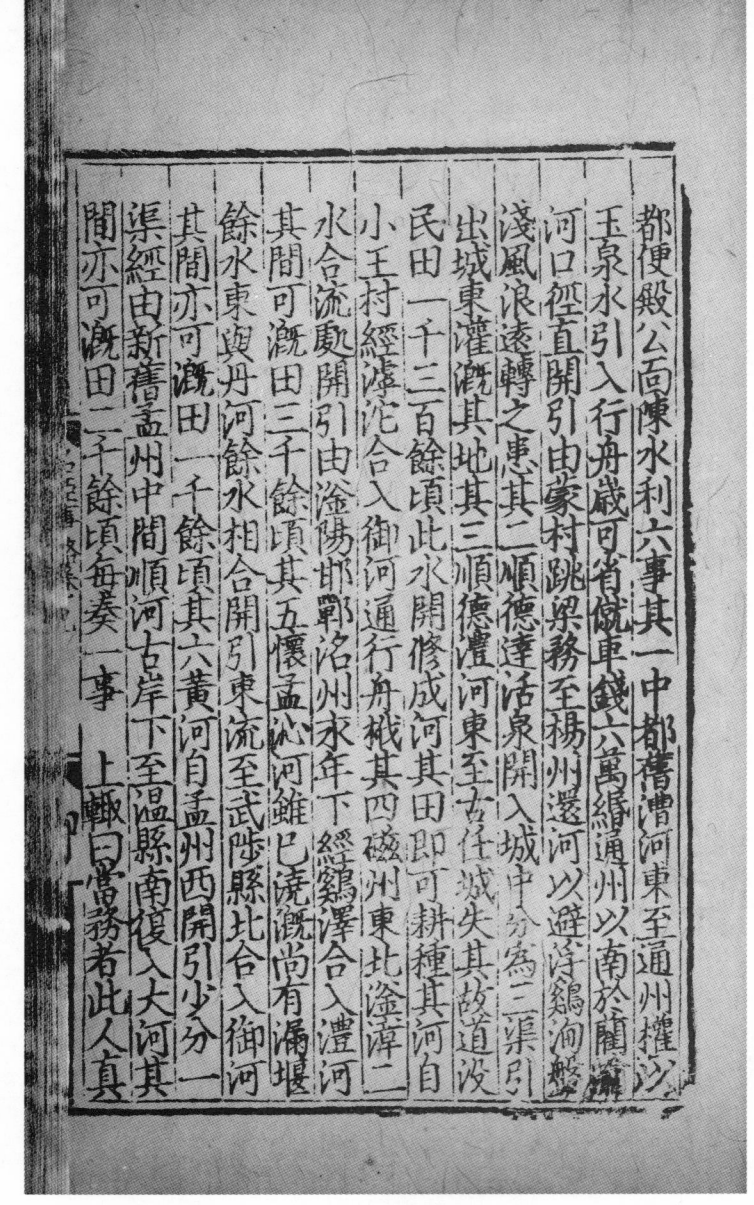

都便殿，公面陳水利六事。其一，中都舊漕河，東至通州，灌[1]以玉泉水，引入行舟，歲可省傛車錢六萬緡。通州以南，於藺榆河口徑直開引，由蒙村跳梁務至楊村[2]還河，以避浮雞淘盤淺風浪遠轉之患。其二，順德達活泉開入城中，分爲三渠，引出城東，灌溉其地。其三，順德澧河東至古任城，失其故道，没民田一千三百餘頃。此水開修成河，其田即可耕種。其河自小王村經溏沱，合入御河，通行舟栰。其四，磁州東北溢、漳二水合流處，開引由溢陽、邯鄲、洺州、永年下經雞澤，合入澧河，其間可溉田三千餘頃。其五，懷、孟沁河，雖已澆溉，尚有漏堰餘水，東與丹河餘水相合。開引東流至武陟縣北，合入御河，其間亦可溉田一千餘頃。其六，黃河自孟州西開引，少分一渠，經由新、舊孟州中間，順河古岸下，至溫縣南復入大河，其間亦可溉田二千餘頃。每奏一事，上輒曰："當務者此人，真

1 底本作"權"，當爲"灌"字，形近而誤。
2 底本作"州"，據《元史》改。

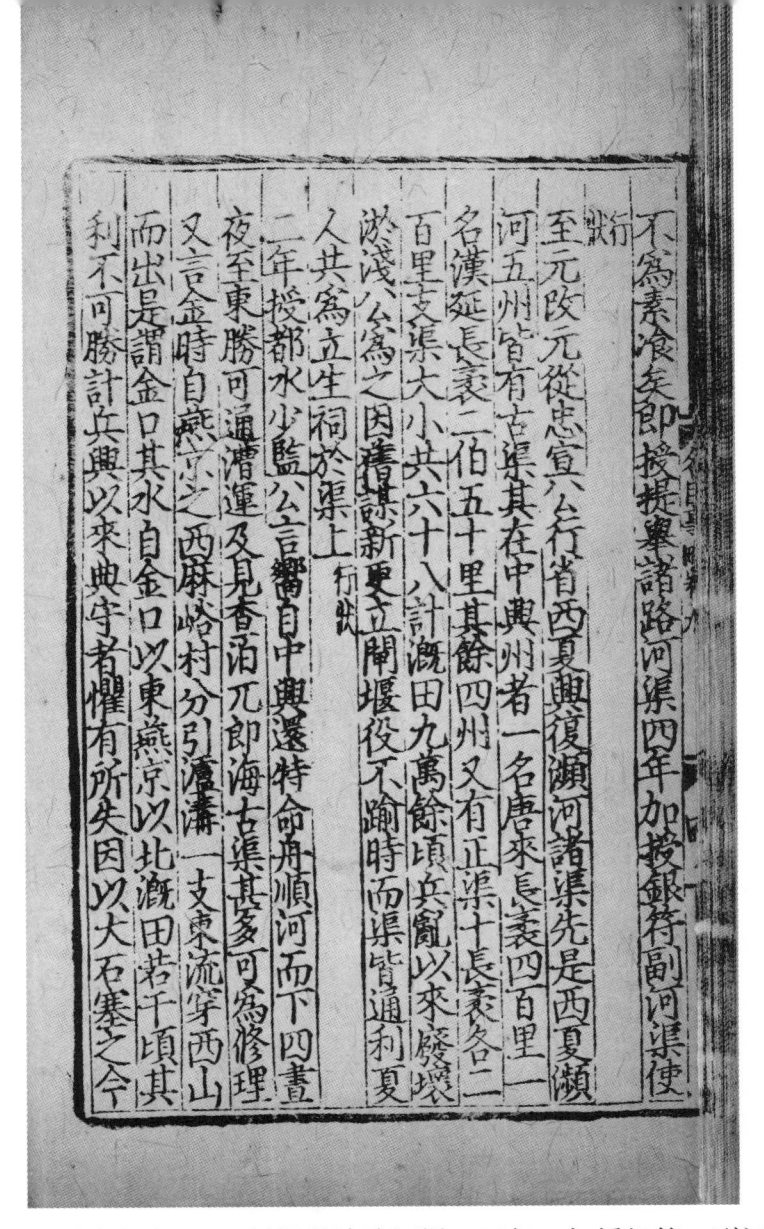

不爲素餐矣！"即授提舉諸路河渠。四年，加授銀符、副河渠使。《行狀》。

至元改元，從忠宣公行省西夏，興復瀕河諸渠。先是，西夏瀕河五州皆有古渠。其在中興州者，一名唐來，長袤四百里；一名漢延，長袤二百五十里。其餘四州又有正渠十，長袤各二百里。支渠大小共六十八，計溉田九萬餘頃。兵亂以來，廢壞淤淺。公爲之因舊謀新，更立閘堰，役不踰時而渠皆通利。夏人共爲立生祠於渠上。《行狀》。

二年，授都水少監。公言："嚮自中興，還特命舟，順河而下，四晝夜至東勝，可通漕運。及見查泊、兀郎海古渠甚多，可爲修理。"又言："金時，自燕京之西麻峪村，分引瀘溝一支東流，穿西山而出，是謂金口。其水自金口以東，燕京以北，溉田若干頃，其利不可勝計。兵興以來，典守者懼有所失，因以大石塞之。今

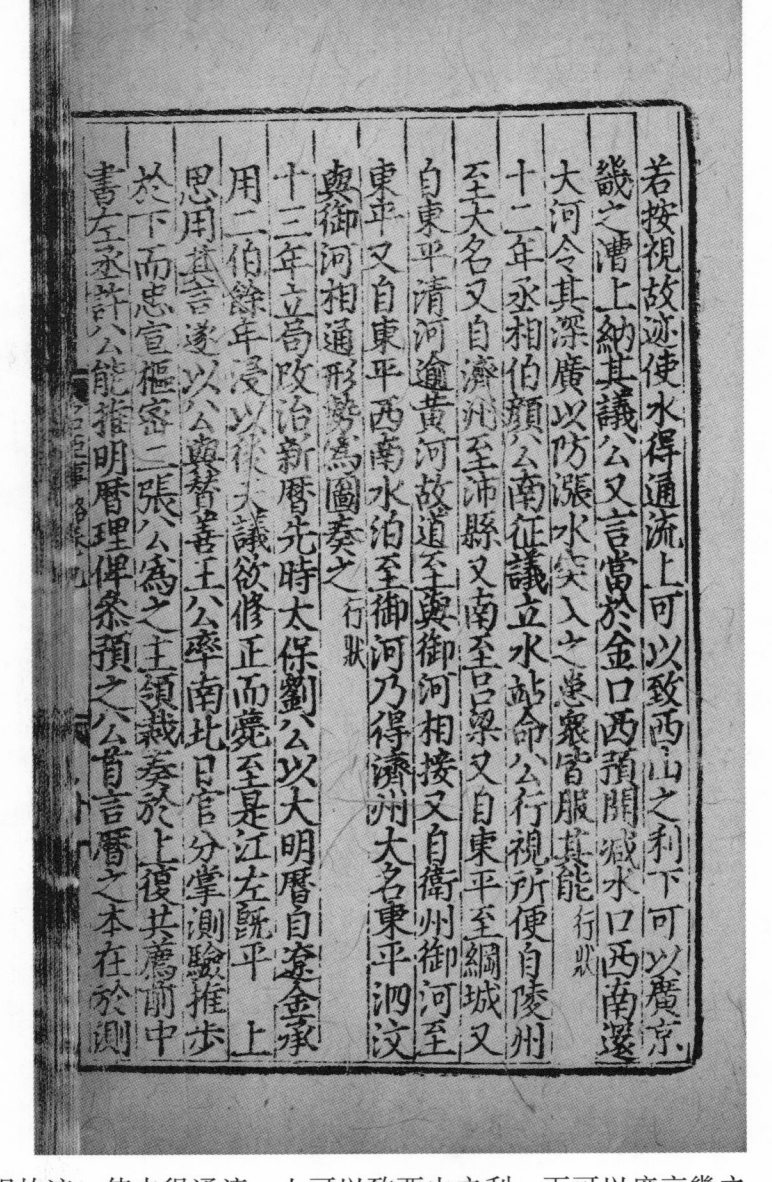

若按視故迹，使水得通流，上可以致西山之利，下可以廣京畿之漕。"上納其議。公又言："當於金口西預開減水口，西南還大河，令其深廣，以防漲水突入之患。"衆皆服其能。《行狀》。

十二年，丞相伯延公南征，議立水站，命公行視所便。自陵州至大名，又自濟州至沛縣，又南至呂梁，又自東平至綱城，又自東平、清河逾黃河故道至與御河相接，又自衞州御河至東平，又自東平西南水泊至御河，乃得濟州、大名、東平、泗汶與御河相通形勢，爲圖奏之。《行狀》。

十三年，立局改治新曆。先時，太保劉公以《大明曆》自遼、金承用二百餘年，寖以後天，議欲修正而薨。至是，江左既平，上思用其言。遂以公與贊善王公，率南北日官，分掌測驗推步於下，而忠宣、樞密二張公爲之主領裁奏於上。復共薦前中書左丞許公，能推明曆理，俾參預之。公首言："曆之本在於測

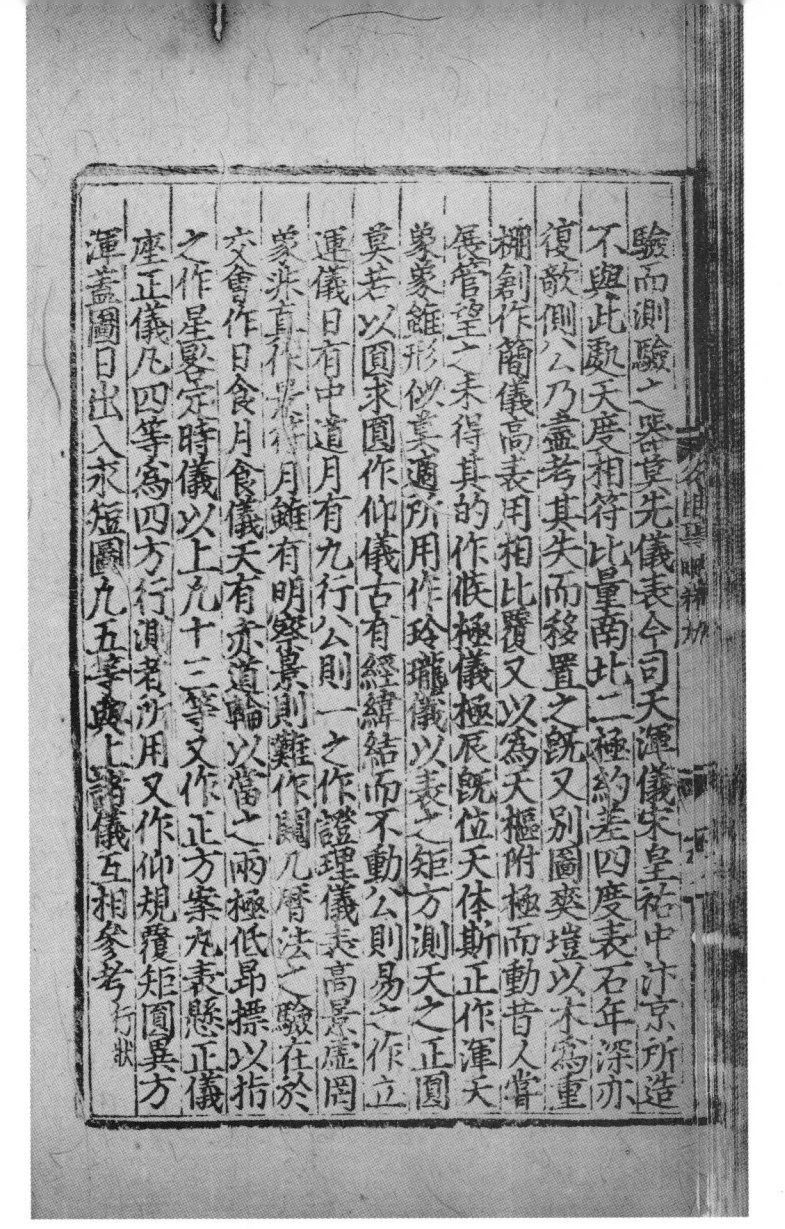

1 爽塏：高爽乾燥之地。
2 天樞：北斗第一星。

驗，而測驗之器莫先儀表。今司天渾儀，宋皇祐中汴京所造，不與此處天度相符。比量南北二極，約差四度。表石年深，亦復攲側。"公乃盡考其失而移置之。既又別圖爽塏[1]，以木為重棚，創作簡儀、高表，用相比覆。又以為天樞[2]附極而動，昔人嘗展管望之，未得其的，作候極儀。極辰既位，天體斯正，作渾天象。象雖形似，莫適所用，作玲瓏儀。以表之矩方，測天之正圓，莫若以圓求圓，作仰儀。古有經緯，結而不動，公則易之，作立運儀。日有中道，月有九行，公則一之，作證理儀。表高景虛，罔象非真，作景符。月雖有明，察景則難，作闚几。曆法之驗，在於交會，作日食月食儀。天有赤道，輪以當之，兩極低昂，標以指之，作星晷定時儀。以上凡十三等。又作正方案、丸表、懸正儀、座正儀，凡四等，為四方行測者所用。又作《仰規覆矩圖》、《異方渾蓋圖》、《日出入永短圖》，凡五等，與上諸儀互相參考。《行狀》。

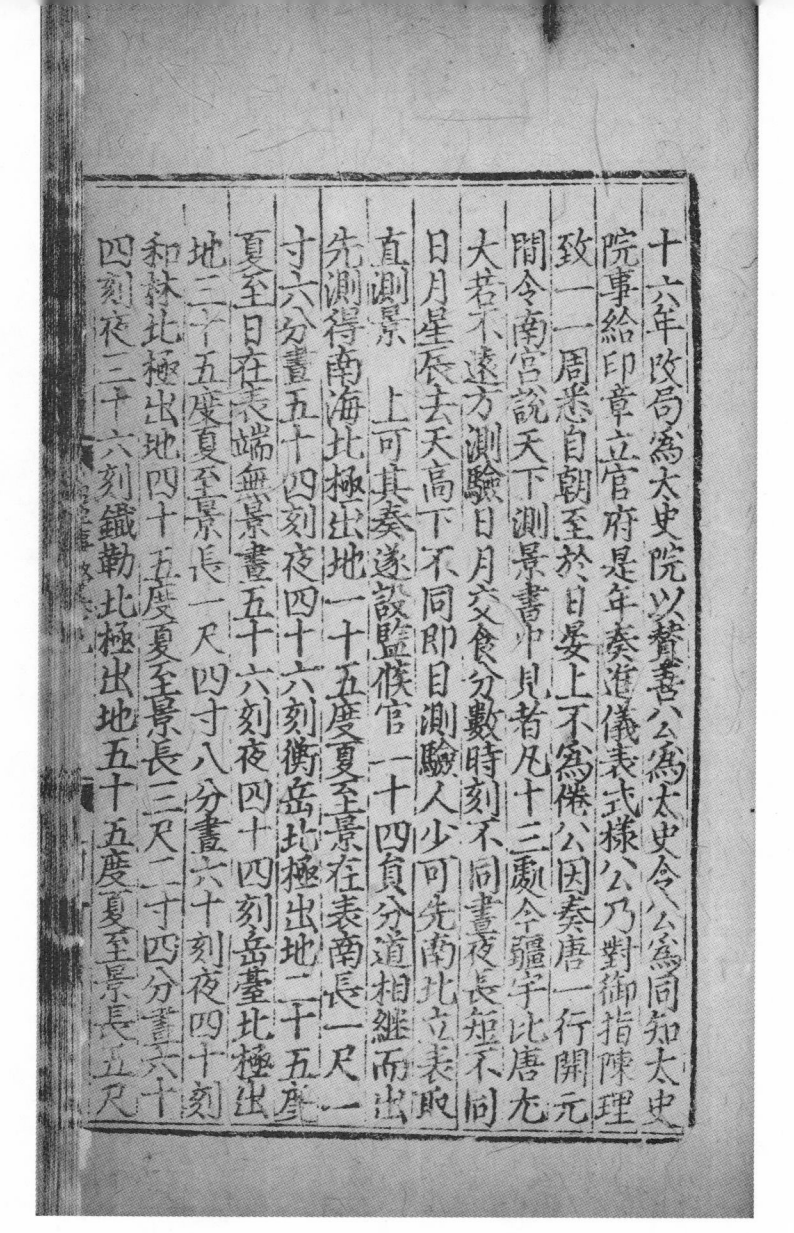

　　十六年，改局為太史院，以贊善公為太史令，公為同知太史院事，給印章，立官府。是年，奏進儀表式樣，公乃對御指陳理致，一一周悉。自朝至於日晏，上不為倦。公因奏：「唐一行開元間令南宮説天下測景，書中見者凡十三處。今疆宇比唐尤大，若不遠方測驗，日月交食分數時刻不同，晝夜長短不同，日月星辰去天高下不同，即目測驗人少，可先南北立表，取直測景。」上可其奏，遂設監候官一十四員，分道相繼而出。先測得南海北極出地一十五度，夏至景在表南，長一尺一寸六分，晝五十四刻，夜四十六刻。衡岳北極出地二十五度，夏至日在表端，無景，晝五十六刻，夜四十四刻。岳臺北極出地三十五度，夏至景長一尺四寸八分，晝六十刻，夜四十刻。和林北極出地四十五度，夏至景長三尺二寸四分，晝六十四刻，夜三十六刻。鐵勒北極出地五十五度，夏至景長五尺

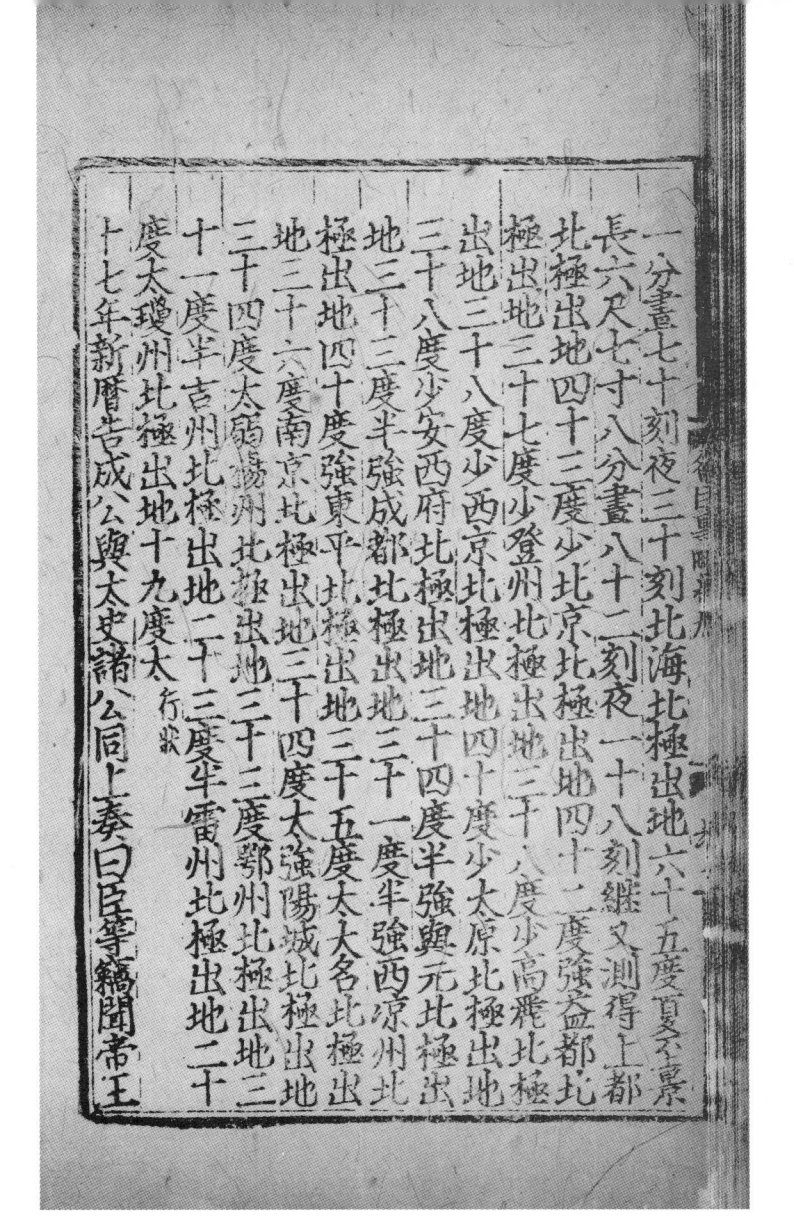

1 少：四分之一度。後漢四分曆將整度十二等分，用以表示度之餘分。關係如下：度強，十二分之一度；少弱，十二分之二度；少，十二分之三度；少強，十二分之四度；半弱，十二分之五度；半，十二分之六度；半強，十二分之七度；太弱，十二分之八度；太，十二分之九度；太強，十二分之十度；度弱，十二分之十一度。

一分，晝七十刻，夜三十刻。北海北極出地六十五度，夏至景長六尺七寸八分，晝八十二刻，夜一十八刻。繼又測得上都北極出地四十三度少[1]，北京北極出地四十二度強，益都北極出地三十七度少，登州北極出地三十八度少，高麗北極出地三十八度少，西京北極出地四十度少，太原北極出地三十八度少，安西府北極出地三十四度半強，興元北極出地三十三度半強，成都北極出地三十一度半強，西涼州北極出地四十度強，東平北極出地三十五度太，大名北極出地三十六度，南京北極出地三十四度太強，陽城北極出地三十四度太弱，揚州北極出地三十三度，鄂州北極出地三十一度半，吉州北極出地二十三度半，雷州北極出地二十度太，瓊州北極出地十九度太。《行狀》

十七年，新曆告成，公與太史諸公同上奏曰："臣等竊聞：帝王

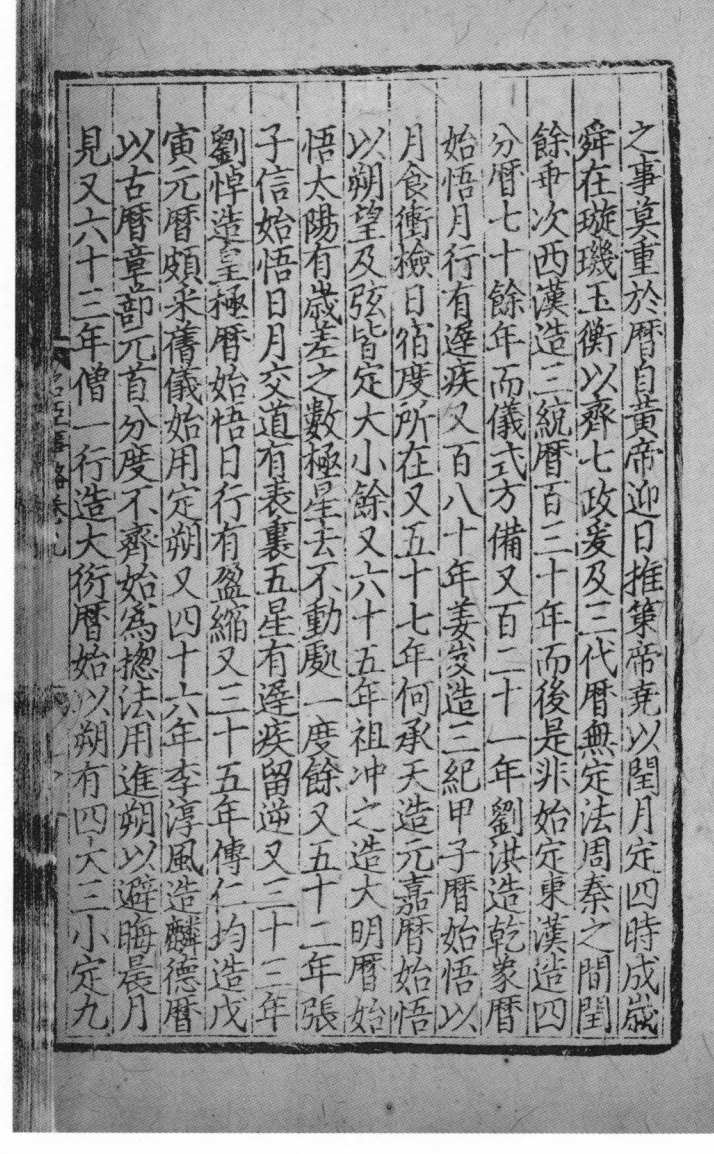

之事，莫重於曆。自黃帝迎日推策，帝堯以閏月定四時成歲，舜在
璇璣玉衡，以齊七政。爰及三代，曆無定法。周、秦之間，閏餘乖
次。西漢造《三統曆》，百三十年而後，是非始定。東漢造《四分
曆》，七十餘年而儀式方備。又百二十一年，劉洪造《乾象曆》，始
悟月行有遲疾。又百八十年，姜岌造《三紀甲子曆》，始悟以月食
衝檢日宿度所在。

又五十七年，何承天造《元嘉曆》，始悟以朔望及弦皆定大小
餘[1]。又六十五年，祖沖之造《大明曆》，始悟太陽有歲差之數，極
星去不動處一度餘。又五十二年，張子信始悟日月交道有表裏，五
星有遲疾留逆。又三十三年，劉焯[2]造《皇極曆》，始悟日行有盈
縮。又三十五年，傅仁均造《戊寅元曆》，頗采舊儀，始用定朔。
又四十六年，李淳風造《麟德曆》，以古曆章蔀元首[3]分度不齊，
始爲總法，用進朔以避晦晨月見。又六十三年，僧一行造《大衍
曆》，始以朔有四大三小，定九

1 大小餘：古之曆算均
有一理想之推算起點。
自該起點至所求年之正
朔日之天數爲朔積日。
以六十除積日所得餘數
之整數部分（日數）爲
大餘，小數（或分數）
部分爲小餘。
2 底本作"悼"，《隋
書》及兩《唐書》皆作
"焯"，今據改。
3 章蔀元首：古曆四分
術以十九年爲章，四章
爲蔀，選取曆元氣朔相
齊起於夜半爲推算起點。
一章後氣朔又出現於同
一日。《續漢書·律曆志
下》："至朔同日謂之
章，同在日首謂之蔀，
蔀終六旬謂之紀，歲朔
又復謂之元。"

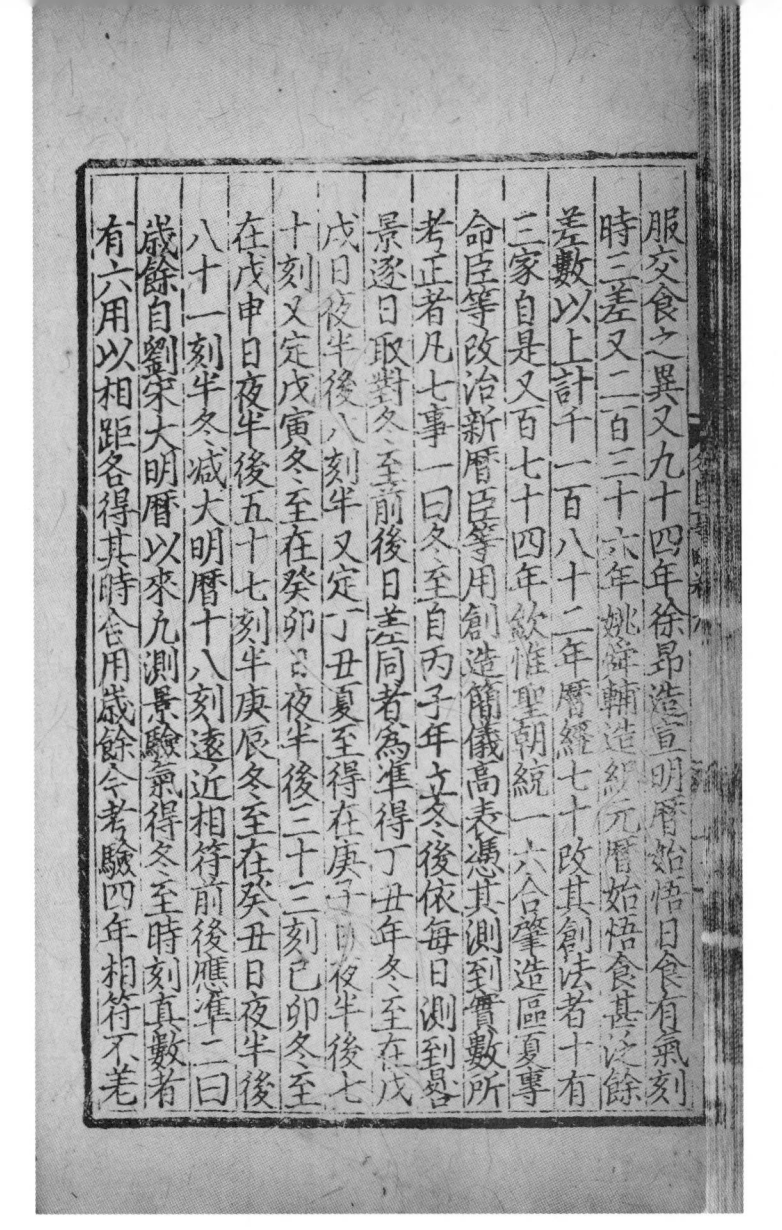

服交食之異。又九十四年，徐昂造《宣明曆》，始悟日食有氣、刻、時三差。又二百三十六年，姚舜輔造《紀元曆》，始悟食甚泛餘差數。以上計千一百八十二年，曆經七十改，其創法者十有三家。自是又百七十四年，欽惟聖朝統一六合，肇造區夏，專命臣等改治新曆。臣等用創造簡儀、高表，憑其測到實數，所考正者凡七事：一曰冬至。自丙子年立冬後，依每日測到晷景，逐日取對，冬至前後日差同者爲準。得丁丑年冬至在戊戌日夜半後八刻半；又定丁丑夏至得在庚子日夜半後七十刻；又定戊寅冬至在癸卯日夜半後三十三刻；己卯冬至在戊申日夜半後五十七刻半；庚辰冬至在癸丑日夜半後八十一刻半。各減《大明曆》十八刻，遠近相符，前後應準。二曰歲餘。自劉宋《大明曆》以來，凡測景、驗氣，得冬至時刻真數者有六，用以相距，各得其時合用歲餘。今考驗四年，相符不差。

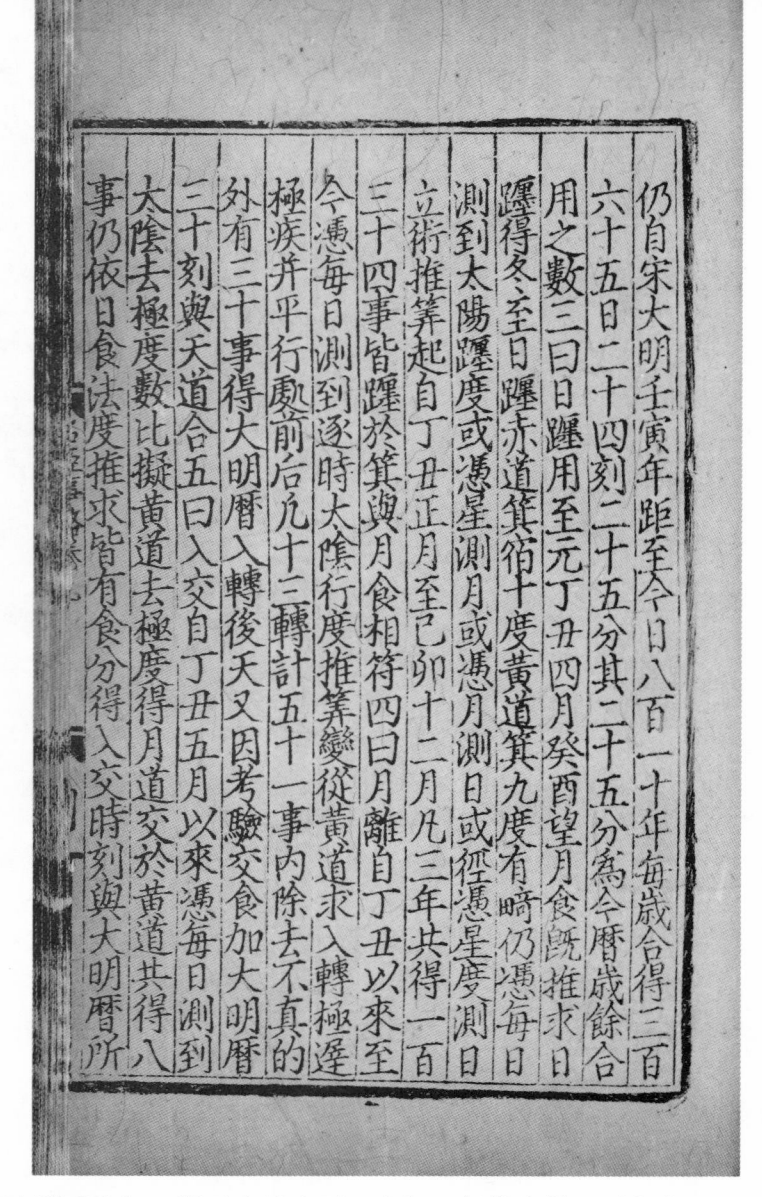

仍自宋大明壬寅年，距至今日八百一十年，每歲合得三百六十五日
二十四刻二十五分，其二十五分爲今曆歲餘合用之數。三曰日躔[1]。
用至元丁丑四月癸酉望月食既，推求日躔，得冬至日躔赤道箕宿十
度，黄道箕九度有畸。仍憑每日測到太陽躔度，或憑星測月，或憑
月測日，或徑憑星度測日，立術推算。起自丁丑正月，至己卯十二
月，凡三年，共得一百三十四事，皆躔於箕，與月食相符。四曰月
離[2]。自丁丑以來至今，憑每日測到逐時太陰行度推算，變從黄道
求入轉極遲、極疾并平行處，前後凡十三轉，計五十一事。內除去
不真的外，有三十事，得《大明曆》入轉後天。又因考驗交食，加
《大明曆》三十刻，與天道合。五曰入交。自丁丑五月以來，憑每
日測到太陰去極度數，比擬黄道去極度，得月道交於黄道，共得八
事。仍依日食法度推求，皆有食分，得入交時刻，與《大明曆》所

1 日躔：太陽視運動之
度次。
2 月離：月球運行之度
次。即月球於白道上之
位置。

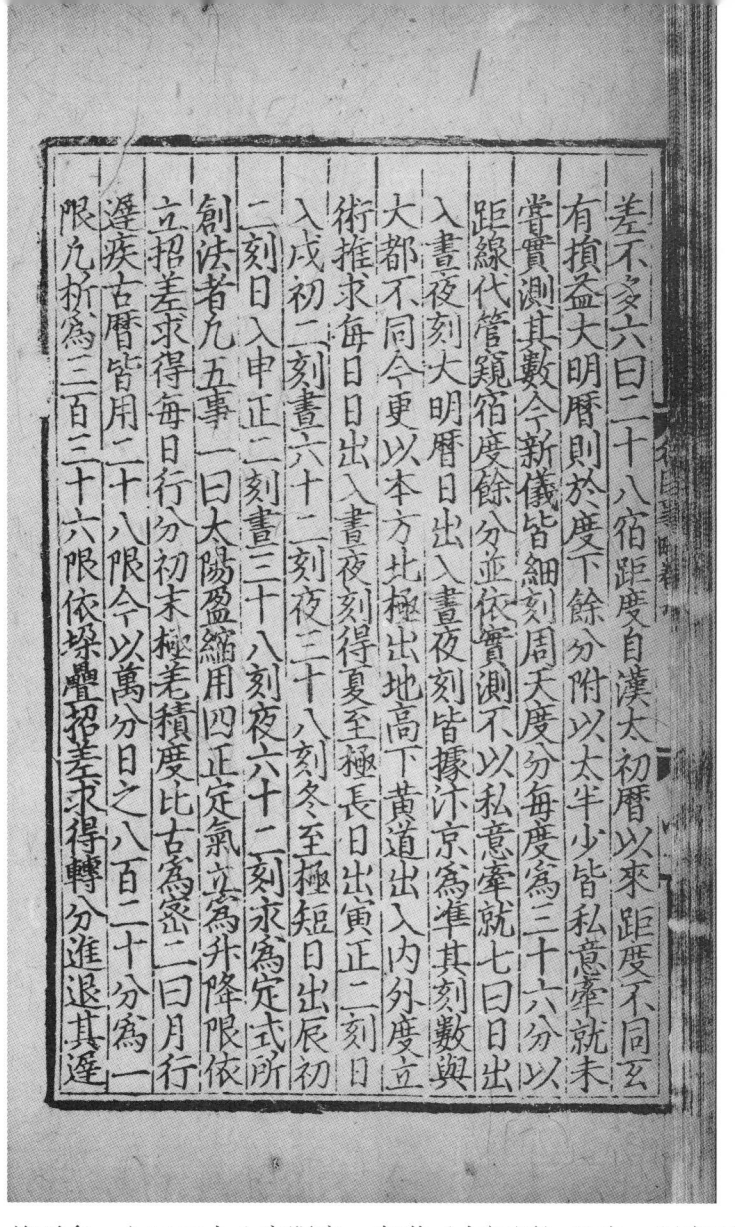

1 垛：同"垛"。

差不多。六曰二十八宿距度。自漢《太初曆》以來，距度不同，互有損益。《大明曆》則於度下餘分，附以太半少，皆私意牽就，未嘗實測其數。今新儀皆細刻周天度分，每度爲三十六分，以距線代管窺，宿度餘分並依實測，不以私意牽就。七曰日出入晝夜刻。《大明曆》日出入晝夜刻皆據汴京爲準，其刻數與大都不同。今更以本方北極出地高下，黃道出入內外度，立術推求每日日出入晝夜刻，得夏至極長，日出寅正二刻，日入戌初二刻，晝六十二刻，夜三十八刻。冬至極短，日出辰初二刻，日入申正二刻，晝三十八刻，夜六十二刻。永爲定式。所創法者凡五事：一曰太陽盈縮。用四正定氣，立爲升降限，依立招差求得每日行分初末極差積度，比古爲密。二曰月行遲疾。古曆皆用二十八限，今以萬分日之八百二十分爲一限，凡析爲三百三十六限，依垛[1]疊招差求得轉分進退，其遲

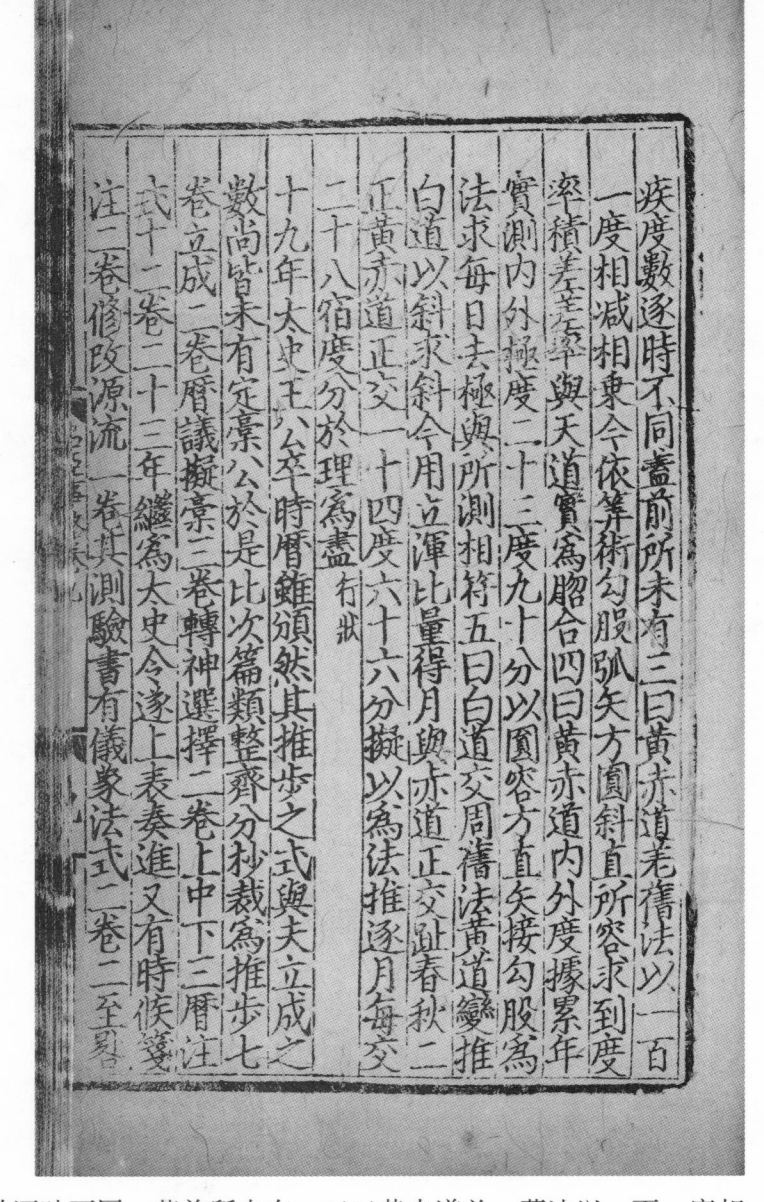

疾度數逐時不同，蓋前所未有。三曰黄赤道差。舊法以一百一度相
減相乘，今依算術勾股、弧矢、方圓、斜直所容，求到度率積差，
差率與天道實爲腏[1]合。四曰黄赤道内外度。據累年實測，内外極
度二十三度九十分，以圓容方直矢接勾股爲法，求每日去極，與所
測相符。五曰白道交周。舊法黄道變推白道以斜求斜，今用立渾比
量，得月與赤道正交，距[2]春秋二正黄赤道正交一十四度六十六
分，擬以爲法。推逐月每交二十八宿度分，於理爲盡。《行狀》

　　十九年，太史王公卒。時曆雖頒，然其推步之式與夫立成之
數，尚皆未有定槀。公於是比次篇類，整齊分杪，裁爲《推步》七
卷，《立成》二卷，《曆議擬槀》三卷，《轉神選擇》二卷，《上中下三
曆注式》十二卷。二十三年，繼爲太史令，遂上表奏進。又有《時
候箋注》二卷，《修改源流》一卷。其測驗書，有《儀象法式》二
卷，《二至晷

1 腏：同“吻”。

2 “距”，底本作“趾”，
據《元史》改。

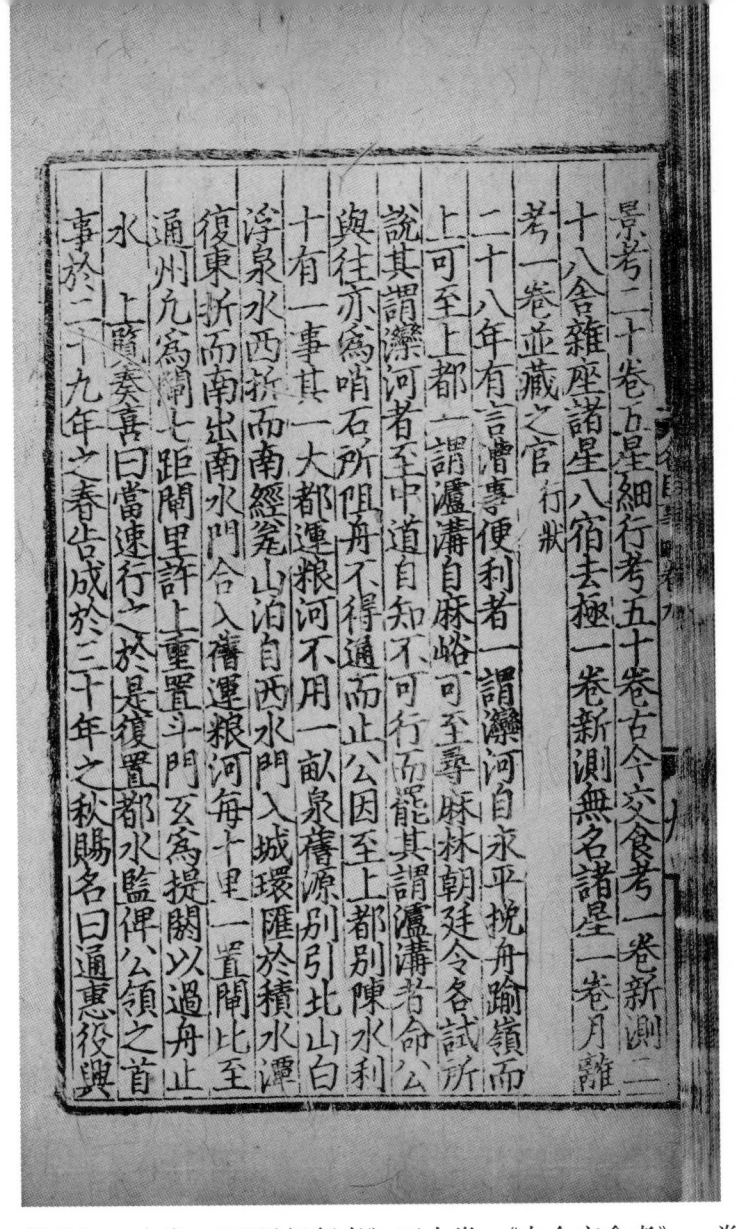

1 "入"，底本作"八"，據《元史》改。

2 "哨"，疑为"峭"字之误。

景考》二十卷，《五星細行考》五十卷，《古今交食考》一卷，《新測二十八舍雜座諸星入[1]宿去極》一卷，《新測無名諸星》一卷，《月離考》一卷，並藏之官。《行狀》

二十八年，有言漕事便利者。一謂灤河自永平挽舟踰嶺而上，可至上都；一謂瀘溝自麻峪可至尋麻林。朝廷令各試所説，其謂灤河者，至中道自知不可行而罷；其謂瀘溝者，命公與往，亦爲哨[2]石所阻，舟不得通而止。公因至上都，別陳水利十有一事。其一，大都運粮河，不用一畝泉舊源，別引北山白浮泉水，西折而南，經瓮山泊，自西水門入城。環匯於積水潭，復東折而南，出南水門，合入舊運粮河。每十里一置閘，比至通州，凡爲閘七，距閘里許，上重置斗門，互爲提閼，以過舟止水。上覽奏喜曰："當速行之。"於是復置都水監，俾公領之。首事於二十九年之春，告成於三十年之秋，賜名曰"通惠"。役興

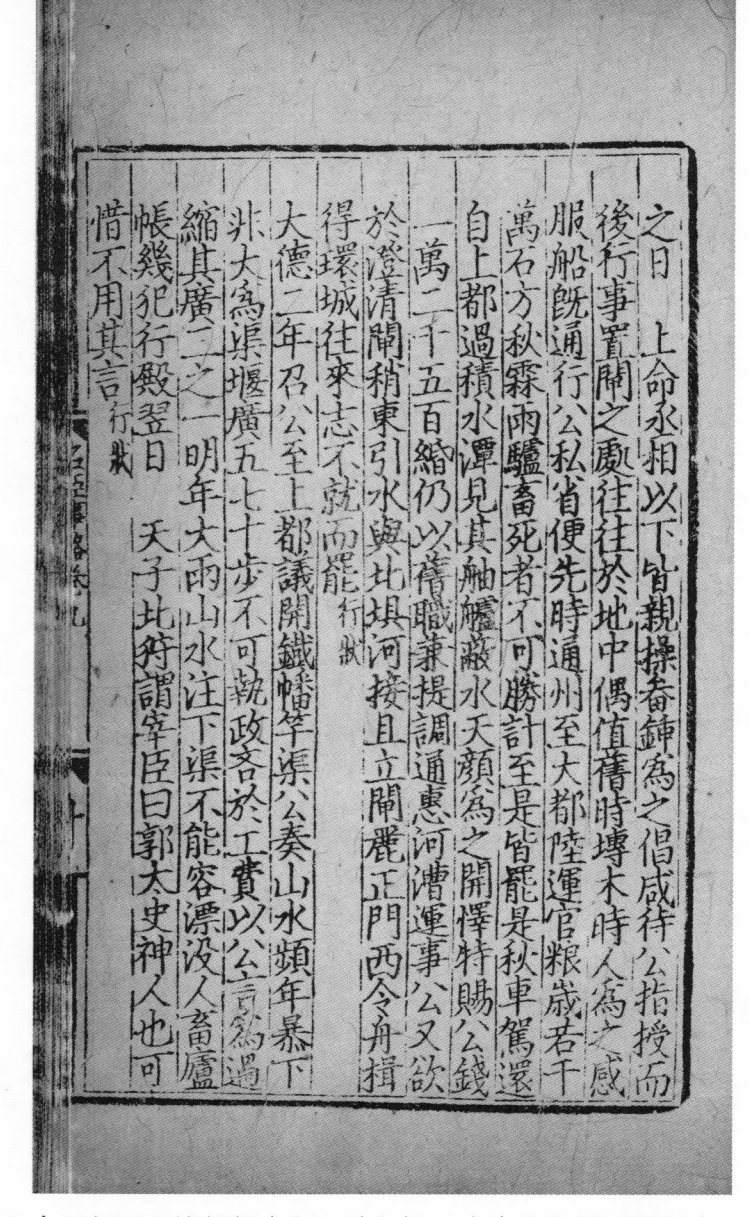

之日，上命丞相以下皆親操畚鍤[1]爲之倡，咸待公指授而後行事。置閘之處，往往於地中偶值舊時塼[2]木，時人爲之感服。船既通行，公私省便。先時，通州至大都，陸運官粮歲若干萬石，方秋霖雨，驢畜死者不可勝計，至是皆罷。是秋，車駕還自上都，過積水潭，見其舳艫蔽水，天顏爲之開懌，特賜公錢一萬二千五百緡，仍以舊職兼提調通惠河漕運事。公又欲於澄清閘稍東引水，與北壩河接，且立閘麗正門西，令舟楫得環城往來，志不就而罷。《行狀》

大德二年，召公至上都，議開鐵幡竿渠。公奏："山水頻年暴下，非大爲渠堰，廣五七十步不可。"執政吝於工費，以公言爲過，縮其廣三之一。明年大雨，山水注下，渠不能容，漂没人畜廬帳，幾犯行殿。翌日，天子北狩，謂宰臣曰："郭太史神人也，可惜不用其言。"《行狀》

1 畚鍤：畚，盛土器；鍤，起土器。泛指挖運泥土之用具。
2 塼：同"磚"。

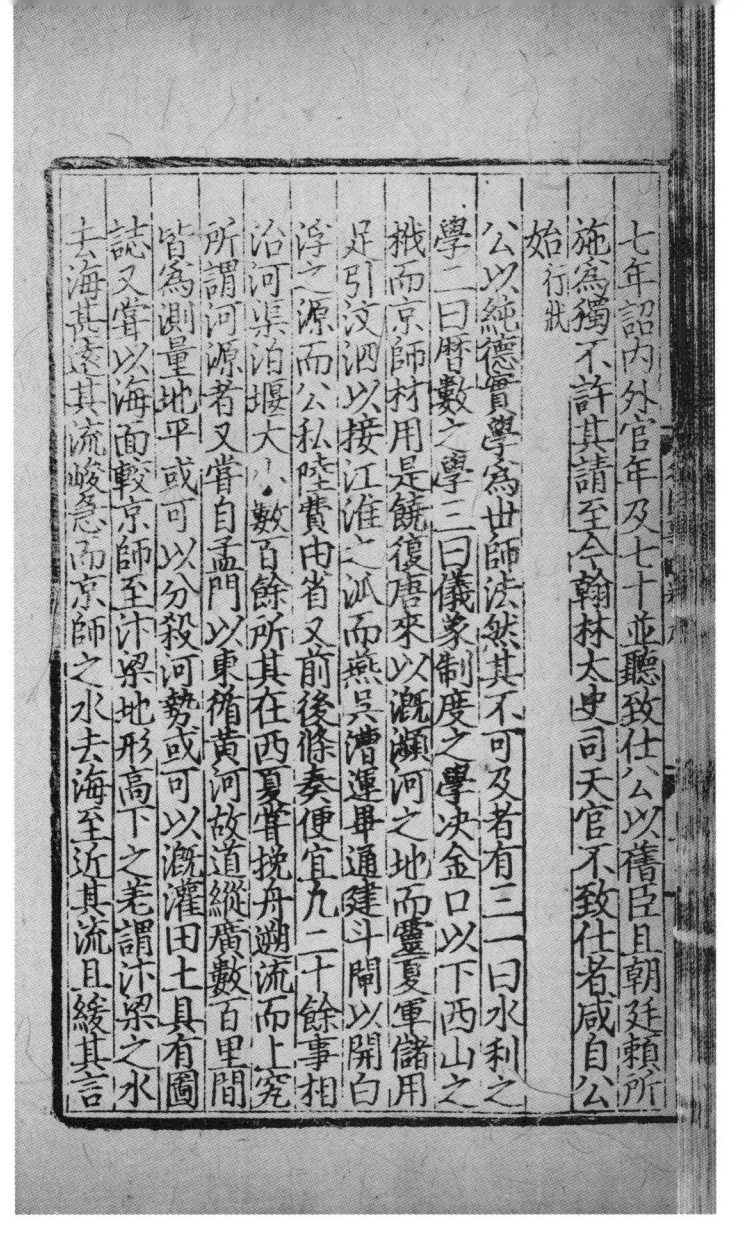

　　七年，詔內外官年及七十，並聽致仕。公以舊臣，且朝廷賴所施爲，獨不許其請。至今翰林太史司天官不致仕者，咸自公始。《行狀》

　　公以純德實學，爲世師法。然其不可及者有三：一曰水利之學，二曰曆數之學，三曰儀象制度之學。決金口以下西山之梡，而京師材用是饒，復唐來以漑瀕河之地，而靈夏軍儲用足。引汶泗以接江淮之派，而燕吳漕運畢通。建斗閘以開白浮之源，而公私陸費由省。又前後條奏便宜凡二十餘事，相治河渠泊堰大小數百餘所。其在西夏，嘗挽舟遡流而上究所謂河源者。又嘗自孟門以東循黃河故道，縱廣數百里間，皆爲測量地平，或可以分殺河勢，或可以漑灌田土，具有圖誌。又嘗以海面較京師至汴梁地形高下之差，謂汴梁之水去海甚遠，其流峻急；而京師之水去海至近，其流且緩。其言信而有徵，此水利之學其不可及者也。古曆天周與歲周小餘同於日度四分之一。漢魏以來漸覺不齊，遂有破分之說，而立法未均，任意進退。公乃每以百年為率，小餘之下增損各一，以之上推往古，下驗方來，無不脗合。且自《太初》迄于《大明》各曆七十餘家，其見施用於世者，四十有三。類多寫分換母，誇誕一時，間有翹出如宋《元嘉》、唐《大衍》，近世紀元不過三數，然亦未臻至當。考驗天事，始雖親密，旋已不效。公所為曆，測驗既精，設法詳備，行幾五十年，未嘗一有先後天之差。去積年日法之拘，無寫分換母之陋。此曆數之學其不可及者也。舊儀既多弊碍，且距齒但有度刻而無細分，以管望星，漸外則所見漸展，尤難取的。公所為儀，但用天常、赤道、四游¹、三環²、三距，設四游於赤道之上，與相套在內同附直距於四游之外，與雙環兩間同結線距端。凡測日月星，則以兩線相望，

1 四游：古人謂大地與星辰於一年之四季之中，分別向東、南、西、北四極移動，稱"四游"。

2 三環：《書集傳·虞書·舜典》："歷代以來，其法漸密，本朝因之，為儀三重，其在外者曰六合儀。平置黑單環，上刻十二辰八干四隅在地之位，以準地面而定四方。側立黑雙環，背刻去極度數，以中分天脊，直跨地平。使其半入地下，而結於其子午，以為天經。斜倚赤單環，背刻赤道度數，以平分天腹。橫繞天經，亦使半出地上，半入地下，而結於其卯酉，以為天緯。三環表裏相結不動其天經之環，則南北二極皆為圓軸，虛中而內向，以挈三辰四游之環，以其上下四方於是可考。故曰六合。"方以智《東西均注釋》："三輪，指六合儀的地平環、子午環、赤道環；亦即所謂平輪、直輪、橫輪。界圓而裁成之，謂三環分佈於同一球面上。"則"三輪"即"三環"。

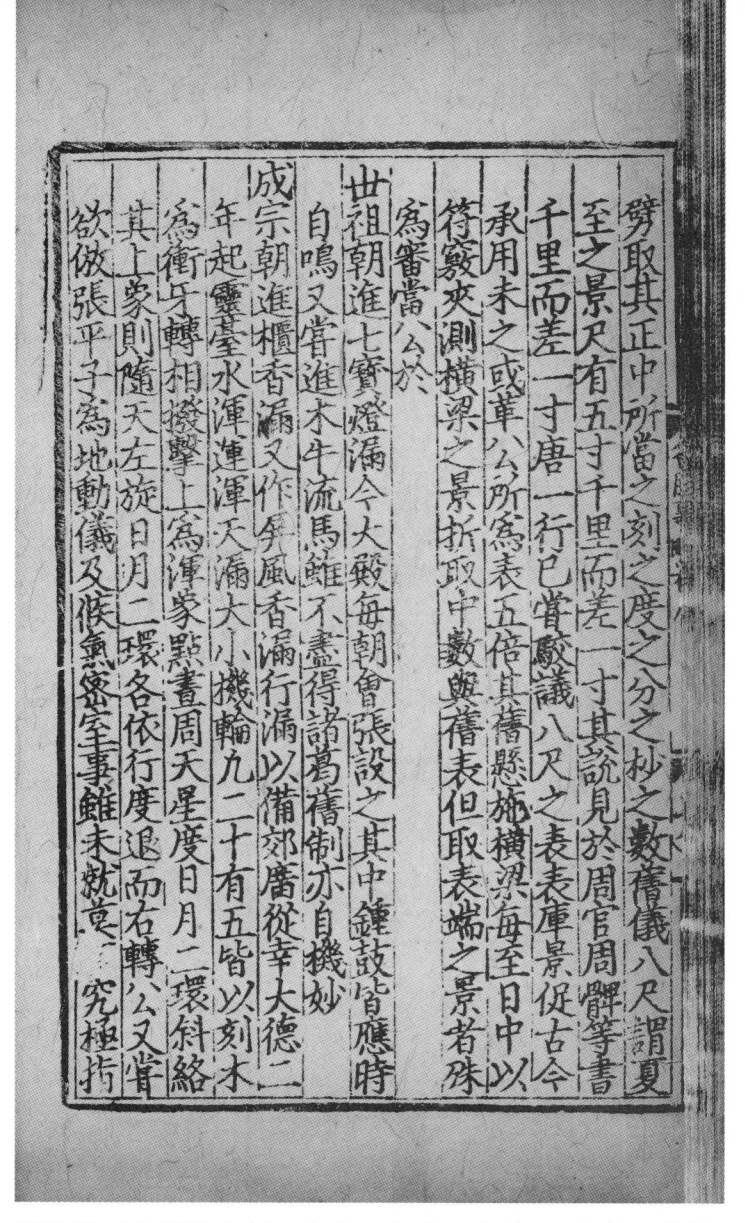

1 秒：同"秒"。角度單位名。

2 庳：低矮。

劈取其正中所當之刻、之度、之分、之秒[1]、之數。舊儀八尺謂夏至之景，尺有五寸，千里而差一寸。其說見於《周官》《周髀》等書。千里而差一寸，唐一行已嘗駁議。八尺之表，表庳[2]景促，古今承用，未之或革。公所爲表，五倍其舊，懸施橫梁，每至日中，以符竅夾測橫梁之景，折取中數，與舊表但取表端之景者殊爲審當。公於世祖朝進七寶燈漏，令大殿每朝會張設之，其中鍾鼓皆應時自鳴。又嘗進木牛流馬，雖不盡得諸葛舊制，亦自機妙。

成宗朝進櫃香漏，又作屏風香漏、行漏，以備郊廟從幸。大德二年，起靈臺，水渾、運渾、天漏大小機輪凡二十有五，皆以刻木爲衝牙，轉相撥擊。上爲渾象，點畫周天星度，日月二環斜絡其上。象則隨天左旋，日月二環各依行度退而右轉。公又嘗欲倣張平子爲地動儀及候氣密室，事雖未就，莫不究極指

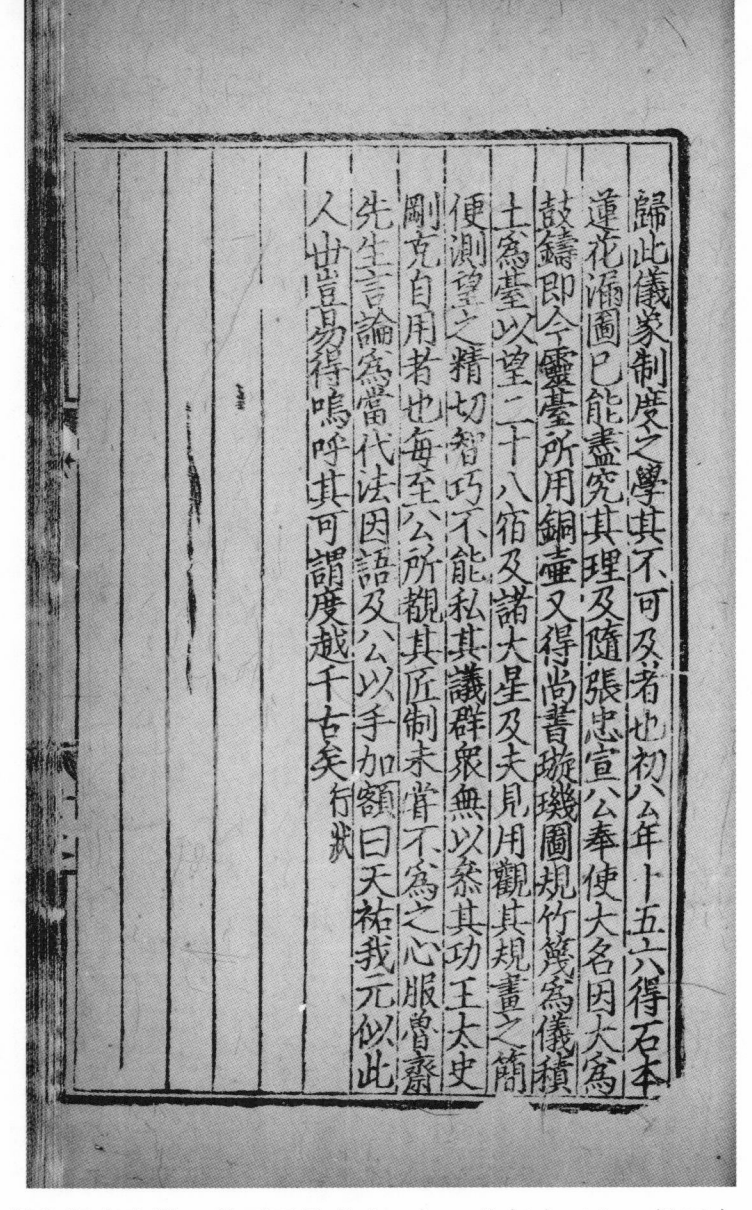

歸。此儀象制度之學，其不可及者也。初，公年十五六，得石本
《蓮花漏圖》，已能盡究其理。及隨張忠宣公奉使大名，因大爲鼓
鑄，即今靈臺所用銅壺。又得《尚書璇璣圖》，規竹篾爲儀，積土
爲臺，以望二十八宿及諸大星。及夫見用，觀其規畫之簡便，測望
之精切，智巧不能私其議，羣衆無以參其功。王太史剛克自用者
也，每至公所，覩其匠制，未嘗不爲之心服。魯齋先生言論爲當代
法，因語及公，以手加額曰：“天祐我元。似此人，世豈易得？”
嗚呼！其可謂度越千古矣。《行狀》

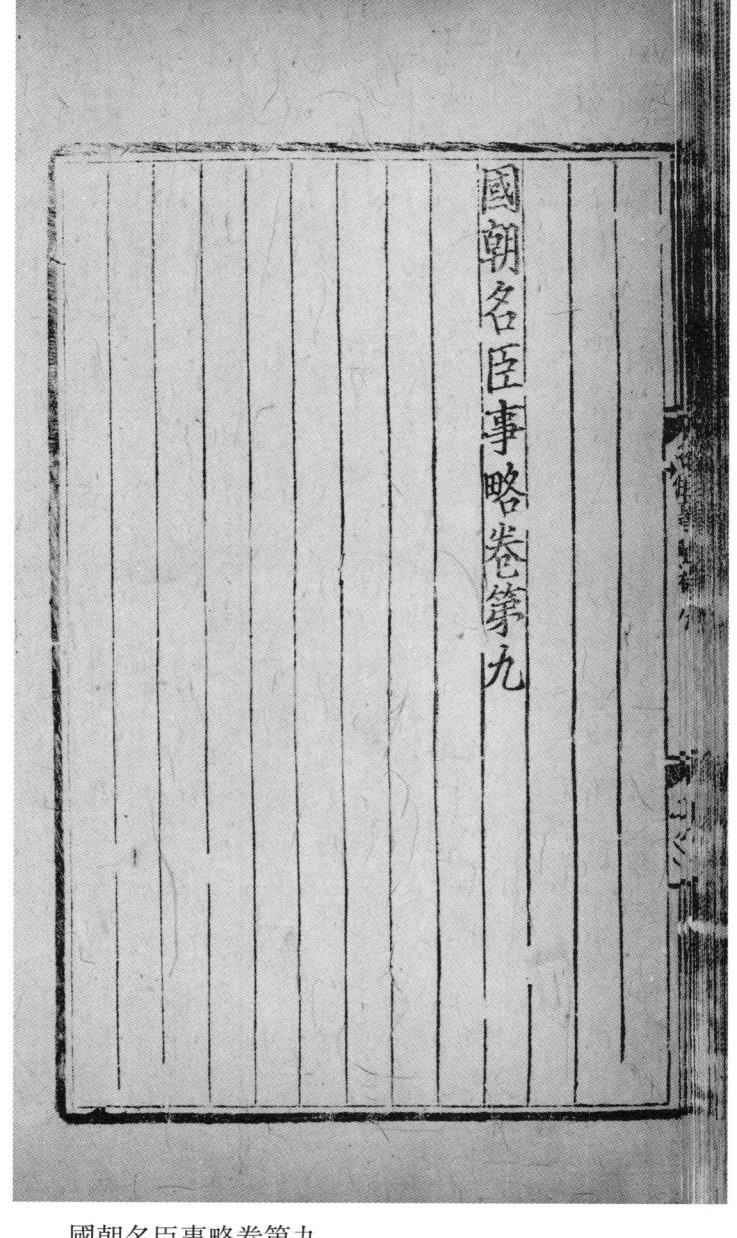

國朝名臣事略卷第九

河防通議

欽定四庫全書提要

河防通議二卷元沙克什撰　案沙克什原本
作贍思今改正沙克什色
目人官至秘書少監事迹具元史本傳是書具論治河
之法以宋沈立汴本及金都水監本彙合成編本傳所
稱重訂河防通議是也沙克什系出西域邃於經學天
文地理鍾律算數無不通曉至元中嘗召議河事蓋於
水利亦素所究心故其爲是書分門者六門各有目凡
物料功程丁夫輸運以及安椿下絡疊壩修堤之法條
列品式粲然咸備足補列代史志之闕昔歐陽元嘗謂
司馬遷班固記河渠溝洫僅載治水之道不言其方使
後世任斯事者無所考是編所載雖皆前代令格其間

**欽定四庫全書提要**

　　《河防通議》二卷，元沙克什撰。案，沙克什原本作贍思，今改正。沙克什，色目人，官至秘書少監，事迹具《元史》本傳。是書具論治河之法，以宋沈立汴本及金都水監本彙合成編，本傳所稱《重訂河防通議》是也。沙克什系出西域，邃於經學、天文、地理、鍾律、算數無不通曉。至元中，嘗召議河事，蓋於水利亦素所究心故。其爲是書，分門者六，門各有目。凡物料、功程、丁夫、輸運以及安椿、下絡、疊垛、修堤之法，條列品式，粲然咸備，足補列代史志之闕。昔歐陽玄嘗謂司馬遷、班固記河渠、溝洫，僅載治水之道，不言其方，使後世任斯事者無所考。是編所載，雖皆前代令格，其間

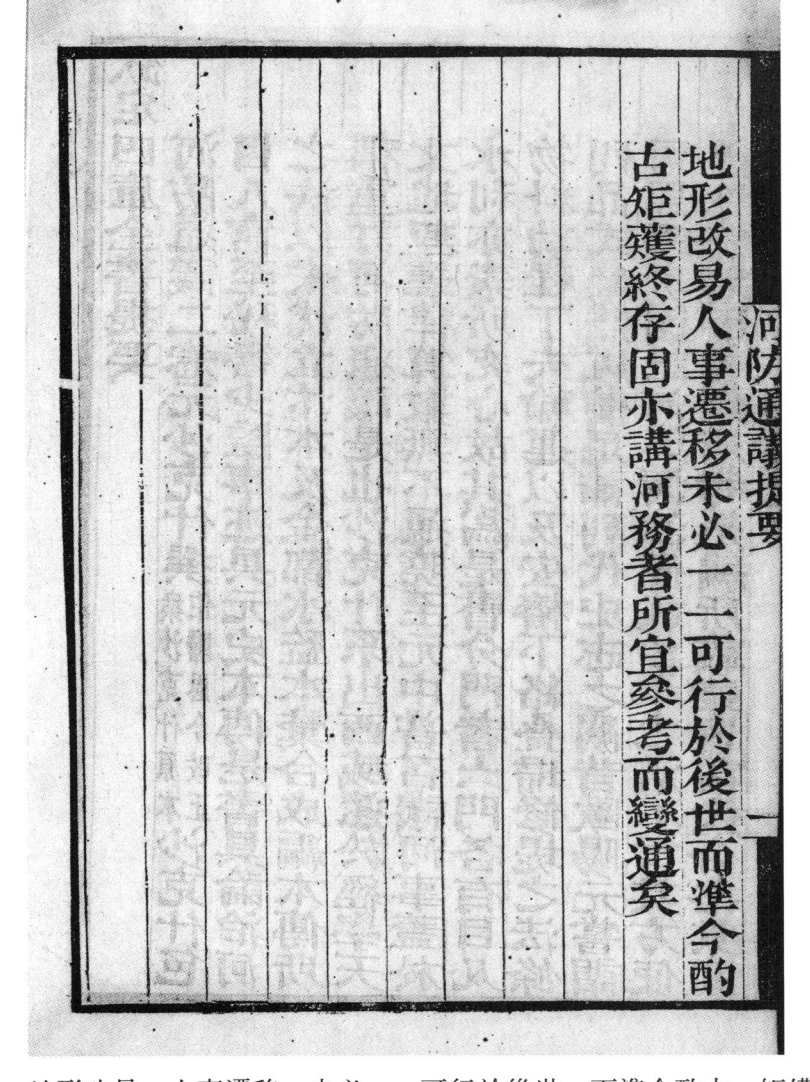

地形改易人事遷移未必一一可行於後世而準今酌古矩矱終存固亦講河務者所宜參考而變通矣

地形改易，人事遷移，未必一一可行於後世，而準今酌古，矩矱終存，固亦講河務者所宜參考而變通矣。

原序

水功有書尚矣禹貢垂統於上而河渠書溝洫志續緒於下後世間亦有述逮宋金而河徙加數為害尤劇故設備益盛而立法愈密其疏導則踐禹迹而未臻其壅塞則擬宣房而過之矣金時都水監有書詳載其事目曰河防通議凡十五門其體制類今簿領之書不著作者名氏殆胥史之紀錄也今都水監亦存而用之愚少嘗學算數於真定壕寨官張祥瑞之授以是書且曰此監本也得之於太史若思後十五年復得汴本其中全列宋丞司點檢周俊河事集視監本為小異雖無門類而援引經史措辭稍文論事略備其條目纖悉則弗若之矣署云朝奉郎尚書屯田員外郎騎都尉沈立撰

一

1 宣房：即"宣防"。

## 原序

水功有書尚矣！《禹貢》垂統於上，而《河渠書》、《溝洫志》繼緒於下，後世間亦有述。逮宋金而河徙加數，為害尤劇，故設備益盛而立法愈密。其疏導則踐禹迹而未臻，其壅塞則擬宣房 [1] 而過之矣。金時都水監有書詳載其事目，曰《河防通議》，凡十五門。其體制類今簿領之書，不著作者名氏，殆胥史之紀錄也。今都水監亦存而用之。愚少嘗學算數於真定，壕寨官張祥瑞之授以是書，且曰："此監本也，得之於太史若思。"後十五年，復得汴本，其中全列宋丞司點檢周俊《河事集》，視監本為小異。雖無門類而援引經史，措辭稍文，論事略備，其條目纖悉則弗若之矣。署云"朝奉郎、尚書屯田員外郎、騎都尉沈立撰"。

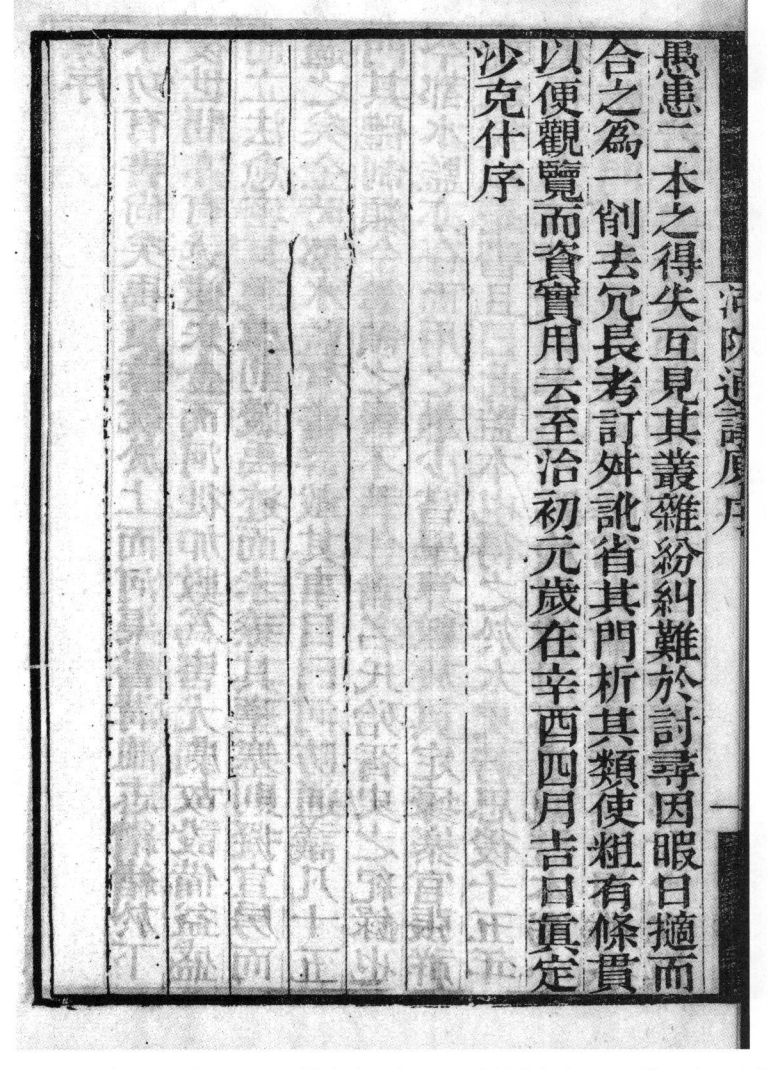

愚患二本之得失互見，其叢雜紛紏，難於討尋，因暇日摘而合之爲一，削去冗長，考訂舛訛，省其門，析其類，使粗有條貫，以便觀覽而資實用云。至治初元，歲在辛酉四月吉日，真定沙克什序。

《河防通議》卷上[1]

四庫全書原本　守山閣叢書　史部
元　沙克什撰　金山錢熙祚錫之校

## 河議第一

### 古今河患

漢谷永以爲："河，中國之經瀆也。聖王興則出圖書，王道廢則竭絶。今潰溢橫流，漂没陵阜，異之大者也。修政以應之，災變自除。"是時，李尋、解光亦言："陰氣順按《前漢書》原文作"陰氣盛"，"順"字疑誤。則爲水之長，江河滿溢，所謂水不潤下，明天道有故而作也。"又田蚡曰："江河之决皆天事，未易以人力强塞，未必應天。"按《前漢書》原文作"未易以人力强塞，强塞之未必應天"，此處蓋有脱文。而望氣用數者亦以爲然。愚稽考前書，三五之世，非無失德之君，而河不爲患者，豈禹跡之存

1 案，上海圖書館著録有清王筠校並跋，葉景葵跋的守山閣叢書本《河防通議》，而提請查檢之後，並未見校語及跋文。

歟沈立汴本
隄埽利病
易曰水流濕火就燥洪範曰水潤下火炎上此聖人言水火
之本性也昔大禹治水導河自積石至於大陸播爲九河而
歸於海蓋順物性而治之也由是功施三代民無昏墊之憂
及乎戰國各利其地不能復禹故跡而務興隄防至於漢世
決溢之患作矣當是之時議復禹跡者言甚懇至而卒不能
用乃以竹楗石菑善塞爲利殊不知逆性而爲利則賈讓所
謂猶止兒啼而塞其口豈不遽止然其死可立而待也烏可
爲邪晉魏而下逮乎隋唐用事者往往極言水利至於河事
則亦無著聞於時者我國家奄有天下自龍門至於渤海爲

歟？沈立“汴本”。

### 隄埽利病

《易》曰：“水流濕，火就燥。”《洪範》曰：“水潤下，火炎上。”此聖人言水火之本性也。昔大禹治水，導河自積石，至於大陸，播爲九河而歸於海，蓋順物性而治之也。由是功施三代，民無昏墊[1]之憂。及乎戰國，各利其地，不能復禹故跡，而務興隄防。至於漢世，決溢之患作矣。當是之時，議復禹跡者言甚懇至，而卒不能用，乃以竹楗、石菑[2]善塞爲利。殊不知逆性而爲利，則賈讓所謂“猶止兒啼而塞其口，豈不遽止，然其死可立而待也”，烏可爲邪？晉魏而下，逮乎隋唐，用事者往往極言水利，至於河事，則亦無著聞於時者。我國家奄有天下，自龍門至於渤海，爲

1 昏墊：陷溺。困於水害。
2 竹楗、石菑：堵塞河堤決口所用之竹木、臿石。

埽岸以拒水者凡且百數而薪芻之費歲不下數百萬緡兵
夫之役歲不下千萬功備禦河患不爲不至矣而自開寶之
後潰溢愈甚議者謂必決之勢有二而完固之弊有三不敢
支蔓其說粗別白而言之夫戰國之時作隄去河猶二十五
里雖屢移徙而不爲患及乎漢世尚然近者百步遠者數里
以今驗之則郡邑民房皆在舊日古隄之間耳又安得不爲
患也然觀河水向著之處緊刷隄脚吞伏勢緊湏入埽下蓋
由河隄太狹一川不能兼受數河之任雖增高隄防勞費百
倍而亦不能救潰決之患耳此必決之勢一也又河水一石
而其泥六斗既而河道久不移徙其易爲淤澱也可知矣今
隄外民田在河水之下幾已數尺故塞而復決此必決之勢

---

埽岸以拒水者，凡且百數。而薪芻之費，歲不下數百萬緡；兵夫之役，歲不下千萬功。備禦河患，不爲不至矣。而自開寶之後，潰溢愈甚，議者謂必決之勢有二，而完固之弊有三，不敢支蔓其説，粗別白而言之。夫戰國之時，作隄去河猶二十五里，雖屢移徙而不爲患。及乎漢世尚然，近者百步，遠者數里。以今驗之，則郡邑民房皆在舊日古隄之間耳，又安得不爲患也。然觀河水向著之處，緊刷隄脚，吞伏勢緊，湏入埽下，蓋由河隄太狹，一川不能兼受數河之任。雖增高隄防，勞費百倍，而亦不能救潰決之患耳。此必決之勢一也。又河水一石而其泥六斗，既而河道久不移徙，其易爲淤澱也可知矣。今隄外民田在河水之下幾已數尺，故塞而復決，此必決之勢

二也。又監埽使臣與都水修護官及本州知通同兼管轄，凡有繕治，必候協謀，方聽令于省，轉取朝旨而後行。其有可行之事，爲一人所沮，則遂爲之罷。有不可興之功，爲一人所主，則或爲之行。上下相制，因循敗事，此完固之弊一也。又逐埽所積薪芻之備，其退無涯，不可按驗，謂卷埽所用之物無磨勘也。由是緣而侵盜，鮮能禁止，退背之地，任其朽敗。至于向著之處，居常闕乏，危急之際，無所救護，坐待潰決，此完固之弊二也。又每埽所屯河清軍，多是差撥上綱及諸處占役，有河上功料，却自京東西、淮南發卒爲之，各離本管，貧弊困苦，逃死大半，兩失制置，河清諳熟河役，却令上綱雜役客軍去營三二千里，逃死者十四五，故謂兩失制置。此完固之弊三也。今以必決之勢，不完三弊而欲弭河患，雖使神禹復

生恐未能也救弊之急莫若先擇使領之兵不令他役然後
商胡北決水復金隄故道則勞費自減其半矣隄防可責完
固矣若然則河患幾乎息歟　本

河事集序

河為中國患遠矣故國朝嘉祐中內置都水監以總之元豐
中外復分南北丞以行之其如分職置吏辟舉繇役官兵謹
隄防植材木頒廩賜以至賞罰推劾之數有司號令之文皆
有成書閱而可考至若河之源流古今決塞與夫治水之成
敗建官之因革區區案局或未遍知俊竊役水司行將二紀
矣耳目見聞蓋亦多矣今不揆屢愚輒用採集庶我水局同
于吏道者或賜觀覽焉雖無取于毫分恐有補于萬一時建

生，恐未能也。救弊之急，莫若先擇使領之，兵不令他役，然後商胡北決，水復金隄故道，則勞費自減其半矣，隄防可責完固矣。若然，則河患幾乎息歟！汴本

### 《河事集序》

河為中國患遠矣！故國朝嘉祐中，內置都水監以總之。元豐中，外復分南北丞以行之。其如分職置吏，辟舉由役官兵，謹隄防，植材木，頒廩賜，以至賞罰推劾之數，有司號令之文，皆有成書，閱而可考。至若河之源流、古今決塞與夫治水之成敗，建官之因革，區區案局，或未遍知。俊竊役水司，行將二紀矣，耳目見聞蓋亦多矣。今不揆屢愚，輒用採集，庶我水局同于吏道者，或賜觀覽焉。雖無取于毫分，恐有補于萬一，時建

炎二年秋望日，銅臺本司進義副尉、北丞司點檢文字周俊集。汴本

## 治水

堯之時，洪水滔天，浩浩懷山襄陵，下民昏墊。二十年間，四岳舉鯀治水，九年而水害不息，功用不成，治水無狀，乃殛[1]鯀于羽山而死。舜舉禹，使續鯀之業。堯崩，舜命禹爲司空，平水土。禹傷其父之功不成而受誅，乃勞力焦思，居外十三年，過門不入。陸行車載，水行舟載，泥行乘橇，按，《尚書》蔡沈《集傳》作“泥乘輴”，《史記》作“橇”，《前漢書》作“毳”，注：“孟康曰：‘毳行如箕，擿行泥上。’師古曰：‘毳，讀如本字。’”山行則梮，按，《尚書》蔡沈《集傳》作“山乘樏”，《史記》作“欙”，《前漢書》作“梮”，注：“居足反。”以別九州。隨山濬川，任土作貢，導河自積石，至于龍門。南至于華陰，東過洛汭，至于大伾。于是，禹以爲河所從

---

1 殛：誅也，或曰流放。

來者高，其水湍悍，難以成功于平地，遂疏九渠，以引其河，同爲逆河，入于渤海。三代千餘年享其利。逮春秋，二百四十年不書河患，以禹所爲之功未易泛溢也。自周定王五年，河始小徙，而秦復決以灌魏，陵夷至于戰國，其法壞而隄防作矣。戰國之地，惟齊與趙、魏以河爲境界。齊居河之東，而趙、魏居河之西。趙、魏依山而高，齊居平地而卑。于是齊始去河二十五里爲隄焉。自是，河流東抵而不得縱橫，遂溢于西，而趙、魏亦二十五里爲之隄以防之。河勢自此，蹙然未至于甚者。中間猶得二十五里之闊，而河之流尚得優游而不至于迫也。其後，邊河之民因水之去，則耕牧其中焉，又爲室廬聚落以居焉。及水之來也，捐廬室聚落，實有所迫之也。古之善治河

者，常空數百里之地以待之，豈以咫尺之地爲吝而卒使民受其害也？《河事集》

### 辨信、漲二水

信水者，上源自西域遠國來，三月間凌消，其水渾冷，當河有黑花浪沫，乃信水也。又謂之上源信水，亦名黑凌。漲水者，係六月臨秋生發，過常無定，上有浮柴困魚，其水腥渾，驗是礜山遠水也。又水兼深濃。或曰"紅濃"。監本

### 十二月水名

正月解凌，二月信水，三月桃花，四月麥黃，五月瓜蔓，六月礜山，七月荻苗，八月豆花，九月霜降，十月伏漕，十一月噎凌，十二月蹙凌。監本

**河水平安月分**

正月、二月、三月、十月、十一月、十二月。

**釋十二月水名**

黃河自仲春迄秋，季有漲溢。春以桃花爲候，蓋冰泮水積，案，《宋史·河渠志》作"冰泮雨積"。川流猥集，波瀾盛長。二月、三月謂之桃花月，案，《宋史·河渠志》"信水、桃花水"下載"春末蕪菁開花，謂之菜花水"。此處疑有脫文。四月隴麥結秀，爲之變色，故謂之麥黃水。五月瓜實延蔓，故謂之瓜蔓水。朔方之地，深山窮谷，固陰沍[1]寒，冰堅晚泮，逮於盛夏，消釋方盡，而沃蕩山石，水帶礬腥，案，原本作"浩蕩山石，山帶礬腥"，疑有誤。今從《宋史·河渠志》所引文改正。併流入河，六月謂之礬山水。今土人常候夏秋之交有浮柴死魚者，謂之礬山水，非也。七月、八月葭蘆[2]花出，謂之荻苗水。案，《宋史·河渠志》

1 沍：同"冱"，凍結。
2 葭蘆：初生之荻。

作"七月菽豆方秀，謂之豆華水"。九月以重陽紀候，謂之登高水。十月水落安流，復故漕道，謂之復漕水。十一月、十二月斷凌雜流，乘寒復結，謂之蹙凌水。立春之後，春風解凍，故正月謂之解凌水。水信有常，率以爲準。汴本與監本少異，故兩存之。

浪名 以辨河事。監本

馬穩波、深。破頭浪、深。鶻鵝浪、斜斂浪、深。截河浪、納漕浪、係角土有阿，岸下兩流相繫，故謂"納漕浪"，深旋。汗心浪、淺。秋河窟臀、若上口有阿，不愁下口。夏河口、若下口有阿，上口亦有阿。南風灘頭浪、淺。北風浪裏河、東風看赤、是河。西風看白、是河亦名逆流浪。遠觀花浪、深。近作腳、深。灘頭斂、高。河北斂、深。西流。緣大河正流或左右一處岸子陡高，擗水向下，與其餘生河水相聚，作西流。又有瀼底西流，係岸下水深，或正西流左右岸陡高，二水相擊，作

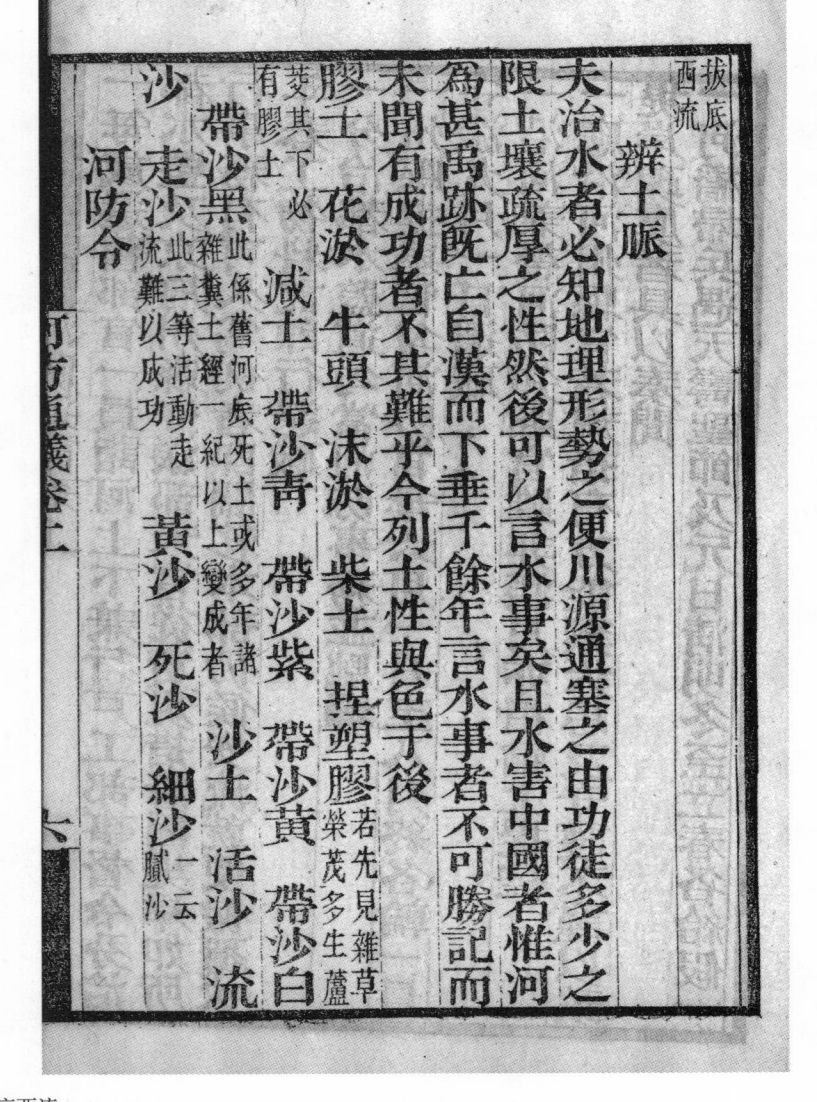

拔底西流。

## 辨土脈

夫治水者，必知地理形勢之便，川源通塞之由，功徒多少之限，土壤疏厚之性，然後可以言水事矣。且水害中國者，惟河為甚。禹跡既亡，自漢而下垂千餘年，言水事者不可勝記而未聞有成功者，不其難乎？今列土性與色于後。

膠土：花淤、牛頭、沫淤、柴土、捏塑膠。若先見雜草榮茂，多生蘆葭，其下必有膠土。減土：帶沙青、帶沙紫、帶沙黃、帶沙白、帶沙黑。此係舊河底死土，或多年諸雜糞土，經一紀以上變成者。沙土：活沙、流沙、走沙、此三等活動走流，難以成功。黃沙、死沙、細沙。一云膩沙。

## 河防令

一每歲選舊部官一員詣河上下兼行戶工部事督令分治
都水監及京府州縣守漲部夫官從實規措修固堤岸如所
行事務有可久爲例者即關移本部仍候安流就便檢覆次
年春工物料訖即行還職
一分治都水監道勾當河防事務並馳驛
一州縣提舉管勾河防官每六月一日至八月終各輪一員
守漲九月一日還職
一沿河兼帶河防知縣官雖非漲月亦相輪上提控
一應沿河州縣官若規措有方能禦大患及守護不謹以致
堤岸疎虞者具以奏聞
一河橋埽兵遇天壽聖節及元日清明冬至立春各給假一

一、每歲選舊部官一員，詣河上下，兼行戶、工部事，督令分治都水監及京、府、州、縣守漲部夫官，從實規措，修固堤岸。如所行事務有可久爲例者，即關移本部，仍候安流，就便檢覆。次年春，工物料訖，即行還職。

一、分治都水監道勾當河防事務，並馳驛。

一、州縣提舉管勾河防官，每六月一日至八月終，各輪一員守漲，九月一日還職。

一、沿河兼帶河防知縣官，雖非漲月，亦相輪上提控。

一、應沿河州縣官，若規措有方，能禦大患，及守護不謹以致堤岸疎虞者，具以奏聞。

一、河橋埽兵遇天壽聖節及元日、清明、冬至、立春，各給假一日。祖父母、父母吉凶二事，并自身婚娶，各給假三日。妻子吉凶二事者，止給假二日。其河水平安月分，每月朔各給假一日。若河勢危急，不用此令。

一、沿河州府遇防危急之際，若兵力不足，勸率于擬水手人戶，協濟救護。至有幹濟或難迭辦，須合時暫差夫役者，州府提控官與都水監及巡河官同爲計度，移下司縣，以近遠量數差遣。

一、河防軍夫疾疫須當醫治者，都水監移文近京州縣，約量差取，所須用藥物，並從官給。

一、河埽堤岸遇霖雨漲水作發暴變時，分都水司與都巡河官往來提控官兵，多方用心固護，無致爲害，仍每月具河埽

平安申覆尚書工部呈省

一除滹沱漳沁等河以其各有埽兵守護其餘爲害諸河如有臥著衝刷危急等事並仰所管官司約量差夫作急救護其蘆溝河行流去處每遇泛漲當該縣官與崇福埽官司一同叶濟固護差官一員係監勾之職或提控巡檢每歲守漲此令係金時所著並見監本

制度第二

開河

自古但遇開河宜于上流相視地形審度水性測望斜高于冬月記料至次年春興役開挑仍于上口存留隔堰必須漲月以前終畢待漲水洪發隨勢去隔堰水入新河乘勢順下

二五九

平安，申覆尚書工部呈省。

一、除滹沱、漳、沁等河，以其各有埽兵守護。其餘爲害諸河，如有臥著衝刷危急等事，並仰所管官司約量差夫，作急救護。其蘆溝河行流去處，每遇泛漲，當該縣官與崇福埽官司一同叶濟固護。差官一員，係監勾之職，或提控巡檢，每歲守漲。此令係金時所著，並見監本。

**制度第二**

**開河**

自古但遇開河，宜于上流相視地形，審度水性，測望斜高，于冬月記料，至次年春興役開挑。仍于上口存留隔堰，必須漲月以前終畢。待漲水洪發，隨勢去隔堰，水入新河，乘勢順下，

可以成功。開河之法非止一端，又須審勢疏導。假若河勢丁字正撞堤岸，剪灘截觜，撩淺開挑，費功不便，但可解目前之急，亦有久而成河者。如相地形，取直開挑，先須鈐口下，謂上下平岸口也。望分水勢，以解堤岸之危。若全要奪大勢，更于對岸抛下樹石脩刺，刺音七。于刺影水勢，漸以樹石鈐固。河口因復填實，損而復脩，遂至堅固不摧塌，則新河迤邐行流，舊河自然淤塞矣。汴本

### 閉河

先行檢視舊河岸口，兩岸植立表杆。次繫影水浮橋，使役夫得于兩岸通過，兼蔽影河流緊勢。於上口難前處，下撒星椿[1]，抛下樹石，鎮壓狂瀾。然後兩岸各進草紝三道，土紝兩道，又

1 星椿：密佈之木椿。

于中心抛下席袋土包子若兩岸進紒至近合龍門時得用手持土袋土包多廣抛下鳴鑼鼓以戰河勢此亦吳人以萬弩射潮之意既閉後于紒前捲攔頭壓埽于紒上脩壓口堤若紒眼水出再以膠土填塞牢固仍設邊檢以防滲漏汴本

定平

定平之制既正四方據其位置于四角各立一表當心安置水平其制長二尺四寸廣二寸五分高二寸先施立椿在下高四尺安篆在內椿上橫坐水平兩頭各開小池方一寸七分深一寸三分注水于中以取平或中心又開池者方深同身內開槽子廣深各五分令水通過于兩頭池子內各用水浮子一枚用三池者水浮亦用三枚水浮子方一寸五分高

于中心抛下席袋、土包子。若兩岸進紒，至近合龍門時，得用手持土袋、土包，多廣抛下，鳴鑼鼓以戰河勢。此亦吳人以萬弩射潮之意。既閉後，于紒前捲攔頭壓埽，于紒上脩壓口堤。若紒眼水出，再以膠土填塞牢固，仍設邊檢，以防滲漏。汴本

定平

定平之制，既正四方，據其位置，于四角各立一表，當心安置水平。其制：長二尺四寸，廣二寸五分，高二寸。先施立椿在下，高四尺，安篆在內。椿上橫坐水平，兩頭各開小池，方一寸七分，深一寸三分，注水于中，以取平。或中心又開池者，方深同，身內開槽子，廣深各五分，令水通過。于兩頭池子內各用水浮子一枚，用三池者，水浮亦用三枚。水浮子方一寸五分，高

一寸二分，刻上頭令側薄，其厚一分，浮于池内。望兩頭水浮之首，參直遥對立表處，于表身畫記，即知地形高下。二本同。

### 修砌石岸

凡修砌石岸，先開掘檻子嵌坑。若用闊二尺，深二丈，開與地平。順河先鋪線道板一片，次立簽樁八條，各長二丈。内打釘五尺入地，外有一丈五尺。于簽樁上安跨塌木板六片，每留三片，每片鑿孔兩個。中間撒子木六條，于撒子木上用稈草[1]一束匀鋪。先用整石脩砌，修及一丈後，用荒石再砌一丈，一例高五尺。第二層除就舊簽樁外，依前鋪塌木板、撒子木、稈草，再用石段脩砌，高五尺。第三層亦就舊分例于上脩砌，高一丈。功就，三層通高二丈。二本皆同。

1 稈草：禾莖雜草。稈，同“秆”。

**捲埽**

埽之制非古也，蓋近世人創之耳。觀其制作，亦椎輪于竹楗、石簣也。今則布薪芻而捲之，環竹絙[1]以固之，絆木以係之，掛石以墜之。舉其一工以稱之，則曰棄。案，"棄"音混，字書："大束也。"棄既下，又以薪芻填之，謂之盤簹。兩棄之交，或不相接，則以網子索包之，實以梢草塞之，謂之孔塞。盤簹、孔塞之費，有過于埽棄者，蓋隨水去者大半故也。其棄最下者，謂之撲崖埽，又謂之入水埽。棄之最居上者，謂之爭高埽。河勢向著，恐難固護，先于堤下掘坑，捲埽以備之，謂之陷埽。疊二三四五而捲者，蓋河壩[2]皆沙壤疏惡，近水即潰，必借埽力以捍之也。下埽棄既朽，則水刷而去，上棄壓下，謂之實墊。于上又捲新埽以壓之，俟

1 竹絙：粗索，以竹篾絞成。
2 河壩：河邊地。

定而後止。凡埽去水近者，謂之向著。去水遠者，謂之退背。水入埽下者，謂之緊刷。向著之刷，積棄有長三二百步，或至千步者。埽棄之高，自十尺有至四十尺者。其棄之長不過二十步，故一埽稍墊，動爲二三十棄，計其薪、芻、竹、石、兵、土之費已二三萬緡。官得其人，則可省三之一；官不得其人，則費加倍。若暴水泛溢，走流埽棄，下埽既去，上埽搖動，謂之埽喘，大危矣。汴本

**築城** 此非河事，但以近河城郭間若水圯，亦或用之。物料附

凡城高四十尺，則厚加高二十尺。其上斜收，減高之半。若高增一尺，則其下厚亦加一尺，上收亦減其半。若高減，則亦減之。開地深五尺，其廣隨城之厚。每身一十五步，栽永定柱一條，長視城高，徑一尺至一尺二寸。夜叉各二條。每築高五尺，

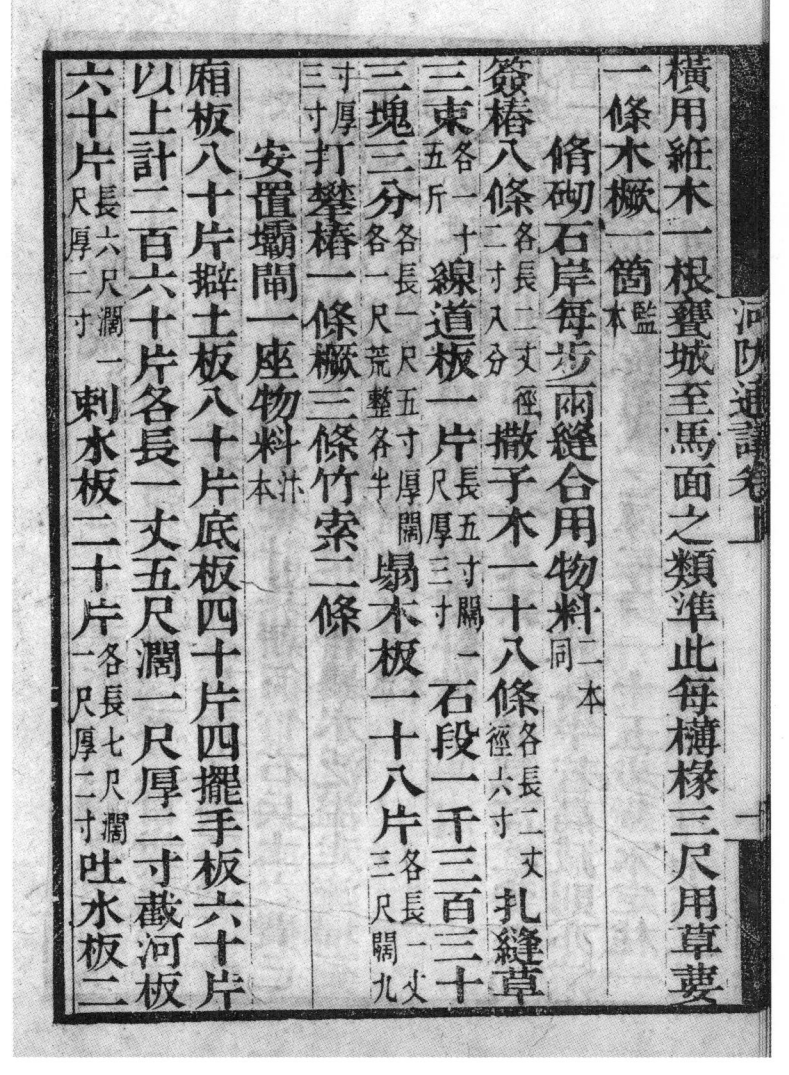

1 甕城：城門外之小月城。

2 馬面：《東京夢華録箋注・東都外城》注："馬面者，城牆加築若馬之頭正面狀，可儲糧可禦敵之孔形，與戰棚雖同爲防禦之所而異。"

3 草薆：草繩，多以稻草絞成。

4 木橛：短木樁。

5 荒：猶散也。《禮記・樂記》鄭玄注："宮亂則荒。"

横用紙木一根。甕城[1]至馬面[2]之類準此。每榫椽三尺，用草薆[3]一條，木橛[4]一箇。監本

**脩砌石岸，每步兩縫合用物料** 二本同。

簽樁八條，各長二丈，徑二寸八分。撒子木一十八條，各長二丈，徑六寸。扎縫草三束，各一十五斤。線道板一片，長五寸，闊一尺，厚三寸。石段一千三百三十三塊三分，各長一尺五寸，厚闊各一尺，荒[5]整各半。塌木板一十八片，各長一丈三尺，闊九寸，厚三寸。打攀樁一條，橛三條，竹索二條。

**安置壩閘一座物料** 汴本

廂板八十片，擗土板八十片，底板四十片，四擺手板六十片。以上計二百六十片，各長一丈五尺，闊一尺，厚二寸。截河板六十片，長六尺，闊一尺，厚二寸。刺水板二十片，各長七尺，闊一尺，厚二寸。吐水板二

十四片，各長一丈六尺，闊一尺，厚二寸。板橛四十八箇。各長六尺，方三寸。立貼木一十二條，各長一丈五尺，闊六寸，厚四寸。卧貼木三十條，各長六尺，闊六寸，厚四寸。金口立貼木四條。各長一丈五尺，闊七寸，厚五寸。壓板地栿[1]九條，各長二丈四尺，闊五寸，厚二寸。轆頰木八條，各長一丈，闊一尺，厚五寸。順水地栿二條，各長三丈二尺，闊一尺，厚七寸。過水地栿二條，各長三丈，闊一尺，厚七寸。排槎木柱二十條，各長二丈一尺，闊一尺二寸，厚六寸。角柱四條，各長二丈一尺五寸，闊一尺五寸，厚二寸。金口柱二條，各長二丈一尺五寸，闊一尺五寸，厚一尺。襯板地栿一十二條，各長二丈四尺，闊一尺，厚八寸。吐水地栿五條，各長三丈，闊一尺，厚六寸。刺水地栿二條，各長二丈五尺，闊一尺，厚六寸。涎衣梁四條，各長一丈六尺，闊一尺二寸，厚七寸。門渠栿一條，長二丈四尺，闊一尺，厚六寸。攀面拽後橛八條，長一丈七尺，徑九寸。腳板二片，長一丈五尺，闊一尺四寸，厚六寸。閘板八片，長二丈三尺，闊一尺四寸，厚六寸。地丁五十八條，各長六尺，徑六寸。吐水椿三十條，各長七尺，徑七寸。

1 栿：《正字通》："以小木附大木上爲栿。"

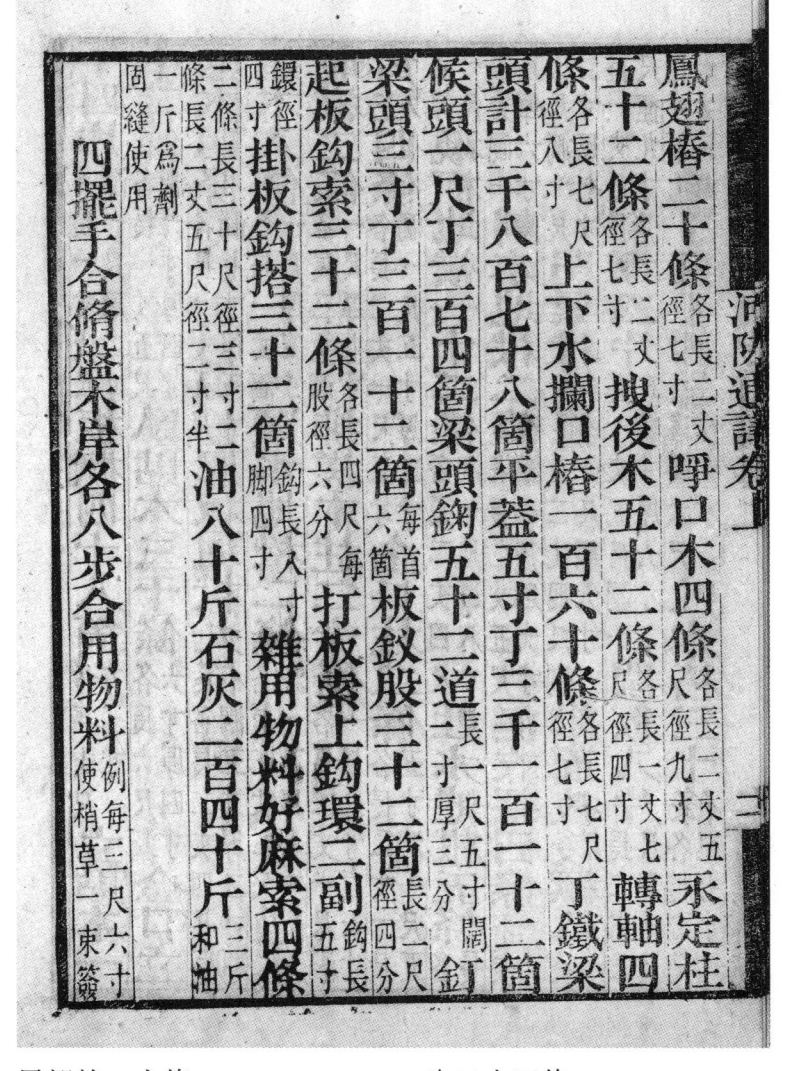

1 鈉：同"鋦"。鋦子。扁平的兩腳銅釘或鐵釘，用以接連器物裂縫。

鳳翅椿二十條，各長二丈，徑七寸。哱口木四條，各長二丈五尺，徑九寸。永定柱五十二條，各長二丈，徑七寸。拽後木五十二條，各長一丈七尺，徑四寸。轉軸四條，各長七尺，徑八寸。上下水攔口椿一百六十條。各長七尺，徑七寸。丁鐵梁頭計三千八百七十八箇，平蓋五寸丁三千一百一十二箇；候頭一尺丁三百四箇；梁頭鈉[1]五十二道，長一尺五寸，闊一寸，厚三分。釘梁頭三寸丁三百一十二箇。每首六箇。板釵股三十二箇，長二尺，徑四分。起板鈎索三十二條，各長四尺，每股徑六分。打板索上鈎環二副，鈎長五寸，鑲徑四寸。掛板鈎搭三十二箇。鈎長八寸，腳四寸。雜用物料：好麻索四條，二條長三十尺，徑三寸；二條長二丈五尺，徑二寸半。油八十斤，石灰二百四十斤。三斤和油，一斤為劑，固縫使用。

**四擺手合脩盤木岸各八步合用物料** 例：每三尺六寸使梢草一束，簽

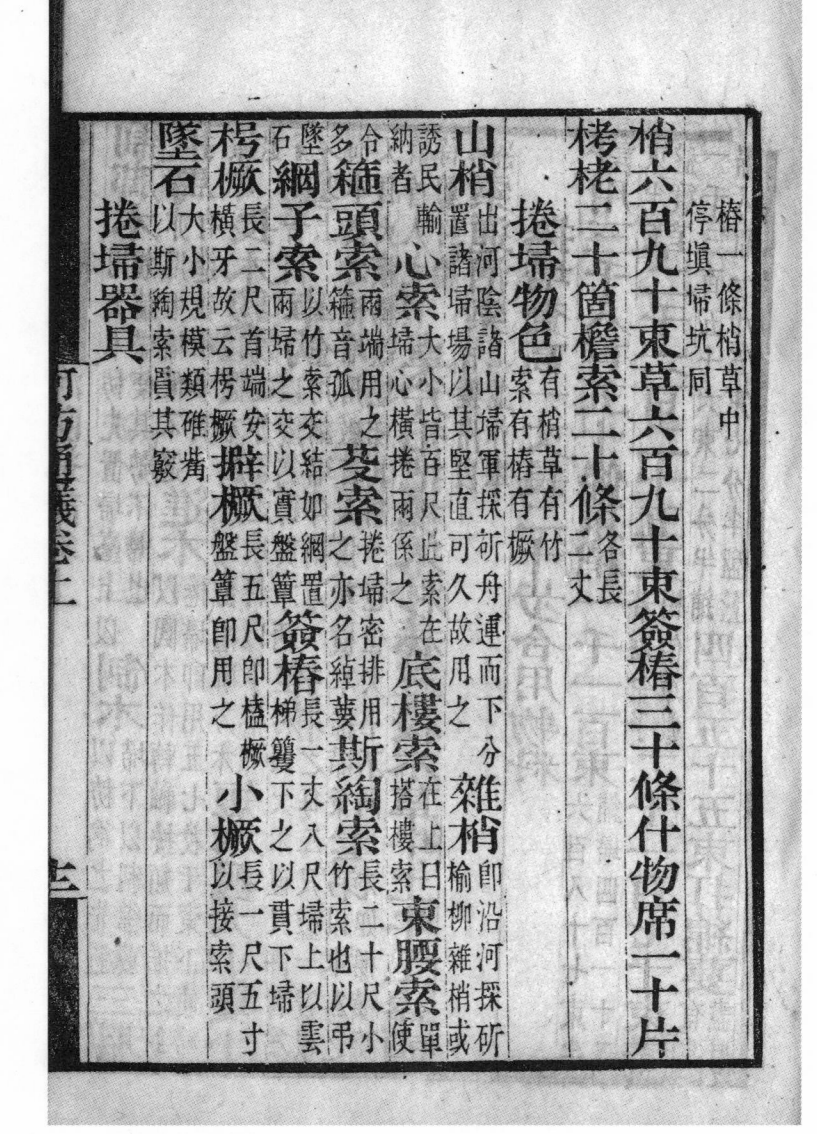

椿一條，梢草中停，填埽坑同。

　　梢六百九十束，草六百九十束，簽椿三十條，什物席一十片，栲栳[1]二十箇，檐索二十條。各長二丈。

　　**捲埽物色**　有梢草，有竹索，有椿，有橛。

　　山梢、出河陰諸山，埽軍採斫，舟運而下，分置諸埽場。以其堅直可久，故用之。雜梢、即沿河採斫榆柳雜梢，或誘民輸納者。心索、大小皆百尺，此索在埽心，橫捲兩係之。底樓索、在上曰搭樓索。束腰索、單使令多。箍頭索、兩端用之，"箍"音"孤"。芰索、捲埽密排用之，亦名綽萋。斯綯索、長二十尺，小竹索也，以弔墜石。網子索。以竹索交結如網，置兩埽之交，以實盤簦。簽椿、長一丈八尺，埽上以雲梯簦[2]下之，以貫下埽。栲橛、長二尺，首端安橫牙，故云栲橛。擗橛、長五尺，即橇橛，盤簦即用之。小橛、長一尺五寸，以接索頭。墜石。大小規模類碓觜[3]，以斯綯索貫其竅。

　　**捲埽器具**

1 栲栳：《正字通》："盛物器，即古之簸，屈竹爲之。"亦稱"笆斗"。
2 簦：絡絲之用具。
3 觜：同"嘴"。

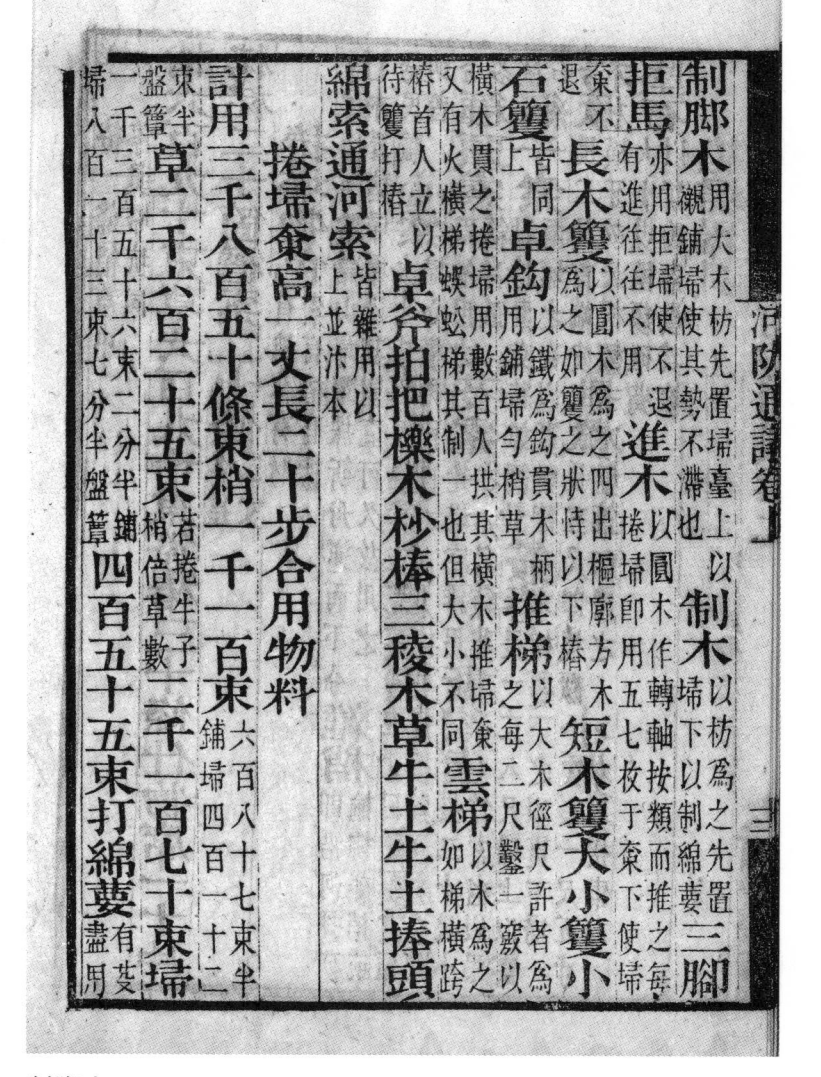

1 土牛：堆在堤壩上以備搶修用的土堆。遠看形似牛，故稱。

制脚木、用大木枋先置埽臺上，以襯鋪埽，使其勢不滯也。制木、以枋爲之，先置埽下，以制綿蔞。三脚拒馬、亦用拒埽，使不退有進，往往不用。進木、以圓木作轉軸，按類而推之，每捲埽即用五七枚于枲下，使埽枲不退。長木籤、以圓木爲之，四出樞廓，方木爲之，如籤之狀，恃以下樁。短木籤、大小籤、小石籤。皆同上。卓鈎、以鐵爲鈎，貫木柄，用鋪埽，勻梢草。推梯、以大木徑尺許者爲之，每二尺鑿一竅，以橫木貫之，捲埽用。數百人拱其橫木，推埽枲。又有火橫梯、蜈蚣梯，其制一也，但大小不同。雲梯、以木爲之，如梯橫跨樁首，人立以待籤打樁。卓斧、拍把、櫟木杪棒、三稜木、草牛、土牛[1]、土捧頭、綿索、通河索。皆雜用。以上並汴本。

**捲埽枲，高一丈，長二十步合用物料**

計用三千八百五十條。束梢，一千一百束。六百八十七束半鋪埽，四百一十二束半盤籤。草，二千六百二十五束。若捲牛子梢，倍草數。二千一百七十束埽。一千三百五十六束二分半鋪埽，八百一十三束七分半盤籤。四百五十五束打綿蔞。有芟盡用。

簽樁九條，簞埽用二丈，壓埽用一丈或三丈。擗橛七條，亦名櫨橛，用簞埽。拽後橛六十條，竹索四十九條，綿蕚三百五十條，小橛料索計數，此其大略也。但取見用以爲準，臨時損益，則在其人。監本

## 造船物料　監本

船每一百料[1]，長四十尺，面闊一丈二尺，底闊八尺五寸，斜深三尺。計用板木二百二十三條片，底板二十四片。長一丈，闊一尺四寸，厚一寸半。遠板四片，長一丈四尺，闊一尺一寸，厚二寸半。幫板二十二片，長一丈三尺，闊一尺一寸，厚一寸半。艣板八片，長一丈二尺，闊一尺，厚一寸半。巾頭板二片，長七尺七寸，闊一尺，厚二寸。平漫板一片，長七尺，闊一尺，厚一寸半。側嵓[2]板一片，長七尺，闊一尺一寸，厚二寸。壓查板一片，長七尺，闊一尺一寸，厚二寸。照水板二片，長八尺，闊一尺，厚一寸半。上下連溏板二片，長八尺，闊一尺二寸，厚二寸。前鰲[3]二條，長一丈，闊八寸，厚四寸。後鰲二條。

1 料：船舶之净吨位。
2 "嵓"，同"岩"。
3 "鰲"，船接頭木，或作"艦"。

河防通議卷□

長九尺五寸，闊八寸，厚四寸。堵板一十二片。並闊一尺，厚一寸半。四片長一丈一尺，八片一丈二尺。腰梁一十二條，長一丈二尺，闊四寸，厚三寸。地極木二十條。長九尺，闊四寸，厚三寸。壁柱二十四條，長三尺，闊四寸，厚三寸。熟柱二十六條。長三尺，方三寸。攀面梁二條，長一丈四尺，闊五寸，厚四寸。金口木一條，長四尺，闊一尺，厚八寸。順身梁二條。長一丈四尺，闊五寸，厚四寸。鋪襯板三十六片。舵杆一條，長一尺或尺二寸，徑四寸。舵軸四條。長一丈二尺，闊四寸，厚三寸。艫板一十片，長三尺五寸，闊一尺，厚一寸。舵牙一條，長七尺五寸，闊四寸，厚三寸。轉軸一條。長七尺，中徑四寸。丁鋸三千六百八十五箇，丁三千六百一十一箇，鑹鋸七十四箇。拐丁二千四百九十七箇，匙頭丁二十箇，長二尺。六寸平蓋丁二百二十一箇，四寸六百四十三箇，十二箇，重一斤。三寸一百八十四箇，梁頭丁四十六箇。汗環一十四副，各重四兩。馬鋸六十箇。雜用油五十三斤一十五兩，石灰一百

1 "片"，底本作"寸"，揆諸文義，當作"片"。

六十一斤一十三兩。例三斤灰，用一斤油和。麻搗[1]八斤，攬索一條，竹白[2]一秤[3]，竹梢半秤，稈草半秤，起湊窪子[4]柴四十秤，什物樟六條。各長二丈五尺，徑二寸。棹二張，棹頭板。舵管一，長二丈二尺，徑五寸。橛一條，繫纜用，長一丈，徑三寸半。鞴一扇，頭板長一丈，闊四寸半，厚二寸。鞴蹉長九尺五，徑四寸半。竹檀一合，長三百五十尺。用八破竹五竿，縛纏麻一斤半。大小麻索九條，計重三十斤。縈索一條，麻索八條。縈纜索一條，八檀麻索一條，長三丈五尺，徑七分，重。案，"重"字下原本脫去斤數。風縴索一條，汗索六條。長六十尺，徑三分，重五斤。帆幔一合，縫幔線好麻一十四兩。樟纂六箇，各重一斤半。釘纂丁六箇，各寸半。平蓋丁一十八箇，橛纂一箇，重斤半。釘纂丁八箇。

### 竹葦諸索

捲埽竹索、長一百尺，用八破竹、陝西竹二十五竿，懷州竹三十一竿。小較索、長四十尺，圍一寸半，用竹

1 麻搗：拌和泥灰塗壁用之碎麻。《夢溪筆談·雜志一》："趙韓王治第，麻搗錢一千二百餘貫，其他可知。"原注："塗壁以麻搗土，世俗遂謂塗壁麻爲'麻搗'。"

2 竹白：竹子剝去青皮後所剩的部分。

3 秤：《小爾雅》："斤十謂之衡，衡有半謂之秤。"

4 窪子：山坳。

四竿。圍二寸半，用竹六竿。**手索**、長七十五尺，用竹二十竿。**定石索**、長二百尺，用竹二十五竿。**綻索**、長七十五尺，圍四寸，用八破竹二十五竿。**通河索**、長二百五十尺，圍一尺二寸，用八破竹四百五十竿。**欄杆索**。長二百五十尺，圍二寸，用八破竹二十三竿。**葦索**每條長一百尺，合用葦數不等。圍一尺二寸，用一十二束；每束重十五斤。圍一尺，用八束三分三釐；圍九寸，用六束七分五釐；圍七寸，用四束八分。

### 綿荆葽

綿葽，長七十五尺，徑三寸，使草一束三分。長四十八尺，使草八分三釐。荆葽。長七十五尺，圍三寸，使濕荆十二斤，每束重三十斤，打葽二條平。又按脩木岸常例，荆二十五斤，打葽三條。

### 明昌七年定到打造捲埽竹索法

嵩州元納到八破竹，自後監造竹索，官辦驗得竹細小，各有長一二分，准充七破竹，每條用二十四竿。懷州竹破不等。十破竹用一十六竿，九破竹用一十八竿，八破竹用二十竿，七破竹用二十八竿，梢尺短少。衢州竹數不等。二寸竹四十二竿，三寸半竹二十八竿，四寸竹二十一竿，元二十四竿，梢尺短少。隨埽使用竹索，制不用白。小較索，每條用八破竹二竿，不用白，止用青篾子兩股合成。長二丈，圍二寸半。秤制，得剩下白重二斤四兩，梢根重六兩。手索，每條用八破竹二十一竿，用篾子三股合成。長七十五尺，圍四寸，得竹白二十二斤。捲埽大索，每條用八破竹二十一竿，用竹篾纏裹竹白三股合成。長一百尺，圍六寸。所剩竹根二十一箇，重六十三兩。

**河橋司使用竹索**

拋定索，每條用八破竹八十竿，不用白，止用青篾子三股合成。長二百尺，圍五寸。剝下竹白五十七斤一十二兩二分，竹

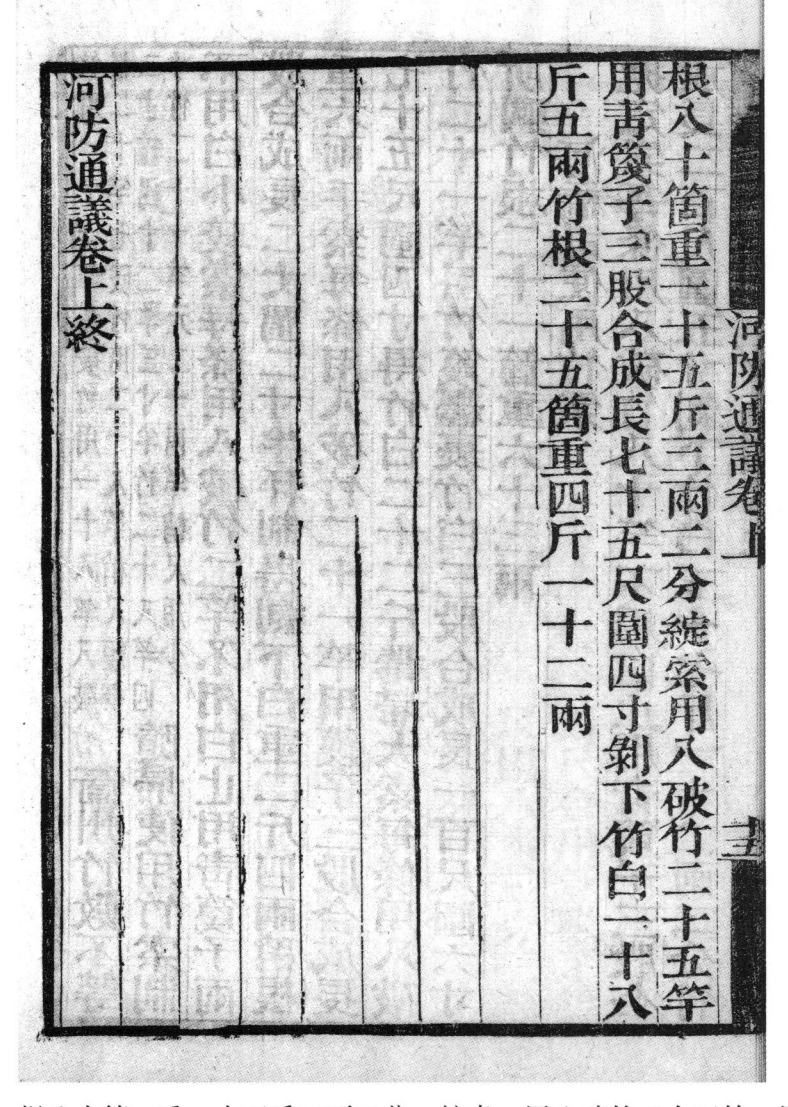

根八十箇，重一十五斤三兩二分。綻索，用八破竹二十五竿，用青篾子三股合成。長七十五尺，圍四寸。剝下竹白一十八斤五兩，竹根二十五箇，重四斤一十二兩。

《河防通議》卷上終

河防通議卷下

功程第四

功程

按唐六典凡役有輕重功有短長法以四五六七月為長功
二三八九月為中功十一十二正月為短功看詳得夏至
日長有至六十刻者冬至日短有至四十刻者若一等定功
則枉棄日刻甚多唐六典稱功以十分為率長功加一分短
功減二分凡役夫每日收五時辰功每時收二分如遇風雨
寒暑所避時除破役夫每日辨明入役酉時放罷 河防緊急不拘
此例夏至後至立秋自巳正至未正兩時放役夫憩息

埽兵假日

---

《河防通議》卷下

功程第四

功程

按《唐六典》，凡役有輕重，功有短長。法以四、五、六、七月為長功；二、三、八、九月為中功；十、十一、十二、正月為短功。看詳得夏至日長，有至六十刻者；冬至日短，有至四十刻者。若一等定功，則枉棄日刻甚多。《唐六典》稱功以十分為率，長功加一分，短功減二分。凡役夫每日收五時辰功，每時收二分。如遇風雨寒暑，所避時除破。役夫每日辨明入役，酉時放罷。河防緊急，不拘此例。夏至後至立秋，自巳正至未正兩時，放役夫憩息。

埽兵假日

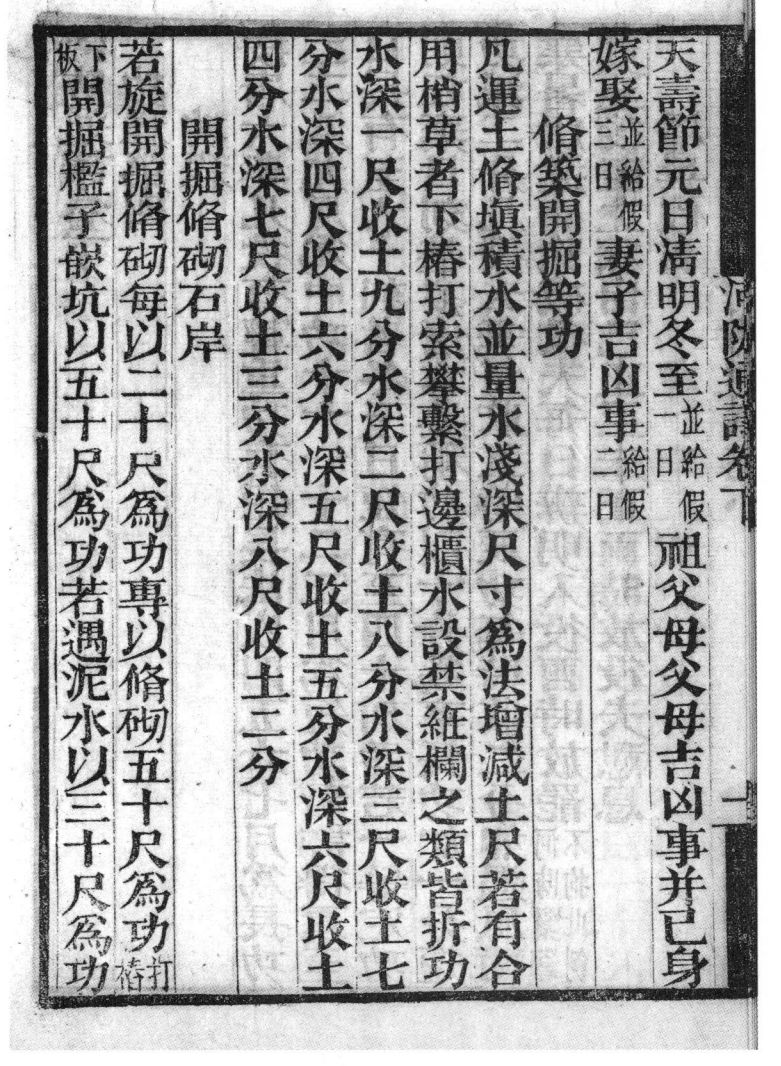

二七七

1 櫃水：儲水。古之水
櫃，猶今之水庫。

天壽節、元日、清明、冬至。並給假一日。祖父母、父母吉凶事，
并己身嫁娶。並給假三日。妻子吉凶事。給假二日。

**脩築開掘等功**

凡運土，脩填積水，並量水淺深尺寸爲法，增減土尺。若有合
用梢草者，下椿，打索，攀繫，打邊，櫃水[1]，設禁，紐欄之類，
皆折功。水深一尺，收土九分；水深二尺，收土八分；水深三尺，
收土七分；水深四尺，收土六分；水深五尺，收土五分；水深六
尺，收土四分；水深七尺，收土三分；水深八尺，收土二分。

**開掘脩砌石岸**

若旋開掘脩砌，每以二十尺爲功。專以脩砌，五十尺爲功。打
椿下板。開掘欄子嵌坑，以五十尺爲功。若遇泥水，以三十尺爲功。

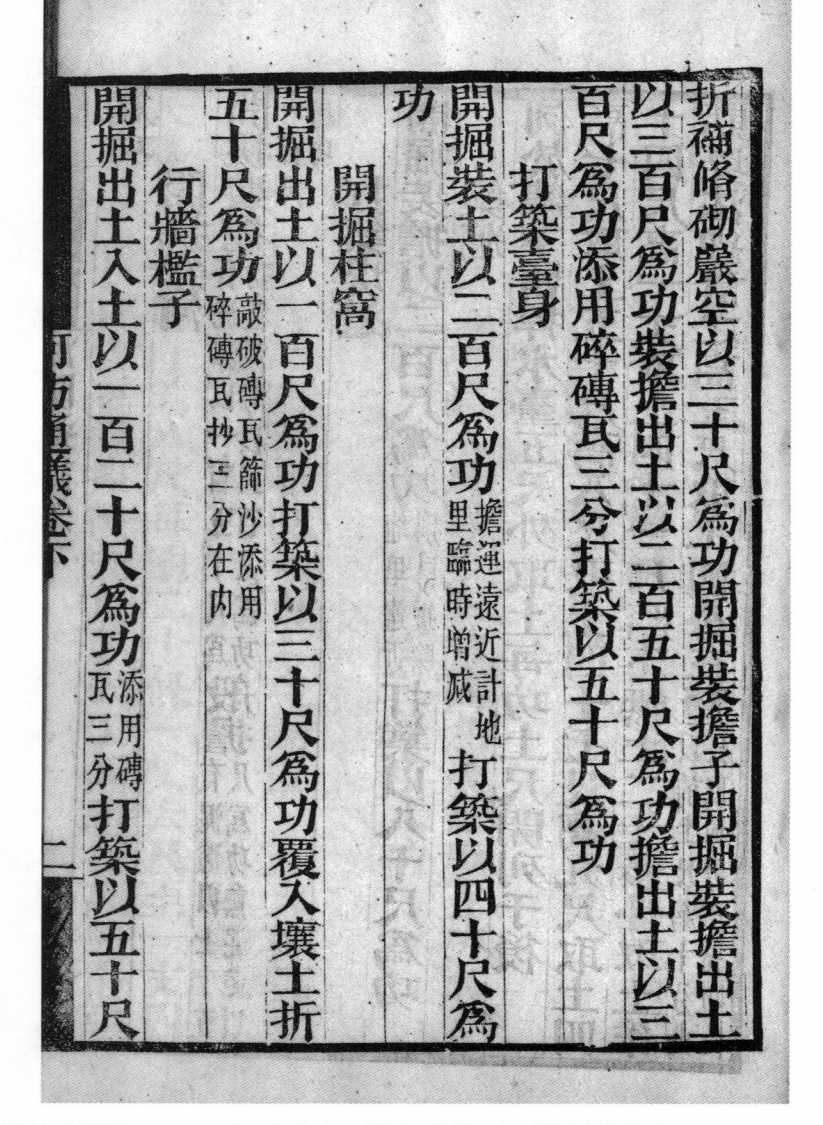

折補脩砌巖空，以三十尺爲功。開掘裝擔子，開掘裝擔出土，以三百尺爲功。裝擔出土，以二百五十尺爲功。擔出土，以三百尺爲功。添用碎磚瓦，三分打築，以五十尺爲功。

### 打築臺身

開掘裝土，以二百尺爲功。<sub>擔運遠近，計地里臨時增減。</sub>打築，以四十尺爲功。

### 開掘柱窩

開掘出土，以一百尺爲功。打築，以三十尺爲功。覆入壞土，折五十尺爲功。<sub>敲破磚瓦，篩沙，添用碎磚瓦，抄三分在內。</sub>

### 行牆檻子

開掘，出土，入土，以一百二十尺爲功。<sub>添用磚瓦三分。</sub>打築，以五十尺

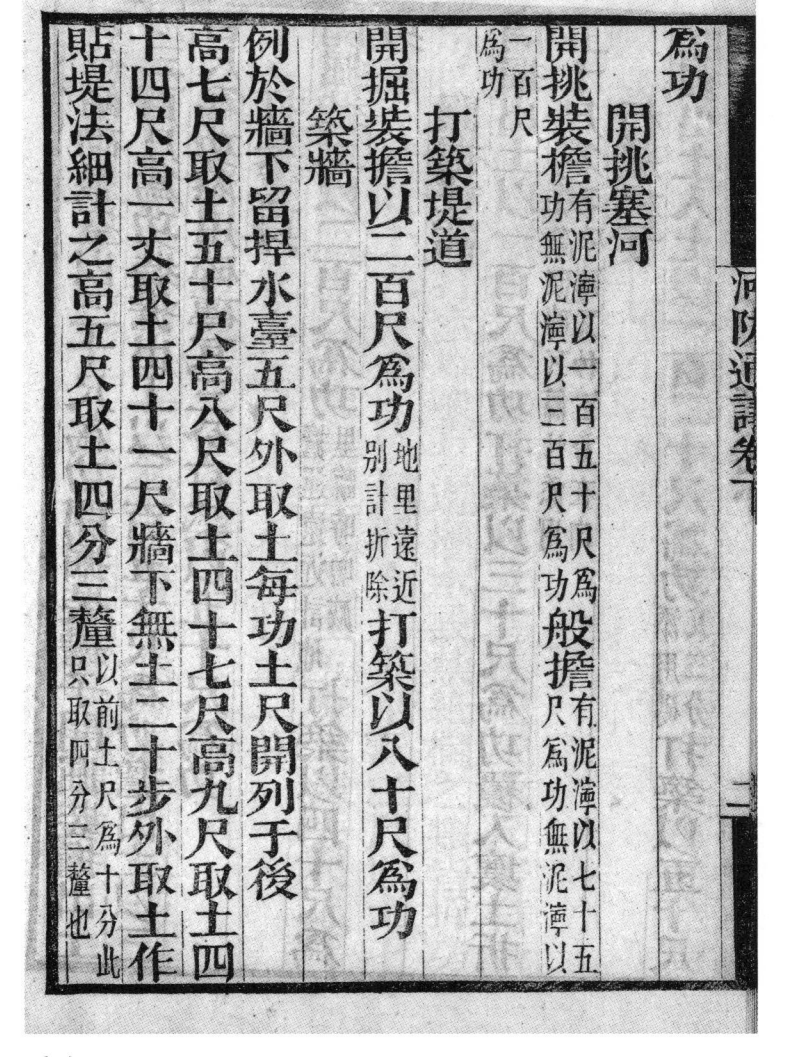

爲功。

### 開挑塞河

開挑裝擔，有泥濘，以一百五十尺爲功。無泥濘，以三百尺爲功。般擔。有泥濘，以七十五尺爲功。無泥濘，以一百尺爲功。

### 打築堤道

開掘裝擔，以二百尺爲功。地里遠近，別計折除。打築，以八十尺爲功。

### 築牆

例於牆下留捍水臺，五尺外取土，每功土尺，開列于後。高七尺，取土五十尺；高八尺，取土四十七尺；高九尺，取土四十四尺；高一丈，取土四十一尺。牆下無土，二十步外取土，作貼堤法。細計之：高五尺，取土四分三釐；以前土尺爲十分，此只取四分三釐也。

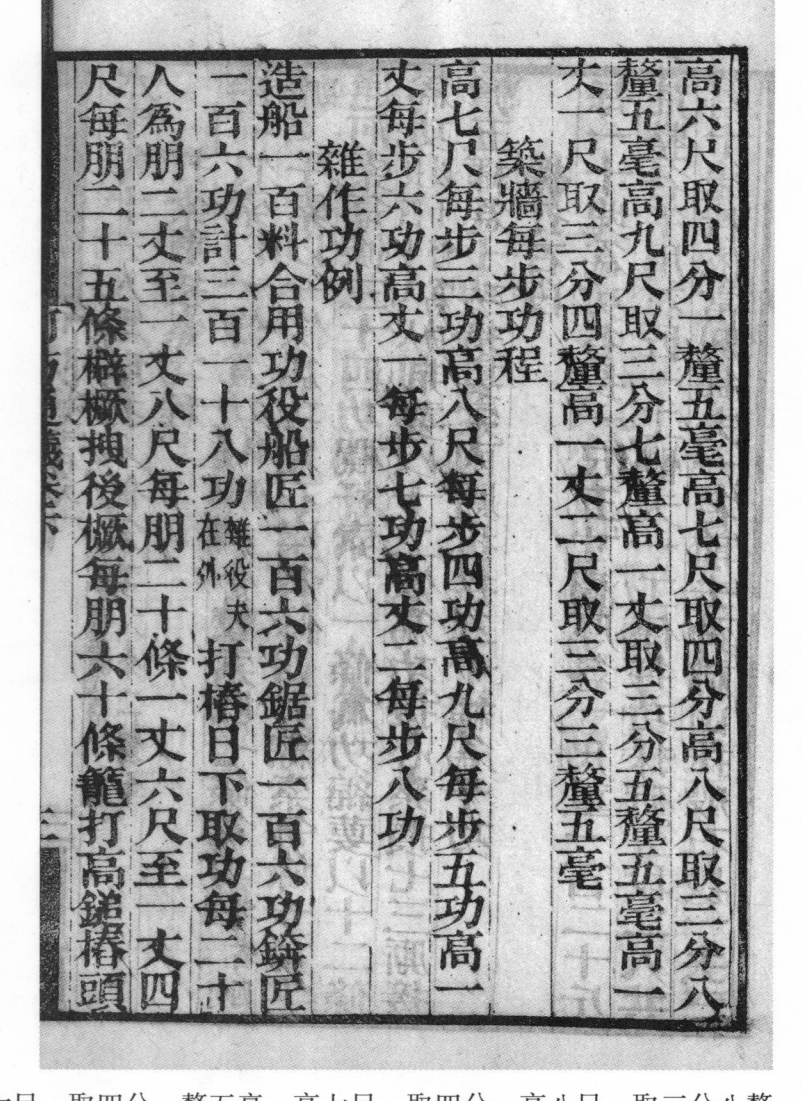

高六尺，取四分一釐五毫；高七尺，取四分；高八尺，取三分八釐五毫；高九尺，取三分七釐；高一丈，取三分五釐五毫；高一丈一尺，取三分四釐；高一丈二尺，取三分三釐五毫。

### 築牆每步功程

高七尺，每步三功；高八尺，每步四功；高九尺，每步五功；高一丈，每步六功；高丈一，每步七功；高丈二，每步八功。

### 雜作功例

造船一百料合用功役：船匠一百六功，鋸匠一百六功，鏇匠一百六功，計三百一十八功。雜役夫在外。打樁日下取功：每二十人為朋。二丈至一丈八尺，每朋二十條；一丈六尺至一丈四尺，每朋二十五條。欂橛、拽後橛，每朋六十條。籠打高鎚樁頭

水手，每十三人爲朋，打八條爲功。每條該一功六分二釐半。

**打索蔞接索功程**

捲埽竹索，以一條爲功。長徑見料例。小較索，以七條爲功。圍二寸半者，四條爲功。手索，以一條爲功。定石索，每條四功。綜索，每條一功半。通河索，每條三十四功。欄杆索，以一條爲功。綿蔞，以十二條爲功。長四十八尺，以十條爲功。荊蔞，以十二條爲功。接心索，攢七三厮，接擔五繯[1]爲十功。接蔞索，兩厮折，接三十繯爲十功。

**採打石段**

每一十塊爲功。各長一尺五寸，闊厚各一尺，重一百二十斤。荒整各半。用石匠一工，體夫一工，係每功採斫五段，二人共得十塊。若依常例，每夫一名，前去舜神山採般[2]石段，一去三

1 繯：《玉篇·糸部》："繯，大束也。"
2 般：通"搬"。

十里往迴六十里每塊長一尺五寸濶厚各一尺重一百二
十斤每六十斤爲功計二日納前項石一塊荒整各半 <small>鐵匠
小爐</small>
<small>填搥撚鑿大爐
打鐵桁在外</small> 斫樁大小皆以三十條爲功

斫橜材

　長一尺五百根爲功長三尺一百根爲功

削橜子

　長二百箇爲功短四百箇爲功

劐劚榆柳

　榆以八束爲功柳以十二束爲功上樹斫柳枝以一百根爲
功 <small>長六七尺
　截在內</small> 栽柳枝用引橜以二百根爲功 <small>斫尖
在內</small> 栽柳椑子
以二百箇爲功 <small>計合栽月分十
二月至正月終</small> 雜栽榆柳三百根爲功 <small>掘坑
斫橜</small>

---

十里，往迴六十里。每塊長一尺五寸，闊厚各一尺，重一百二十
斤。每六十斤爲功，計二日納前項石一塊，荒整各半。<small>鐵匠小爐填搥
撚鑿，大爐打鐵桁在外。</small>斫樁大小皆以三十條爲功。

#### 斫橜材

長一尺，五百根爲功；長三尺，一百根爲功。

#### 削橜子

長，二百箇爲功；短，四百箇爲功。

#### 劐劚[1] 榆柳

榆以八束爲功，柳以十二束爲功。上樹斫柳枝，以一百根爲
功。<small>長六七尺截在內。</small>栽柳枝用引橜，以二百根爲功。<small>斫尖在內。</small>栽柳椑
子，以二百箇爲功。<small>計合栽月分，十二月至正月終。</small>雜栽榆柳，三百根爲
功。<small>掘坑，斫橜</small>

1 淨鐵：既熟鐵。

子，下栽，打築，擔水在內。

### 澆灌榆柳擔水依擔土例

　　鋤劉榆柳，每五畝爲一功。若難鋤者，臨時增減。挑塹遮榆柳，以一百二十尺爲功。只是攞土岸上，兼于塹外遶遭拍土成岸根，其塹自方一丈五尺，深三尺。河勢緊急，望青採斫榆柳，自管束縛，青松以二十束爲功，芟草以二十五束爲功，元十五束，疑爲二十五束，濕重三十斤。榆柳樫以二十五束爲功。青雜梢自管斫束，以二十束爲功。帶柰濕重三十斤。束亂梢草，自管打葽，以一百束爲功。河場收芟草，雜青紫。八月秋成下手，每功三十束。九月減五束，十月、十一月又減五束。河勢危急，轉迴牽拽浮橋腳船，攞布繫泊，遮影水勢，每船一隻，折五百功。打淨鐵 [1] 以四斤爲功，功錢五百四十文。泥補牆壁，以二百尺爲功。

仰泥，以一百尺爲功。

### 輸運第五

#### 定功腳例

舊定：新里堠[1]比舊里堠，一百里計一百一十里。明昌二年二月二十五日準牒，奉户部看定到舊里堠細算，得比新里堠一百里計一百十四里。

#### 百里百斤腳價[2]

平州：春冬季一百三十五文，夏秋季一百五十七八文。山險：春冬季一百單九文，夏秋季二百文。

#### 水腳

定到椿橛下水行百里，每重一石，腳錢四十文三分六絲。每石定一百一十五斤，每一百斤，該腳錢三十五文四釐五毫。

1　里堠：古時道旁分程記里所設土堆，猶今之里程碑。

2　腳價：猶"腳錢"，搬運費。

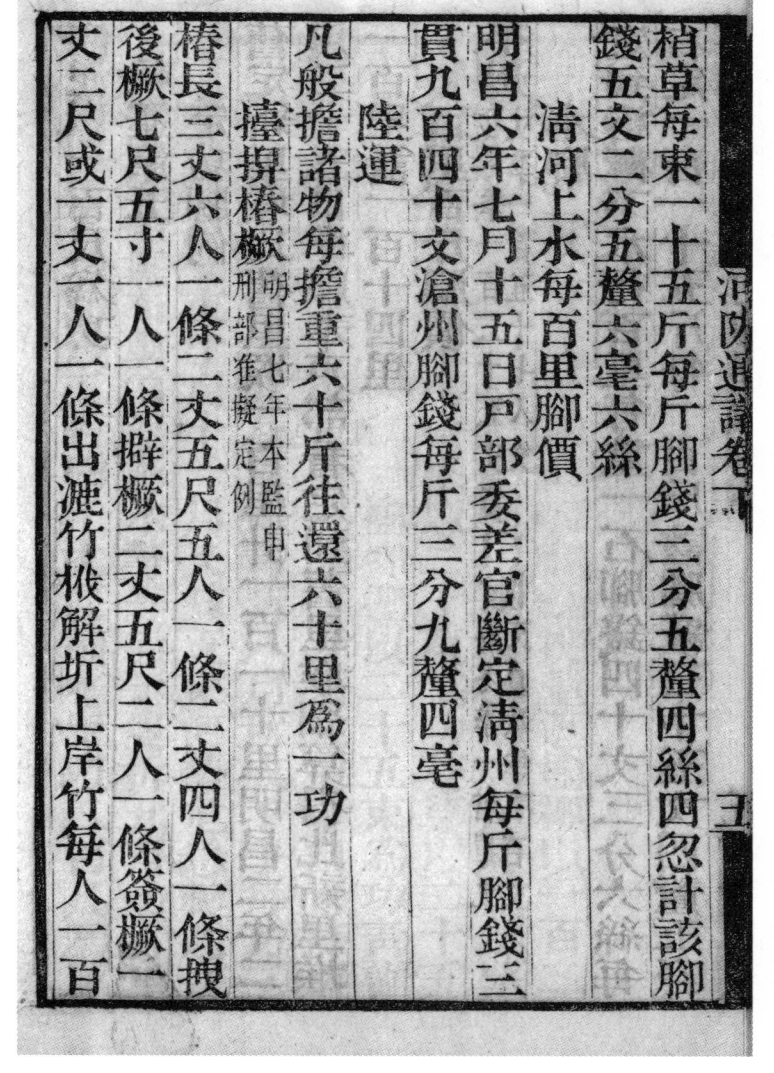

梢草每束一十五斤，每斤腳錢三分五釐四絲四忽，計該腳
錢五文二分五釐六毫六絲。

**清河上水每百里腳價**

明昌六年七月十五日戶部委差官斷定清州每斤腳錢三
貫九百四十文滄州腳錢每斤三分九釐四毫

**陸運**

凡般擔諸物每擔重六十斤往還六十里爲一功

擡捭椿概明昌七年本監申刑部准擬定例

椿長三丈六人一條二丈五尺五人一條二丈四人一
條後概七尺五寸一人一條捭概二丈五尺二人一條簽概
一丈二尺或一丈一人一條出漉竹杭解圻上岸竹每人一百

---

1 捭：同"舁"，抬。

梢草每束一十五斤，每斤腳錢三分五釐四絲四忽，計該腳錢五文二分五釐六毫六絲。

**清河上水每百里腳價**

明昌六年七月十五日，戶部委差官斷定：清州每斤腳錢三貫九百四十文；滄州腳錢每斤三分九釐四毫。

**陸運**

凡般擔諸物，每擔重六十斤，往還六十里爲一功。

擡捭[1] 椿概明昌七年，本監申刑部准擬定例。

椿長三丈，六人一條；二丈五尺，五人一條；二丈，四人一條。拽後概七尺五寸，一人一條。捭概二丈五尺，二人一條。簽概一丈二尺，或一丈，一人一條。出漉竹杭解圻上岸，竹每人一百

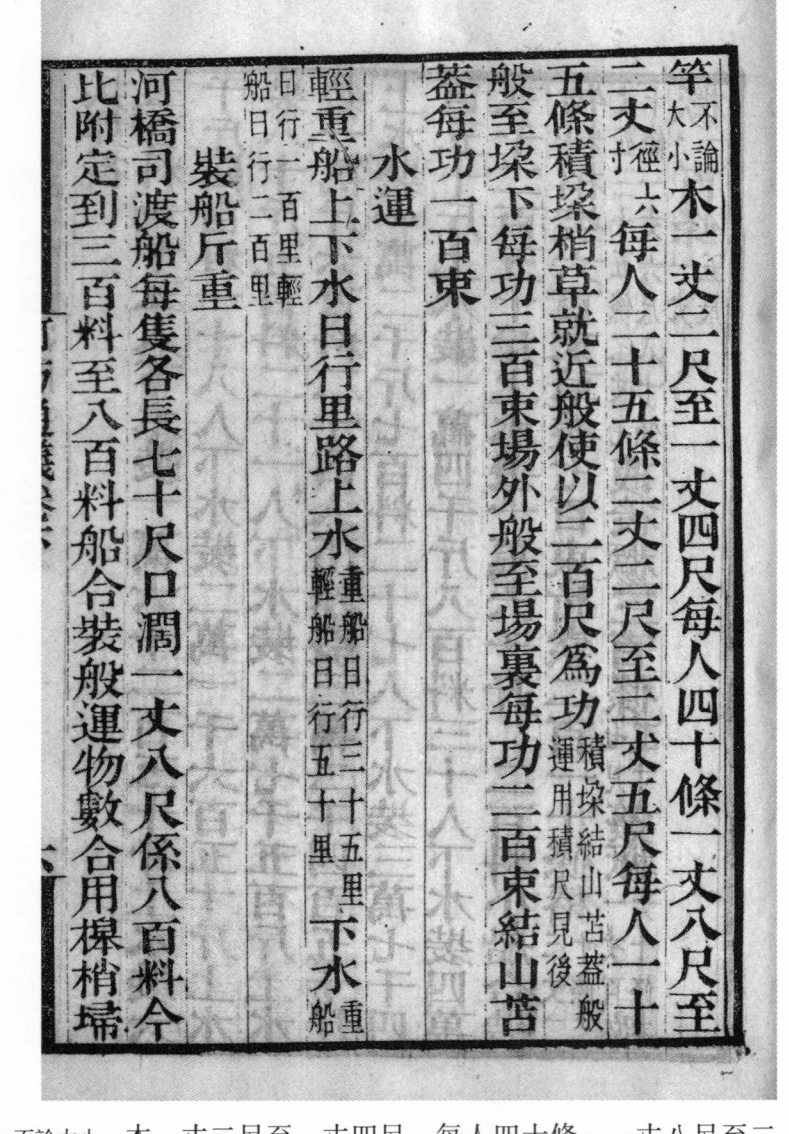

竿。不論大小。木一丈二尺至一丈四尺，每人四十條；一丈八尺至二
丈，徑六寸。每人二十五條；二丈二尺至二丈五尺，每人一十五條。
積垛梢草，就近般使，以二百尺爲功。積垛、結山、苫蓋[1]、般運用積尺見
後。般至垛下，每功三百束；場外般至場裏，每功二百束；結山、
苫蓋，每功一百束。

### 水運

輕、重船上下水日行里路：上水：重船日行三十五里，輕船日行五十
里。下水：重船日行一百里，輕船日行二百里。

### 裝船斤重

河橋司渡船，每隻各長七十尺，口闊一丈八尺，係八百料。今
比附定到三百料至八百料船，合裝般運物，數合用槕梢[2]垜

1 苫蓋：遮蓋。《説文》：
"苫，蓋也。"
2 槕梢：槕手、梢工之
合稱，均爲船夫之分類。

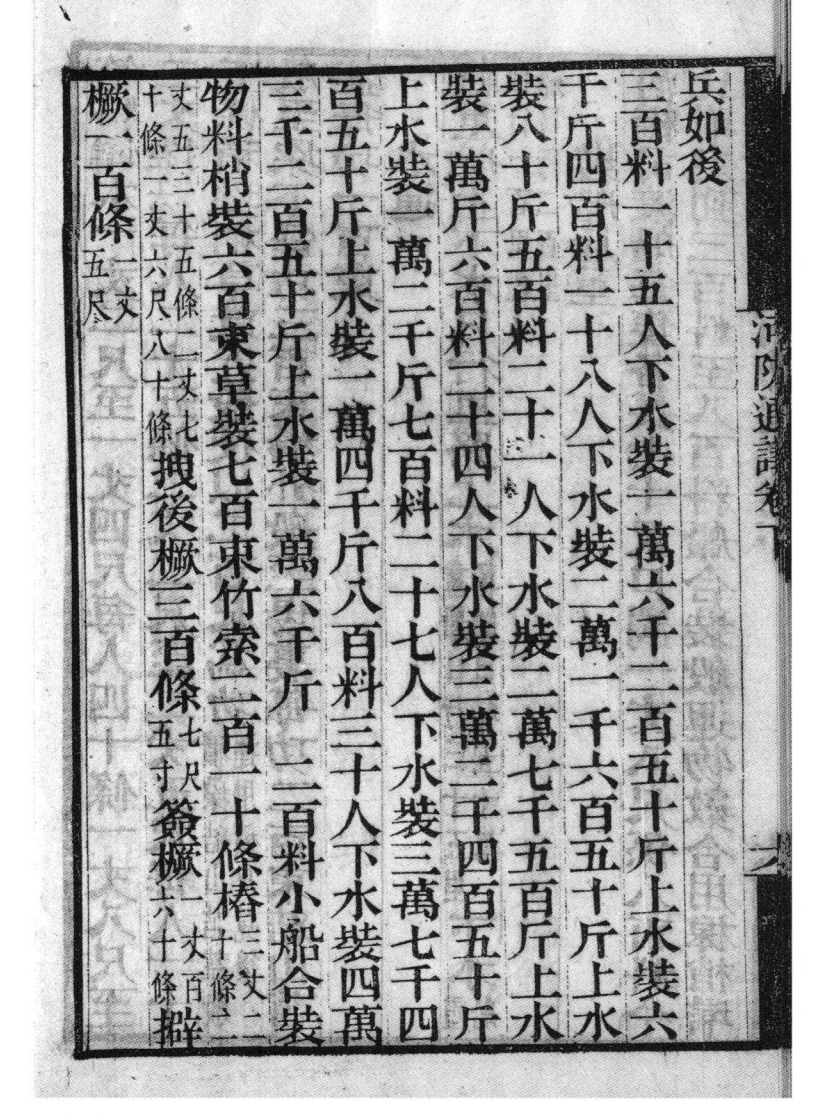

兵如後。

三百料一十五人，下水裝一萬六千二百五十斤，上水裝六千
斤。四百料一十八人，下水裝二萬一千六百五十斤，上水裝八十
斤。五百料二十一人，下水裝二萬七千五百斤，上水裝一萬斤。六
百料二十四人，下水裝三萬二千四百五十斤，上水裝一萬二千斤。
七百料二十七人，下水裝三萬七千四百五十斤，上水裝一萬四千
斤。八百料三十人，下水裝四萬三千二百五十斤，上水裝一萬六千
斤。二百料小船合裝物料：梢裝六百束，草裝七百束，竹索二百一
十條，椿 三丈二十條，二丈五三十五條，二丈七十條，一丈六尺八十條。拽後橛
三百條，七尺五寸。簽橛，一丈百六十條。擗橛一百條。一丈五尺。

般運石段

若用三百料船可載一百五十塊榛梢水手一十八人船四十五尺闊一丈除前後水倉占訖一丈五尺外有三丈每尺為一十料每一料容重六十斤沿山河放船行若呼小尾是船頭直上行呼攊尾是船頭直下行

歷步減土法<sub>鍬杵功例附</sub>

凡一步內取土以一百尺為功每展一步則減土積一尺<sub>謂兩步取土則以九十九尺為功</sub>展至五十步以五十尺為功每十人破鍬杵二功五十一步至一百步取土每展五步減土一尺展至一百步以四十尺為功每十五人破鍬杵二功一百一步至二百步取土每展十步減土一尺五寸展至二百步以二十五

**般運石段**

若用三百料船，可載一百五十塊，榛梢、水手一十八人，船四十五尺，闊一丈。除前後水倉占訖一丈五尺外，有三丈。每尺為一十料，每一料容重六十斤。沿山河放船行，若呼小尾，是船頭直上行；呼攊尾，是船頭直下行。

**歷步減土法**<sub>鍬杵功例附</sub>

凡一步內取土，以一百尺為功。每展一步，則減土積一尺。<sub>謂兩步取土，則以九十九尺為功。</sub>展至五十步，以五十尺為功。每十人破鍬杵二功。五十一步至一百步取土，每展五步，減土一尺。展至一百步，以四十尺為功。每十五人破鍬杵二功。一百一步至二百步取土，每展十步，減土一尺五寸。展至二百步，以二十五尺爲功。每二十人破鍬杵二功。工百一步至三百步取土，每展一十步，減土六寸。展至三百步，以一十九尺爲功。每二十五人破鍬杵二功。三百一步至四百步取土，每展一十土五寸。展至四百步，以一十四尺爲功。每三十人破鍬功，四百一步至五百步取土，每展十步，減土三寸。展至五百步，以一十一尺爲功。每三十五人破鍬杵二功。五百一步以上，計擔子往來六十里，每石重六十斤爲功。若展步，則皆以里法三百六十步約爲里數，計擔子遭數，折土尺爲功。謂如五百四十步爲一里半，二十遭爲六十里，折一十尺爲功。展至三千六百步，以一尺五寸爲功。每四十人破鍬杵二功。此亦以行六十里，擔六十斤爲率，每一石土得實積五百寸。蓋土自方一寸重二兩，五百寸則一千兩，總爲六十斤單四兩。以此爲率，折爲土功。若遇泥濘、泉石之類

尺爲功。每二十人破鍬杵二功。二百一步至三百步取土，每展一十步，減土六寸。展至三百步，以一十九尺爲功。每二十五人破鍬杵二功。三百一步至四百步取土，每展一十步，減土五寸。展至四百步，以一十四尺爲功。每三十人破鍬杵二功。四百一步至五百步取土，每展十步，減土三寸。展至五百步，以一十一尺爲功。每三十五人破鍬杵二功。五百一步以上，計擔子往來六十里，每石重六十斤爲功。若展步，則皆以里法三百六十步約爲里數，計擔子遭數，折土尺爲功。謂如五百四十步爲一里半，二十遭爲六十里，折一十尺爲功。展至三千六百步，以一尺五寸爲功。每四十人破鍬杵二功。此亦以行六十里，擔六十斤爲率，每一石土得實積五百寸。蓋土自方一寸重二兩，五百寸則一千兩，總爲六十斤單四兩。以此爲率，折爲土功。若遇泥濘、泉石之類，

并冬月地凍日短雨雪官司臨時相度增減

本監定例諸物尺寸斤重　椿每一尺重八斤三丈重二百四十斤二丈五尺重二百斤二丈重一百六十斤一丈二尺重五十四斤一丈四十五斤搜後橛每尺五斤七尺五寸三十七斤半（元定三十八斤）擗橛每尺七斤四分一丈五尺一百一十一斤竹索每尺一斤半長一百尺一百五十斤梢每束一十五斤葦每束一十五斤草每束一十三斤荊每束三十斤

諸石斤重

前定石每塊長三尺濶二尺厚一尺重七百二十斤後定石每塊長一尺濶一尺厚一尺重一百二十斤（元定一百三十斤）經角山正石自方一尺重一百三十斤艾葉青石自方一尺重一

并冬月地凍、日短、雨雪，官司臨時相度增減。

　　本監定例諸物尺寸斤重：椿，每一尺重八斤，三丈重二百四十斤，二丈五尺重二百斤，二丈重一百六十斤，一丈二尺重五十四斤，一丈四十五斤。搜後橛，每尺五斤，七尺五寸三十七斤半。元定三十八斤。擗橛，每尺七斤四分，一丈五尺一百一十一斤。竹索，每尺一斤半，長一百尺一百五十斤。梢，每束一十五斤。葦，每束一十五斤。草，每束一十三斤。荊，每束三十斤。

### 諸石斤重

　　前定石，每塊長三尺，闊二尺，厚一尺，重七百二十斤。後定石，每塊長一尺，闊一尺，厚一尺，重一百二十斤。元定一百三十斤。經角山正石，自方一尺，重一百三十斤。艾葉青石，自方一尺，重一

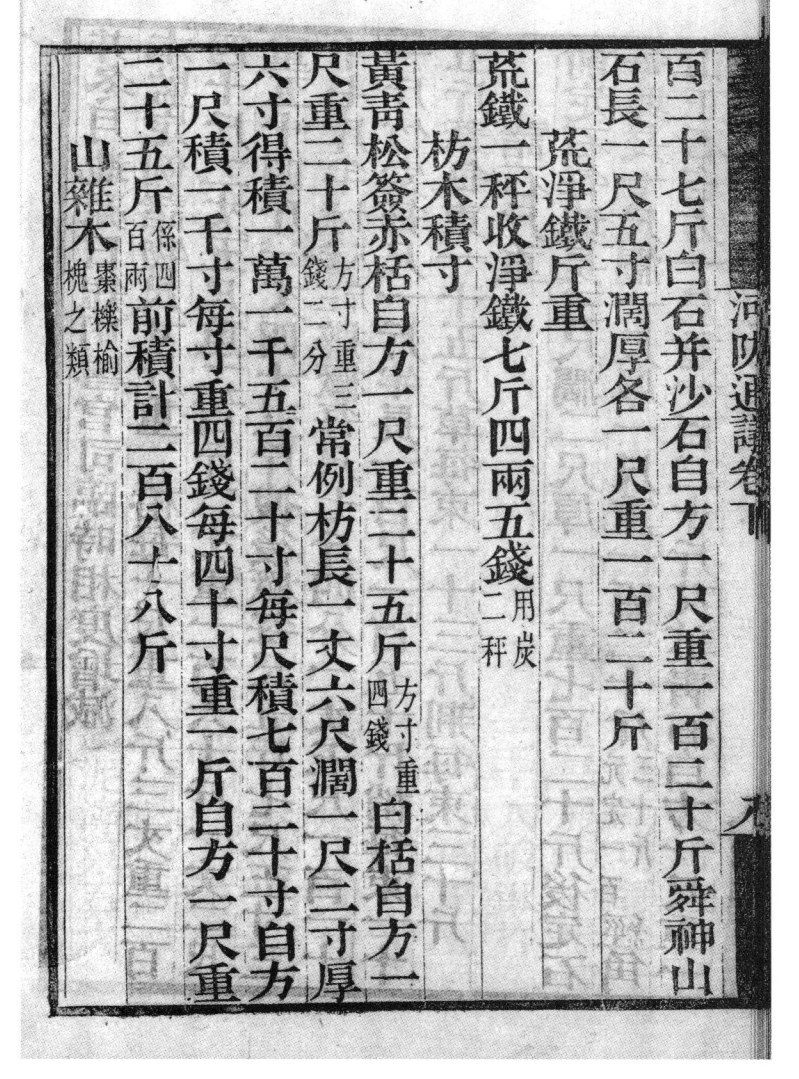

百二十七斤。白石并沙石，自方一尺，重一百二十斤。舜神山石，長一尺五寸，闊厚各一尺，重一百二十斤。

### 荒淨鐵斤重

荒鐵[1]一秤，收淨鐵七斤四兩五錢。用炭二秤。

### 枋木積寸

黃青松簽赤栝[2]，自方一尺，重二十五斤。方寸重四錢。白栝，自方一尺，重二十斤。方寸，重三錢二分。常例，枋長一丈六尺，闊一尺二寸，厚六寸，得積一萬一千五百二十寸。每尺積七百二十寸，自方一尺，積一千寸。每寸重四錢，每四十寸重一斤。自方一尺，重二十五斤，係四百兩。前積計二百八十八斤。

### 山雜木棗、檪、榆、槐之類。

---

1 荒鐵：即生鐵。
2 栝：木杖。

自方一尺，重三十斤。方寸，重四錢八分。

## 芟草青雜柴

濕重三十斤，半乾重二十三斤。至入場時重一十五斤，全乾。

## 雜運諸物斤重

土自方一寸，重二兩。泥重三兩。墼自方一尺，重八十七斤半。方寸，重一兩四錢。瓦自方一尺，重九十斤一十兩。方寸，重一兩四錢半。黃金方寸，重一斤。玉方寸，重一十二兩。錢一貫，重五斤。係八十陌。米每石重一百六斤一十二兩。定一百斤。粳米一斗，重一十七斤。糯米一斗，重一十八斤一十五兩。鹽一斗，重一十斤。濕鹽一斗，重一十二斤。蜜一斗，重一十二斤半。漆一斗，重一十斤。油一斗，重九斤。

## 椿梢徑寸

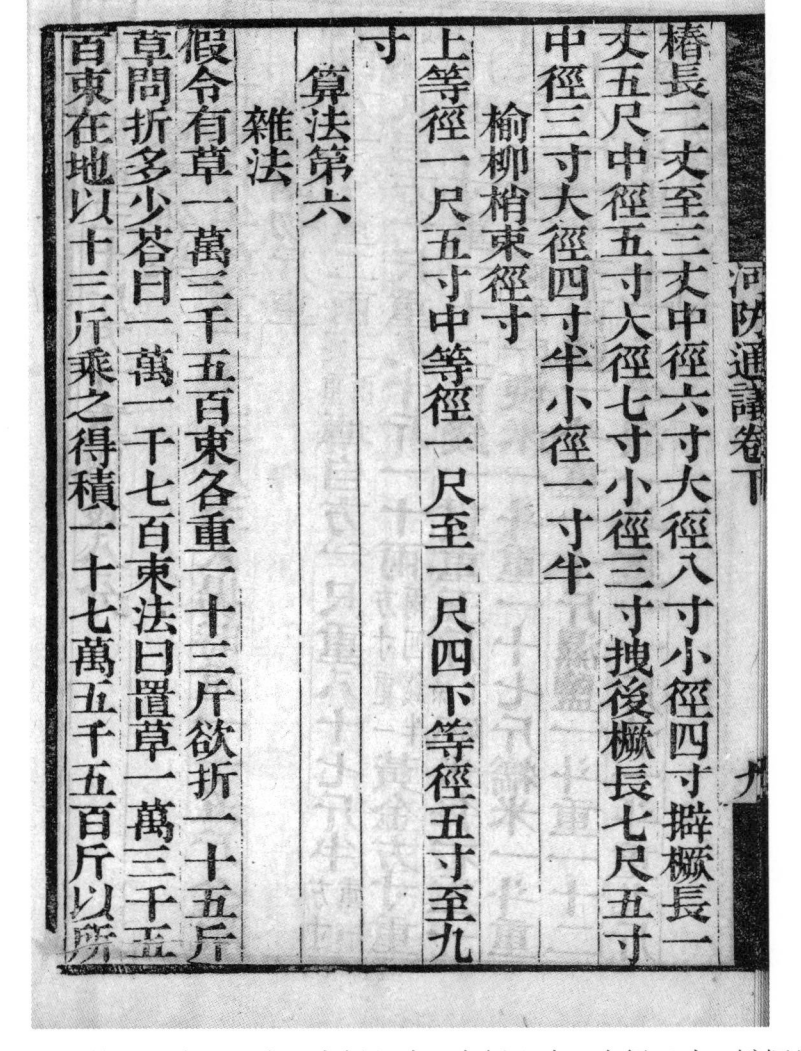

椿長二丈至三丈，中徑六寸，大徑八寸，小徑四寸。擗檔長一丈五尺，中徑五寸，大徑七寸，小徑三寸。拽後檔長七尺五寸，中徑三寸，大徑四寸半，小徑一寸半。

**榆柳梢束徑寸**

上等徑一尺五寸，中等徑一尺至一尺四，下等徑五寸至九寸。

**算法第六**

**雜法**

假令有草一萬三千五百束，各重一十三斤，欲折一十五斤草，問折多少？答曰：一萬一千七百束。法曰：置草一萬三千五百束在地，以十三斤乘之，得積一十七萬五千五百斤。以所

折草重一十五斤約之合問

假令使綿葽三百五十條每條用草一束三分問計用草多少荅曰四百五十五束法曰置綿葽數三百五十在地以一束三分乘之合問

假令竹二十八竿打索一條今有竹一千五百六十八竿以二十八竿約之合問

打多少荅曰五十六條法曰列竹一千五百六十八竿以二十八竿約之合問

假令有工三百三十三人每三人打索二條問打多少荅曰二百二十二條法曰置人數在地按異乘同除法二因三除得數合問

假令有梢草一萬五千三百五十束過腳赴場送納議定百

折草重一十五斤約之，合問。

假令使綿葽三百五十條，每條用草一束三分。問計用草多少？答曰：四百五十五束。法曰：置綿葽數三百五十在地，以一束三分乘之，合問。

假令竹二十八竿，打索一條。今有竹一千五百六十八竿，問打多少？答曰：五十六條。法曰：列竹一千五百六十八竿，以二十八竿約之，合問。

假令有工三百三十三人，每三人打索二條。問打多少？答曰：二百二十二條。法曰：置人數在地，按異乘同除法，二因三除得數，合問。

假令有梢草一萬五千三百五十束，過腳赴場送納，議定百里百斤腳錢二百四十四文，每束一十五斤，到場九十里。問總該腳錢多少？答曰：五百五貫六百二十九文。法曰：列百里腳錢二百四十四文，以乘九千里，得二十一貫九百六十文。以百里約之，得九十里腳錢二百一十九文六分，即百斤腳錢也。以百斤約之，得二文一分九釐六毫，爲一斤腳錢。以每束十五斤通之，得三十二文九分四釐爲一束腳錢，又以總梢草數乘之得數，合問。

積垛

假令有梢草一垛，長八十步，闊四十步，山高九尺，砧高八尺。問爲梢多少？答曰：五千束。法曰：長闊各以步法五尺通之，復相乘得八百尺，寄左。又折半山高，加入砧高，得一十二尺半

---

里百斤腳錢二百四十四文，每束一十五斤，到場九十里。問總該腳錢多少？答曰：五百五貫六百二十九文。法曰：列百里腳錢二百四十四文，以乘九十[1]里，得二十一貫九百六十文。以百里約之，得九十里腳錢二百一十九文六分，即百斤腳錢也。以百斤約之，得二文一分九釐六毫，爲一斤腳錢。以每束十五斤通之，得三十二文九分四釐爲一束腳錢，又以總梢草數乘之得數，合問。

**積垛**

假令有梢草一垛，長八十步，闊四十步。山高九尺，砧高八尺。問爲梢多少？答曰：五千束。法曰：長闊各以步法五尺通之，復相乘得八百尺，寄左[2]。又折半山高，加入砧高，得一十二尺半，

1 "十"，底本作"千"，據文義改。
2 寄左：可作"運算過程中產生的、以備下一步運算的數值或算式"解。

爲停高以乘前數得萬尺爲總梢積以每束積二尺約之合
問
假令有芰草一垛長四步闊二步半砧高五尺山高六尺問
積多少荅曰一千束法曰置闊二步半歸尺得一丈二尺五
寸長四步歸尺得二丈相乘得積二百五十尺寄左置山高
折半加入砧高得八尺以乘寄左得二千尺以二尺約之合
問
假令有枋一條長三丈五尺闊一尺五寸厚一尺二寸問積
多少荅曰六萬三千寸法曰長闊相乘得五千二百五十寸
以厚一尺二寸乘之合問
假令椝一條長三丈三尺大頭徑一尺二寸小頭徑九寸問

---

爲停[1]高。以乘前數，得萬尺，爲總梢積。以每束積二尺約之，合問。

　　假令有芰草一垛，長四步，闊二步半。砧高五尺，山高六尺。問積多少？答曰：一千束。法曰：置闊二步半，歸尺[2]，得一丈二尺五寸。長四步，歸尺，得二丈。相乘得積二百五十尺，寄左。置山高折半加入砧高，得八尺，以乘寄左，得二千尺。以二尺約之，合問。

　　假令有枋一條，長三丈五尺，闊一尺五寸，厚一尺二寸。問積多少？答曰：六萬三千寸。法曰：長闊相乘，得五千二百五十寸。以厚一尺二寸乘之，合問。

　　假令椝一條，長三丈三尺。大頭徑一尺二寸，小頭徑九寸。問

1 停：《河防記》："曰停、曰折者，用古算法，因此推彼，知其勢之低昂，相準而取勻停也。"
2 歸尺：以尺爲單位進行換算。

積多少答曰二萬七千四百七十二寸半法曰置大小徑各三因之爲周大周得三尺六寸小周得二尺七寸按積寸法大周自乘小周自乘大小周相乘三位併之得二千九百九十七寸以三十六約之得一尺積八十三寸二分半以長三丈三尺通之得數合問

竹索積寸

圍三寸每尺積一十五尺圍四寸每尺積二十六尺六寸六分圍五寸四十一尺六寸六分圍六寸六十尺圍七寸八十一尺六寸六分圍八寸一百六尺六寸六分圍九寸一百三十五尺圍一尺一百六十六尺六寸六分圍一尺一寸二百一尺六寸六分圍一尺二寸二百四十尺圍一尺三寸二百

積多少？答曰：二萬七千四百七十二寸半。法曰：置大小徑各三，因之爲周。大周得三尺六寸，小周得二尺七寸。按積寸法，大周自乘，小周自乘，大小周相乘，三位併之，得二千九百九十七寸。以三十六約之，得一尺積八十三寸二分半。以長三丈三尺通之得數，合問。

**竹索積寸**

圍三寸，每尺積一十五尺。圍四寸，每尺積二十六尺六寸六分。圍五寸，四十一尺六寸六分；圍六寸，六十尺；圍七寸，八十一尺六寸六分；圍八寸，一百六尺六寸六分；圍九寸，一百三十五尺；圍一尺，一百六十六尺六寸六分；圍一尺一寸，二百一尺六寸六分；圍一尺二寸，二百四十尺。圍一尺三寸，二百

八十一尺六寸六分；圍一尺四寸，三百二十六尺六寸六分；圍一尺五寸，三百七十五尺。法曰：置圍三寸，自乘得九寸，去二得七分半，四因折半，得一丈五尺，爲每尺積寸。其餘以類推之，各見每尺積寸。此法未詳，姑存其舊。

假令截脩堤長三十四步，中闊三十五尺，高七尺三十步取土。問積多少？都功幾何？答曰：積四萬一千六百五十尺，五百九十五功。法曰：高闊相乘，得二百四十五尺。以步法五尺通之，得一千二百二十五尺，爲每步積。以長三十四步乘之，得四萬一千六百五十尺，爲都積。三十步取土，例以七十尺爲功。以七十尺除都積，得都功，合問。

假令補修一百步舊堤，高一丈五尺，闊三尺五寸，用夫二百

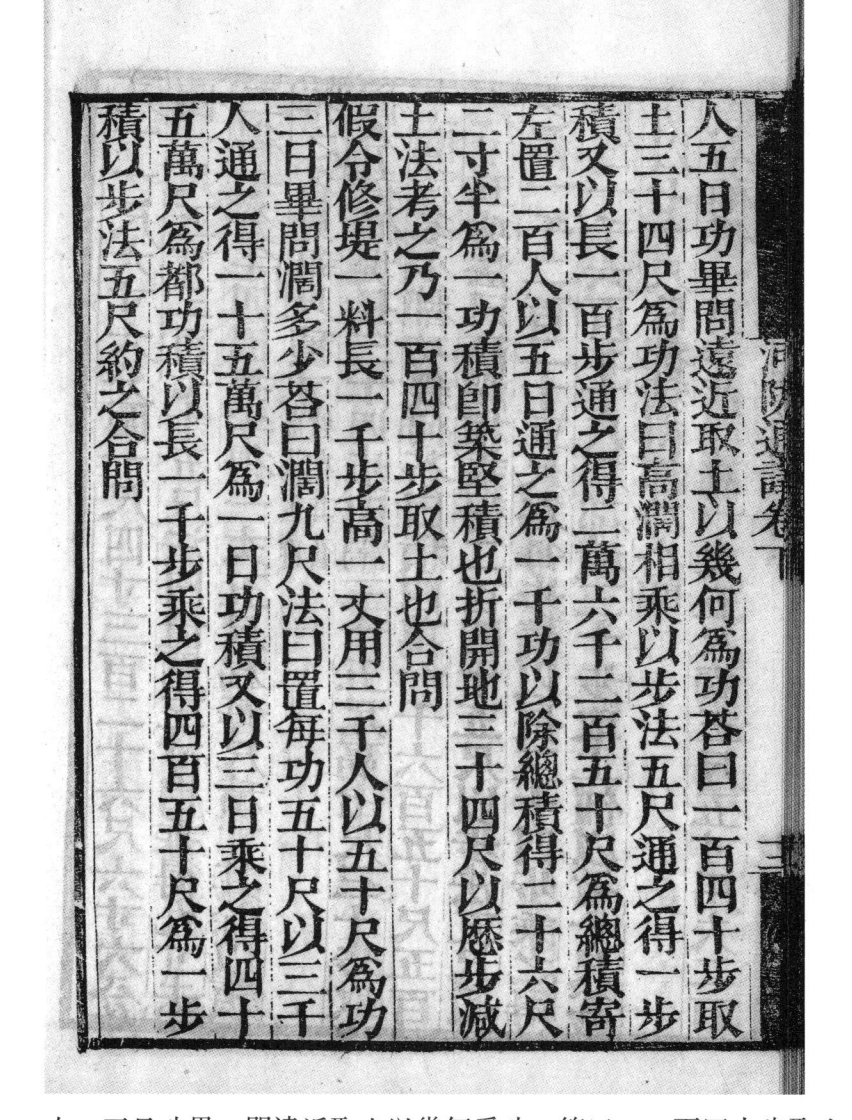

人，五日功畢。問遠近取土以幾何爲功？答曰：一百四十步取土，三十四尺爲功。法曰：高闊相乘，以步法五尺通之，得一步積。又以長一百步通之，得二萬六千二百五十尺，爲總積，寄左。置二百人，以五日通之，爲一千功，以除總積，得二十六尺二寸半，爲一功積。即築堅積也。折開地三十四尺，以歷步減土法考之，乃一百四十步取土也。合問。

假令修堤一料，長一千步，高一丈。用三千人，以五十尺爲功，三日畢。問闊多少？答曰：闊九尺。法曰：置每功五十尺，以三千人通之，得一十五萬尺，爲一日功積。又以三日乘之，得四十五萬尺，爲都功積。以長一千步乘之，得四百五十尺，爲一步積。以步法五尺約之，合問。

假令堤長九百步高一丈今欲幫闊一十步用二千人以五十尺爲功三日畢問高多少答曰一尺三寸三分二釐法曰置每功五十尺以二千人乘之得一十萬尺爲一日功以三日乘之得三十萬尺爲都積以長九百步除之得三百三十三尺爲每步積不盡打零以高一丈約之得數以闊一十步折五十尺半之爲停闊以除之蓋斜幫成勾股故用停闊

假令脩堤長三百七十五步直高八尺外貼東頭闊一丈五尺西頭闊二丈七尺欲從東脩接長一百二十二步問住處闊幾尺答曰闊一丈九尺二寸二分四釐法曰置西頭闊二丈七尺除卻東頭闊一丈五尺外有一丈二尺以長三百七十五步除之得三分二釐爲每步差以接長一百三十二步

　　假令堤長九百步，高一丈。今欲幫闊一十步，用二千人，以五十尺爲功，三日畢。問高多少？答曰：一尺三寸三分二釐。法曰：置每功五十尺，以二千人乘之，得一十萬尺，爲一日功。以三日乘之，得三十萬尺，爲都積。以長九百步除之，得三百三十三尺，爲每步積。不盡打零。以高一丈約之得數。以闊一十步折五十尺，半之，爲停闊，以除之。蓋斜幫成勾股，故用停闊。

　　假令脩堤長三百七十五步，直高八尺，外貼東頭闊一丈五尺，西頭闊二丈七尺。欲從東脩接長一百二十二步，問住處闊幾尺？答曰：闊一丈九尺二寸二分四釐。法曰：置西頭闊二丈七尺，除卻東頭闊一丈五尺，外有一丈二尺。以長三百七十五步除之，得三分二釐，爲每步差。以接長一百三十二步

乘之得四尺二寸二分四釐爲接住處差復加入東頭濶一
丈五尺共爲接住處合問
假令築堤長四十步南頭高六尺下濶三丈四尺北頭高四
尺下濶二丈六尺一例面濶一丈問積多少答曰二萬一百
三十三尺三分尺之一法曰倍南高加北高得一丈六尺又
併南頭上下廣折半得二十二尺爲停濶以乘之得三百五
十二尺寄左倍北高加南高得一丈四尺又併北頭上下廣
折半得一丈八尺爲停濶以乘之得二百五十二尺與寄左
相併得六百單四尺置長四十步歸尺得二百尺以乘之得
一十二萬八百尺爲六段積以六除之不盡者作餘分合問
井檈法自乘井檈堤面　檈堤面自方一尺兩次入土打築一百二十件　謂如高半寸

乘之，得四尺二寸二分四釐，爲接住處差。復加入東頭闊一丈五尺，共爲接住處。合問。

假令築堤長四十步，南頭高六尺，下闊三丈四尺；北頭高四尺，下闊二丈六尺，一例面闊一丈，問積多少？答曰：二萬一百三十三尺三分尺之一。法曰：倍南高加北高，得一丈六尺；又併南頭上下廣折半，得二十二尺，爲停闊。以乘之，得三百五十二尺，寄左。倍北高加南高，得一丈四尺。又併北頭上下廣折半，得一丈八尺，爲停闊，以乘之，得二百五十二尺。與寄左相併，得六百單四尺。置長四十步歸尺，得二百尺。以乘之，得一十二萬八百尺。爲六段積，以六除之，不盡者作餘分，合問。井檈法：自乘井檈堤面，檈堤面自方一尺，兩次入土打築一百二十件。謂如高半寸，

以每步積土寸半乘之便是每步
虧功以每虧半寸乘每步功數便是也
假令築圓臺一座上周三丈下周六十丈高一丈五尺問積
多少　按此下脱"答曰"一條　法曰上周自乘得九百尺下周自乘得三千
六百尺上下周相乘得一千八百尺三位相併共得六千三
百尺以高乘之得九萬四千五百尺以三十六除之合問
假令築方臺一座上方三丈二尺下方五丈六尺高四十八
尺問積多少答曰七千九百三十六尺法曰上方自乘得一
千單二十四尺下方自乘得三千一百三十六尺上下方相
乘得一千七百九十二尺三位相併得五千九百五十二尺
以高尺乘之得二十八萬五千六百九十六尺以三十六除

　　以每步積土寸半乘之，便是每步高之積土也。如要見每步虧功，以每虧半寸乘每步功數便是也。

　　假令築圓臺一座，上周三丈，下周六十丈，高一丈五尺。問積多少？按，此下脱"答曰"一條。法曰：上周自乘，得九百尺；下周自乘，得三千六百尺；上下周相乘，得一千八百尺。三位相併，共得六千三百尺。以高乘之，得九萬四千五百尺。以三十六除之，合問。

　　假令築方臺一座，上方三丈二尺，下方五丈六尺，高四十八尺。問積多少？答曰：七千九百三十六尺。法曰：上方自乘，得一千單二十四尺；下方自乘，得三千一百三十六尺；上下方相乘，得一千七百九十二尺。三位相併，得五千九百五十二尺，以高尺乘之，得二十八萬五千六百九十六尺。以三十六除

之合問

假令築土牛一座上長二丈五尺下長三丈五尺上濶一丈
下濶二丈高一丈八尺間積多少答曰八千一百尺法曰上
下長相併折半得三丈為停長又上下濶相併折半一丈五
尺為停濶相乘得四百五十尺以高尺乘之得數合問

　捲堰

除心索例常例捲堰梢三草七心索積于梢積內除之諸堰
高濶不等例長二十步定高濶各一尺合除心索五尺今列
合除心索積于後

高濶各五尺除一十二尺五寸六尺除一十八尺七尺除
二十四尺五寸八尺除三十二尺九尺除四十尺五寸一丈除

---

之，合問。

　假令築土牛一座，上長二丈五尺，下長三丈五尺；上闊一丈，下闊二丈，高一丈八尺。問積多少？答曰：八千一百尺。法曰：上下長相併折半，得三丈，爲停長。又上下闊相併折半，一丈五尺，爲停闊。相乘得四百五十尺，以高尺乘之得數，合問。

**捲堰**

　除心索例：常例，捲堰梢三草七，心索積于梢積內除之。諸堰高闊不等，例長二十步，定高闊各一尺，合除心索五尺，今列合除心索積于後：

　高闊各五尺，除一十二尺五寸；六尺，除一十八尺；七尺，除二十四尺五寸；八尺，除三十二尺；九尺，除四十尺五寸；一丈，除

五十尺一丈一尺除六十尺五寸一丈二尺一
丈三尺除八十四尺五寸一丈四尺除九十八尺一丈五尺
除一百十二尺五寸一丈六尺除一百二十八尺一丈七尺
除一百四十四尺五寸一丈八尺除一百六十二尺一丈九
尺除一百八十尺五寸二丈除二百尺法曰置高闊一尺依
圓法自乘三因四除得積七寸半又置高闊五尺自乘三因
四除得積一十八尺七寸半按異乘同除法以例除心索積
五尺乘之以一尺積七寸半除之得一十二尺五寸合問餘類推
之又法曰置各高闊自乘以五尺通之合問此法甚要
假令捲埽一束長二十步高闊各一丈問積多少合用梢草
幾何答曰梢一千一百束草二千六百二十五束法曰高闊

---

五十尺；一丈一尺，除六十尺五寸；一丈二尺，除七十二尺；一丈
三尺，除八十四尺五寸；一丈四尺，除九十八尺；一丈五尺，除一
百十二尺五寸；一丈六尺，除一百二十八尺；一丈七尺，除一百四
十四尺五寸；一丈八尺，除一百六十二尺；一丈九尺，除一百八十
尺五寸；二丈，除二百尺。法曰：置高闊一尺，依圓法自乘。三因
四除，得積七寸半。又置高闊五尺自乘，三因四除，得積一十八尺
七寸半。按異乘同除法，以例除心索積五尺乘之，以一尺積七寸半
除之，得一十二尺五寸，合問。餘類推之。又法曰：置各高闊自乘，
以五尺通之，合問。此法甚要。

　　假令捲埽一束，長二十步，高闊各一丈。問積多少？合用梢草
幾何？答曰：梢一千一百束，草二千六百二十五束。法曰：高闊

自乘三因四除得七十五尺又以長一百尺爲乘之得七千五百尺爲都積以梢草積二尺除之得三千七百五十束乃梢草共數也按梢三草七三因十除得一千一百二十五束外餘一千一百束又置梢草共數七因十除得二千六百二十五爲草數合問

假令有埽墊坑一百八十步濶二十步深一丈五尺每三尺六寸用梢草一束中半用之問各多少答曰一千八百七十五束法曰長濶步歸尺相乘得九千尺以深一丈五尺乘之得一萬三千五百尺爲積以三尺六寸除之得三千七百五十束半之合問

假令埽墊外展離堤欲上捲重埽固護長二十步濶一丈五

自乘，三因四除，得七十五尺。又以長一百尺乘之，得七千五百尺，爲都積。以梢草積二尺除之，得三千七百五十束，乃梢草共數也。按梢三草七，三因十除，得一千一百二十五束，外餘一千一百束。又置梢草共數，七因十除，得二千六百二十五，爲草數，合問。

假令有埽墊坑一百八十步，闊二十步，深一丈五尺。每三尺六寸用梢草一束，中半用之，問各多少？答曰：一千八百七十五束。法曰：長闊步歸尺相乘，得九千尺。以深一丈五尺乘之，得一萬三千五百尺，爲積。以三尺六寸除之，得三千七百五十束，半之，合問。

假令埽墊外展離堤，欲上捲重埽固護，長二十步，闊一丈五

尺，深七尺至一丈。問使梢草幾何？答曰：梢草共六百三十七束半。法曰：二深相併，半之，得八尺五寸。以元闊乘之，得積一百二十七尺半，爲一尺積。以步法五尺通之，得六百三十七尺五寸，爲每步積。以長二十步乘之，得一千二百七十五尺，爲都積。以每束積二尺約之，合問。

假令籾填水渲[1]一處，長七步，廣六步，深一丈，于三十步取土修填。問積多少？幾功可畢？答曰：積一萬五百尺，總一百五十功。法曰：置廣歸尺，以深乘之，得三百尺。以長步歸尺乘之，得一萬單五百尺，爲都積。三十步取土，以七十尺爲功，七十約之，合問。

假令捲牛子，高闊各一尺，例梢倍草數。問使梢草各多少？答

1 水渲：當指水匯集之小池。《玉篇·水部》："渲，小水。"

曰梢一束二分半草六分二釐半法曰置高闊一尺為圓徑
自乘得一百寸三因四除得七十五寸為每尺積以步法五
尺通之為每步積三百七十五寸以每束積二尺約之得梢
草共數三除為草數倍之為梢數合問
假令脩木岸一料長一千三百五十步高闊各八尺例每三
尺六寸使梢草一束簽椿一條梢草各用中半問使椿梢多
少荅曰椿一十二萬條梢草一十二萬束各該六萬束法曰高闊
相乘得六十四尺以步法五尺通之得三百二十尺為每步
積以長一千三百五十步乘之得四十三萬二千尺為都積
以三尺六寸約之合問

開河

曰：梢一束二分半，草六分二釐半。法曰：置高闊一尺為圓徑，自
乘得一百寸。三因四除，得七十五寸，為每尺積。以步法五尺通
之，為每步積。三百七十五寸，以每束積二尺約之，得梢草共數。
三除為草數，倍之為梢數，合問。

假令脩木岸一料，長一千三百五十步，高闊各八尺。例每三尺
六寸，使梢草一束，簽椿一條，梢草各用中半。問使椿、梢多少？
答曰：椿一十二萬條，梢草一十二萬束。各該六萬束。法曰：高闊相
乘，得六十四尺。以步法五尺通之，得三百二十尺，為每步積。以
長一千三百五十步乘之，得四十三萬二千尺，為都積。以三尺六寸
約之，合問。

開河

假令開渠河一道正長五百步東頭上濶一千單四十尺下濶一千尺西頭上濶八百九十尺下濶八百五十尺同深一丈總積二千三百六十二萬五千尺一百步取土以四十尺爲功計五十九萬單六百二十五功今欲分一十四萬四千四百五十功問截長濶多少答曰截長一百二十步截濶九百單六尺　截上濶九百二十六尺截下濶八百八十六尺　法曰置東頭上下濶相併折半得一千單二十尺爲停大濶又置西頭上下濶相併折半爲八百七十尺爲停小濶以減停大濶餘一百五十尺爲濶差以正長五百步除之得三寸爲每步差立天元爲截長一以乘每步差爲截住處濶差三〇七八加停小濶共爲截處濶三加停大濶爲二段停截濶三〇九八一以深一丈乘之爲二段每

---

　　假令開渠河一道，正長五百步。東頭上濶一千單四十尺，下濶一千尺；西頭上濶八百九十尺，下濶八百五十尺。同深一丈，總積二千三百六十二萬五千尺。一百步取土，以四十尺爲功，計五十九萬單六百二十五功。今欲分一十四萬四千四百五十功，問截長濶多少？答曰：截長一百二十步，截濶九百單六尺。截上濶九百二十六尺，截下濶八百八十六尺。法曰：置東頭上下濶相併折半，得一千單二十尺，爲停大濶[1]。又置西頭上下濶相併折半，爲八百七十尺，爲停小濶[2]。以減停大濶，餘一百五十尺，爲濶差[3]。以正長五百步除之，得三寸，爲每步差。立天元爲截長，一以乘每步差，爲截住處濶差。三。加停小濶，共爲截處濶。三〇七八。[4] 加停大濶，爲二段停截濶。三〇九八一 以深一丈乘之，爲二段每

1 停大濶：東側水渠截面梯形之中位線長度。
2 停小濶：西側水渠截面梯形之中位線長度。
3 濶差：東西兩條中位線長度之差值。
4 按，諸本小注數字多不確，今難詳考。參郭書春、孔國平相關研究。

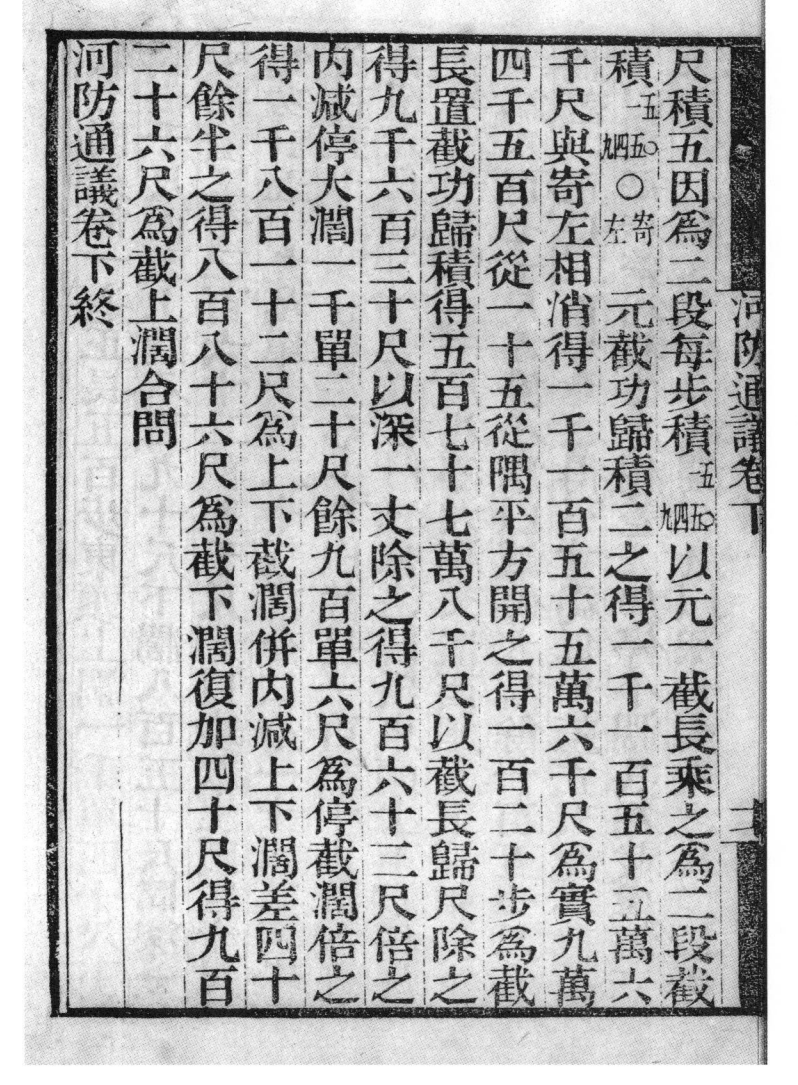

1 上下截潤：截面處之上邊長與下邊長。

尺積。五因，為二段每步積。五一〇五四九。以元一截長乘之，為二段截積。五一〇五四九〇寄左。元截功歸積，二之，得一千一百五十五萬六千尺，與寄左相消，得一千一百五十五萬六千尺，為實。九萬四千五百尺，從一十五，從隅。平方開之，得一百二十步，為截長。置截功，歸積，得五百七十七萬八千尺。以截長歸尺，除之，得九千六百三十尺。以深一丈除之，得九百六十三尺。倍之，內減停大闊一千單二十尺，餘九百單六尺，為停截闊。倍之，得一千八百一十二尺，為上下截闊[1]。併內減上下闊差四十尺，餘半之，得八百八十六尺，為截下闊。復加四十尺，得九百二十六尺，為截上闊，合問。

《河防通議》卷下終

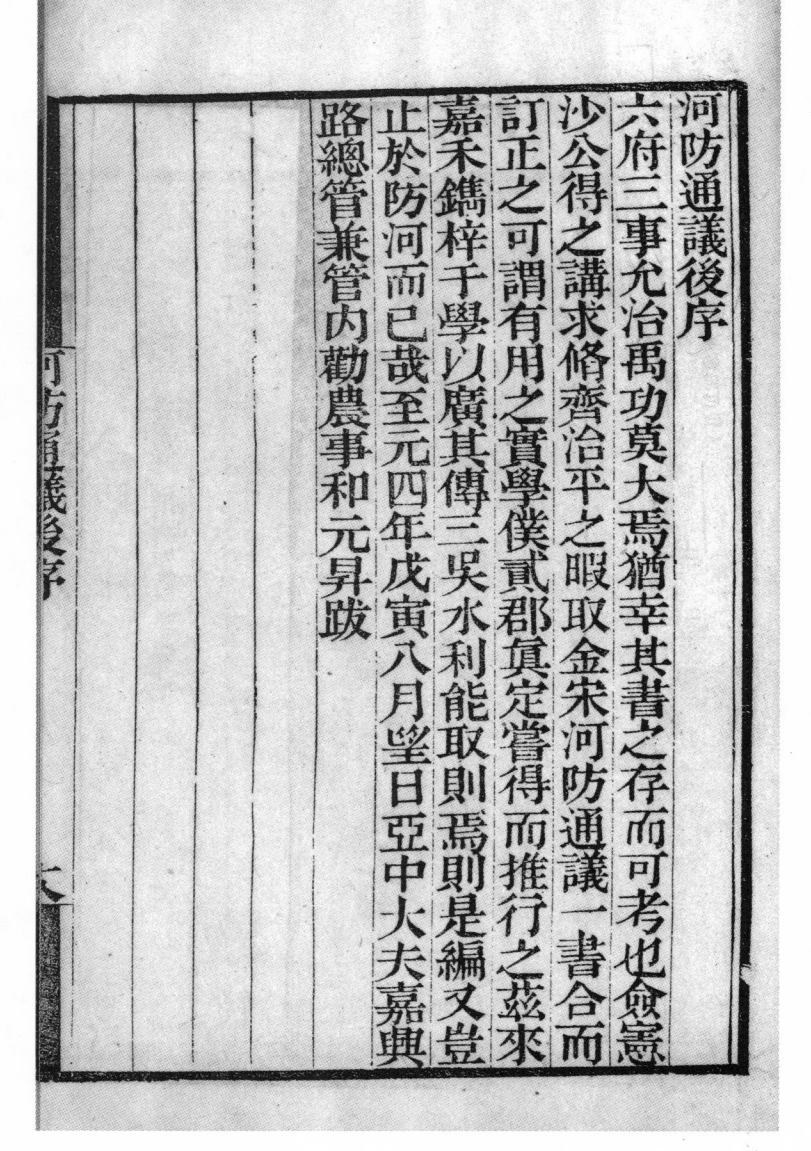

## 《河防通議》後序

六府三事允治，禹功莫大焉。猶幸其書之存而可考也。僉憲沙公得之，講求脩齊治平之暇，取金、宋《河防通議》一書合而訂正之，可謂有用之實學。僕貳郡真定，嘗得而推行之。茲來嘉禾，鑴梓于學，以廣其傳。三吳水利，能取則焉，則是編又豈止於防河而已哉？至元四年戊寅八月望日，亞中大夫、嘉興路總管兼管內勸農事和元昇跋。

# 河防記

元　歐陽元　著

至正四年夏五月大雨二十餘日黃河暴溢水平地深
二丈許北決白茅堤六月又北決金堤並河郡邑濟甯
單州虞城碭山金鄉魚臺豐沛定陶楚邱武城以至曹
州東明鉅野鄆城嘉祥汶上任城等處皆罹水患民老
弱昏墊壯者流離四方水勢北浸安山沿入會通運河
延袤濟南河閒省臣以聞朝廷患之遣使體量仍督大
臣訪求治河方略九年冬脫脫既復爲丞相慨然請任

河防記

元 歐陽元 著

至正四年夏五月大雨二十餘日黃河暴溢水平地深二丈許北決白茅堤六月又北決金堤迤河郡邑濟甯單州虞城碭山金鄉魚臺豐沛定陶楚邱武城以至曹州東明鉅野鄆城嘉祥汶上任城等處皆罹水患民老弱昏墊壯者流離四方水勢北浸安山沿入會通運河延袤濟南河間省臣以聞朝廷患之遣使體量仍督大臣訪求治河方略九年冬脫脫既復爲丞相慨然請任

（學海類編　河防記）

## 河防記

元　歐陽玄　著

　　至正四年夏五月，大雨二十餘日，黃河暴溢，水平地深二丈許，北決白茅堤。六月，又北決金堤。迤河郡邑濟甯、單州、虞城、碭山、金鄉、魚臺、豐、沛、定陶、楚邱、武城以至曹州、東明、鉅野、鄆城、嘉祥、汶上、任城等處皆罹水患。民老弱昏墊，壯者流離四方。水勢北浸安山，沿入會通、運河，延袤濟南、河間[1]。省臣以聞，朝廷患之，遣使體量[2]，仍督大臣訪求治河方略。九年冬，脫脫既復爲丞相，慨然請任

1 《元史》卷六六《河渠三》此下另有"將壞兩漕司鹽場，妨國計甚重"。案，《元史·河渠》所收文字，當有史臣筆削。但增減內容可與學海類編本《河防記》互證，爲便於讀者索解，今補注《元史》中相關內容。

2 體量：體察衡量，即實地考察。

其事，帝嘉納之。乃命集羣臣議廷中，言人人殊，唯都漕運使賈魯昌言必當治。先是，魯嘗爲山東道奉使宣撫首領官，循行被水郡邑，具得修捍成策。後又爲都水使者，奉旨詣河上相視，驗狀爲圖，以二策進獻：一議修築北隄以制橫潰，其用功省；一議疏塞並舉，挽河使東行，以復故道，其功費甚大。至是，復以二策對，脫脫韙其後策。議定，乃薦魯于帝，大稱旨。十一年四月，命魯以工部尚書爲總治河防使，進秩二品，授以銀印。發汴梁、大名十有三路民十五萬人，廬州等戍十有八翼軍二萬人

其事[1]，帝嘉納之。乃命集羣臣議廷中，言人人殊，唯都漕運使賈魯昌言必當治。先是，魯嘗爲山東道奉使宣撫首領官，循行被水郡邑，具得修捍成策。後又爲都水使者，奉旨詣河上相視，驗狀爲圖，以二策進獻：一議修築北隄以制橫潰，其用功省；一議疏塞並舉，挽河使東行，以復故道，其功費甚大。至是，復以二策對，脫脫韙其後策。議定，乃薦魯于帝，大稱旨。十一年四月[2]，命魯以工部尚書爲總治河防使，進秩二品，授以銀印。發汴梁、大名十有三路民十五萬人，廬州等戍十有八翼軍二萬人

[1] "慨然請任其事"，《元史·河渠三》述此作"慨然有志於事功，論及河決，即言於帝，請躬任其事"，交代原委更詳。下文所引此志皆徑省稱《元史》。

[2] 《元史》此下有"初四日，下詔中外"。

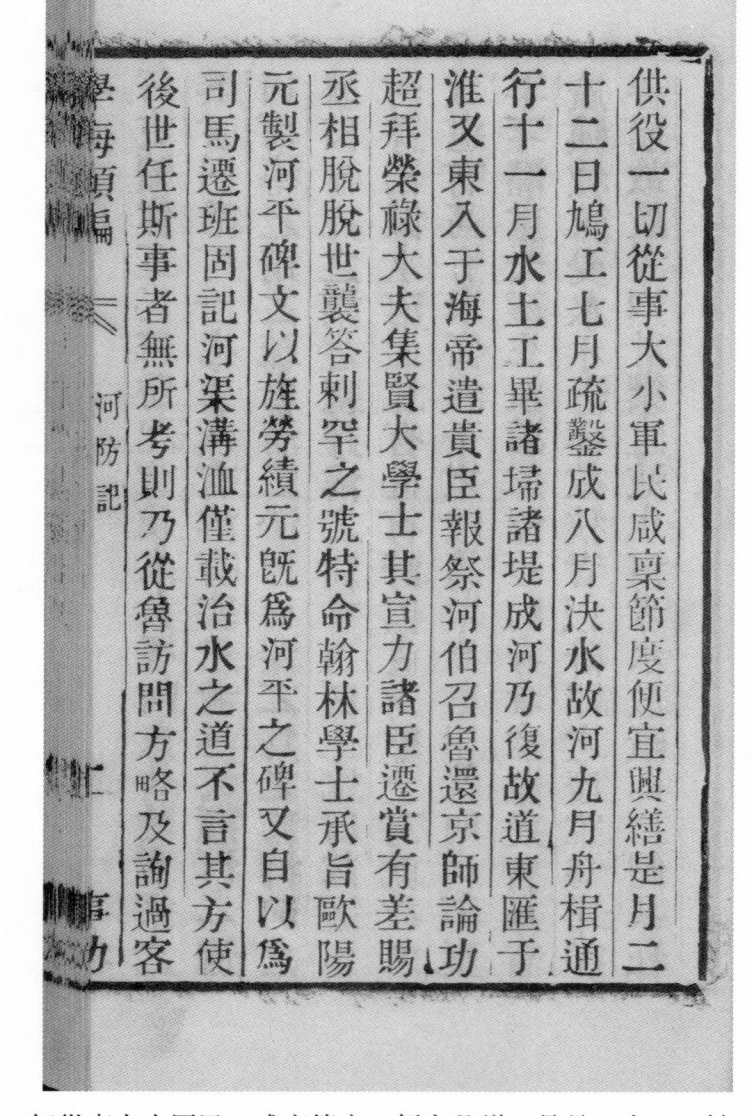

供役，一切從事大小軍民，咸稟節度，便宜興繕。是月二十二日鳩工，七月疏鑿成，八月決水故河，九月楫舟通行，十一月水土工畢，諸埽諸堤成。河乃復故道，東[1]匯于淮，又東入于海。帝遣貴臣報祭河伯，召魯還京師，論功超拜[2]榮禄大夫、集賢大學士，其宣力諸臣遷賞有差。賜丞相脱脱世襲答刺罕之號，特命翰林學士承旨歐陽玄製河平碑文，以旌勞績。元既爲河平之碑，又自以爲司馬遷、班固記河渠、溝洫，僅載治水之道，不言其方，使後世任斯事者無所考則。乃從魯訪問方略，及詢過客，

1　《元史·河渠三》“東”作“南”。

2　超拜：超級升授官職。

質吏牘，作《至正河防記》，欲使來世罹河患者按而求之。其言曰：治河一也，有疏，有濬，有塞，三者異焉。釃河之流，因而導之，謂之疏；去河之淤，因而深之，爲[1]之濬；抑河之暴，因而扼之，謂之塞。疏濬之別有四：曰生地，曰故道，曰河身，曰減水河。生地有直有紆，因直而鑿之，可就故道。故道有高有卑，高者平之以趨卑，高卑相就則高不壅，卑不滯。慮夫壅生潰，滯生湮也。河身者，水雖通行，身有廣狹。狹雖受水，水溢[2]悍，故狹者以計闢之；廣雖爲岸，岸善崩，故廣者以計禦之。減水河者，水放曠則以制其狂，

1 "爲"，《元史》作"謂"。以上下文例揆之，"謂"是。

2 "溢"，《元史》作"益"。據道光本及《類編》卷一五《賈魯傳》改爲"益"是。

水隲突則以殺其怒治隄一也有梨築修築補築之名
有刺水隄有截河隄有護岸隄有縷水隄有石船隄治
埽一也有岸埽水埽有龍尾欄頭馬頭等埽其爲埽臺
及推卷牽制薷掛之法有用土用石用鐵用草木用杙
用絚之方塞河一也有缺口有豁口有龍口缺口者已
成川豁口者舊常爲水所豁水退則口下於隄水漲則
溢出於口龍口者水之所會自新河入故道之溇也此
外不能悉書因其用功之次序而就述於其下焉其濬
故道深廣不等通長二百八十里百五十四步而強功

河防記

水隲突則以殺其怒。治隄一也，有創築、修築、補築之名；有刺水隄[1]，有截河隄[2]，有護岸隄，有縷水隄，有石船隄。治埽一也，有岸埽、水埽，有龍尾、欄頭、馬頭等埽。其爲埽臺及推卷、牽制、薷掛[3]之法，有用土、用石、用鐵、用草木[4]、用杙、用絚[5]之方。塞河一也，有缺口，有豁口，有龍口。缺口者，已成川。豁口者，舊常爲水所豁，水退則口下於隄，水漲則溢出於口。龍口者，水之所會，自新河入故道之溇[6]也。此外不能悉書，因其用功之次序[7]，而就述於其下焉。其濬故道深廣不等，通長二百八十里百五十四步而強。功

1 刺水隄：楊持白《〈至正河防記〉今釋》（以下簡稱《今釋》）："今所謂挑水壩，在決口口門上游築壩，迫使主流轉向引河，使決口分流較少，以減輕築攔河壩的施工困難。"

2 截河隄：《今釋》謂即今之攔河壩，亦稱堵口正壩。

3 薷掛：舊時治河法之一，以木、石、杙等填塞決口、加固堤岸。

4 "用草木"，《元史》作"用草、用木"。

5 絚：同"緪"，大繩索。

6 溇：《今釋》："小水入大水謂之溇。"

7 "次序"，《元史》作"次第"。

始自白茅長百八十二里繼自黃陵岡至南白茅闢生
地十里口初受廣百八十步深二丈有二尺巳下停廣
百步高下不等相折深二丈及泉曰停曰折者用古算
法因此推彼知其勢之低昂相準而取勻停也南白茅
至劉莊村接入故道十里通折墾廣八十步深九尺劉
莊至專固至黃固墾生地八里面廣百步底廣九十步
高下相折深丈有五尺黃固至哈只口長五十一里八
十步相折停廣墾六十步深五尺乃濬凹里減水河通
長九十八里百五十四步凹里村缺河口生地長三里

1 口初受：《今釋》："即引
河進口寬度。"
2 泉：《今釋》："指地下水
位。"
3 《元史》"專固"二字之
下有"百有二里二百八
十步，通折停廣六十步，
深五尺。專固"，語意始
備，總路程相加始合，
當據補。

始自白茅，長百八十二里。繼自黃陵岡至南白茅，闢生地十里。口初受[1]，廣百八十步，深二丈有二尺，已下停廣百步，高下不等，相折深二丈及泉[2]。曰停、曰折者，用古算法，因此推彼，知其勢之低昂，相準而取勻停也。南白茅至劉莊村，接入故道十里，通折墾廣八十步，深九尺。劉莊至專固[3]，至黃固，墾生地八里，面廣百步，底廣九十步，高下相折，深丈有五尺。黃固至哈只口，長五十一里八十步，相折停廣墾六十步，深五尺。乃濬凹里減水河，通長九十八里百五十四步。凹里村缺河口生地，長三里

學海頪編

河防記

四十步面廣六十步底廣四十步深一丈四尺自凹里
生地以下舊河身至張贊店長八十二里五十四步上
三十六里墾廣二十步深五尺中三十五里墾廣二十
八步深五尺下十里二百四十步墾廣二十六步深五
尺張贊店至楊青村接入故道墾生地十有三里六十
步面廣十六步底廣四十步深一丈四尺其塞專固缺
口修隄三重并補築凹里減水河南岸豁口通長二十
里三百十有七步其剏築河口前第一重西隄南北長
三百三十步面廣二十五步底廣三十三步樹置椿橛

四十步，面廣六十步，底廣四十步，深一丈四尺。自凹里生地以下，舊河身至張贊店，長八十二里五十四步。上三十六里，墾廣二十步，深五尺；中三十五里，墾廣二十八步，深五尺；下十里二百四十步，墾廣二十六步，深五尺。張贊店至楊青村，接入故道，墾生地十有三里六十步，面廣十六[1]步，底廣四十步，深一丈四尺。其塞專固缺口，修隄三重，并補築凹里減水河南岸豁口。通長二十里三百十有七步，其創築河口前第一重西隄，南北長三百三十步，面廣二十五步，底廣三十三步，樹置椿橛，

1 "十六"，《元史》作"六十"，以河道截面算，當爲"六十"。

1 "稍"，《元史》作"梢"，是。
2 土牛：《今釋》："指裝土草袋，用以壓埽。按河工備防汛用的土牛，與此不同。"
3 "稍"，《元史》作"梢"，是。
4 "傍"，《元史》作"培"，是。

實以土牛、草葦、雜稍[1]相兼，高丈有三尺。隄前置龍尾大埽，龍尾者，伐大樹，連梢繫之隄旁，隨水上下，以破囓岸浪者也。築第二重正隄，并補兩端舊隄，長十有一里三百步。缺口正隄長四里，兩隄相接。舊隄置椿，堵閉河身，長百四十五步，用土牛[2]、草葦、稍[3]土相兼修築，底廣三十步，修高一丈。其岸上土工修築者，長三里二百十有五步有奇，高廣不等，通高一丈五尺。補築舊隄者，長七里三百步，表裏傍[4]薄七步，增卑六尺，計高一丈。築第三重東後隄，并接修舊隄，高廣不等，通長八里。補築凹里減水河南岸豁口四處，置椿水[1]，草土相兼，長四十七步。於是塞黃陵全河，水中及岸修隄長三十六里百三十六步。其修大隄剌水者二，長十有四里七十步。其西復作大隄剌水者一，長十有二里百三十步。內創築岸上土隄，西北起李八宅西隄，東南至舊河岸，長十里百五十步。顛廣四步，趾廣三之，高丈有五尺。仍築舊河岸至入水隄，長四百三十步，趾廣三十步，顛殺其六之一，接修入水。兩岸埽隄竝行。作西埽者，夏人水工，徵自靈武；作東埽者，漢人水工，徵自近畿。其法，以竹絡實以小石，每

1 "水"字上下斷句皆不合，《元史》作"木"，是。

埽不等，以蒲葦縣腰，索徑寸許者從鋪，廣可一二十步，長可二三十步。又以曳埽索絇，徑三寸或四寸，長二百餘尺者衡鋪之。相閒復以竹葦麻枲[1]大緯[2]長三百尺者爲管心索，就繫縣腰索之端於其上。以草數千束，多至萬餘，勻布厚鋪於縣腰索之上，囊[3]而納之，丁夫數千，以足踏實。推卷稍高，即以水工二人立其上而號於衆。衆聲力舉，用大小推梯，推卷成埽，高下長短不等，大者高二丈，小者不下丈餘。又用大索或[4]五爲腰索，轉致河濱，選健丁操管心索，順埽臺立踏，或掛之臺中鐵貓[5]大概

1 枲：同"枲"。麻類植物。《説文》："枲，枲屬。《詩》曰：'衣錦枲衣。'"
2 大緯：粗繩。
3 "囊"，《元史》作"橐"。
4 "或"，《元史》校勘記引王圻《續文獻通考》卷七作"四"，於義爲長。
5 鐵貓：即鐵錨。

之上以漸縋之下水埽後掘地為渠陷管心索渠中以
散草厚覆築之以土其上復以土牛雜草小埽稍土多
寡厚薄先後隨宜修疊為埽臺務使牽制上下縝密堅
壯互為犄角埽不動搖日力不足火以繼之積累既畢
復施前法卷埽以厭先下之埽量水淺深制埽厚薄疊
之多至四埽而止兩埽之閒置竹絡高二丈或三丈圍
四丈五尺實以小石土牛既滿繫以竹纜其兩旁竝埽
密下大椿就以竹絡上大竹腰索繫於椿上東西兩埽
及其中竹絡之上以草土等物為埽臺約長五十步或

河防記

之上，以漸縋之下水。埽後掘地爲渠，陷管心索渠中，以散草厚覆，築之以土，其上復以土牛、雜草、小埽稍土，多寡厚薄，先後隨宜。修疊爲埽臺，務使牽制上下，縝密堅壯，互爲犄角，埽不動搖。日力不足，火以繼之。積累既畢，復施前法。卷埽以厭先下之埽，量水淺深，制埽厚薄，疊之多至四埽而止。兩埽之閒置竹絡，高二丈或三丈，圍四丈五尺，實以小石、土牛。既滿，繫以竹纜，其兩旁竝埽，密下大椿，就以竹絡上大竹腰索繫於椿上。東西兩埽及其中竹絡之上，以草土等物爲埽臺，約長五十步或

百步再下埽即以竹索或麻索長八百尺或五百尺者
一二雜厠其餘管心索之間候埽入水之後其餘管心
索如前藟掛隨以管心長索遠置五十七步之外或鐵
貓或大樁曳而繫之通管束累日所下之埽再以草土
等物通修成隄又以龍尾大埽密掛於護隄大樁分析
水勢其隄長二百七十步北廣四十二步中廣五十五
步南廣四十二步自顚至趾通高三丈八尺其截河大
隄高廣不等長十有九里百七十七步其在黃陵北岸
者長十里四十一步築岸上土隄西北起東西故隄東

1 "五十七"，《元史》作
"五七十"，較合情理。
2 "分析"，《元史》作
"分折"。

百步，再下埽，即以竹索或麻索長八百尺或五百尺者一二，雜厠其餘管心索之間。候埽入水之後，其餘管心索如前藟掛，隨以管心長索，遠置五十七步[1]之外。或鐵貓，或大樁，曳而繫之，通管束累日所下之埽，再以草土等物通修成隄。又以龍尾大埽密掛於護隄大樁，分析[2]水勢。其隄長二百七十步，北廣四十二步，中廣五十五步，南廣四十二步，自顚至趾，通高三丈八尺。其截河大隄，高廣不等，長十有九里百七十七步。其在黃陵北岸者，長十里四十一步。築岸上土隄，西北起東西故隄，東南至河口，長七里九十七步，顛廣六步，趾倍之而強二步，高丈有五尺，接修入水。施土牛，小埽稍[1]草雜土，多寡厚薄，隨宜修疊。及下竹絡，安大樁，繫龍尾埽，如前兩隄法。惟修疊埽臺，增用白闌小石，并埽土及前洤[2]修埽隄一，長百餘步，直抵龍口[3]。稍北，闌頭三埽並行，埽大隄廣與刺水二隄不同，通前列四埽，閒以竹絡，成一大隄。長二百八十步，北廣百一十步，其顛至水面高丈有五尺，水面至澤腹[4]高二丈五尺，通高三丈五尺。中流廣八十步，其顛至水面高丈有五尺，水面至澤腹高五丈五尺，

1 "稍"，《元史》作"梢"。
2 "埽土"，《元史》作"埽上"。"洤"，《元史》據《學海類編》本改爲"游"。
3 龍口：大壩未合龍時之流水口。
4 澤腹：《今釋》："水底高程。"

通高七丈。竝創築繚水橫隄一，東起北截河大
隄，西抵西刺水大隄。又一隄東起中刺水大
隄，西抵西[1]刺水大隄，通長二里四十[2]
步。亦顚廣四步，趾三之，高丈有五尺[3]。修黃陵南岸，長九里百
六十步，內創岸土隄，東北起新補白茅故隄，西南至舊河口，高廣
不等，長八里二百五十步。乃入水，作石船大隄。蓋由是秋八月二
十九日乙巳，道故河流，先所修北岸西由[4]刺水及截河三隄猶短，
約水尚少，力未足恃。決河勢大，南北四廣[5]百餘步，中流深三丈
餘，益以秋漲，水多故河十之八。兩河爭流，近故

1 “西”，底本作“一”，據《元史》改。
2 “四十”，《元史》作“四十二”。
3 “五尺”，《元史》作“二尺”，以前文揆之，《元史》當誤。
4 “由”，《元史》作“中”。
5 “四廣”當爲“廣四”之誤，《元史》作“廣四”。

河口水刷岸北行洄漩湍激難以下埽且埽行或遲恐
水盡涌入決河因淤故河前功遂隳魯乃精思障水入
故河之方以九月七日癸丑逆流排大船二十七艘前
後連以大桅或長椿用大麻索竹絙絞縛綴爲方舟又
用大麻索竹絙用船身繳繞上下令牢不可破乃以鐵
貓於二流碪之水中又以竹絙絕長七八百尺者繫兩
岸大橛上每絙或碪二舟或三舟使不得下船腹略鋪
散草滿貯小石以合子板釘合之復以埽密布合子板
上或二重或三重以大麻索縛之急復縛橫木三道於

河防記

河口，水刷岸北行，洄漩湍激，難以下埽。且埽行或遲，恐水盡涌入決河，因淤故河，前功遂隳。魯乃精思障水入故河之方，以九月七日[1]癸丑，逆流排大船二十七艘，前後連以大桅或長椿，用大麻索、竹絙絞縛，綴爲方舟。又用大麻索、竹絙，用[2]船身繳繞上下，令牢不可破，乃以鐵貓於二流碪之水中。又以竹絙絕長七八百尺者，繫兩岸大橛上，每絙或碪二舟，或三舟，使不得下。船腹略鋪散草，滿貯小石，以合子板釘合之。復以埽密布合子板上，或二重，或三重，以大麻索縛之急，復縛橫木三道於

1 本作"月"，顯爲"日"字之誤，《明史》作"日"。
2 "用"，《元史》改作"周"，於義爲長。

頭桅皆以索繼之用竹編笆夾以草石立之桅前約長
丈餘名曰水簾桅復以木楂柱使簾不偃仆然後選水
工便捷者每船各二八執斧鑿立船首尾岸上槌鼓爲
號鼓鳴一時齊鑿須臾舟穴水入舟沈過決河水怒溢
故河水暴增即重樹水簾令後復布小埽土牛白闌長
稍雜以草土等物隨宜填垛以繼之石船下詣實地出
水基跕漸高復卷大埽以厭之前船勢略定尋用前法
沈餘船以竟後功昏曉百刻役夫分番其勞無少閒斷
船隄之後草埽三道竝舉中置竹絡盛石竝埽置椿用

1 "繼",《元史》作"維",
是。
2 楂：支撐。
3 "跕",《元史》作"趾"。
4 "用",《元史》作"繫"。

頭桅，皆以索繼[1]之，用竹編笆，夾以草石，立之桅前，約長丈餘，名曰水簾桅。復以木楂[2]柱，使簾不偃仆，然後選水工便捷者，每船各二人，執斧鑿，立船首尾，岸上槌鼓爲號。鼓鳴，一時齊鑿，須臾，舟穴水入，舟沉，過決河。水怒溢，故河水暴增，即重樹水簾，令後復布小埽、土牛、白闌、長稍，雜以草土等物，隨宜填垛以繼之。石船下詣實地，出水基跕[3]漸高，復卷大埽以厭之。前船勢略定，尋用前法，沉餘船以竟後功。昏曉百刻，役夫分番其勞，無少閒斷。船隄之後，草埽三道竝舉，中置竹絡盛石，竝埽置椿，用[4]

纜四埽及絡一如修北截水隄之法第以中流水深數
丈用物之多施工之大數倍他隄船隄距北岸纜四五
十步勢迫東河流峻若自天降深淺叵測於是先卷下
大埽約高二丈者或四或五始出水面修至河口一二
十步用功尤艱薄龍口喧厯猛疾勢撼埽基陷裂欹傾
俄遠故所觀者股弁眾議騰沸以爲難合然勢不容已
魯神色不動機解捷出進官吏工徒十餘萬人日加獎
諭辭旨懇至眾皆感激赴工十一月十一日丁巳龍口
遂合決河絕流故道復通又於岸前通港欄頭埽各一

纜四埽及絡，一如修北截水隄之法。第以中流水深數丈，用物之
多，施工之大，數倍他隄。船隄距北岸纜四五十步，勢迫東河，流
峻若自天降，深淺叵測。於是先卷下大埽約高二丈者，或四或五，
始出水面，修至河口一二十步，用功尤艱。薄龍口，喧厯猛疾，勢
撼埽基，陷裂欹傾，俄遠故所，觀者股弁，眾議騰沸，以爲難合，
然勢不容已。魯神色不動，機解捷出，進官吏工徒十餘萬人，日加
獎諭，辭旨懇至，眾皆感激赴工。十一月十一日丁巳，龍口遂合，
決河絕流，故道復通。又於岸前通港[1]欄頭埽各一

1 "岸前"，《元史》作
"隄前"；"通港"，《元史》
作"通卷"。

道多者或三或四前埽出水管心大索繫前埽砸後欄
頭埽之後復埽管心大索亦繫小埽砸前欄頭埽之前
後先羈縻以錮其勢又於所交索上及兩埽之閒壓於
小石白闌土牛相伴厚薄多寡相勢措置埽隄之後自
南岸復修一隄抵已閉之龍口長二百七十步船隄四
道成隄用農家場圃之具曰轆軸者穴石立木如比櫛
蓺前埽之旁每一步置一轆軸以橫木貫其後又穴石
以徑二寸餘麻索貫之繫橫木上密掛龍尾大埽使夏
秋潦水冬春凌薄不得肆力於岸此隄接北岸截河大

---

1 "伴",《元史》作"半"。
2 "一步",《元史》無"一",文更簡潔。

道,多者或三或四,前埽出水,管心大索繫前埽,砸後欄頭埽之後,復埽管心大索亦繫小埽,砸前欄頭埽之前,後先羈縻,以錮其勢。又於所交索上及兩埽之閒壓於小石、白闌、土牛相伴[1],厚薄多寡,相勢措置。埽隄之後,自南岸復修一隄,抵已閉之龍口,長二百七十步。船隄四道成隄,用農家場圃之具曰轆軸者,穴石立木如比櫛,蓺前埽之旁,每一步[2]置一轆軸,以橫木貫其後,又穴石,以徑二寸餘麻索貫之,繫橫木上,密掛龍尾大埽,使夏秋潦水,冬春凌薄,不得肆力於岸。此隄接北岸截河大

隄長二百七十步南廣百二十步顛至水面高丈有七
尺水面至澤腹高四丈二尺中流廣八十步顛至水面
高丈有五尺水面至澤腹高五丈五尺通高七丈仍治
南岸護隄埽一道通長百三十步南岸護岸馬頭埽三
道通長九十五步修築北岸隄防高廣不等通長二百
五十四里七十一步白茅河口至板城補築舊隄長二
十五里二百八十五步曹州板城至英賢村等處高廣
不等長一百三十三里二百步稍岡至碭山縣增倍舊
隄長八十五里二十步歸德府哈只口合至徐州路三

河防記

隄，長二百七十步，南廣百二十步，顛至水面高丈有七尺，水面至
澤腹高四丈二尺。中流廣八十步，顛至水面高丈有五尺，水面至澤
腹高五丈五尺，通高七丈。仍治南岸護隄埽一道，通長百三十步。
南岸護岸馬頭埽三道，通長九十五步。修築北岸隄防，高廣不等，
通長二百五十四里七十一步。白茅河口至板城，補築舊隄，長二
十五里二百八十五步。曹州板城至英賢村等處，高廣不等，長一百三
十三里二百步。稍岡至碭山縣，增倍舊隄，長八十五里二十步。歸
德府哈只口合[1]至徐州路三

1《元史》無"合"字。

百餘里修築缺口一百七處高廣不等積修計三里二百五十六步亦思剌店縷水月隄高廣不等長六里三十步其用物之凡椿木大者二萬七千榆柳雜稍六十六萬六千帶稍連根株者三千六百葦秸蒲葦雜草以束計者七百三十三萬五千有奇竹竿六十二萬五千葦蓆十有七萬二千小石二千艘繩索大小不等五萬七千所沈大船百有二十鐵纜三十有二鐵貓三百三十有四竹筏以斤計者十有五萬百石三千塊鐵鑽萬四千二百有奇大釘三萬三千二百三十有二其餘若

1 "築"，《元史》作"完"。
2 "筏"，《元史》作"篾"，是。竹筏不當以斤計。
3 "百"，《元史》作"碴"，是。

百餘里，修築[1]缺口一百七處，高廣不等，積修計三里二百五十六步。亦思剌店縷水月隄，高廣不等，長六里三十步。其用物之凡，椿木大者二萬七千，榆柳雜稍六十六萬六千，帶稍連根株者三千六百，葦秸、蒲葦、雜草以束計者七百三十三萬五千有奇，竹竿六十二萬五千，葦蓆十有七萬二千，小石二千艘，繩索大小不等五萬七千，所沈大船百有二十，鐵纜三十有二，鐵貓三百三十有四，竹筏[2]以斤計者十有五萬，百[3]石三千塊，鐵鑽萬四千二百有奇，大釘三萬三千二百三十有二。其餘若

木龍蠶椽木麥楷扶椿鐵叉鐵弔枝麻搭火鉤汲水貯
水等具皆有成數官吏俸給軍民衣糧工錢醫藥祭祀
賑恤驛置馬乘及運竹木沈船渡船下椿等工鐵石竹
木繩索等匠傭貲兼以和買民地為河并應用雜物等
價通計中統鈔百八十四萬五千六百三十六錠有奇
魯嘗有言水工之功視土工之功為難中流之功視河
濱之功為難決河口視中流又難北岸之功視南岸為
難用物之效草雖至柔能狎水水潰之生泥泥與草併
力重如碇然維持夾輔纜索之功實多蓋由魯習知河

學海類編　　河防記

木龍[1]、蠶椽木[2]、麥楷[3]、扶椿[4]、鐵叉、鐵弔、枝麻搭[4]、火鉤、汲水、貯水等具皆有成數。官吏俸給，軍民衣糧工錢，醫藥、祭祀、賑恤、驛置馬乘及運竹木、沈船、渡船、下椿等工，鐵、石、竹、木、繩索等匠傭貲，兼以和買民地為河，并應用雜物等價，通計中統鈔百八十四萬五千六百三十六錠有奇。魯嘗有言："水工之功視土工之功為難，中流之功視河濱之功為難，決河口視中流又難，北岸之功視南岸為難。用物之效，草雖至柔，能狎水，水潰之生泥，泥與草併，力重如碇。然維持夾輔，纜索之功實多。"蓋由魯習知河

1 木龍：《今釋》："木製籠子，用以裝塊石堵口。"一說為護堤木欄。
2 蠶椽木：細木椿。
3 麥楷：麥秸。
4 扶椿：《今釋》："斜木椿，支持長椿用。"
5 枝麻搭：《今釋》："小的接頭疤。"

事故其功之所就如此元之言曰是役也朝廷不惜重
費不吝高爵爲民辟害脫脫能體上意不憚焦勞不恤
浮議爲國拯民魯能竭其心思智計之巧乘其精神膽
氣之壯不惜劬瘁不畏譏評以報君相知人之明宜悉
書之使職史氏者有所質證也

河防記終

---

事，故其功之所就如此。玄之言曰："是役也，朝廷不惜重費，不吝高爵，爲民辟害。脫脫能體上意，不憚焦勞，不恤浮議，爲國拯民。魯能竭其心思智計之巧，乘其精神膽氣之壯，不惜劬瘁，不畏譏評，以報君相知人之明。宜悉書之，使職史氏者有所質證也。"

《河防記》終

# 長安志圖

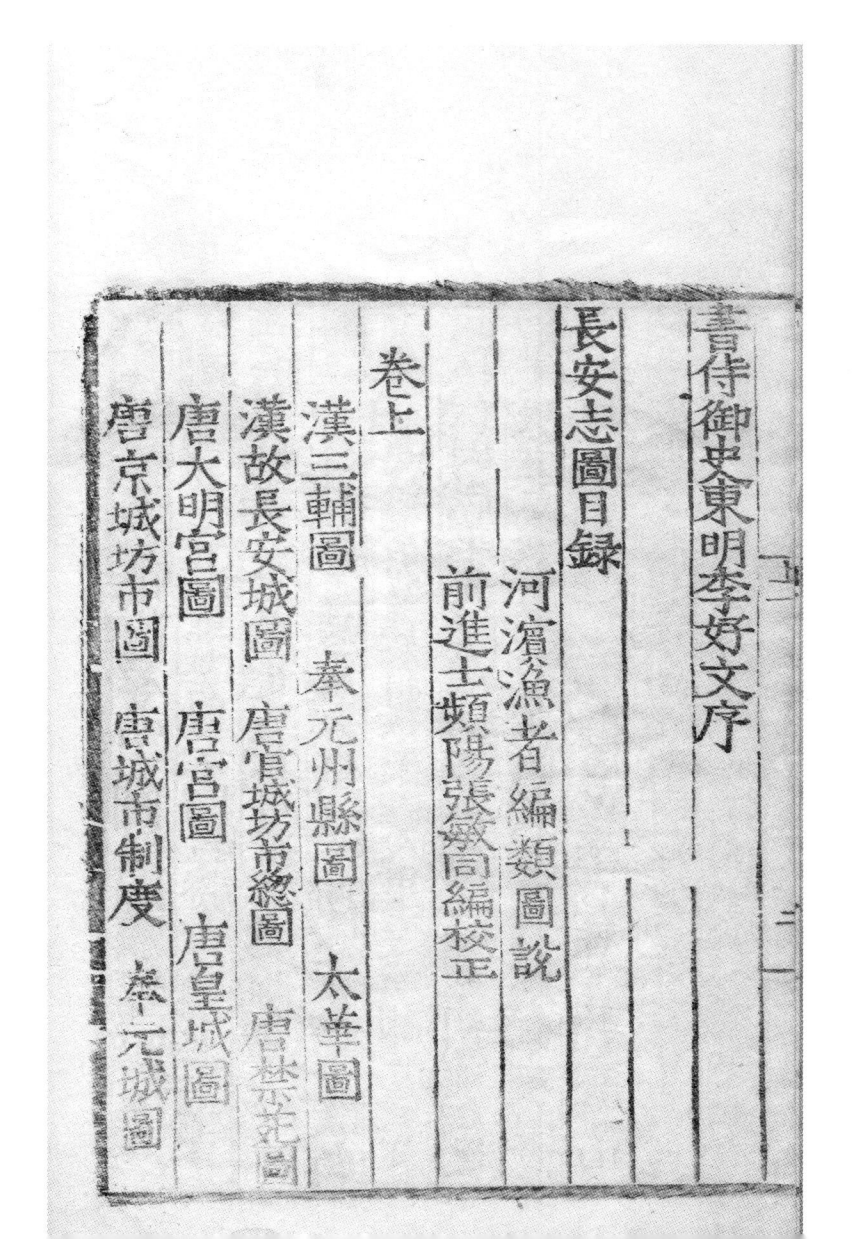

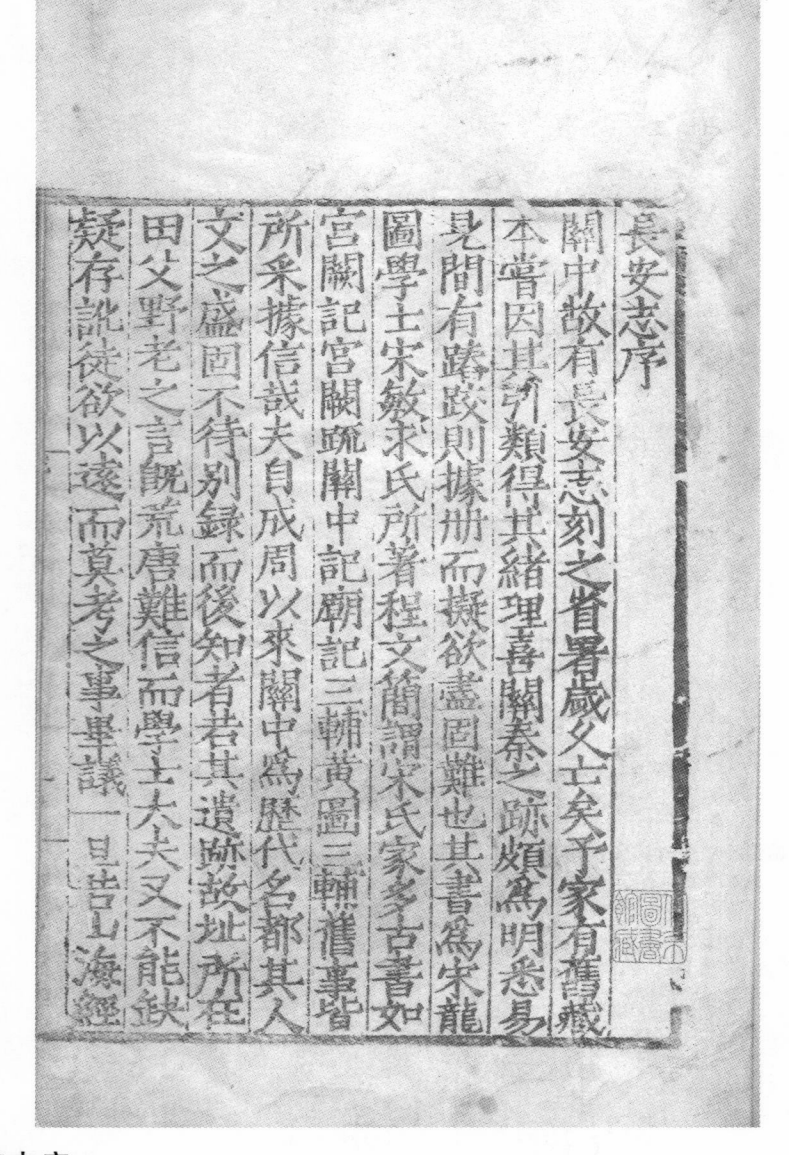

## 長安志序

關中故有《長安志》，刻之省署，歲久亡矣。予家有舊藏本，嘗因其引類，得其緒理。喜關秦之跡頗爲明悉易見，間有踦跂，則據冊而擬，欲盡固難也。其書爲宋龍圖學士宋敏求氏所著，程文簡謂宋氏家多古書，如《宮闕記》《宮闕疏》《關中記》《廟記》《三輔黃圖》《三輔舊事》，皆所采據，信哉！夫自成周以來，關中爲歷代名都，其人文之盛，固不待《別錄》而後知者。若其遺蹟故址所在，田父野老之言既荒唐難信，而學士大夫又不能缺疑存訛，徒欲以遠而莫考之事，畢議一旦。若《山海經》

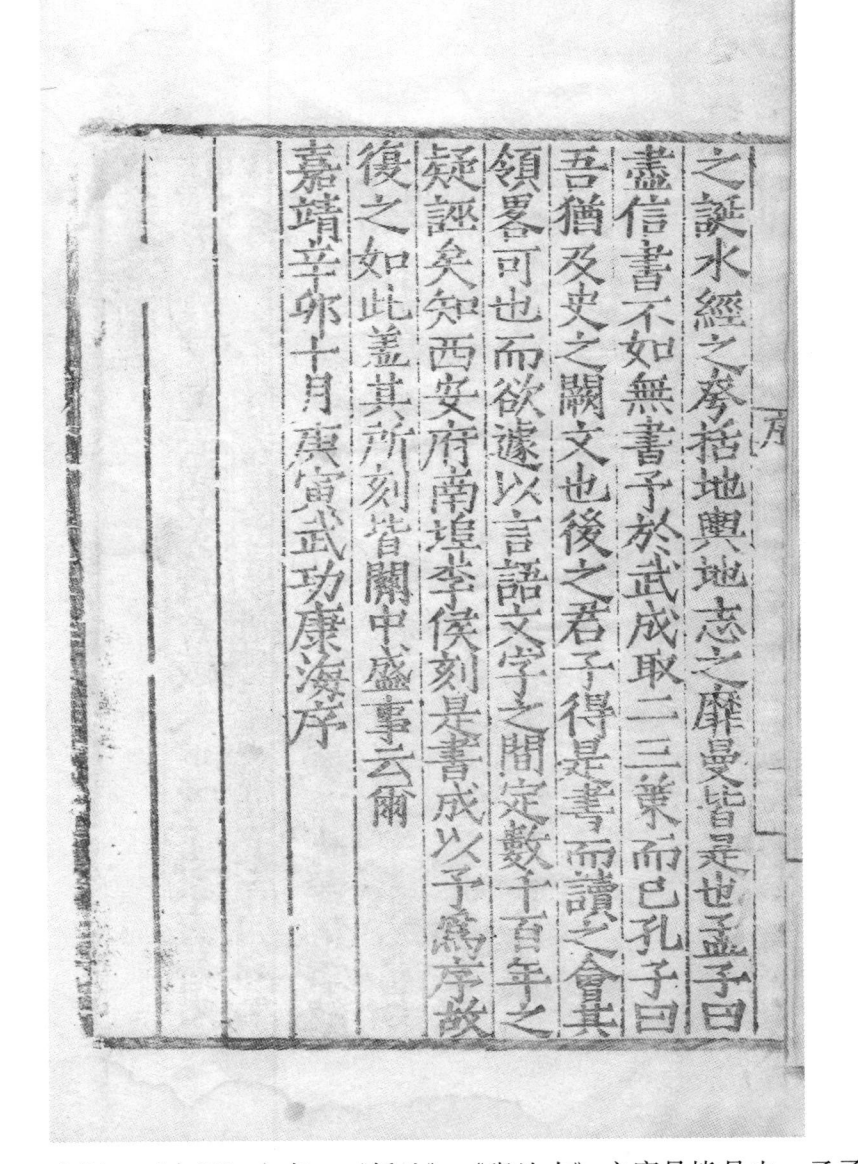

之誕，《水經》之夸，《括地》《輿地志》之靡曼皆是也。孟子曰："盡信書不如無書。予於《武成》，取二三策而已。"孔子曰："吾猶及史之闕文也。"後之君子得是書而讀之，會起領略可也。而欲遽以言語文字之間，定數千百年之疑，誣矣！知西安府南埠李侯刻是書成，以予為序，故復之如此。蓋其所刻皆關中盛事云爾。

嘉靖辛卯十月庚寅，武功康海序。

## 長安志圖序

　　關中天府之邑，土居上游，古稱天地奧區神皋，周及漢唐都之，子孫皆數百歲。雖其積累深厚，亦曰神器之大措之善也。觀其創業垂統，規模宏廓，分郊畫畿，制作詳密。城郭宮室之巨麗，市井風俗之阜繁，山川靈迹之雄偉奇譎，史冊所書，稗官所記，文人碩士之揄揚頌嘆，習而誦之，如談蓬壺閬苑，鈞天帝居，使人耳可得聞，目不可得而覿也。□□□□□□□□□□□□圖見示，當時弗能盡曉，茫然□□□□之[1]。及來陝右，由潼關而西至長安，所過山川城邑，或

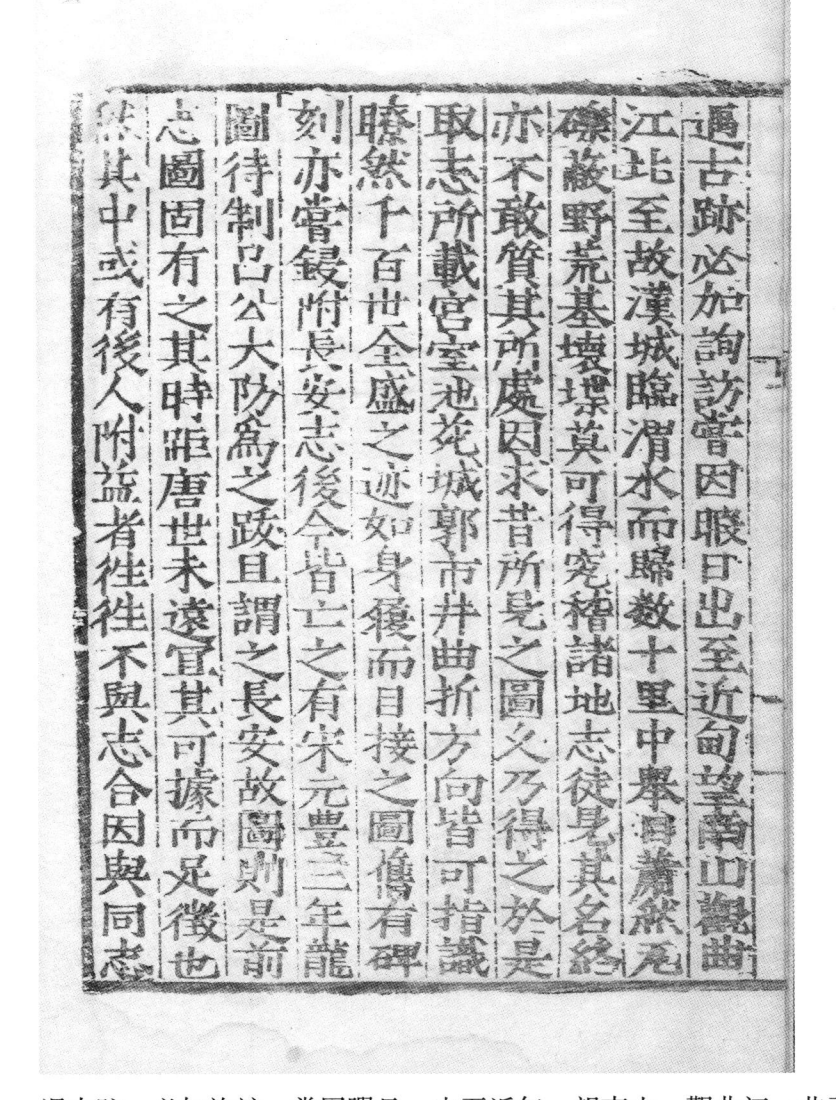

遇古跡，必加詢訪。嘗因暇日，出至近甸，望南山，觀曲江，北至故漢城，臨渭水而歸。數十里中，舉目蕭然，瓦礫蔽野，荒基壞堞，莫可得究。稽諸地志，徒見其名，終亦不敢質其所處。因求昔所見之圖，久乃得之。於是取志所載宮室池苑、城郭市井，曲折方向，皆可指識瞭然。千百世全盛之迹，如身履而目接之。圖舊有碑刻，亦嘗鏤附《長安志》後，今皆亡之。有宋元豐三年，龍圖待制呂銳公大防爲之跋，且謂之"長安故圖"，則是前志圖固有之。其時距唐世未遠，宜其可據而足徵也。然其中或有後人附益者，往往不與志合，因與同志較其訛駁，更爲補訂，鑿爲七圖。又以漢之三輔及今奉元所治，古今沿革，廢置不同；名勝古迹，不止乎是；涇渠之利，澤被千世；是皆不可遺者，悉附入之。總爲圖二十有二，名之曰《長安志圖》，明所以圖爲志設也。嗚呼，廢興無常，盛衰有數，天理人事之所關焉；城郭封域，代因代革，先王之疆理寓焉；溝洫之利，疏溉之饒，生民之衣食繫焉。觀是圖者，則夫有志之士，游意當世，將適古今之□[1]，流生民之澤，不無有助。豈特山林逃虛，悠然遐想，升高而賦者，以資見聞而已哉？至正二年秋九月朔，中順大夫、陝西諸道行御史臺治

1 案，空格處四庫本作"宜"。

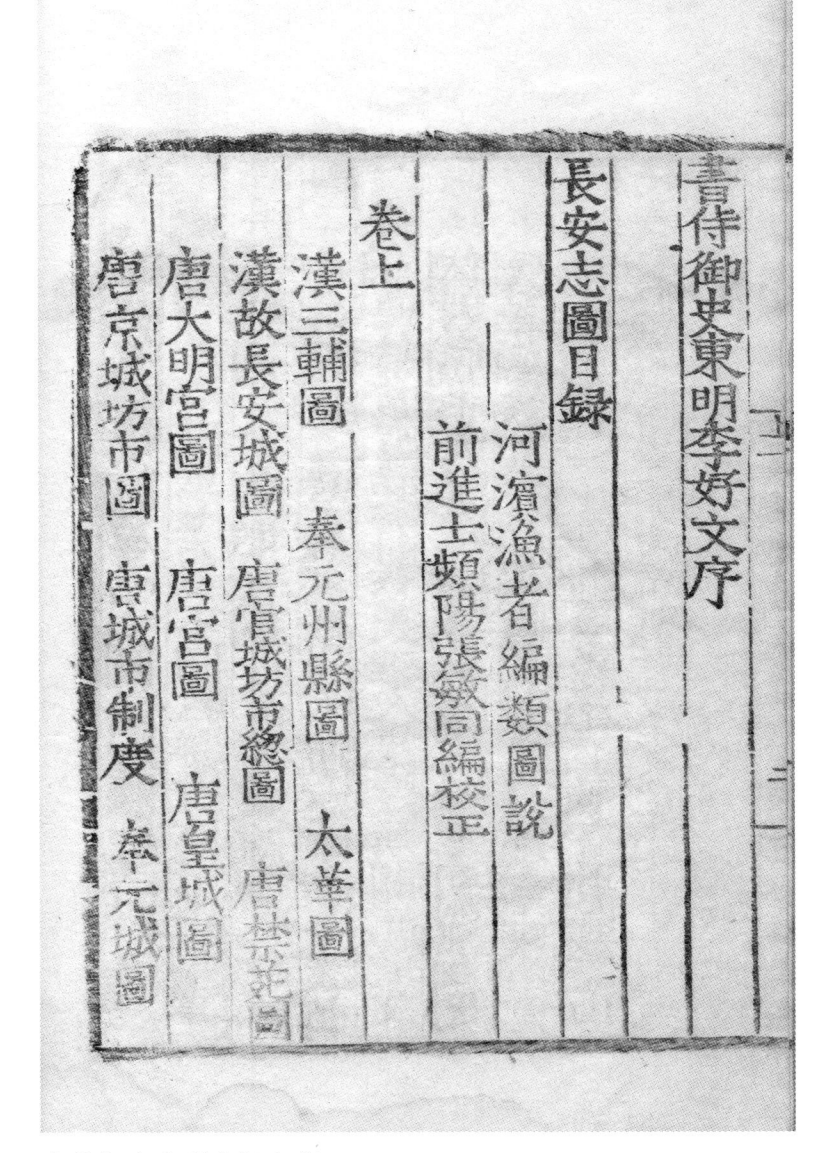

書侍御史東明李好文序。

## 長安志圖目録

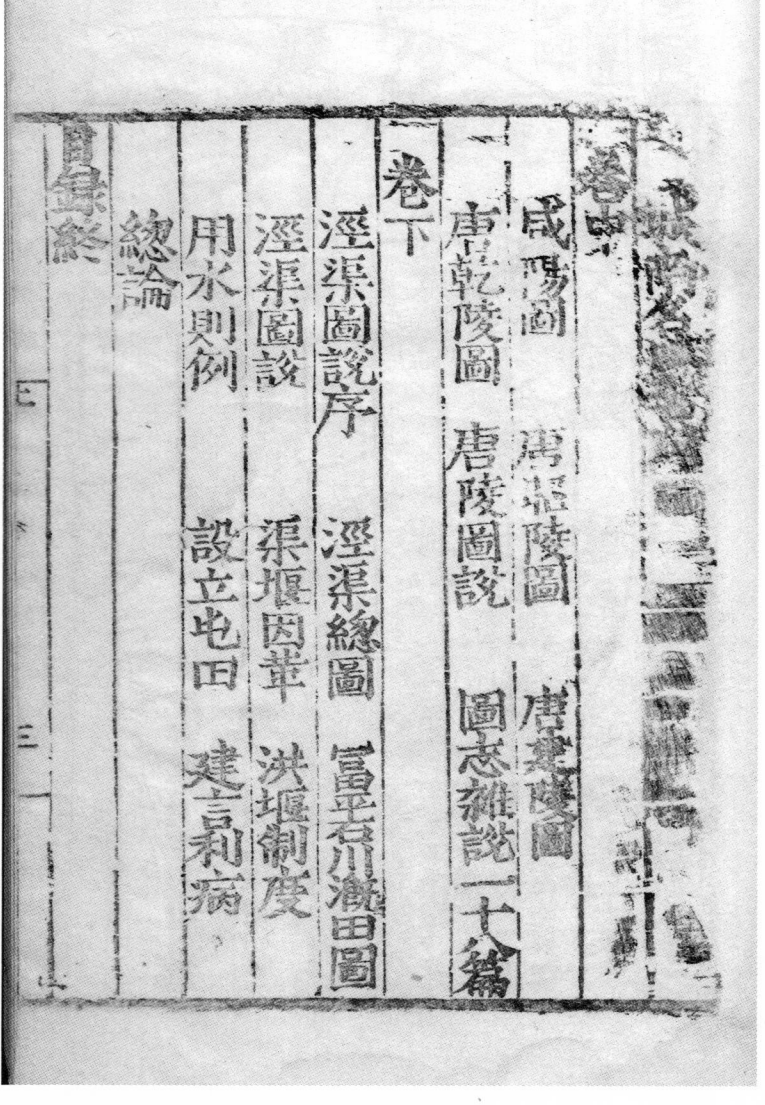

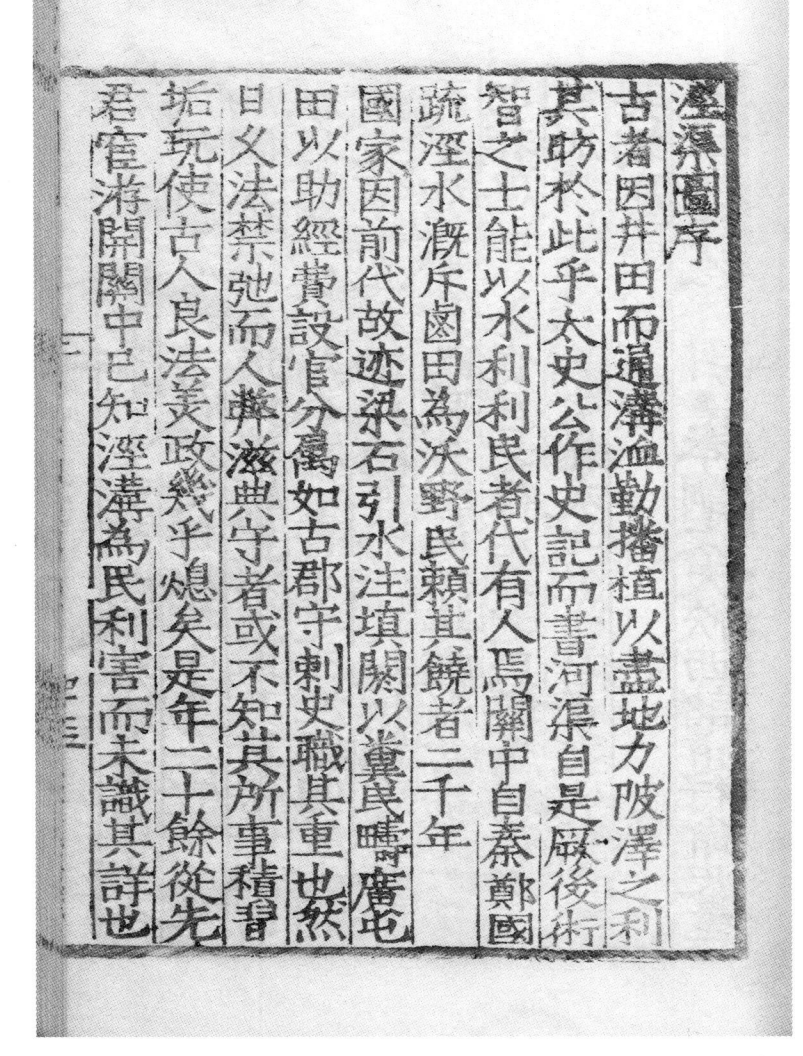

1 "涇渠圖序"，成化本作"涇渠圖説序"。
2 "植"，乾隆本作"殖"。
3 "甚"，底本作"其"，從畢氏經訓堂本改。
4 "然"，乾隆本作"然而"。
5 "走"，底本作"是"，不通，從畢氏經訓堂本改。"走"，作序者謙稱。
6 "於"，底本作"開"，不通，從畢氏經訓堂本改作"於"，疑"開"字爲衍文，當删。

## 涇渠圖序 [1]

古者因井田而通溝洫，勤播植 [2] 以盡地力。陂澤之利，其昉於此乎？太史公作《史記》而書《河渠》，自是厥後，術智之士，能以水利利民者，代有人焉。關中自秦鄭國疏涇水，溉斥鹵田爲沃野，民賴其饒者二千年。

國家因前代故迹，梁石引水，注填閼以糞民疇，廣屯田以助經費。設官分屬，如古郡守刺史，職其 [3] 重也。然 [4] 日久法禁弛而人弊滋，典守者或不知其所事，積習垢玩，使古人良法美政幾乎熄矣。走 [5] 年二十餘，從先君宦游於 [6] 關中，已知涇溝爲民利害而未識其詳也。

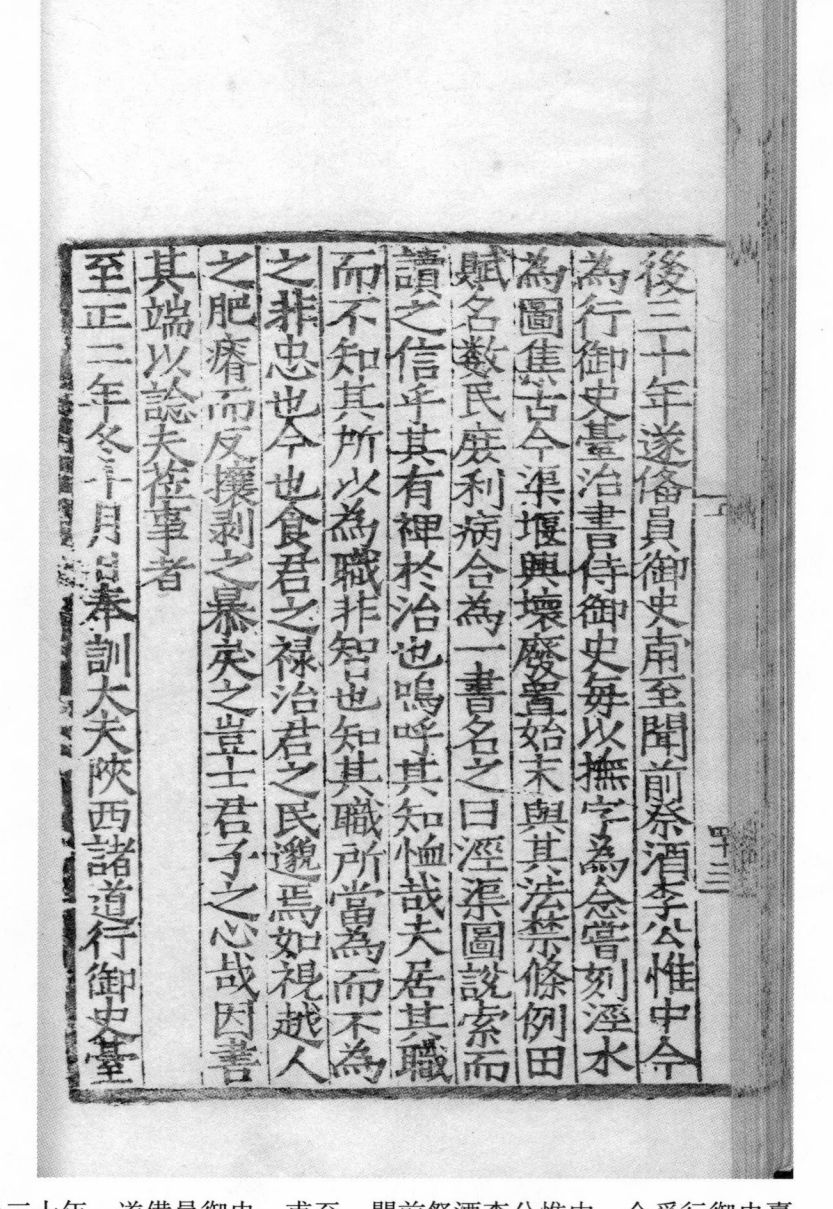

後三十年，遂備員御史。甫至，聞前祭酒李公惟中，今爲行御史臺
治書侍御史，每以撫字爲念，嘗刻涇水爲圖，集古今渠堰興壞廢置
始末，與其法禁條例、田賦名數、民庶利病，合爲一書，名之曰
《涇渠圖說》。索而讀之，信乎其有裨於治也。嗚呼，其知恤哉！
夫居其職而不知其所以爲職，非智也；知其職所當爲而不爲之，
非忠[1]也。今也食君之祿，治君之民，邈焉如視越人之肥瘠，而反
攘剝之，暴戾之，豈士君子之心哉？因書其端，以諗夫莅事者。

　　至正二年冬十月日，奉訓大夫、陝西諸道行御史臺

1 "忠"，乾隆本作"仁"。

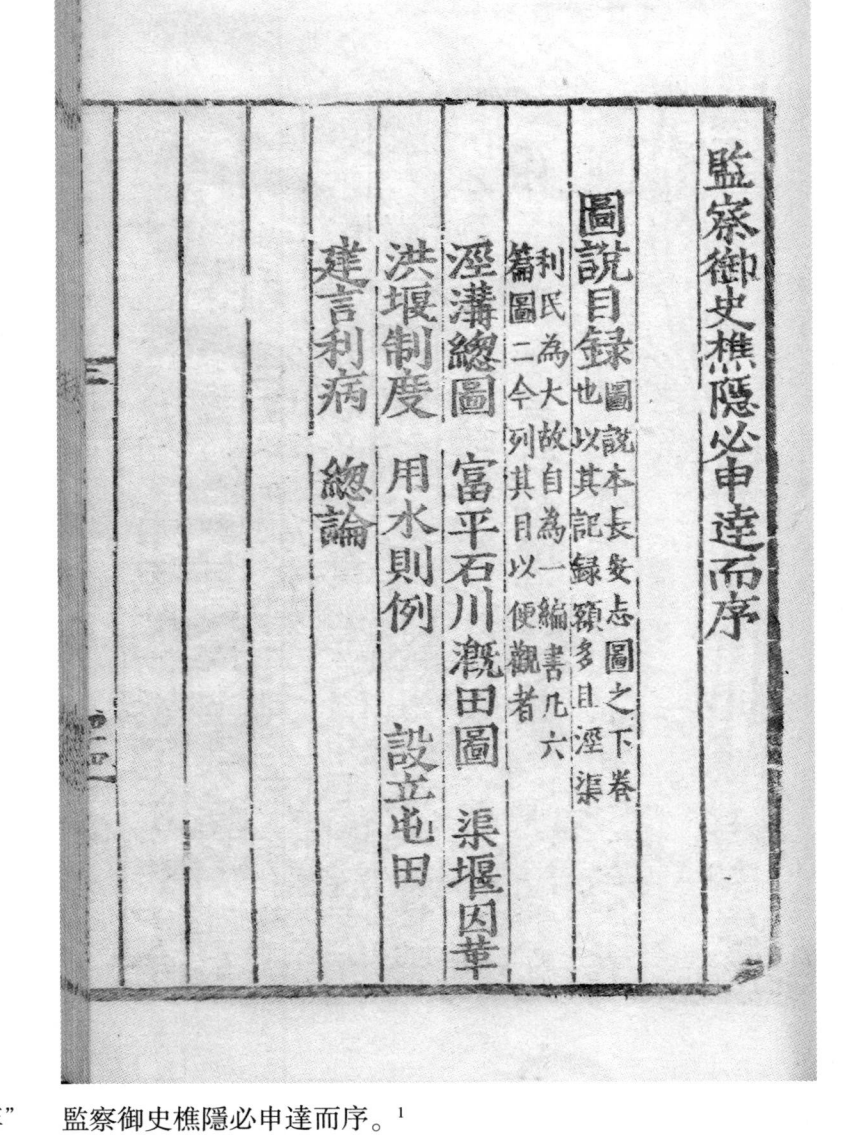

1 案，乾隆本自"至正"
下未另起一行。
2 "溝"，乾隆本誤作
"渠"。

監察御史樵隱必申達而序。[1]

　　圖說目錄　《圖說》本《長安志圖》之下卷也。以其記錄額多，且涇渠利民爲大，故自爲一編。書凡六篇，圖二。今列其目，以便觀者。

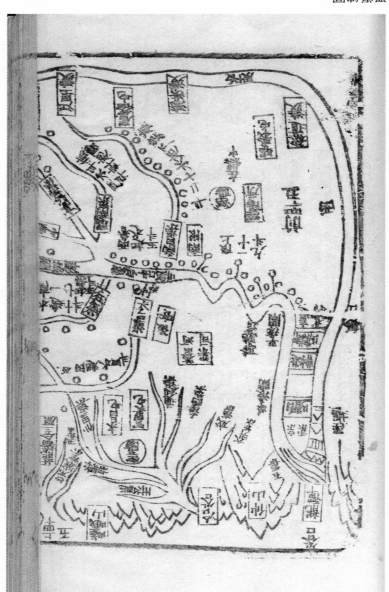

富平縣境石川溉田圖

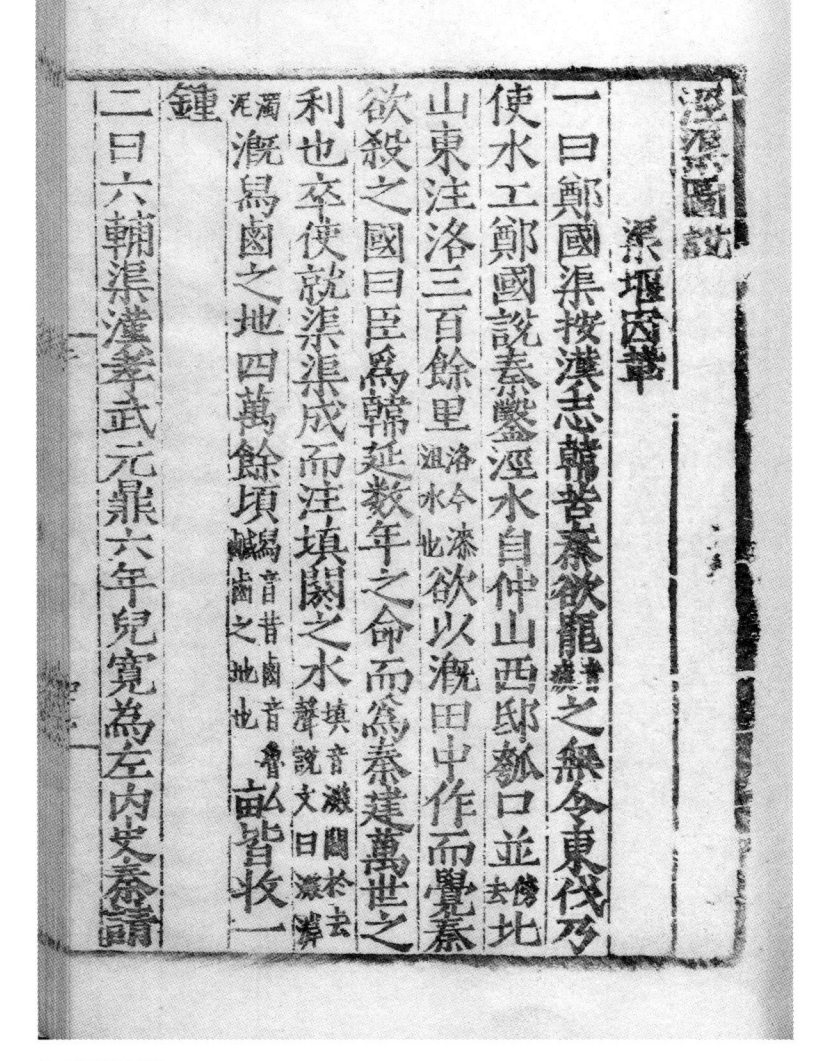

1 明成化本及清抄本皆無此四字。

2 "畝皆收一鍾"，四庫本作"收皆畝一鐘"，與《漢書》合。

## 涇渠圖説 [1]

### 渠堰因革

一曰鄭國渠。按《漢志》："韓苦秦，欲罷 音疲 之，無令東伐，乃使水工鄭國説秦鑿涇水，自仲山西邸瓠口，並 傍去 北山，東注洛，三百餘里，洛，今漆沮水也。欲以溉田。中作而覺，秦欲殺之。國曰：'臣爲韓延數年之命，而爲秦建萬世之利也。'卒使就渠。渠成而注填閼之水，填音瀦。閼，於去聲，《説文》曰："澱滓濁泥。"溉烏鹵之地四萬餘頃，烏音昔，鹵音魯，鹹鹵之地也。畝皆收一鍾 [2]。"

二曰六輔渠。漢孝武元鼎六年，兒寬爲左内史，奏請

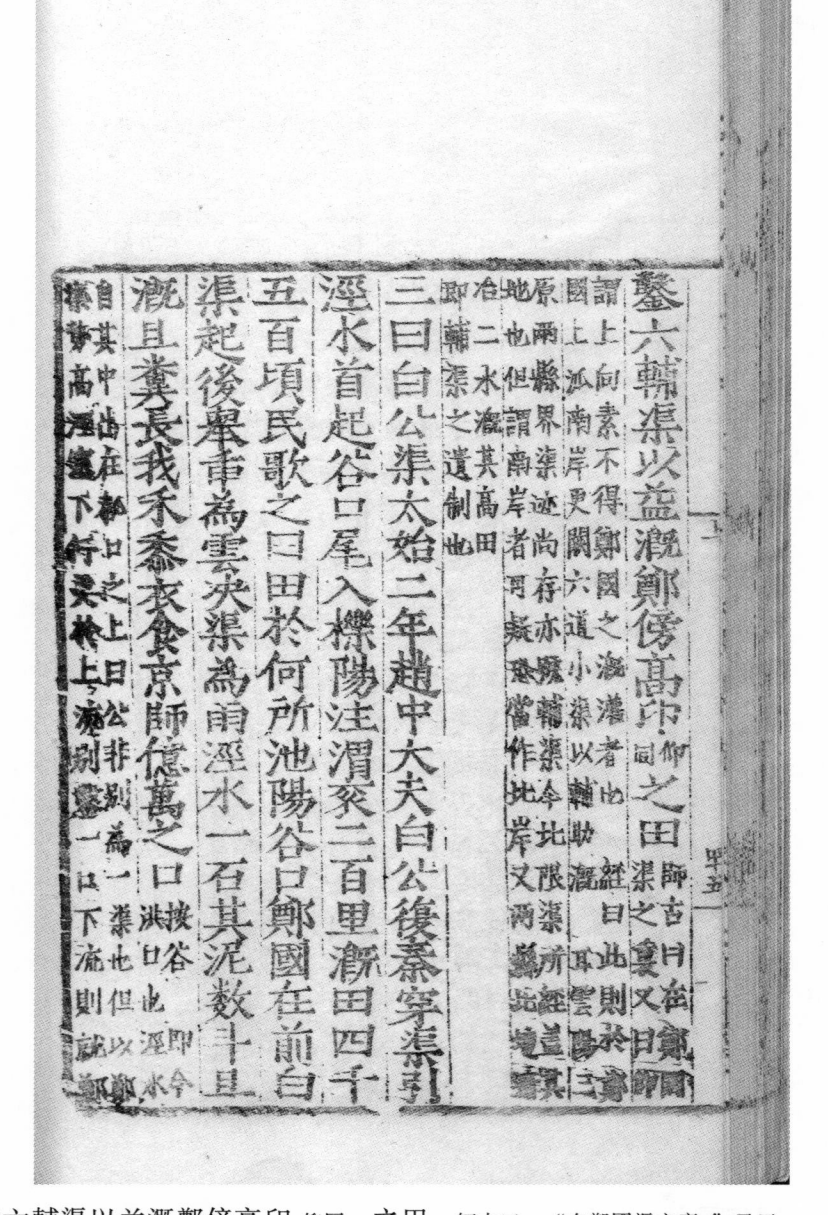

鑿六輔渠以益溉鄭傍高卬 仰同。 之田。師古曰："在鄭國渠之裏。"又曰："卬，謂上向素不得鄭國之溉灌者也。"《水經[1]》曰："此則於鄭國上派南岸，更鑿六道小渠，以輔助溉灌[2]耳。"雲陽、三原兩縣界渠迹尚存，亦號[3]"輔渠"，今北限渠所經，盖其地也。但謂"南岸"者，可疑；恐當作"北岸"。又，兩縣北境清、冶二水溉其高田，即輔渠之遺制也。

　　三曰白公渠。太始二年，趙中大夫白公復奏穿渠。引涇水，首起谷口，尾入櫟陽注渭，衺二百里，溉田四千五百頃。民歌之曰："田於何所，池陽谷口。鄭國在前，白渠起後。舉臿爲雲，決渠爲雨。涇水一石，其泥數斗。且溉且糞，長我禾黍。衣食京師，億萬之口。"按，谷口[4]，即今洪口也。涇水自其中出，在瓠口之上。白公非別爲一渠也，但以鄭渠勢高，涇塞不行，更於上流別鑿一口，下流則就鄭

1 "經"上空格，此據四庫本補"水"字。
2 "溉"下空格，此據四庫本補"灌"字。
3 "號"，四庫本作"曰"。
4 案，"谷"下闕文，此據四庫本補"口"字。

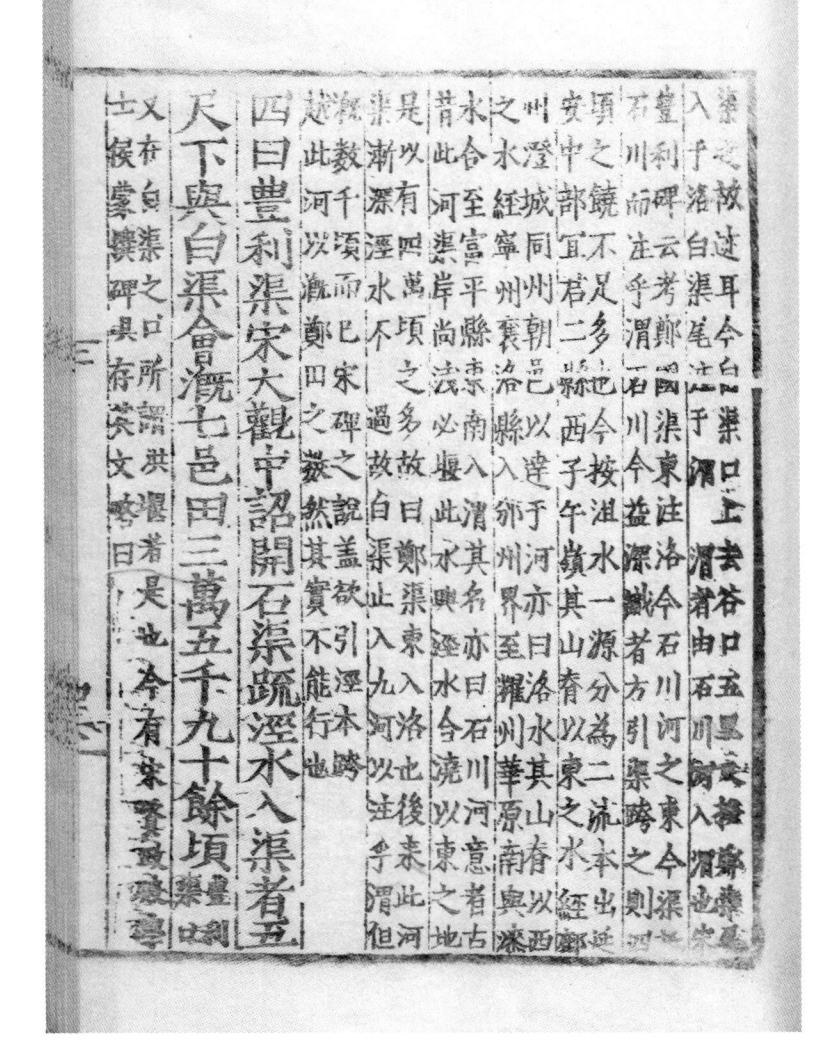

1 "渭"上闕文，此據四庫本補"注"字。
2 "四"下脱"萬"字，今據下文及四庫本補。
3 "不"下闕文，此據四庫本補"能"字。
4 案，"以溉鄭田之數"，此據四庫本改爲"以益溉田之數"。

渠之故迹耳。今白渠口上去谷口五里。又按，鄭渠尾入于洛，白渠尾注于渭。注渭[1]者，由石川河入渭也。宋《豐利碑》云："考鄭國渠東注洛，今石川河之東。今渠抵石川而注乎渭，石川今益深，識者方引渠跨之，則四萬[2]頃之饒不足多也。"今按，沮水一源，分爲二流。本出延安中部、宜君二縣西子午嶺。其山脊以東之水，經鄜州澄城、同州朝邑，以達于河，亦曰洛水。其山脊以西之水，經寧州襄洛縣入邠州界，至耀州華原南與漆水合，至富平縣東南入渭，其名亦曰石川河。意者，古昔此河渠岸尚淺，必堰此水，與涇水合澆以東之地，是以有四萬頃之多，故曰鄭渠東入洛也。後來此河渠漸深，涇水不能[3]過，故白渠止入九河以注乎渭，但溉數千頃而已。宋碑之説，蓋欲引涇水跨越此河，以益溉田之數[4]，然其實不能行也。

　　四曰豐利渠。宋大觀中，詔開石渠，疏涇水入渠者五尺，下與白渠會，溉七邑田三萬五千九十餘頃。豐利渠口又在白渠之口，所謂洪堰者是也。今有宋資政殿學士侯蒙撰碑具存，其文略曰：

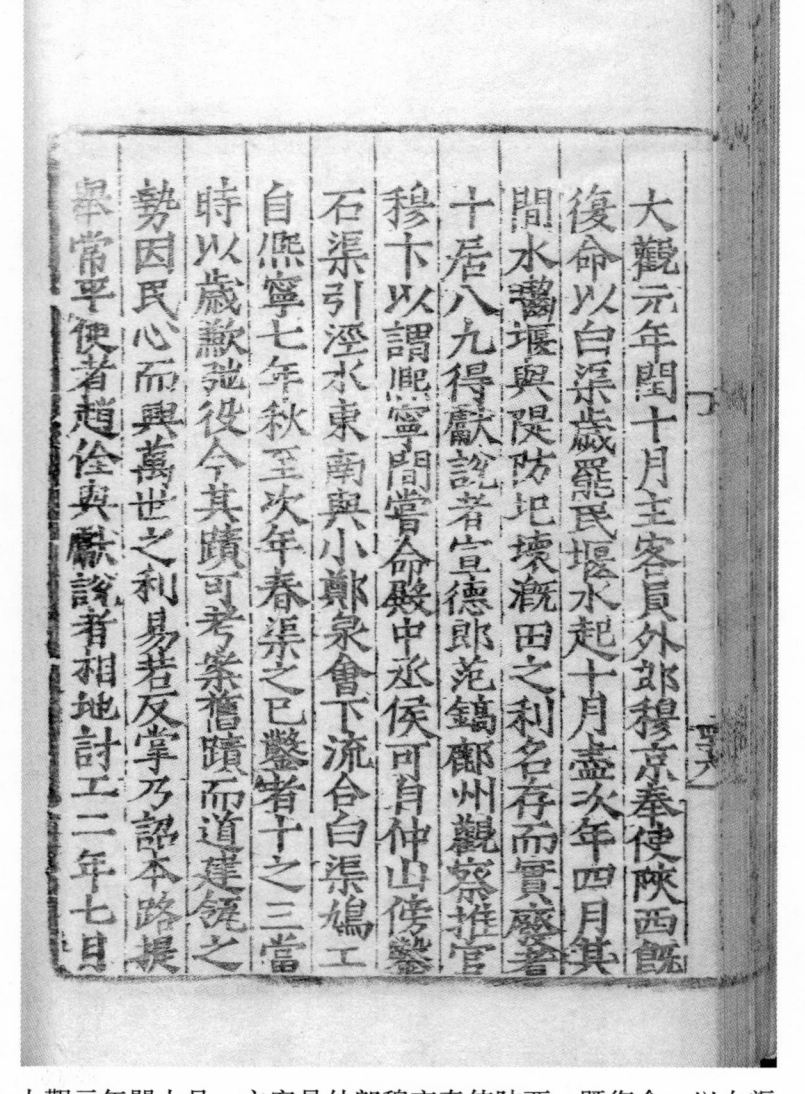

大觀元年閏十月，主客員外郎穆京奉使陝西，既復命，以白渠歲罷民，堰水起十月，盡次年四月。其間水嚙堰與隄防圮壞，溉田之利名存而實廢者，十居八九。得獻說者宣德郎范鎬、鄜州觀察推官穆卞，以謂熙寧間，嘗命殿中丞侯可自仲山傍鑿石渠，引涇水東南與小鄭泉會，下流合白渠。鳩工自熙寧七年秋至次年春，渠之已鑿者十之三。當時以歲歉弛役，今其蹟可考。案舊蹟而道建瓴之勢，因民心而興萬世之利，易若反掌。乃詔本路提舉常平使者趙佺與獻說者相地計工。二年七月，

詔可俾佺董其事經始以是年九月越明年四月
土渠成下廣一丈有八尺上廣五丈深視地形之
高下袤四千一百二十丈南與故渠合計工六十
一萬七百有畸越明年閏八月石渠成下廣一丈
有二尺上廣一丈有四尺深視地形之高下袤三
千一百四十有一尺南與土渠接又度渠之比視
其勢高峻留石僅三丈裁通竇以防漲水計工四
十九萬八百有畸九月甲寅疏涇水入渠者五尺
汪洋湍駛不捨晝夜稚耋驩呼所未嘗見凡溉涇
陽醴泉高陵櫟陽雲陽三原富平七邑之田總二

詔可，俾佺董其事。經始以是年九月，越明年四月土渠成。下廣一丈有八尺，上廣五丈，深視地形之高下，袤四千一百二十丈，南與故渠合。計工六十一萬七百有畸。越明年閏八月，石渠成。下廣一丈有二尺，上廣一丈有四尺，深視地形之高下，袤三千一百四十有一尺，南與土渠接。又度渠之北，視其勢高峻，留石僅三丈，裁通竇以防漲水。計工四十九萬八百有畸。九月甲寅，疏涇水入渠者五尺，汪洋湍駛，不捨晝夜。稚耋驩呼，所未嘗見。凡溉涇陽、醴泉、高陵、櫟陽、雲陽、三原、富平七邑之田，總二

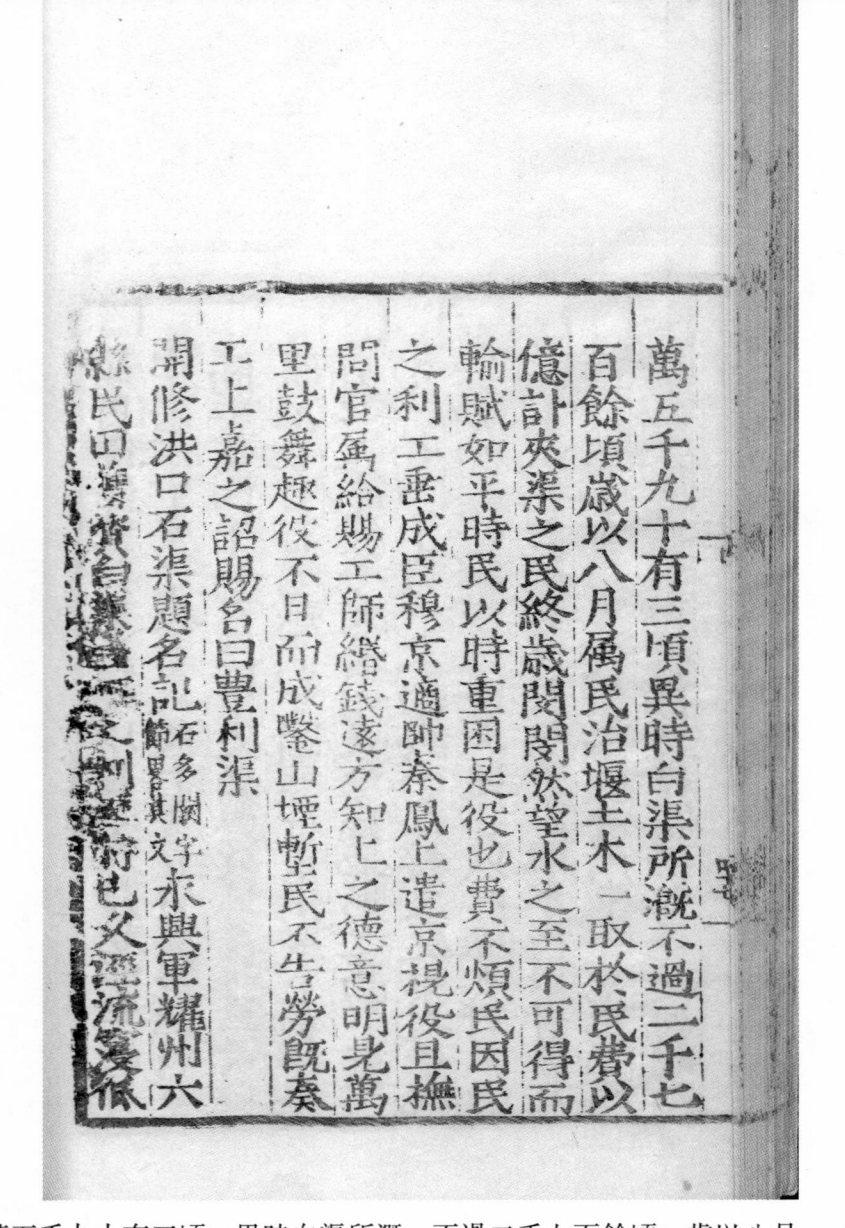

萬五千九十有三頃。異時白渠所溉，不過二千七百餘頃，歲以八月屬民治堰，土木一取於民，費以億計。夾渠之民，終歲閔閔然望水之至不可得，而輸賦如平時，民以時[1]重困。是役也，費不煩民，因民之利。工垂成，臣穆京適帥秦鳳，上遣京視役，且撫問官屬，給賜工師緡錢。遠方知上之德意，明見萬里，鼓舞趣役，不日而成，鑿山堙塹，民不告勞。既奏工，上嘉之，詔賜名曰"豐利渠"。《開修洪口石渠題名記》石多闕字，節畧其文。

永興軍耀州六縣民田，舊資白渠灌溉之利，歷時已久，涇流寖低，

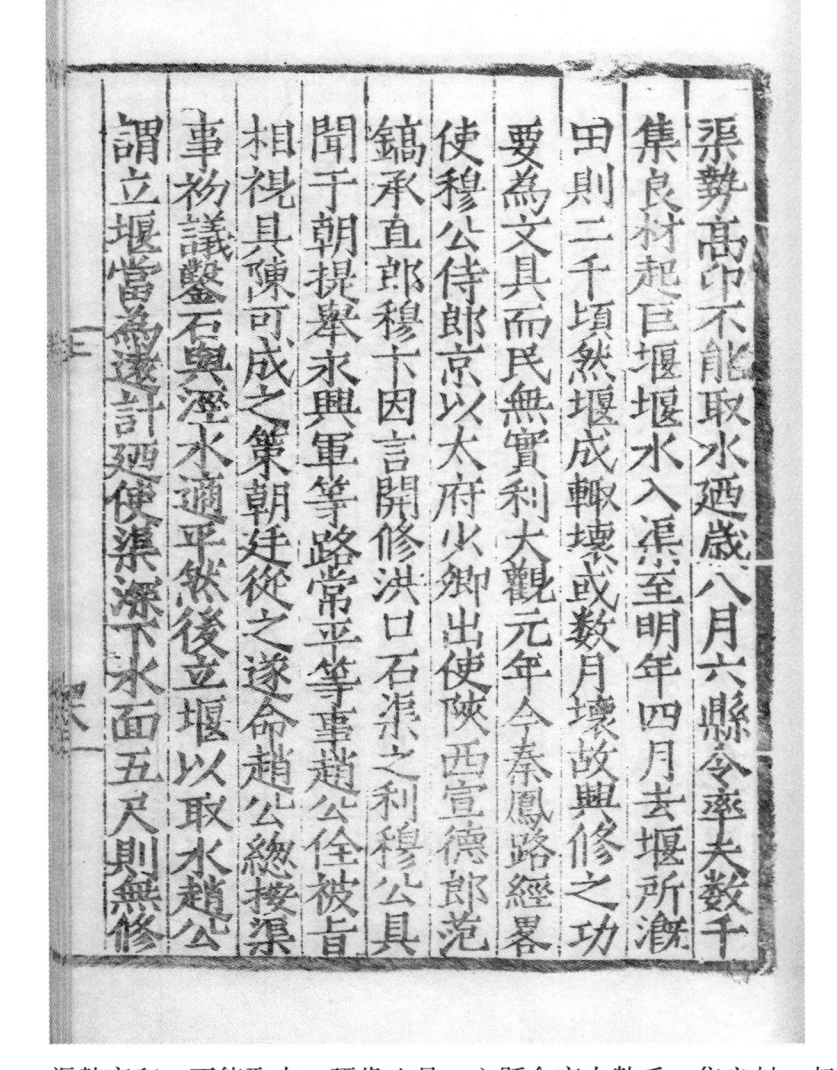

渠勢高卬，不能取水。迺歲八月，六縣令率夫數千，集良材，起巨堰，堰水入渠。至明年四月去，堰所溉田則二千頃。然堰成輒壞，或數月壞，故興修之功，要為文具，而民無實利。大觀元年，今秦鳳路經署使穆公侍郎京，以太府少卿出使陝西，宣德郎范鎬、承直郎穆卜因言開修洪口石渠之利。穆公具聞于朝，提舉永興軍等路常平等事趙公佺被旨相視，具陳可成之策。朝廷從之，遂命趙公總按渠事。初議鑿石與涇水適平，然後立堰以取水。趙公謂立堰當為遠計，迺使渠深下水面五尺，則無修

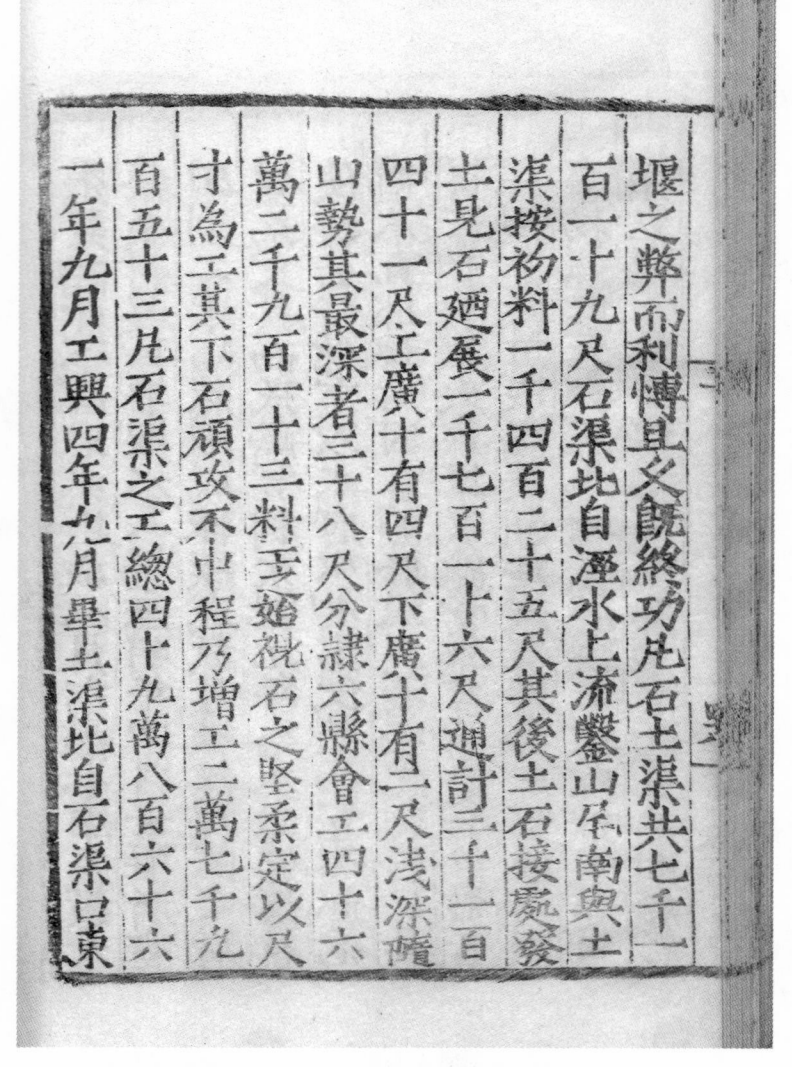

堰之弊，而利博且久。既終功，凡石土渠共七千一百一十九尺。石渠北自涇水上流鑿山，尾南與土渠接[1]，初料一千四百二十五尺，其後土石接處，發土見石，迺展一千七百一十六尺，通計三千一百四十一尺。上廣十有四尺，下廣十有二尺，淺深隨山勢，其最深者三十八尺。分隸六縣，會工四十六萬二千九百一十三。料工之始，視石之堅柔，定以尺寸爲工。其下石頑，攻不中程，乃增工二萬七千九百五十三，凡石渠之工總四十九萬八百六十六。一年九月工興，四年九月畢。土渠北自石渠口，東

1 "接"，底本作"按"，不通。據畢氏經訓堂本改。

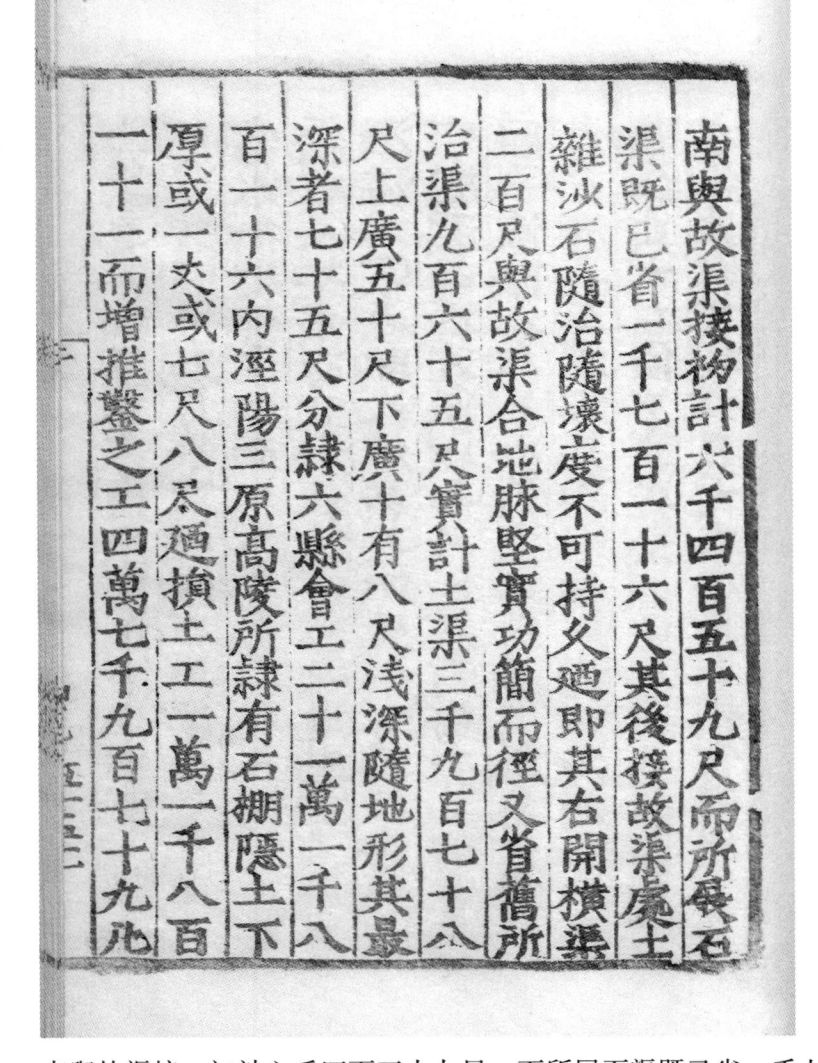

南與故渠接，初計六千四百五十九尺，而所展石渠既已省一千七百一十六尺，其後接故渠處土雜沙石，隨治隨壞，度不可持久，廼即其右開橫渠二百尺，與故渠合。地脉堅實，功簡而徑，又省舊所治渠九百六十五尺，實計土渠三千九百七十八尺。上廣五十尺，下廣十有八尺[1]，淺深隨地形，其最深者七十五尺。分隸六縣，會工二十一萬一千八百一十六。內涇陽、三原、高陵所隸，有石棚隱土，下厚或一丈，或七尺八尺，廼損土工一萬一千八百一十一，而增推[2]鑿之工四萬七千九百七十九。凡

1 案，"十有八尺"，或改作"五十八尺"，當誤。河渠一般上寬下窄，無上廣五十尺，而下廣五十八尺之理。

2 "推"字疑爲"椎"字，形近而誤。

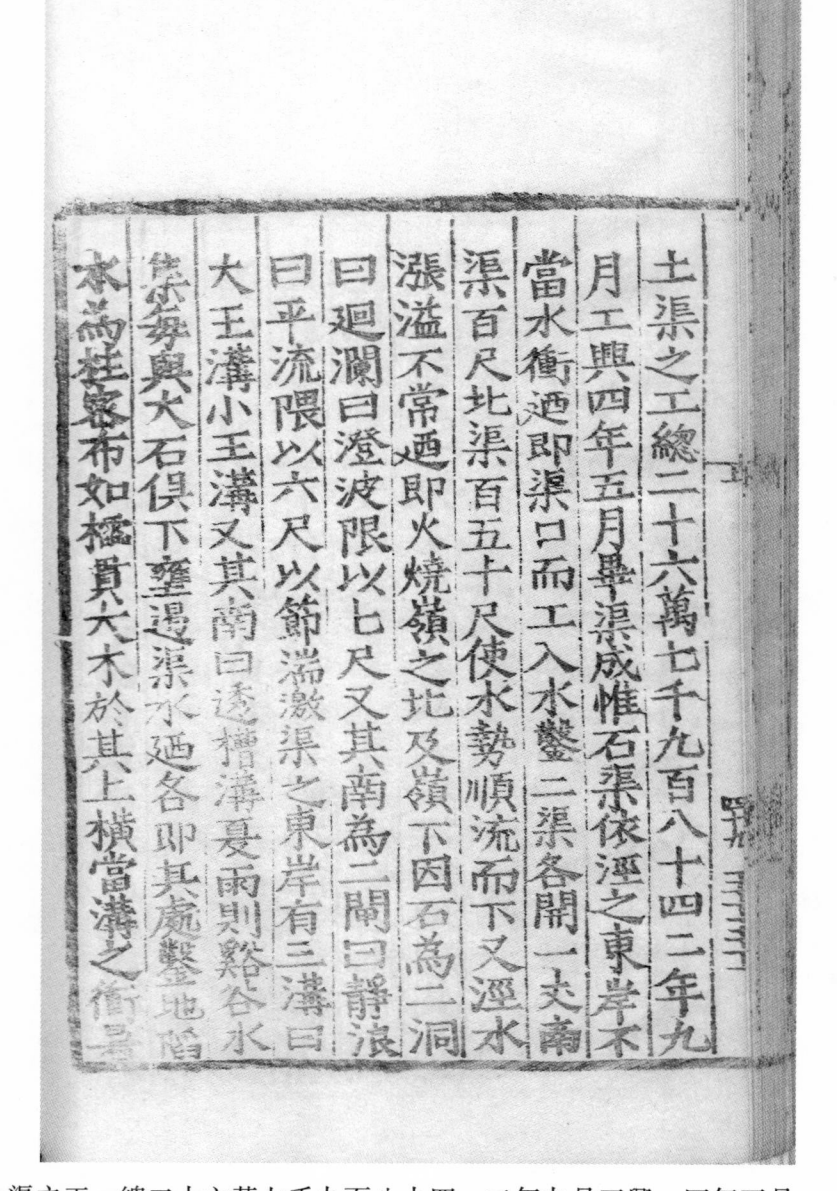

土渠之工，總二十六萬七千九百八十四。二年九月工興，四年五月畢。渠成，惟石渠依涇之東岸，不當水衝，廼即渠口而工。入水鑿二渠，各開一丈，南渠百尺，北渠百五十尺，使水勢順流而下。又涇水漲溢不常，廼即火燒嶺之北及嶺下，因石爲二洞，曰廻瀾，曰澄波，限以七尺。又其南爲二閘，曰靜浪[1]，曰平流，限以六尺，以節湍激。渠之東岸有三溝，曰大王溝、小王溝，又其南曰透槽溝。夏雨則谿谷水集，每與大石俱下，壅遏渠水，廼各即其處，鑿地陷木爲柱，密布如櫍，貫大木於其上，橫當溝之衝。暑

1 "浪"，清抄本或作 "液"，當涉形近而誤。

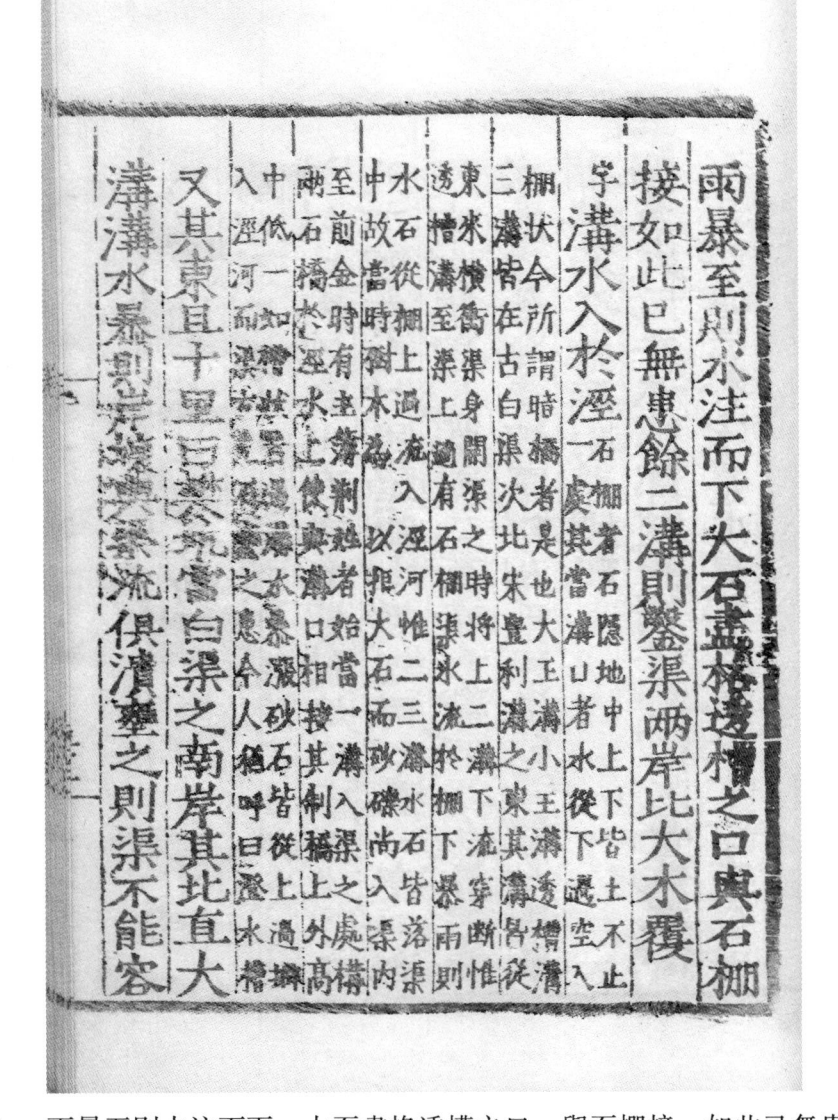

雨暴至則水注而下，大石盡格透槽之口，與石棚接，如此已無患。餘二溝則鑿渠兩岸，比大木覆（其上）[1]，字。溝水入於涇。石棚者，石隱地中，上下皆土，不止一處。其當溝口者，水從下過，空入棚狀，今所謂暗橋者是也。大王溝、小王溝、透棚溝[2]，三溝皆在古白渠次北、宋豐利溝之東。其溝皆從東來，橫衝渠身。開渠之時，將上二溝下流穿斷，惟透槽溝至渠上適有石棚，渠水流於棚下，暴雨則水石從棚上過，流入涇河。惟二三溝[3]，水石皆落渠中，故當時樹木爲（柵）[4]，以拒大石，而砂礫尚入渠內。至前金時，有主簿[5]荆姓者，始當一溝，入渠之處，構兩石橋於涇水上，使與溝口相接。其制，橋上外高中低，一如槽狀，若遇溝水暴漲，砂石皆從上過，辦入涇河，而渠方免石壅之患，今人猶呼曰澄水槽。又其東且十里曰樊坑，當白渠之南岸。其北直大溝，溝水暴則岸壞，與渠流俱潰，壅之則渠不能容，

1 此二字原爲空格，據四庫本補。
2 案，刻本“透棚溝”，下文作“透槽溝”，此當涉上文而誤。
3 案，“二三溝”，四庫本作“此三溝”，辛德勇校本以爲當作“二王溝”，是。
4 此處原闕，據四庫本補。
5 嘉靖本及四庫本作“主簿”，而乾隆本作“王簿”，誤。

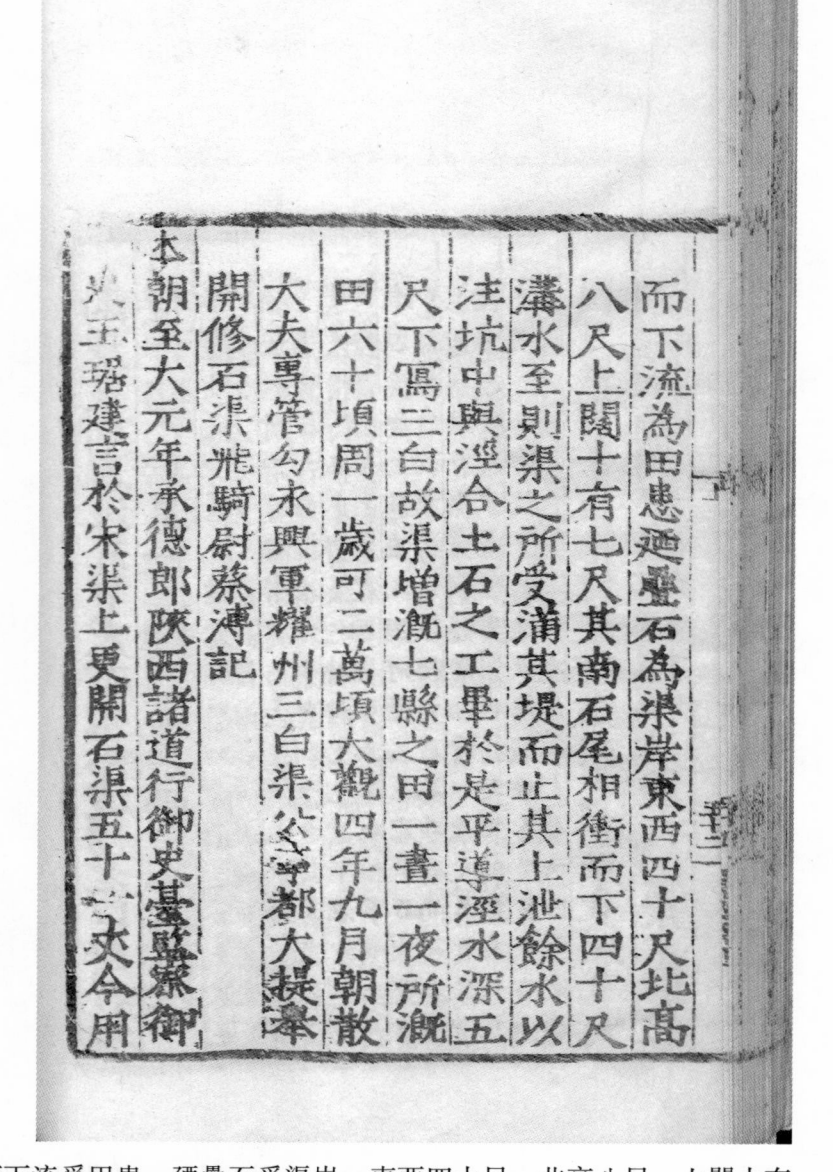

而下流爲田患。廼疊石爲渠岸，東西四十尺。北高八尺，上闊十有七尺。其南石尾相衝而下四十尺，溝水至則渠之所受滿其堤而止。其上泄餘水以注坑中，與涇合。土石之工，畢於是乎？導涇水深五尺，下寫[1]三白故渠，增溉七縣之田。一晝一夜，所溉田六十頃；周一歲，可二萬頃。大觀四年九月，朝散大夫專管勾永興軍耀州三白渠公事都大提舉開修石渠，飛騎尉蔡溥記。

本朝至大元年，承德郎陝西諸道行御史臺監察御史王琚建言，於宋渠上更開石渠五十一丈，今用

1 “寫”，四庫本作“瀉”，二字古通。

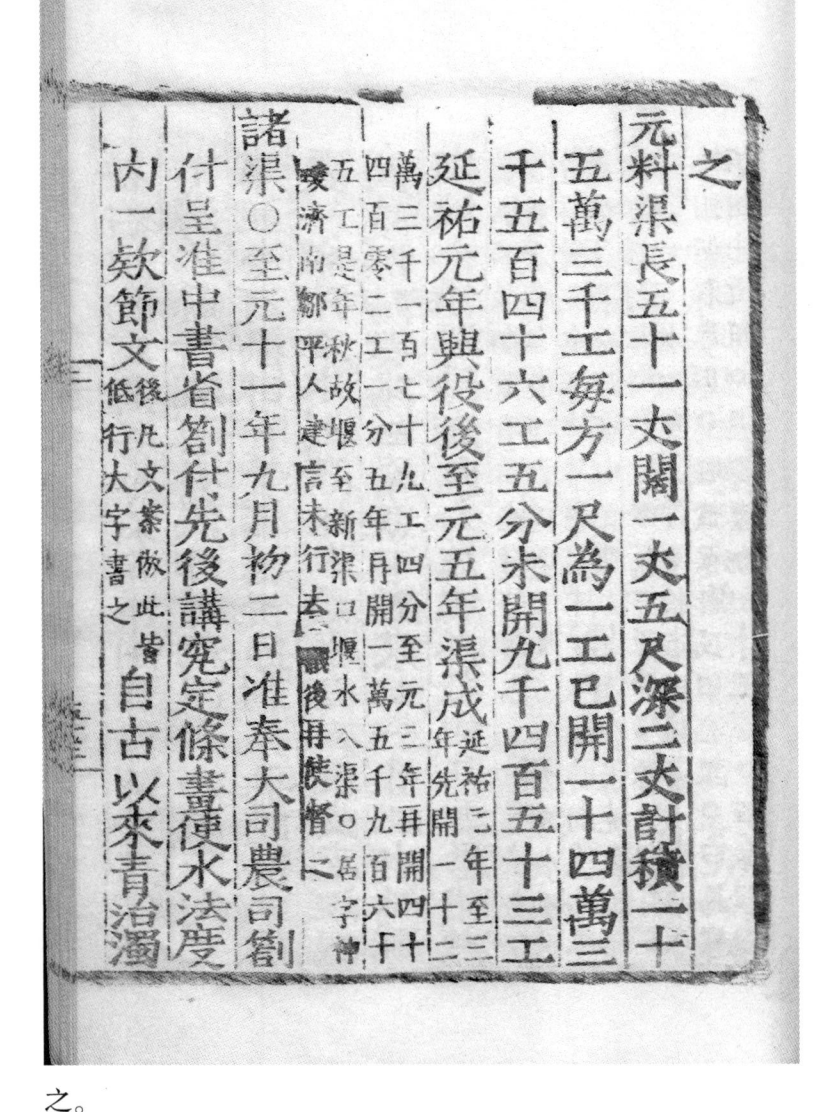

之。

元料渠，長五十一丈，闊一丈五尺，深二丈[1]。計積一十五萬三千工，每方一尺爲一工，已開一十四萬三千五百四十六工五分，未開九千四百五十三工。延祐元年興役，後至元五年[2]渠成。延祐元年至三年，先開一十二萬三千一百七十九工四分。至元三年，再開四千四百零二工一分。五年，再開一萬五千九百六十五工。是年秋，故堰至新渠口堰水入渠。琚[3]，字神瑗，濟南鄒平人。建言未行，去職，後再使督之。

諸渠。至元十一年九月初二日，准奉大司農司劄付、呈准中書省劄付，先後講究定條畫使水法度內一欵節文：後凡文案做此，皆低行大字書之。

自古以來，青冶[4]、濁

1 乾隆本：沅案：《元史·河渠志》作“闊一丈，深五尺”。
2 乾隆本：沅案：《宋史·河渠志》作“至五年”，蓋誤。
3 底本作“居”，據上文，當爲“琚”字之誤。
4 底本作“治”，當誤。水出冶谷，曾爲冶鑄之所，故名。今從畢氏經訓堂本改。

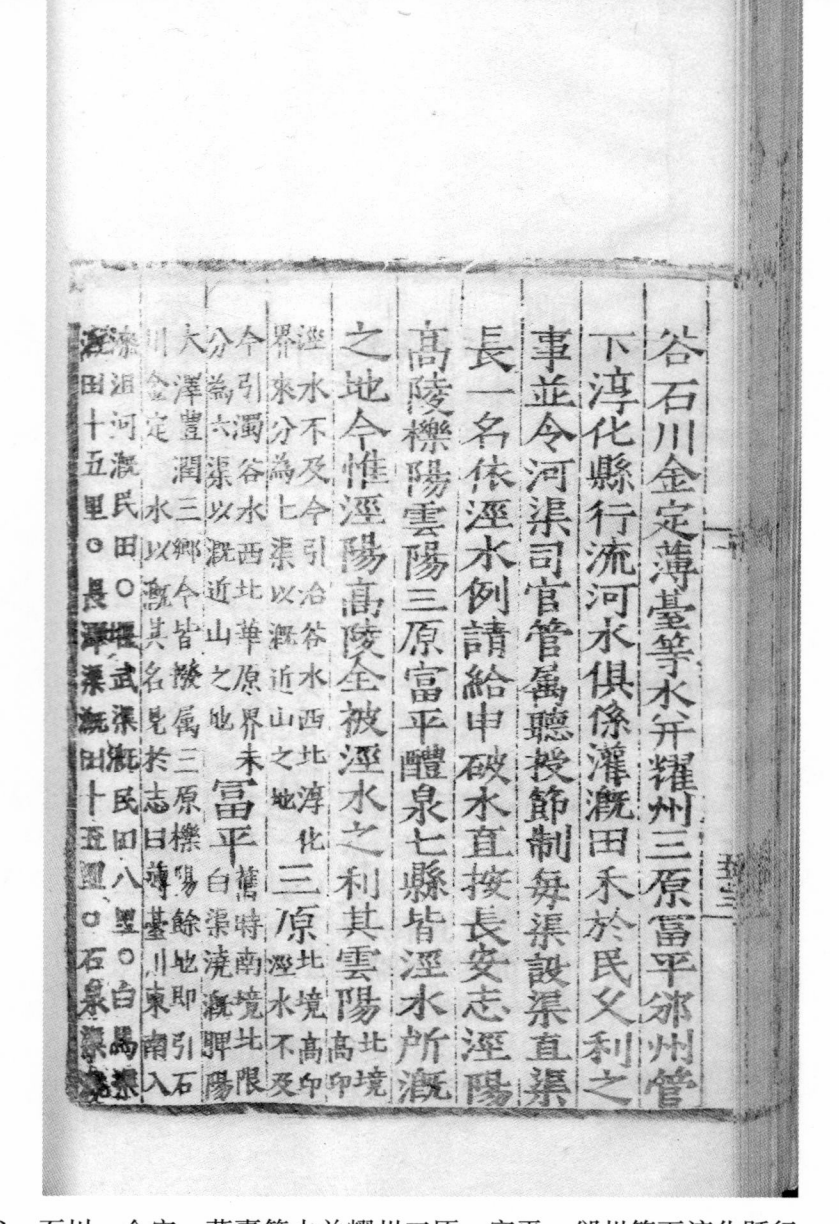

谷、石川、金定、薄臺等水并耀州三原、富平、邠州管下淳化縣行流河水，俱係灌溉田禾，於民久利之事，並令河渠司官管屬，聽授節制。每渠設渠直渠長一名，依涇水例請給，申破[1]水直。按《長安志》，涇陽、高陵、櫟陽、雲陽、三原、富平、醴泉七縣，皆涇水所溉之地，今惟涇陽、高陵全被涇水之利。其雲陽、北境高卬，涇水不及。今引冶谷水，西北淳化界來，分爲七渠，以溉近山之地。三原、北境高卬，涇水不及。今引濁谷水，西北華原界來，分爲六渠，以溉近山之地。富平、舊時南境北限白渠，澆溉脾陽、大澤、豐潤三鄉，今皆撥屬三原、櫟陽，餘地即引石川、金定二水以溉。其名見於《志》，曰薄臺川，東南入漆沮河，溉民田。堰武渠，溉民田八里。白馬渠，溉田十五里。長澤渠，溉田十五里。石泉渠，溉

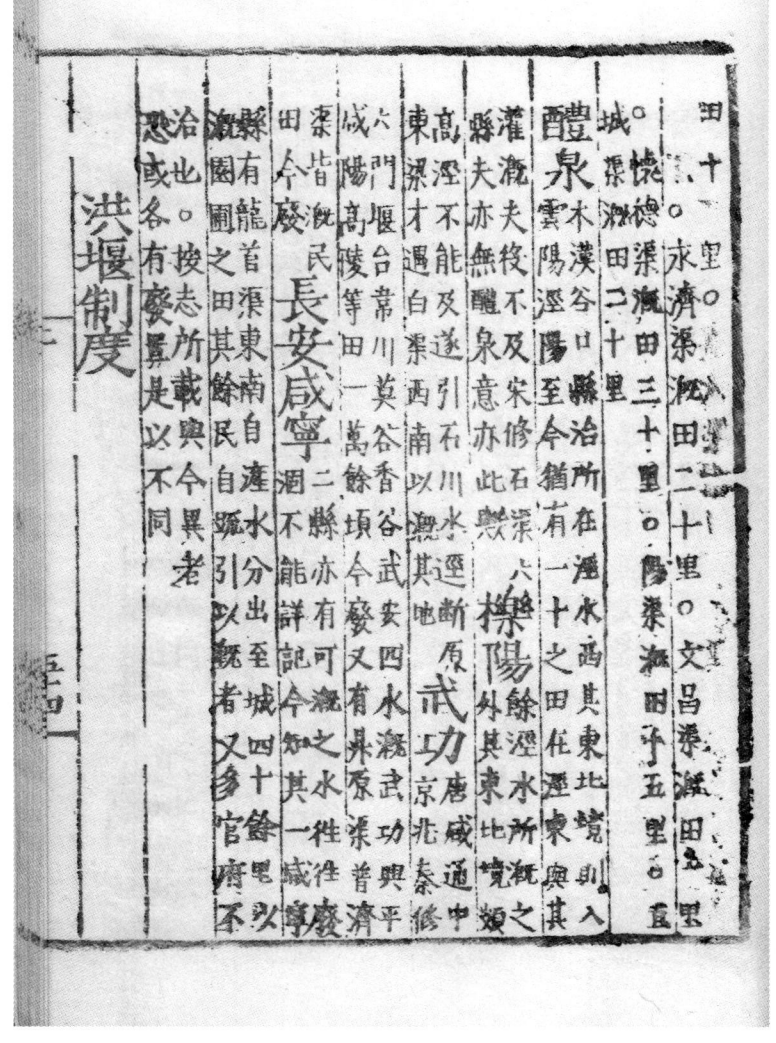

1 "一十"，清抄本此下有空格，四庫本作"不毛"。
2 "與"，明成化本作"興"。
3 "才"，四庫本作"村"。
4 底本作"台"，不通，今據畢氏經訓堂本改。

田十里。永濟渠，溉田十二里。文昌渠，溉田十里。懷德渠，溉田三十里。陽渠，溉田十五里。直城渠，溉田二十里。

醴泉、本漢谷口縣，治所在涇水西。其東北境則入雲陽、涇陽，至今猶有一十[1]之田在涇東，與[2]其灌溉，夫役不及。宋修石渠六縣，夫亦無醴泉，意亦此歟？櫟陽、餘涇水所溉之外，其東北境頗高，涇不能及，遂引石川水，逕斷原東梁才[3]，過白渠西南，以溉其地。武功、唐咸通中，京兆奏修六門堰，治[4]韋川、莫谷、香谷、武安四水，溉武功、興平、咸陽、高陵等田一萬餘頃，今廢。又有昇原渠、普濟渠，皆溉民田，今廢。長安、咸寧。二縣亦有可溉之水，往往廢湮，不能詳記，今知其一。咸寧縣有龍首渠，東南自滻水分出，至城四十餘里，以溉園圃之田。其餘民自疏引以溉者，又多官府不治也。按《志》所載與今異者，恐或各有廢置，是以不同。

**洪堰制度**

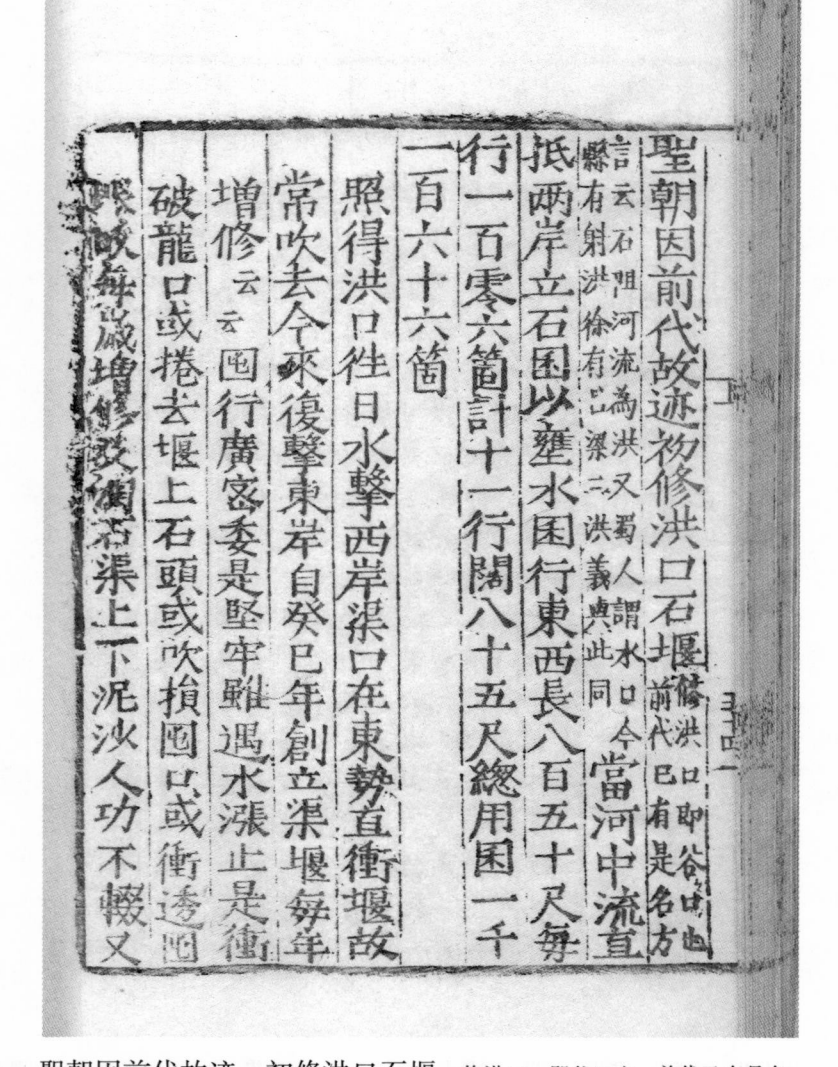

聖朝因前代故迹，初修洪口石堰，修洪口，即谷口也。前代已有是名，《方言》云：「石阻河流爲洪。」又，「蜀人謂水口爲洪[1]」。今縣有射洪，徐有呂梁，二洪義與此同。[2] 當河中流，直抵兩岸，立石囷[3]以壅水，囷行東西，長八百五十尺，每行一百零六箇，計十一行，闊八十五尺，總用囷一千一百六十六箇。

照得洪口往日水擊西岸，渠口在東，勢直衝堰，故常吹去。今來復擊東岸，自癸巳年創立渠堰，每年增修云云。囷行廣密，委是堅牢。雖遇水漲，止是衝破龍口，或捲去堰上石頭，或吹損囷口，或衝透囷眼，故每歲增修及淘石渠上下泥沙，人功不輟。又

1 底本無「爲洪」二字，據乾隆本補。
2 乾隆本：沅案：古曰谷口，曰瓠口，此曰洪口，谷、瓠、洪三音相近，亦即焦穫之穫也。
3 「囷」，四庫本皆作「囤」。

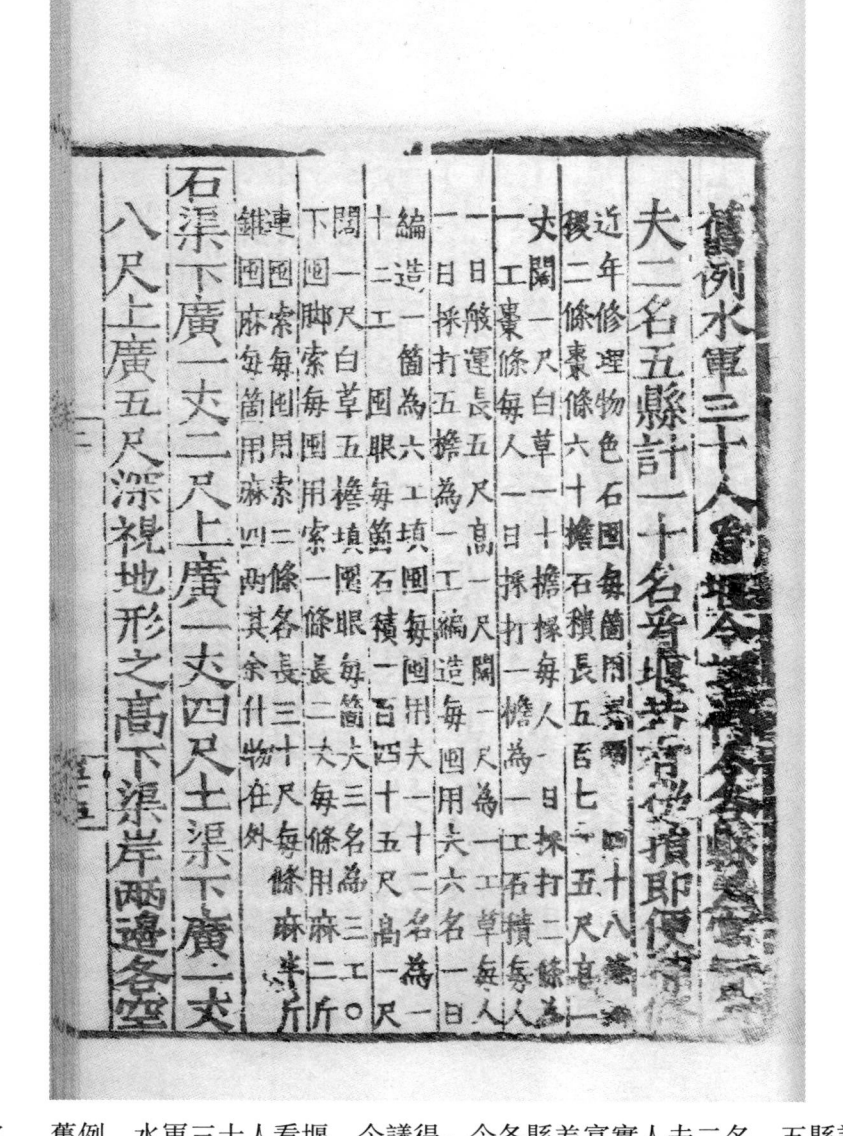

舊例，水軍三十人看堰。今議得：令各縣差富實人夫二名，五縣計一十名看堰。若有微損，即便補修。近年修理物色石囤，每箇用椽兩□四十八條，掰稷二條，棗條六十擔，石積長五百七十五尺，高一丈，闊一尺；白草一十擔。椽每人一日採打二條爲一工；棗條每人一日採打一擔爲一工；石積每人一日般運長五尺，高一尺，闊一尺爲一工；草每人一日採打五擔爲一工。編造每箇囤用夫六名，一日編造一箇爲六工。填囤，每囤用夫一十二名，爲一十二工。囤眼，每箇石積一百四十五尺，高一尺，闊一尺。白草五擔填囤眼，每箇夫三名爲三工。下囤腳索，每囤用索一條，長二丈，每條用麻二斤。連囤索，每囤用索二條，各長三十尺。每條麻半斤。錐囤麻，每箇用麻四兩。其余什物在外。

石渠下廣一丈二尺，上廣一丈四尺。土渠下廣一丈八尺，上廣五丈[1]，深視地形之高下。渠岸兩邊各空地一丈四尺。

　　舊例：岸兩壁無得當攔巡水道徑。後稱空地者放此。按，今見行渠身，即宋之豐利渠也。王御史新開石渠亦同，但身不及耳。其立囤處，河身亦窄，今只用囤二行，數皆減於舊矣。

　　立三限閘以分水，凡二所。三限閘：其北曰太白渠，中曰中白渠，南曰南白渠。太白之下，是爲邢堰，邢堰之上，渠分爲二：北曰務高渠，南曰平皐渠。彭城閘，渠分爲四：其北曰中白渠，其南曰中南渠，又其南曰高望渠，又其南曰隅南渠。中南之下，其北分者曰析波渠，其南分者曰昌連渠。渠岸兩邊各空地八尺，凡渠不

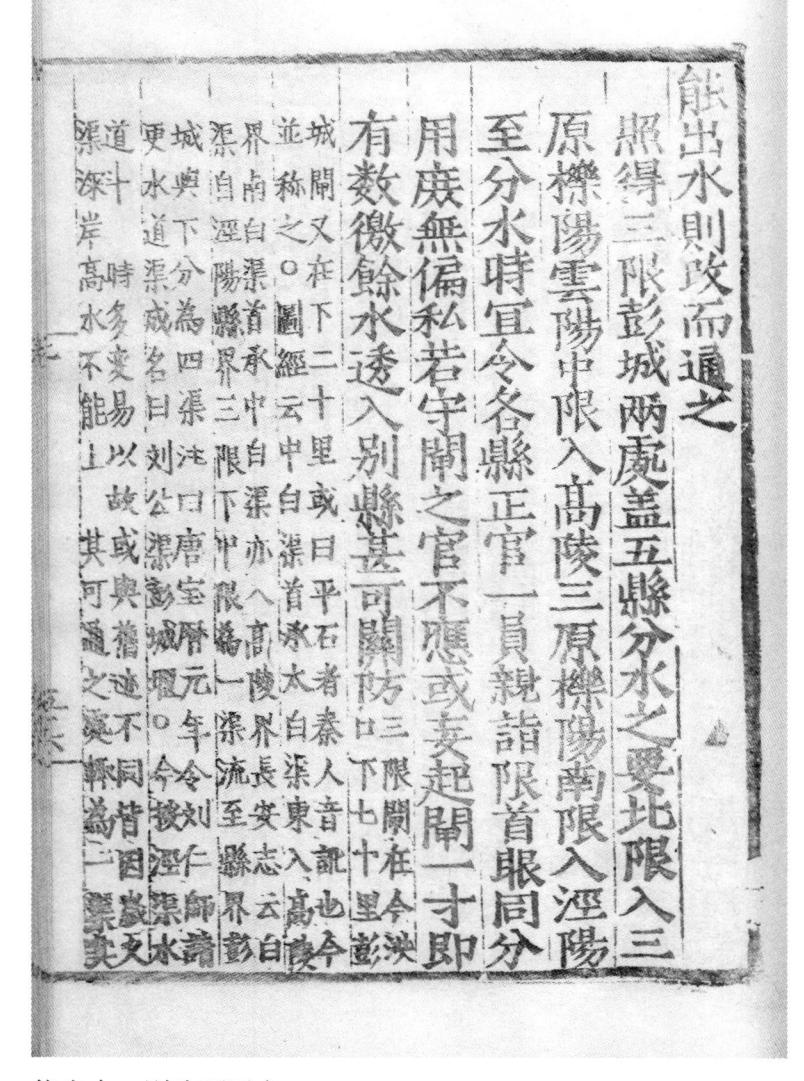

1 "門"底本闕文，今據
畢氏經訓堂本補。
2 四庫本此處作"凡"，
當據補。

能出水，則改而通之。

照得三限、彭城兩處，蓋五縣分水之要。北限入三原、櫟陽、雲陽，中限入高陵、三原、櫟陽，南限入涇陽。至分水時宜，令各縣正官一員，親詣限首，眼同分用，庶無偏私。若守閘之官不應，或妄起閘一寸，即有數微餘水透入別縣，甚可關防。三限閘在今洪口下七十里，彭城閘又在下二十里。或曰平石者，秦人音訛也。今並稱之。《圖經》云："中白渠，首承太白渠，東入高陵界。南白渠，首承中白渠，亦入高陵界。"《長安志》云："白渠，自涇陽縣界三限下、中限爲一渠，流至縣界。彭城與下分爲四渠。"注曰："唐寶曆元年，令劉仁師請更水道，渠成，名曰劉公渠彭城堰。"今按，涇渠水道斗門[1]，時多變易。以故，或與舊迹不同，皆因歲久，渠深岸高，水不能上，□[2]其可通之處，輒爲一渠，其

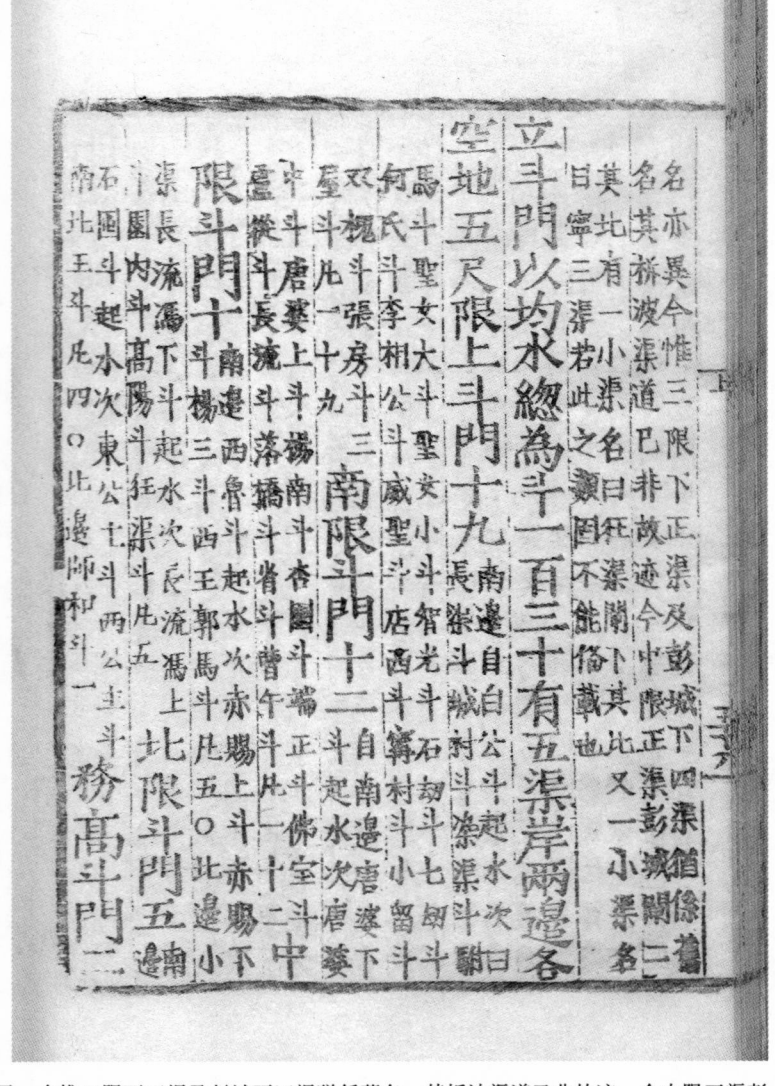

名亦異。今惟三限下正渠及彭城下四渠猶係舊名，其析波渠道已非故迹。今中限正渠彭城閘二[1]，其北有一小渠，名曰狂渠；閘下其北又一小渠，名曰寧三[2]渠。若此之類，固不能備載也。

　　立斗門以均水，總爲斗一百三十有五，渠岸兩邊各空地五尺。限上斗門十九。南邊自白公斗起水，次曰長渠斗、城村斗、染渠斗、駙馬斗、聖女大斗、聖女小斗、智光斗、石刧斗、七刧斗、何氏斗、李相公斗、威聖斗、店西斗、甯村斗、小留斗、雙槐斗、張房斗、三屋斗，凡一十九。南限斗門十二。自南邊唐婆下斗起水，次唐婆中斗、唐婆上斗、楊南斗、杏園斗、端正斗、佛寶斗、盧從斗、長流斗、落橋斗、省斗、曹午斗，凡一十二。中限斗門十。南邊西魯斗起水，次赤賜上斗、赤賜下斗、楊三斗、西王郭馬斗，凡五。北邊小渠長流馮下斗起水，次長流馮上斗、園内斗、高陽斗、狂渠斗，凡五。北限斗門五。南邊石囷[3]斗起水，次東公主斗、西公主斗、南北王斗，凡四。北邊師和斗一。務高斗門二

1　"二"，辛校本云當作"下"，是。

2　"三"，四庫本作"王"。

3　嘉靖本及四庫本皆作"囷"，乾隆本作"圈"。

十三。南邊安業斗起水，次周閏斗、東安仁斗、長閏斗、段洪斗、歸厚斗、西安仁斗、豐樂斗、通流斗、阜民斗、歲豐斗、閏陵斗、柿園斗、掘斗、大王斗、小王斗、景公斗、通玄斗、翟家斗、穆王斗、薦福斗，凡二十一。北邊廣盈、務高二斗。平皋斗門八。南邊觀相下斗起水，次觀相中斗、觀相上斗、曲渠下斗、曲渠上斗、平皋下斗、平皋中斗、平皋上斗，凡八。中白斗門二十三。南邊永壽斗起水，次安陽斗、安慶斗、東陽斗、善利斗、普濟斗、普閏斗、廣利斗、周吉下斗、周吉上斗、王化斗、任村斗、留趙斗、渭化南北二斗、興聖斗、神策斗，凡十七。北邊武強一斗。閏寧王斗小渠。上斗二、下斗二、中斗一，凡五。中南斗門十五。南邊兩金斗起水，次安陽斗、望豐上下二斗、豐阜斗、豐穰斗、富仁斗、孝義斗、辛家斗、仁壽斗、高望斗，凡十一。北邊廣濟斗、馬家斗、通遠、六宅[1]，凡四斗。柝波斗門一。北邊通□斗一。昌連斗門三。南邊下、中、上，凡三斗。高望斗門十一。南邊信陵斗起水，周夏上下二斗、嚴應斗、通利下上二斗、閏益斗、閏仁斗、通閏斗、魏閏斗。北邊任公斗十。隅南斗門五。

南邊信陵斗起水，次安信斗、房家斗、新開斗、東魯斗，凡五。凡水出斗，各戶自以小渠引入其田，委曲必達。

舊例：仰渠司正官預爲修渠，砌疊斗口，使無壅滯。

又，體知得人戶偷開斗口，故使渠岸頹毀，望令渠[1]水偏入其地。亦有懶惰不肯修理，仰巡監官、斗門子預爲催督利戶修理渠口，或令石砌木圍，無致損壞，透漏費水。

又，如遇開斗澆田，渠司差人隨逐水頭，監督使水。如有違犯，即便申報。

退水槽。

1 "渠"，底本作"溫"，不通，以意改。

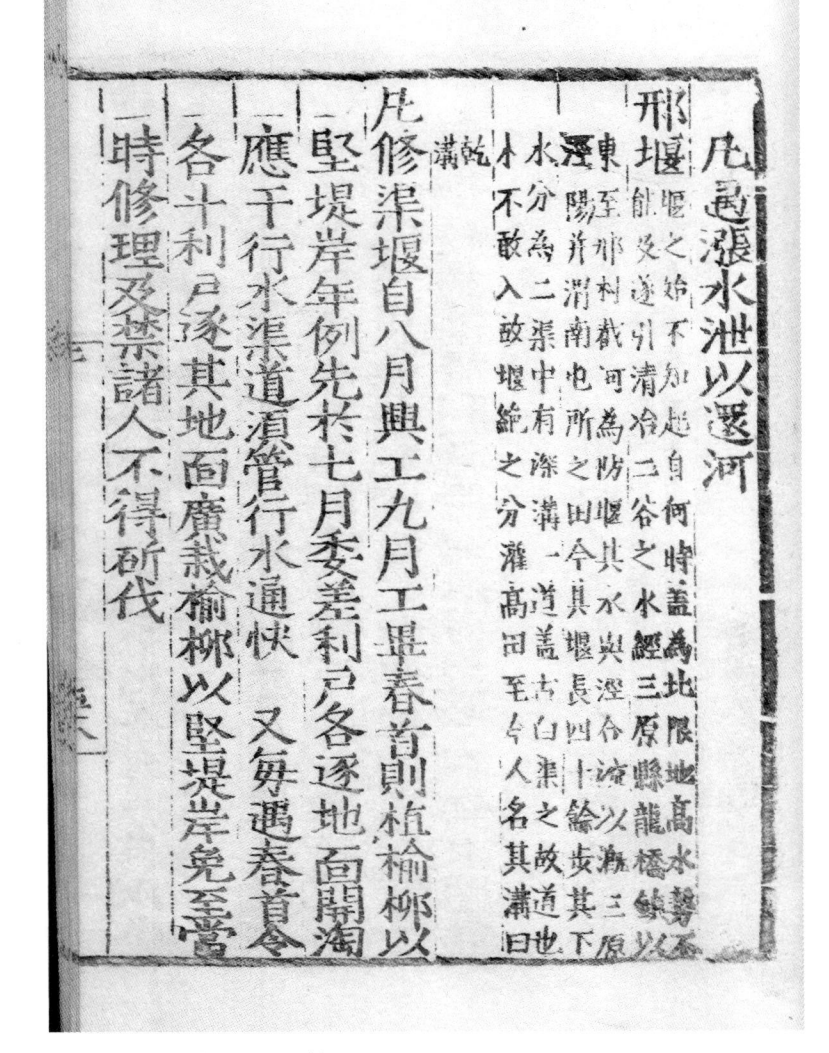

凡遇漲水，泄以還河。

邢堰。堰之始，不知起自何時。盖爲北限地高，水勢不能及，遂引清、冶二谷之水，經三原縣龍橋鎮以東至邢村，截河爲防，堰其水與涇合流，以漑三原、涇陽并渭南屯所之田。今其堰長四十餘步，其下水分爲二渠，中有深溝一道，盖古白渠之故道也。水不敢入，故堰絶之，分灌高田，至今人名其溝曰乾溝。

凡修渠堰，自八月興工，九月工畢。春首則植榆柳以堅堤岸。年例：先於七月委差利戶，各逐地面開淘，應于行水渠道，須管行水通快。　又，每遇春首，令各斗利戶，逐其地面廣栽榆柳以堅堤岸，免至當時修理，及禁諸人不得斫伐。

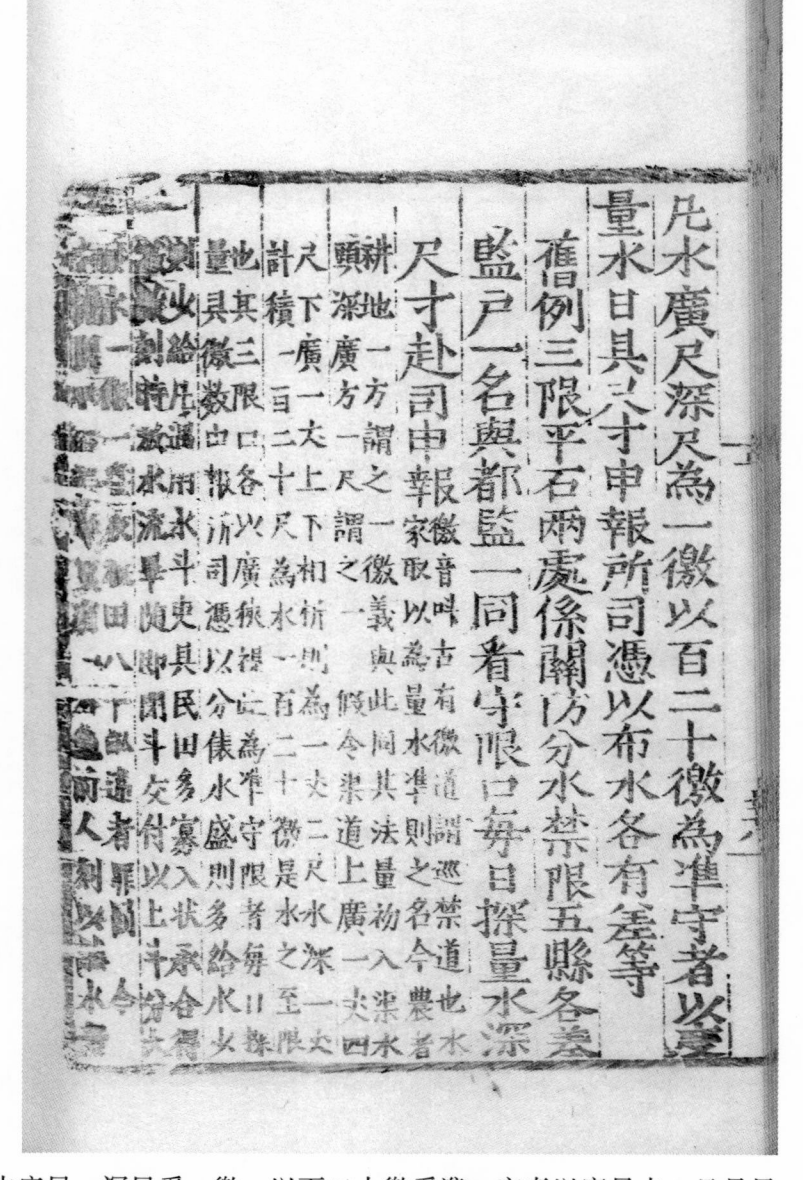

凡水廣尺、深尺爲一徼，以百二十徼爲準，守者以度量水，日具尺寸，申報所司，憑以布水，各有差等。

　舊例：三限、平石兩處，係關防分水禁限，五縣各差監戶一名，與都監一同看守限口，每日探量水深尺寸，赴司申報。徼音[1]叫。古有徼道，謂巡禁道也，水家取以爲量水準則之名。今農者耕地一方，謂之一徼，義與此同。其法：量初入渠水頭深、廣方一尺，謂之一徼[2]。假令渠道上廣一丈四尺，下廣一丈，上下相折，則爲一丈二尺。水深一丈，計積一百二十尺，爲水一百二十徼，是水之至限也。其三限口各以廣狹，視此爲準。守限者每日探量，具徼數申報，所司憑以分俵，水盛則多給，水少則少給。凡遇用水，斗吏具民田多寡入狀，承合得徼數，刻時放水，流畢隨即閉斗，交付以上斗分。大堨水一徼，一晝夜漑田八十畝，違者罪罰口[3]。今口[4]平流閘下石渠岸裏有一石龜，前人刻以誌水者

1 嘉靖本及四庫本、清抄本作"音"，乾隆本作"者"，誤。
2 底本闕文，今據畢氏經訓堂本補。
3 末字闕文，四庫本作"之"字。
4 此闕文四庫本作"時"，辛德勇校本補爲"在"。

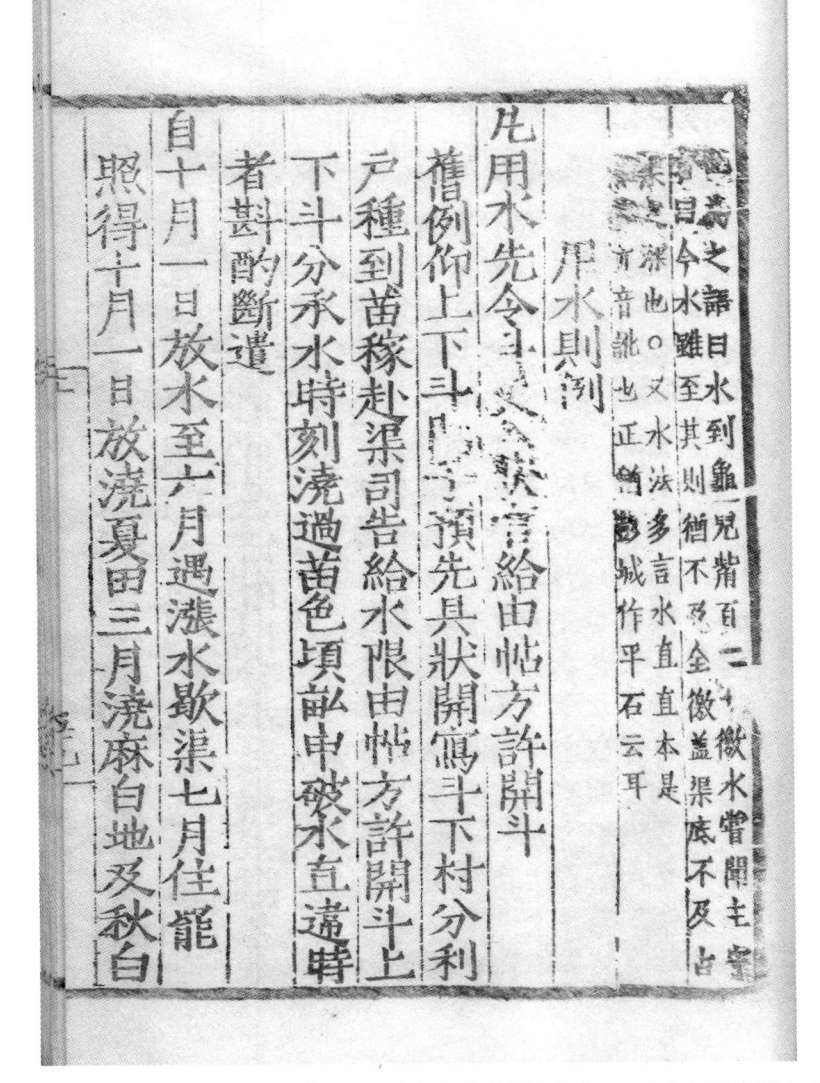

也。爲之語曰："水到龜兒觜，百二十徼水。"嘗聞主守者曰："今水雖至其則，猶不及全徼，蓋渠底不及古渠之深也。"又，水法多[1]言水直，"直"本是"程"字，亦音訛也，正猶"彭城"作"平石"云耳。

**用水則例**

凡用水，先令斗吏入狀，官給由[2]帖，方許開斗。

舊例：仰上下斗門子預先具狀，開寫斗下村分利戶、種到苗稼，赴渠司告給水限由帖，方許開斗。上下斗分承水時刻，澆過苗色頃畝，申破[3]水直，違時者斟酌斷遣。

自十月一日放水，至六月，遇漲水歇渠，七月住罷。

照得十月一日放澆夏田，三月澆麻白地及秋白

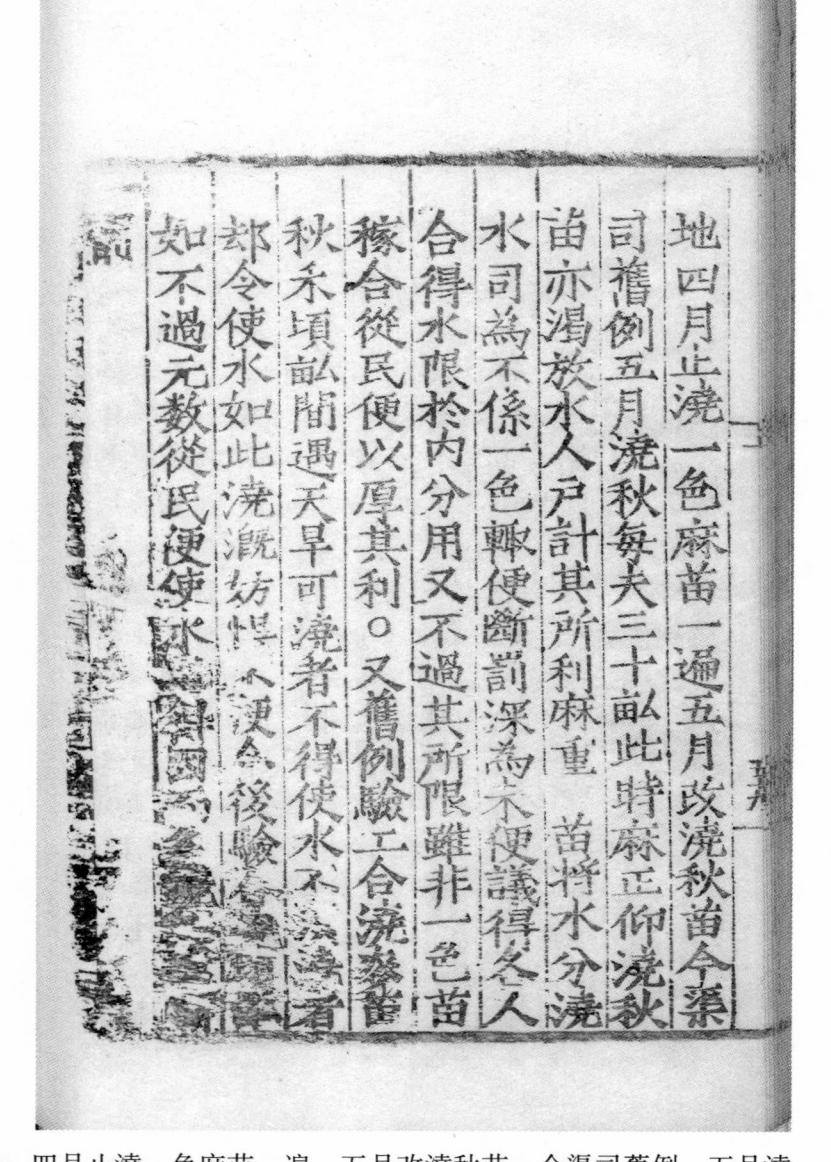

地，四月止澆一色麻苗一遍，五月改澆秋苗。今渠司舊例：五月澆
秋，每夫三十畝。此時麻正仰澆，秋苗亦渴放[1]水。人戶計其所
利，麻重□[2]苗。將水分澆，水司爲不係一色，輒便斷罰，深爲未
便。議得各人合得水限，於內分用，又不過其所限，雖非一色苗
稼，合從民便，以厚其利。

又舊例：驗工合澆麥苗秋禾頃畝，間遇天旱，可澆者不得使
水，不須澆者却令使水，如此澆漑，妨誤不便。今後驗合澆頃畝，
如不過元數，從民便使水，毋得因而多澆，如違斷罰。

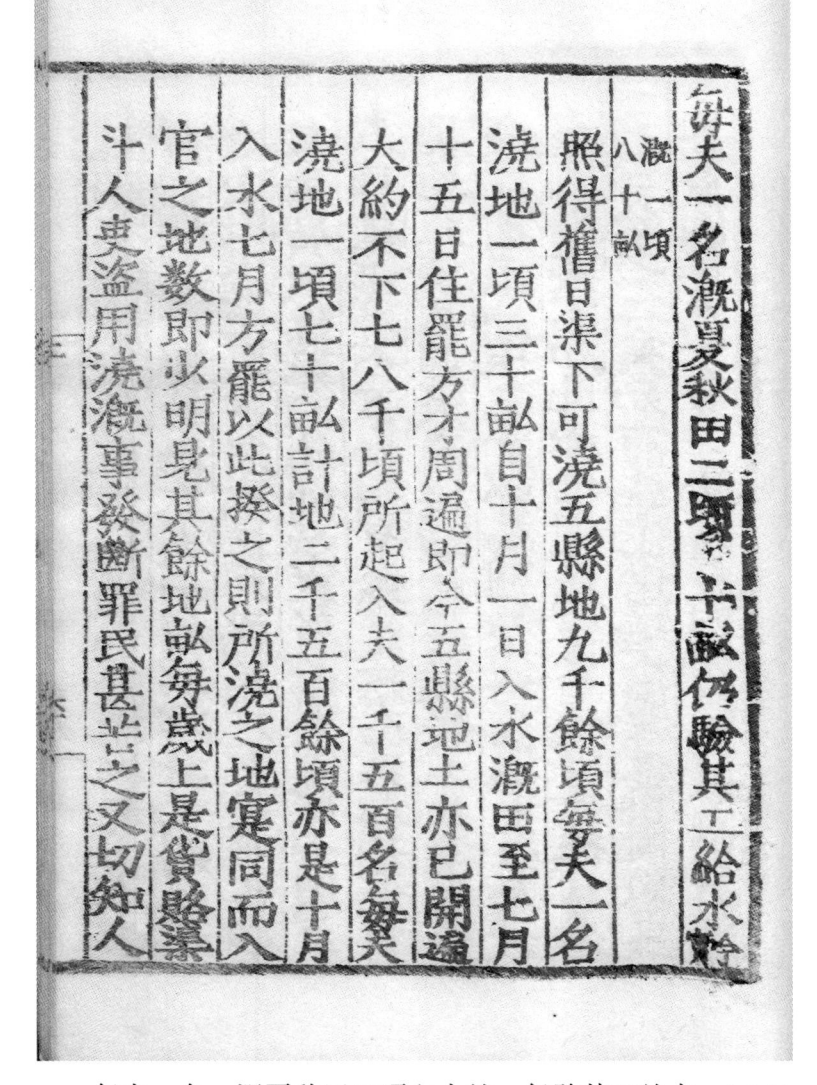

　　每夫一名，溉夏秋田二頃六十畝，仍驗其工給水。今實溉一頃八十畝。

　　照得舊日渠下可澆五縣地九千餘頃，每夫一名，澆地一頃三十畝。自十月一日入水溉田，至七月十五日住罷，方才周遍。即今五縣地土，亦已開遍，大約不下七八千頃，所起人夫一千五百名。每夫澆地一頃七十畝，計地二千五百餘頃，亦是十月入水，七月方罷。以此揆之，則所澆之地寔同，而入官之地數即[1]少，明見其餘地畝，每歲上是貨賂渠斗人吏，盜用澆溉。事發斷罪，民甚苦之。又切知人

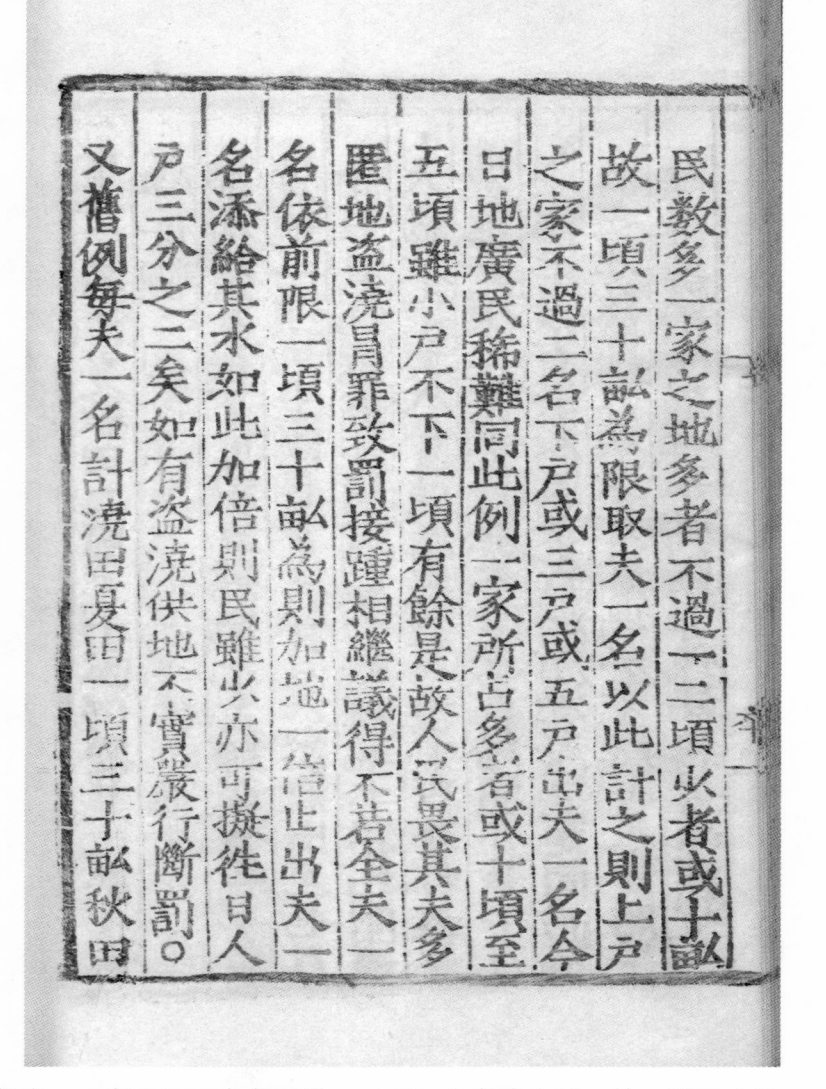

民數多，一家之地，多者不過一二頃，少者或十畝，故一頃三十畝
爲限，取夫一名。以此計之，則上户之家不過二名，下户或三户或
五户出夫一名。今日地廣民稀，難同此例。一家所占，多者或十頃
至五頃，雖小户不下一頃有餘。是故人民畏其夫多，匿地盜澆，冒
罪致罰，接踵相繼。議得不若全夫一名，依前限一頃三十畝爲則，
加地一倍，止出夫一名，添給其水。如此加倍，則民雖少亦可擬往
日人户三分之二矣。如有盜澆，供地不實，嚴行斷罰。

又舊例：每夫一名，計澆田夏田一頃三十畝，秋田

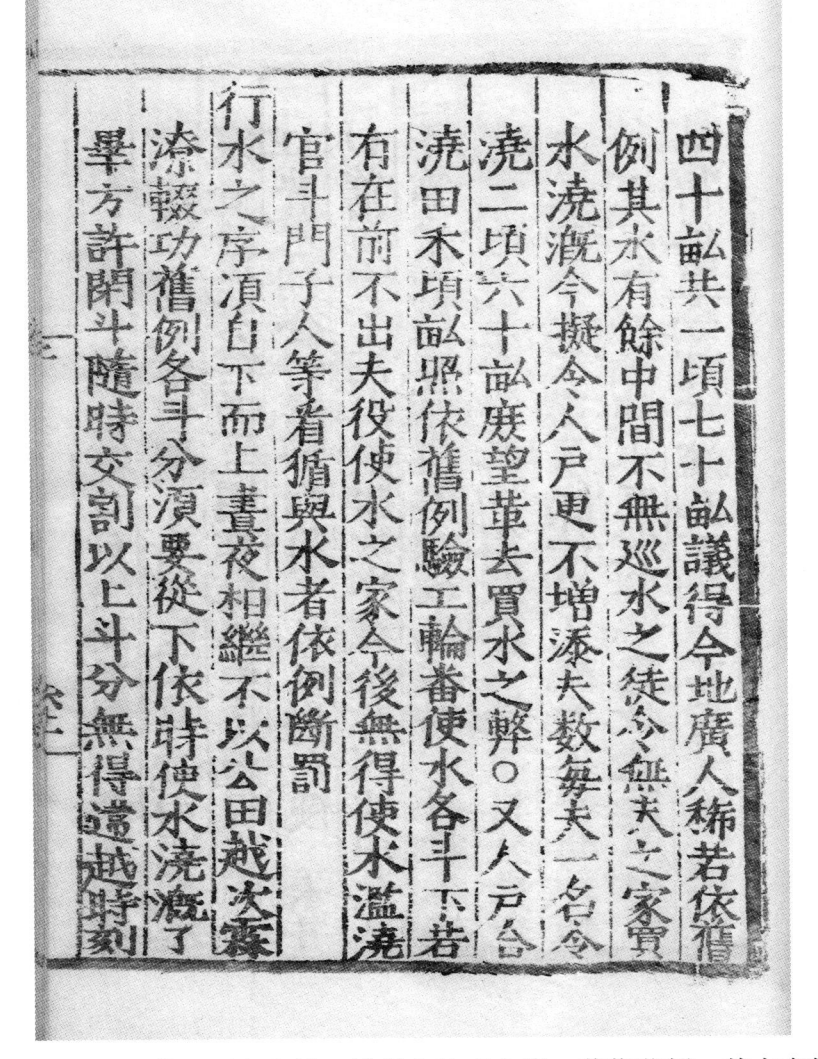

1 底本作"濫"，不通，今據畢氏經訓堂本改。
2 "看循"，四庫本作"私賣"，不確。案，"看循"同"看徇"，謂私徇照顧，見《元典章·戶部六·鈔法》："如有看徇通同作弊，取問得實，與犯人一體治罪。"

四十畝，共一頃七十畝。議得今地廣人稀，若依舊例，其水有餘，中間不無巡水之徒，令無夫之家買水澆溉。今擬令人戶更不增添夫數，每夫一名，令澆二頃六十畝，庶望革去買水之弊。又，人戶合澆田禾頃畝，照依舊例驗工，輪番使水。各斗下若有在前不出夫役使水之家，今後無得使水。監[1]澆官、斗門子人等看循[2]與水者，依例斷罰。

行水之序，須自下而上，晝夜相繼，不以公田越次，霖潦輟功。舊例：各斗分須要從下依時使水，澆溉了畢，方許閉斗，隨時交割。以上斗分，無得違越時刻。

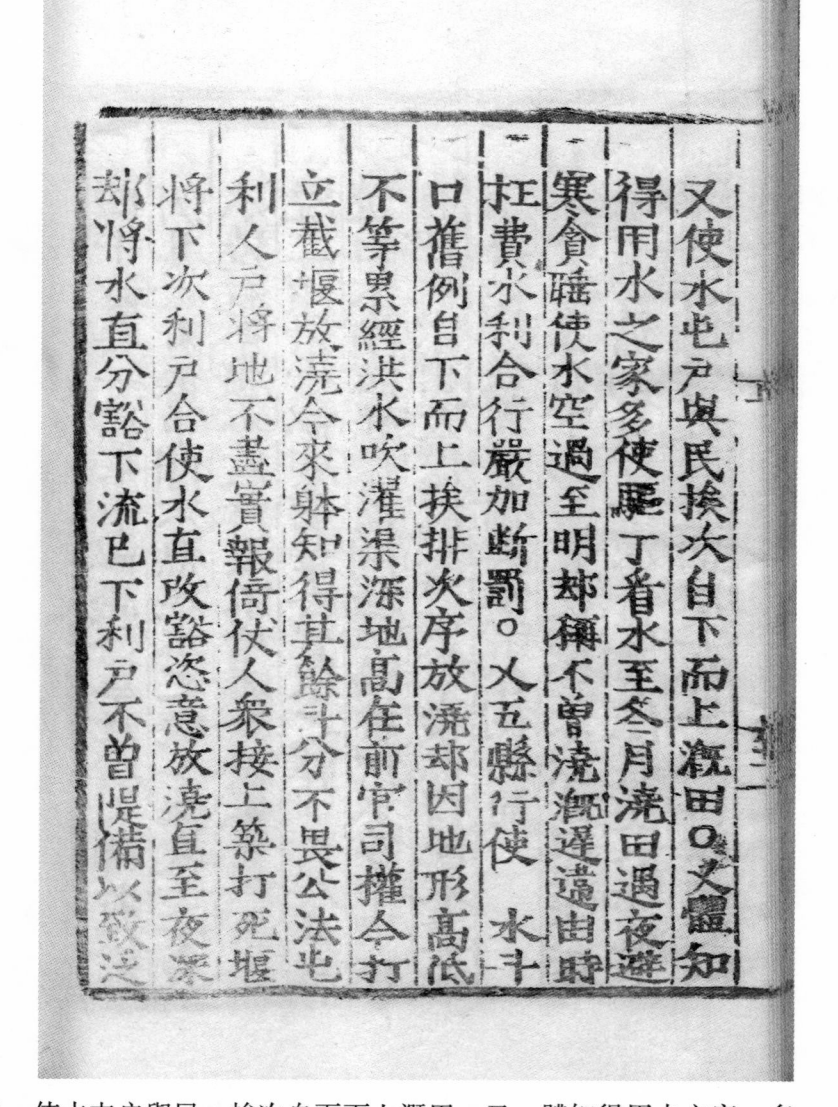

又，使水屯戶與民，挨次自下而上溉田。又，體知得用水之家，多使驅丁看水。至冬月澆田，遇夜避寒貪睡，使水空過，至明却稱不曾澆溉，遲違田時，枉費水利，合行嚴加斷罰。又，五縣行使□[1]水斗口，舊例自下而上，挨排次序放澆。却因地形高低不等，累經洪水吹濯，渠深地高，在前官司權令打立截堰放澆。今來體知得其餘斗分，不畏公法，屯利人戶，將地不盡實報，倚仗人衆，接上築打死堰，將下次利戶合使水直改豁，恣意放澆，直至夜深，却將水直分豁，下流已下利戶不曾隄備，以致泛

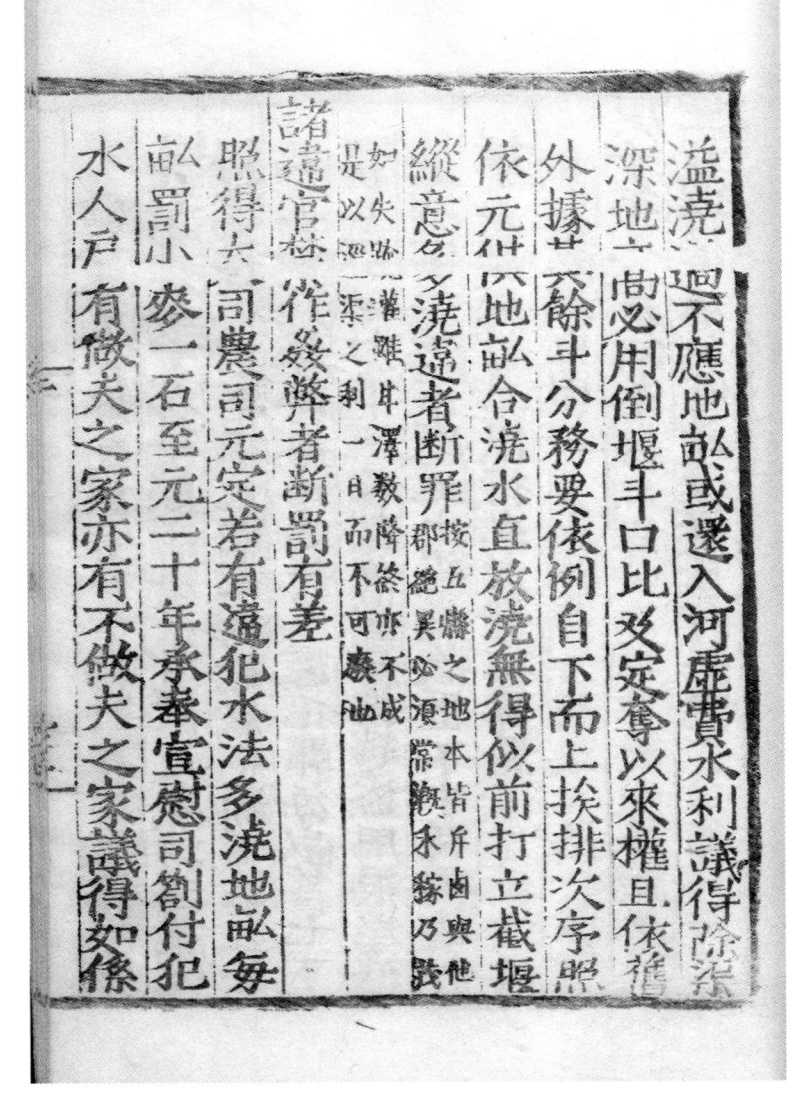

1 "利"，乾隆本作"例"。

溢澆過不應地畝，或還入河，虛費水利。議得除渠深地高，必用倒堰斗口，比及定奪以來，權且依舊外，據其餘斗分，務要依例自下而上，挨排次序，照依元供地畝合澆。水直放澆，無得似前打立截堰，縱意多澆，違者斷罰。按，五縣之地本皆斥鹵，與他郡絕異，必須常溉，禾稼乃茂。如失疏灌，雖甘澤數降，終亦不成，是以涇渠之利[1]，一日而不可廢也。

諸違官禁作姦弊者，斷罰有差。

照得大司農司元定若有違犯水法，多澆地畝，每畝罰小麥一石。至元二十年，承奉宣慰司劄付："犯水人戶，有做夫之家，亦有不做夫之家。議得如係

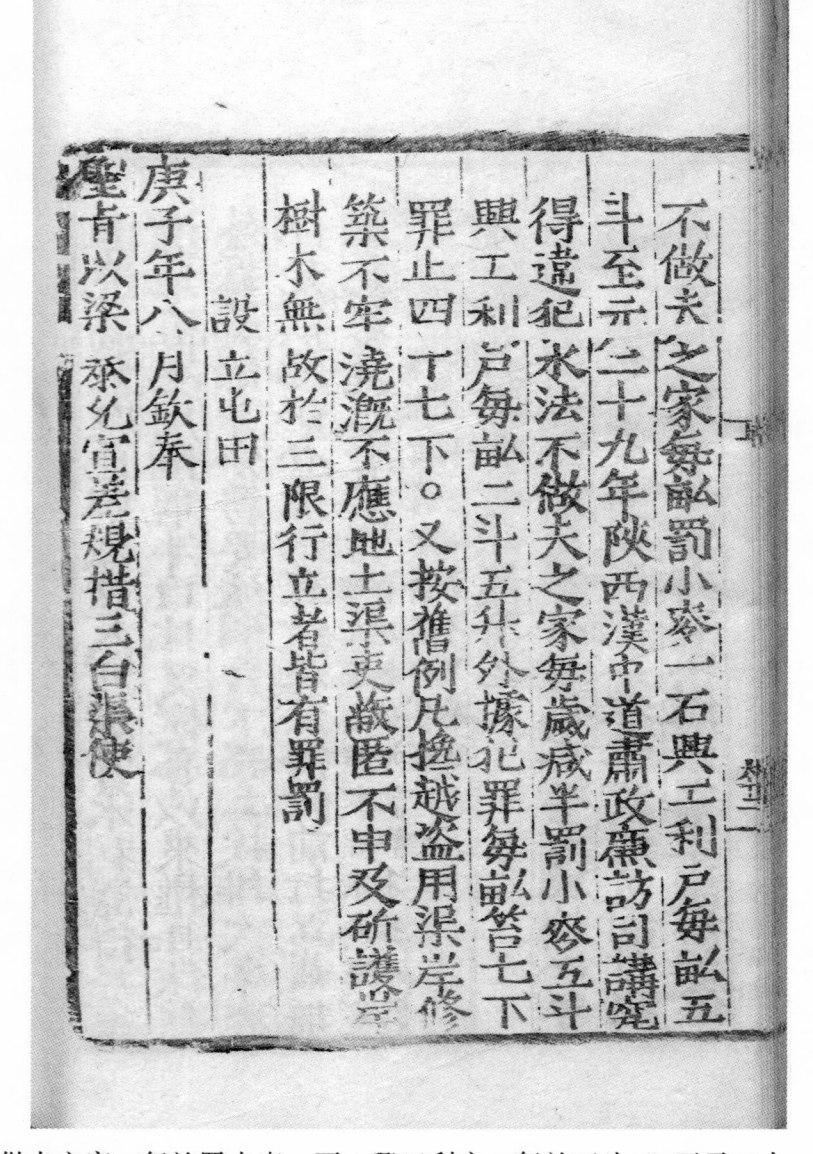

不做夫之家，每畝罰小麥一石；興工利户，每畝五斗。"至元二十九年，陝西漢中道肅政廉訪司講究得違犯水法，不做夫之家，每歲減半，罰小麥五斗；興工利户，每畝二斗五升。外據犯罪，每畝笞七下，罪止四十七下。又，按舊例：凡攙越盜用，渠岸修築不牢，澆溉不應地土，渠吏蔽匿不申及斫護岸樹木，無故於三限行立者，皆有罪罰。

**設立屯田**

庚子年八月，欽奉

聖旨[1]以梁泰充宣差規措三白渠使。

1 乾隆本删"聖"字。

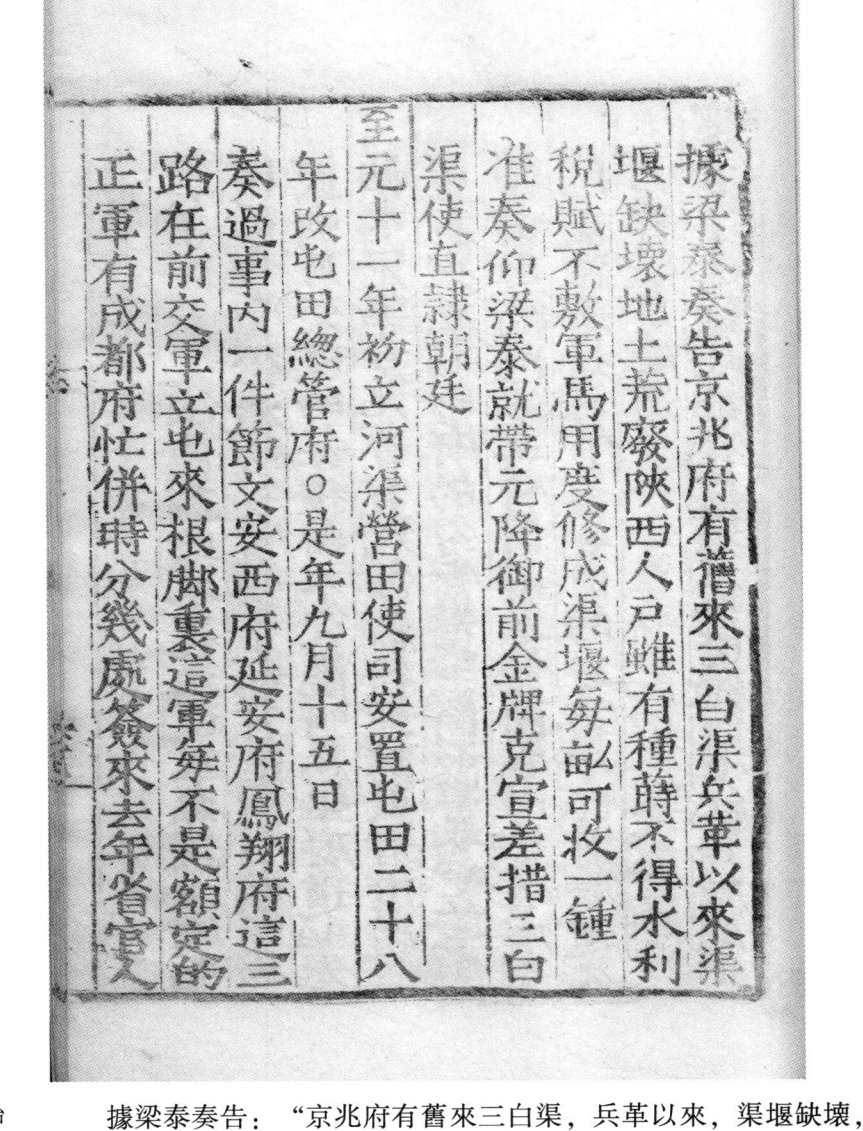

1 乾隆本：沉案，《元始河渠至》云，太宗二十二年梁泰奏請。今案，清抄本無此小注。"元始河渠至"當作"元史河渠志"。

2 底本"克宣差措"四字，乾隆本等多作"充宣差規措"，今據改。

據梁泰奏告："京兆府有舊來三白渠，兵革以來，渠堰缺壞，地土荒廢。陝西人戶，雖有種蒔，不得水利，稅賦不敷軍馬用度。修成渠堰，每畝可收一鍾。"[1]

准奏。仰梁泰就帶元降御前金牌充宣差規措[2]三白渠使，直隸朝廷。

至元十一年初，立河渠營田使司，安置屯田。二十八年，改屯田總管府。是年九月十五日，奏過事內一件節文："安西府、延安府、鳳翔府這三路，在前交軍立屯來，根腳裏這軍每不是額定的正軍有，成都府忙併時分幾處簽來。去年省官人

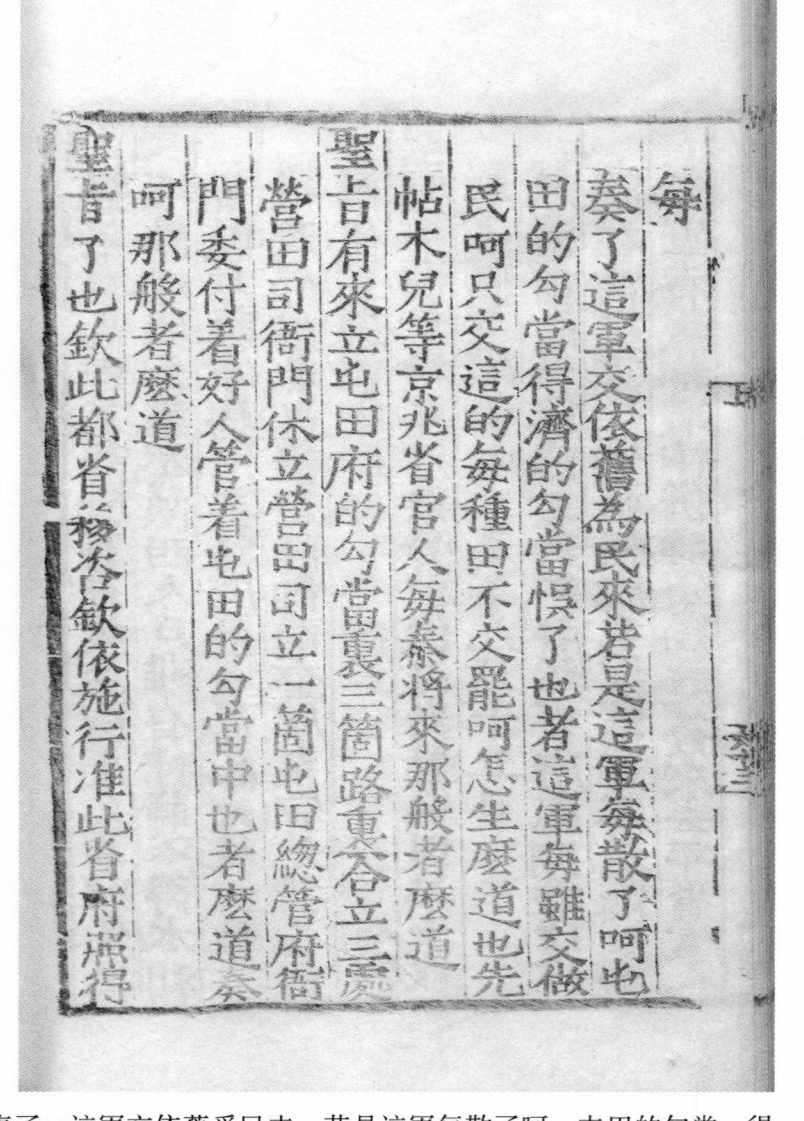

每奏了，這軍交依舊爲民來。若是這軍每散了呵，屯田的勾當、得濟的勾當，誤了也者。這軍每雖交做民呵，只交這的每種田，不交罷呵，怎生？麼道。也先帖木兒等京兆省官人每奏將來。那般者，麼道。

聖旨："有來，立屯田府的勾當裏，三箇路裏合立三處營田司衙門。休立營田司，立一箇屯田總管府衙門，委付着好人管着屯田的勾當中也者，麼道。奏呵，那般者。麼道。"

聖旨："了也。欽此。"都省移咨，欽依施行，准此。省府照得

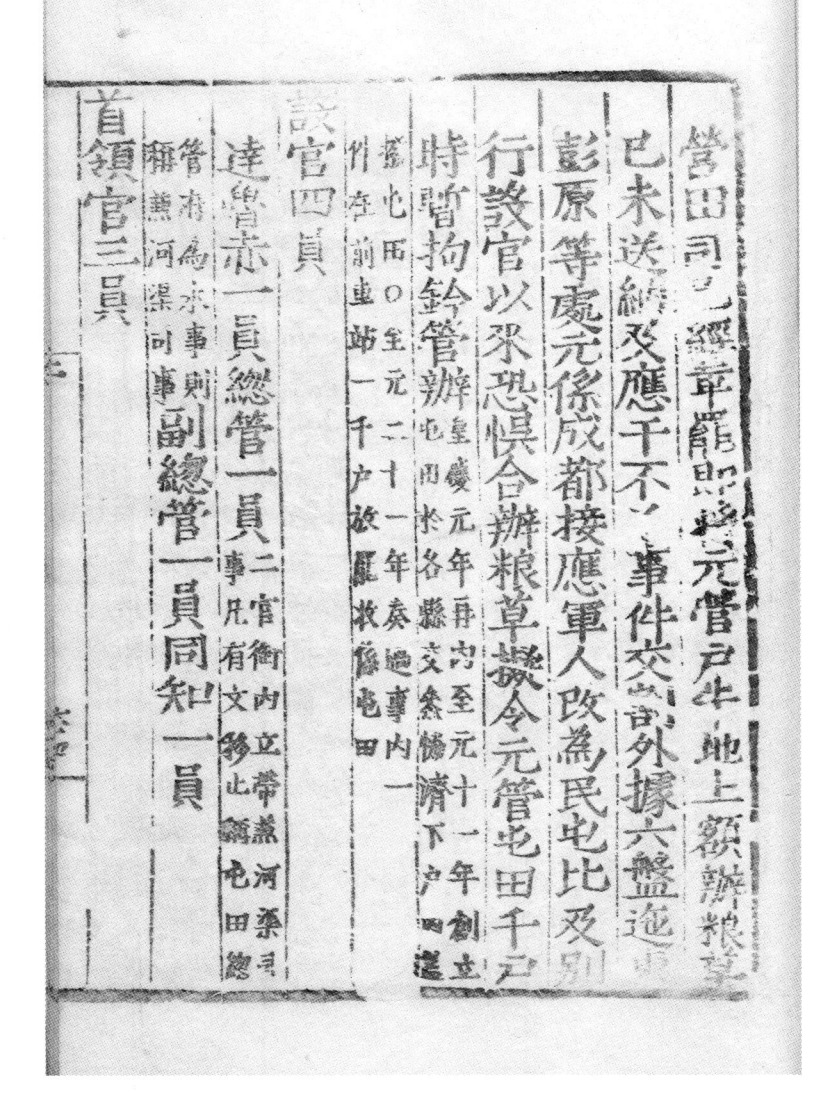

1 清抄本作"止"，辛校
本徑改爲"例"。

營田司已經革罷，即將元管戶牛地土、額辦粮草，已未送納及應干不了事件交割。外據六盤、迆東、彭原等處，元係成都接應軍人，改爲民屯，比及別行設官以來，恐誤合辦粮草，擬令元管屯田千戶時暫拘鈐管辦。皇慶元年，再內。至元十一年，創立屯田於各縣，交參協濟下戶內盡撥屯田。至元二十一年，奏過事內一件，在前軍站一千戶放罷，收係屯田。

設官四員。

達魯花赤一員。總管一員。二官銜內立[1]帶兼河渠司事。凡有文移，止稱屯田總管府；爲水事，則稱兼河渠司事。副總管一員。同知一員。

首領官三員。

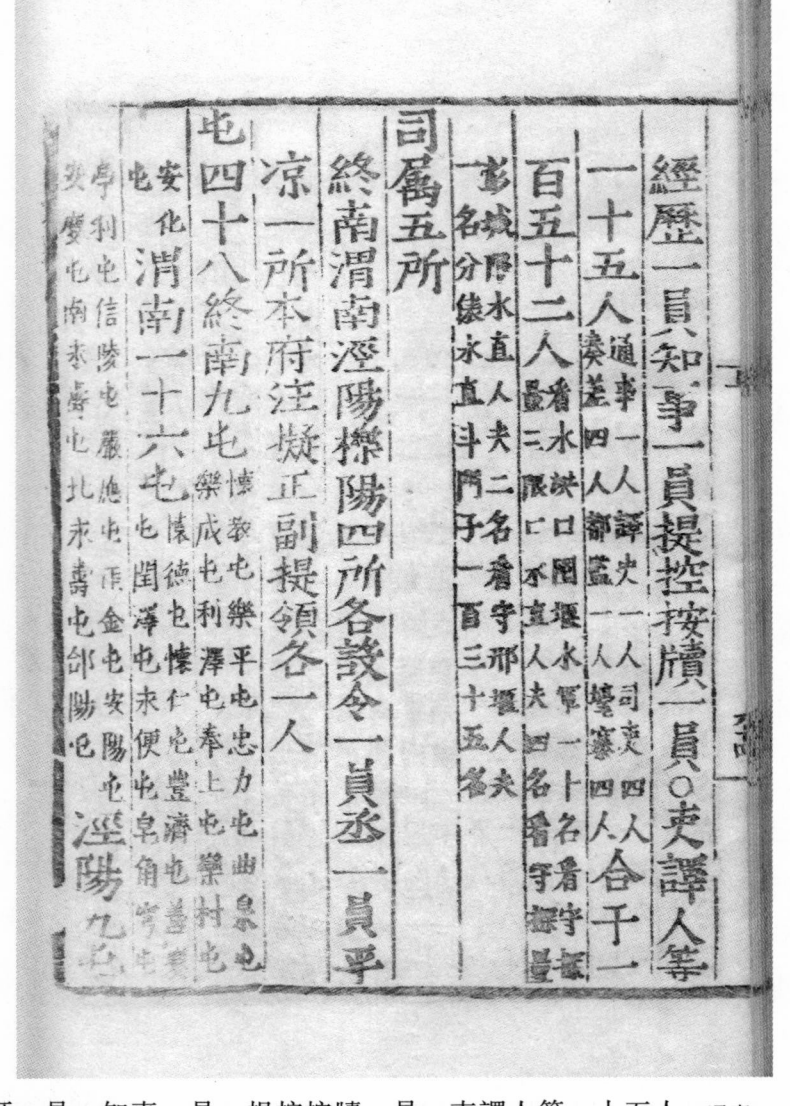

經歷一員。知事一員。提控按牘一員。吏譯人等一十五人。通事一
人，譯史一人，司吏四人，奏差四人，都監一人，壕寨四人。合千一百五十二人。
看水洪口囤堰水軍一十名，看守探量三限口水直人夫四名，看守探量彭城限水直人夫二
名，看守邢堰人夫一名，分俵水直斗門子一百三十五名。

司屬五所。

終南、渭南、涇陽、櫟陽四所，各設令一員，丞一員。平涼一
所，本府注擬正、副提領各一人。

屯四十八。終南九屯。懷教屯、樂平屯、忠力屯、曲泉屯、樂成屯、利澤
屯、奉上屯、樂村屯、安化屯。渭南一十六屯。懷德屯、懷仁屯、豐濟屯、善慶
屯、閏澤屯、永便屯、皂角穹屯、亨利屯、信陵屯、嚴應屯、雨金屯、安陽屯、安慶屯、
南永壽屯、北永壽屯、郃陽屯。涇陽九屯。

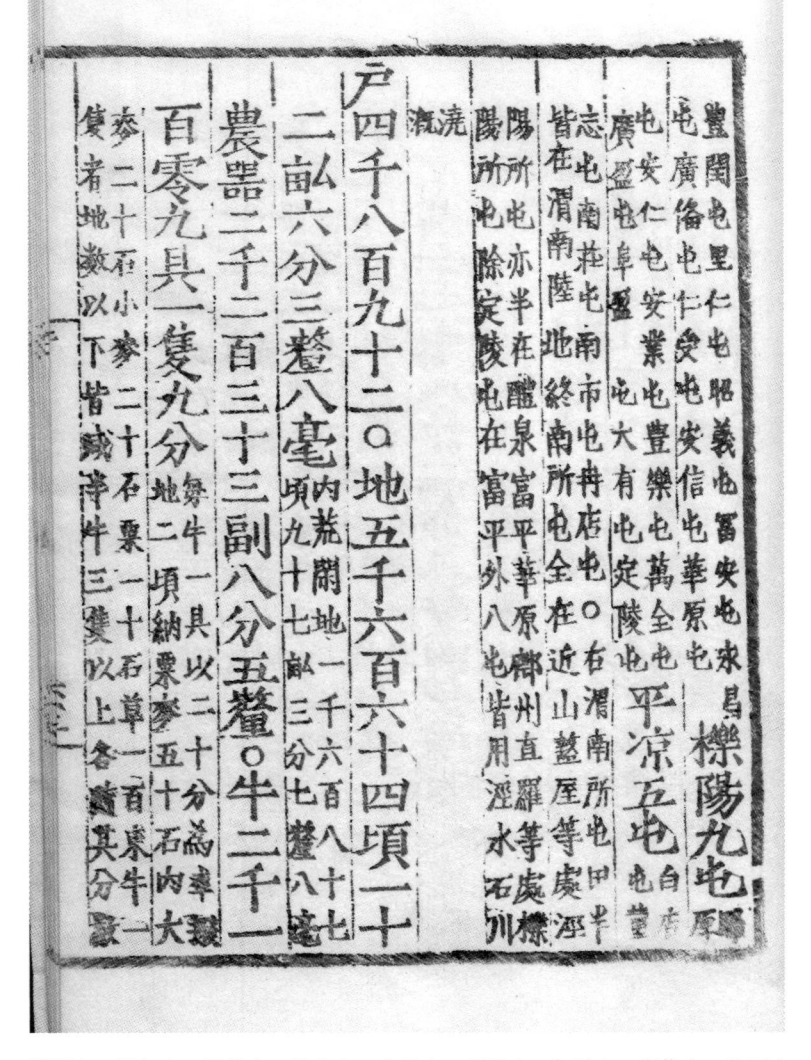

豐閏屯、里仁屯、昭義屯、富安屯、永昌屯、廣備屯、仁受屯、安信屯、華原屯。櫟陽九屯。歸厚屯、安仁屯、安業屯、豐樂屯、萬全屯、廣盈屯、阜盈屯、大有屯、定陵屯。平涼五屯。白店屯、董志屯、南莊屯、南市屯、冉[1]店屯。右渭南所屯田，半皆在渭南陸地。終南所屯，全在近山、鰲屋等處。涇陽所屯，亦半在醴泉、富平、華原、鄜州、直羅等處。櫟陽所屯，除定陵屯在富平外，八屯皆用涇水、石川澆溉。

　　戶四千八百九十二。地五千六百六十四頃一十二畝六分三釐八毫。內荒閑地一千六百八十七頃九十七畝三分七釐八毫。農器二千二百三十三副八分五釐。牛二千一百零九具一隻九分。每牛一具，以二十分為率，撥地二頃。納粟麥五十石，內大麥二十石，小麥二十石，粟一十石，草一百束。牛一隻者，地數以下皆減半。牛三隻以上，各隨其分數

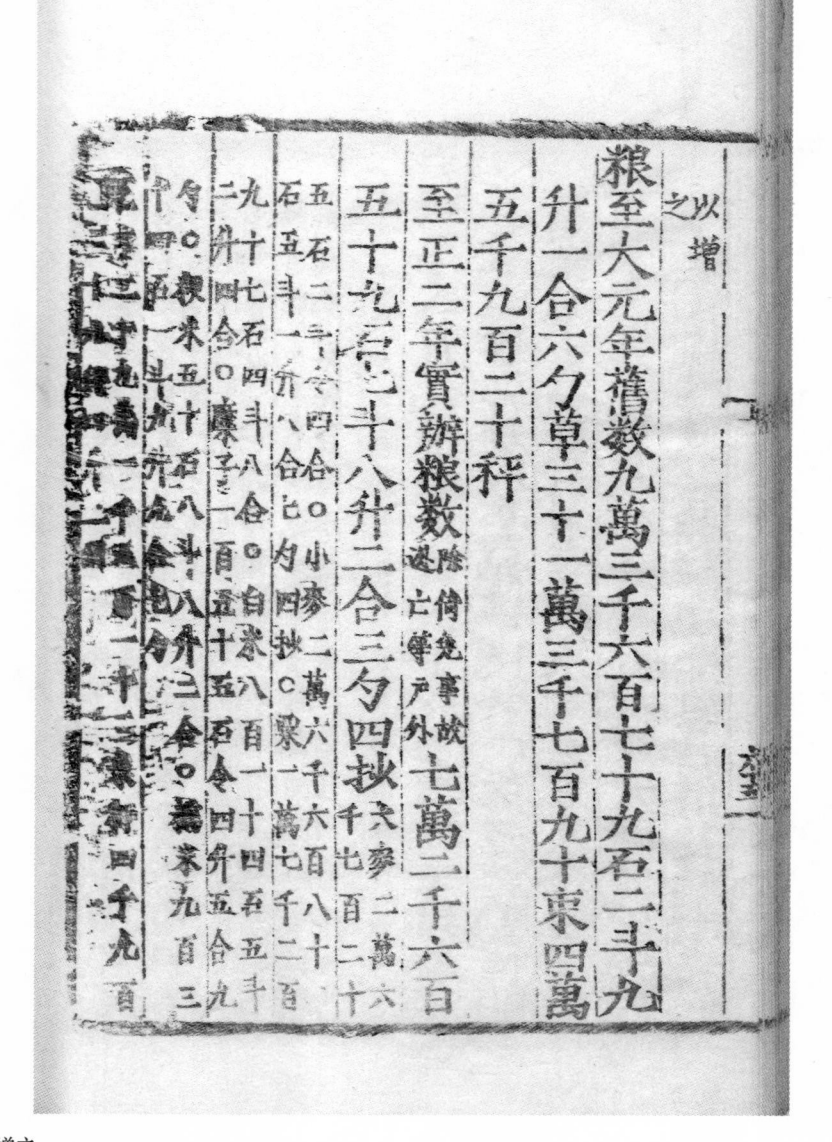

以增之。

粮，至大元年舊數：九萬三千六百七十九石二斗九升一合六勺。草，三十一萬三千七百九十束四萬五千九百二十秤。

至正二年，實辦粮數：除倚免事故逃亡等戶外。七萬二千六百五十九石七斗八升二合三勺四抄。大麥，二萬六千七百二十五石二斗零四合。小麥，二萬六千六百八十二石五斗一升八合七勺四抄。粟，一萬七千二百九十七石四斗八合。白米，八百一十四石五斗二升四合。糜子，一百五十五石零四升五合九勺。粳米，五十石八斗八升二合。糯米，九百三十四石一斗九升九合七勺。草，束，二十九萬一千五百一十三束。秤，四千九百三十九秤四斤二兩。

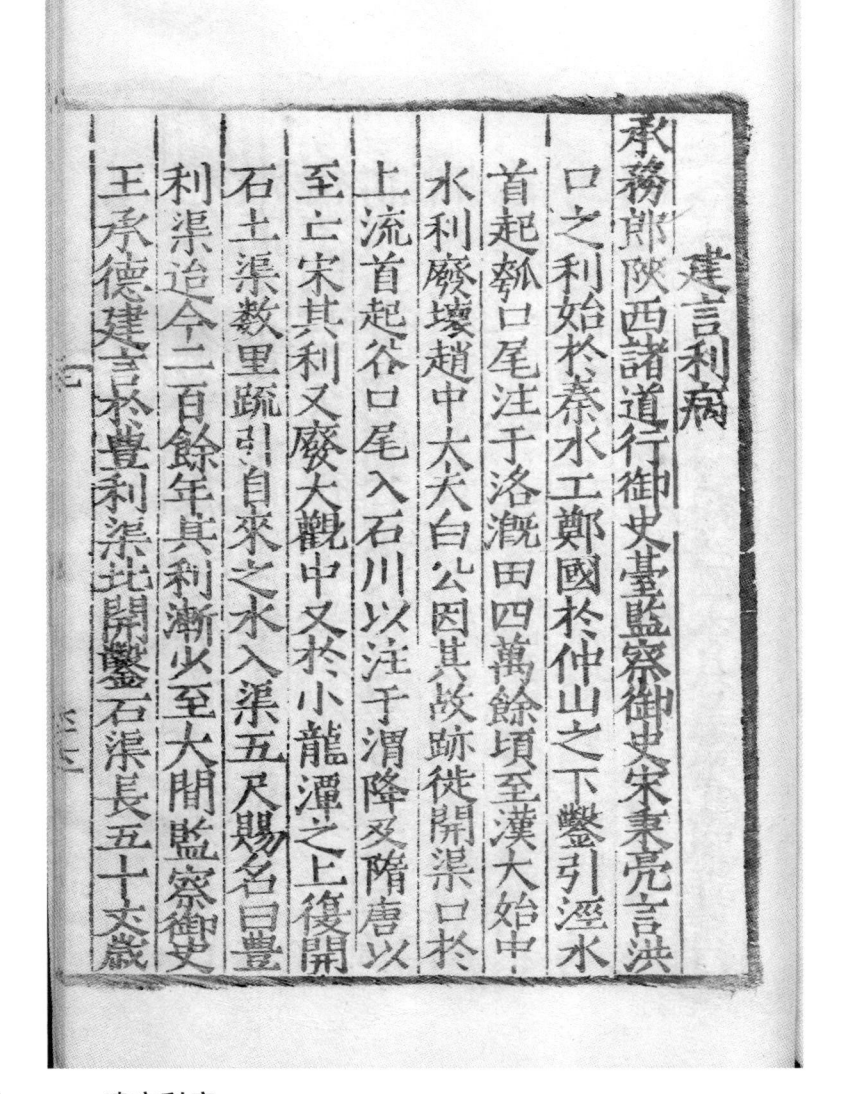

### 建言利病

承務郎陝西諸道行御史臺監察御史宋秉亮言："洪口之利，始於秦水工鄭國，於仲山之下鑿引涇水，首起瓠口，尾注于洛，溉田四萬餘頃。至漢大始中，水利廢壞，趙中大夫白公因其故跡，徙開渠口於上流。首起谷口，尾入石川，以注于渭。降及隋唐以至亡宋，其利又廢。大觀中，又於小龍潭之上復開石土渠數里，疏引自來之水入渠五尺，賜名曰豐利渠。迨今二百餘年，其利漸少。至大間[1]，監察御史王承德建言，於豐利渠北開鑿石渠，長五十丈。歲

1 乾隆本：沅案，《宋史·河渠志》云"三年"。今案，注文所涉年號爲元代，故"宋"當作"元"。

月已久，吞水漸少。入渠之水既微，則築堰勞而民利寡矣。嘗考古今渠利之廢，蓋因河身漸低，渠口漸高，水不能入，是白公不容不繼於鄭渠，豐利不得不開於白公之後也。今豐利渠口去水又已漸高，則王御史見開石渠又不盡功，若不增治，豈惟漸失民利，慮恐日就湮塞。近因巡歷至縣，親詣新舊渠口，一一相視，遂採眾論，酌以管見，苟欲其利溥博，其説有三：一曰盡修渠堰之利，二曰復置兩閘之防，三曰開通出土之便。然其要又在選委得人，不當惜費。今將貼説圖本具呈憲臺，照詳施行。

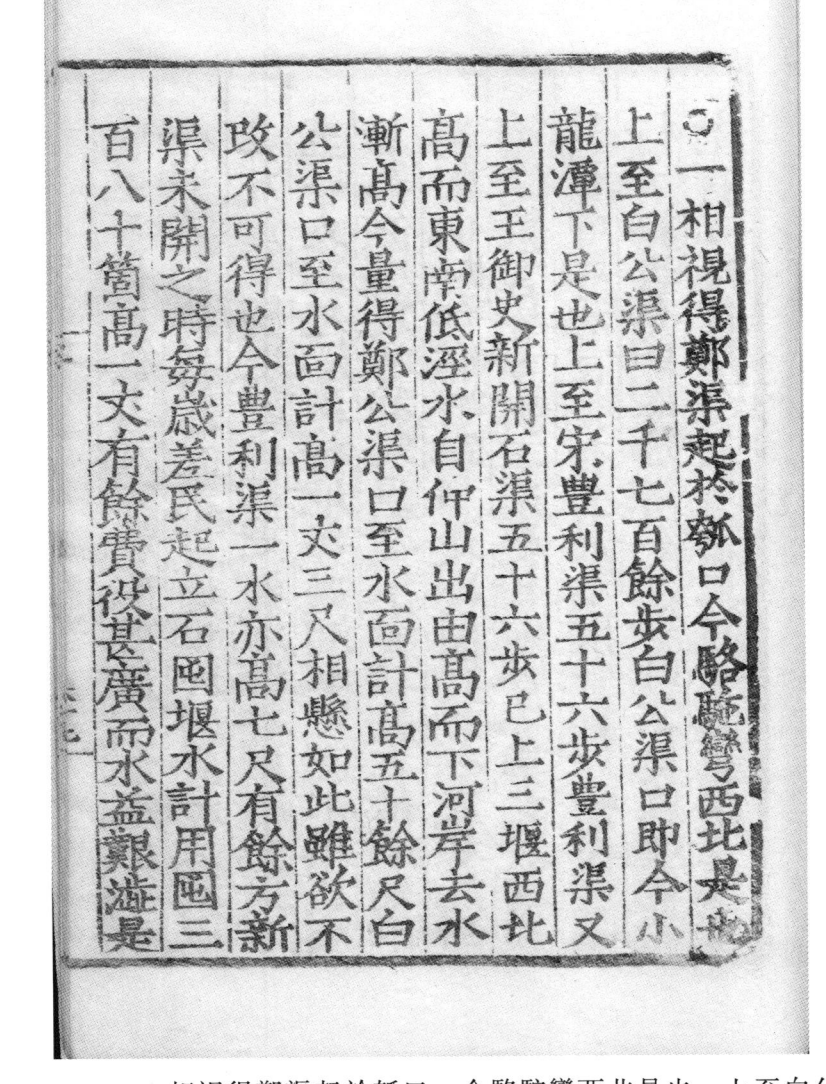

1 "口"，底本作"曰"，據下文改。

2 "一"，他本多作"至"。

一、相視得鄭渠起於瓠口，今駱駝彎西北是也。上至白公渠口[1]二千七百餘步。白公渠口即今小龍潭下是也，上至宋豐利渠五十六步。豐利渠又上至王御史新開石渠五十六步。已上三堰，西北高而東南低。涇水自仲山出，由高而下，河岸去水漸高。今量得鄭公渠口至水面計高五十餘尺，白公渠口至水面計高一丈三尺。相懸如此，雖欲不改不可得也。今豐利渠一[2]水亦高七尺有餘，方新渠未開之時，每歲差民起立石囤堰水，計用囤三百八十箇，高一丈有餘，費役甚廣而水益艱澀。是

先有五尺自然之水入渠其囤但比水高五六尺
行計料再令開鑿加深八尺如此不待囤堰之設
其底既比元言猶有三尺未開宜與以鑿渠底通
詢諸衆言皆言新石渠起於山脚地勢高於接流
為固也　今涇水石底安椿石眼猶存　是以用費益多民力益困
易於傾壞反不若宋渠之堰鑿石安立椿橛猶以
至一丈五尺浮坐於地每遇河水泛漲不禁衝突
三尺所立囤堰厚止三重河流深處囤之高者乃
八十箇宜其省費而水可通也然其底亦高河水
以王御史乃於上流窄處疏鑿此渠止用囤一百

以王御史乃於上流窄處疏鑿此渠，止用囤一百八十箇，宜其省費而水可通也。然其底亦高河水三尺，所立囤堰厚止三重，河流深處囤之高者乃至一丈五尺，浮坐於地。每遇河水泛漲，不禁衝突，易於傾壞，反不若宋渠之堰，鑿石安立椿橛，猶以爲固也。今涇水石底安椿石眼猶存。是以用費益多，民力益困。詢諸衆言，皆言新石渠起於山脚，地勢高於接流，其底既比元言猶有三尺未開，宜與以鑿渠底，通行計料，再令開鑿，加深八尺。如此不待囤堰之設，先有五尺自然之水入渠，其囤但比水高五六尺，

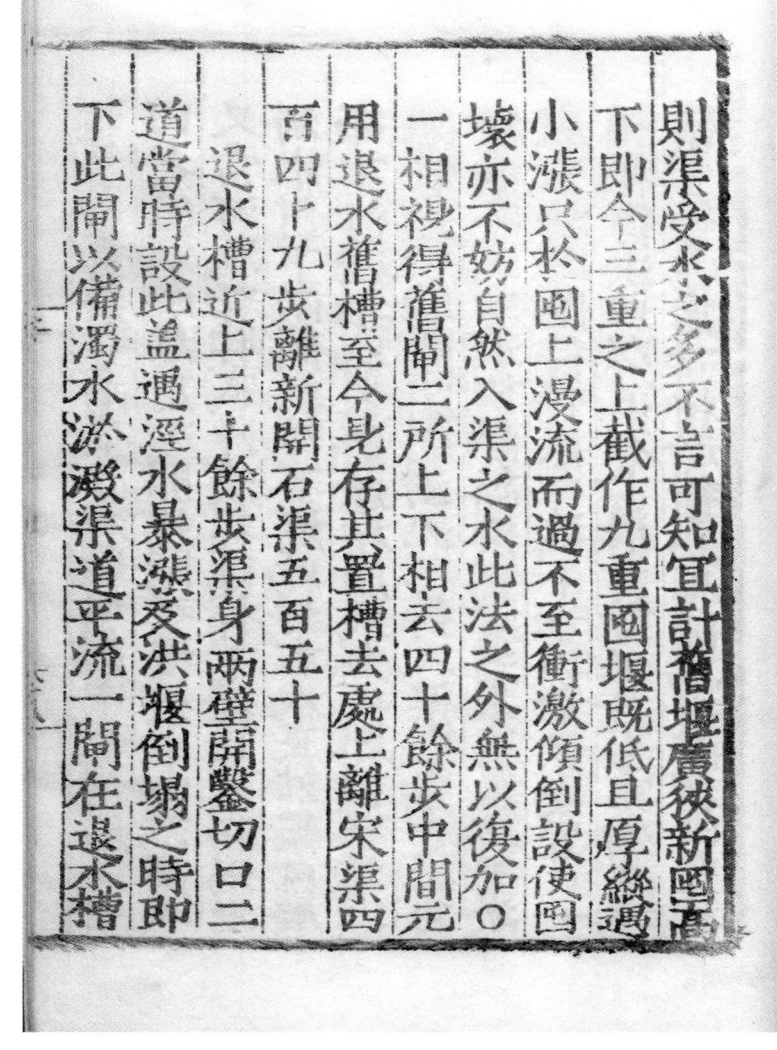

1 此處連上文六字諸本空缺，辛校本補爲"步，净浪一閘在"。
2 或作"深"。

則渠受水之多，不言可知。宜計舊堰廣狹、新囤高下，即今三重之上，截作九重。囤堰既低且厚，縱遇小漲，只於囤上漫流而過，不至衝激傾倒。設使囤壞，亦不妨自然入渠之水。此法之外，無以復加。

一、相視得舊閘二所，上下相去四十餘步，中間元用退水舊槽，至今見存。其置槽去處，上離宋渠四百四十九步，離新開石渠五百五十□□□□□□[1]退水槽近上三十餘步，渠身[2]兩壁開鑿切口二道。當時設此，蓋遇涇水暴漲及洪堰倒塌之時，即下此閘，以備濁水淤澱渠道。平流一閘，在退水槽

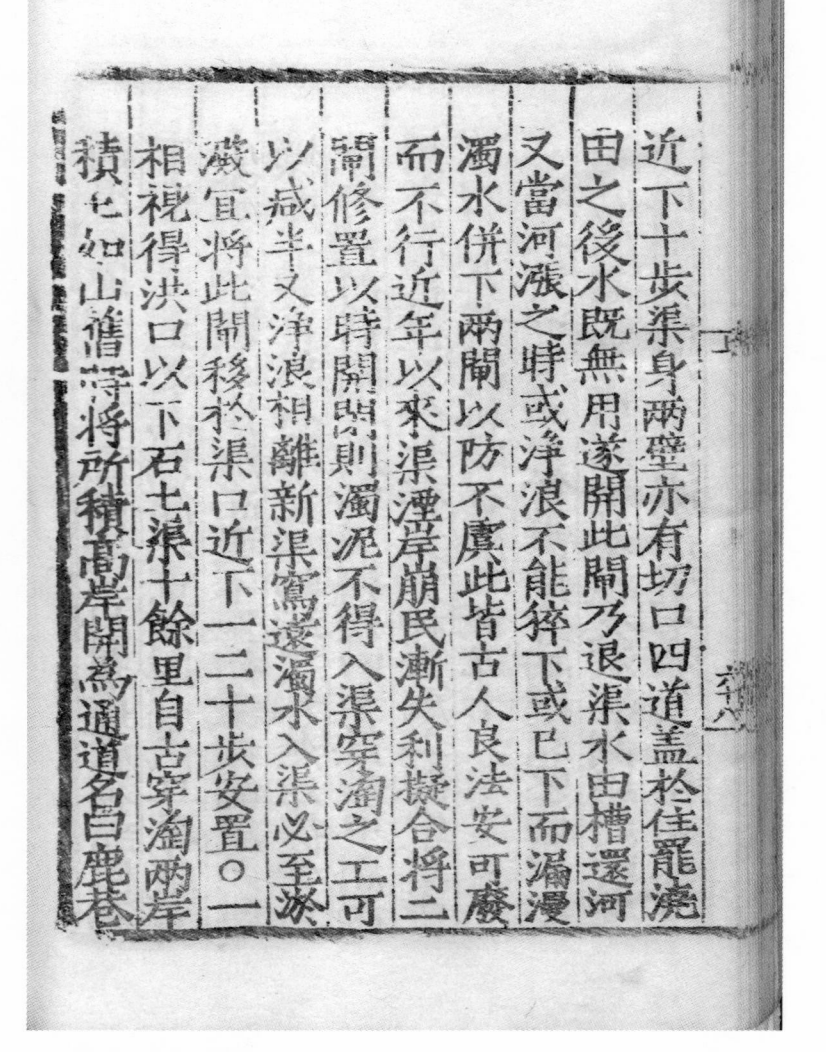

近下十步，渠身兩壁亦有切口四道。盖於住罷澆田之後，水既無用，遂開此閘，乃退渠水，由槽還河。又當河漲之時，或净浪不能猝下，或已下而漏漫濁水，併下兩閘，以防不虞。此皆古人良法，安可廢而不行？近年以來，渠湮岸崩，民漸失利。擬合將二閘修置，以時開閉，則濁泥不得入渠，穿淘之工可以減半。又净浪相離新渠窵遠，濁水入渠，必至淤澱，宜將此閘移於渠口近下一二十步安置。

一、相視得洪口以下石土渠十餘里，自古穿淘，兩岸積土如山。舊時將所積高岸開爲通道，名曰"鹿巷"。

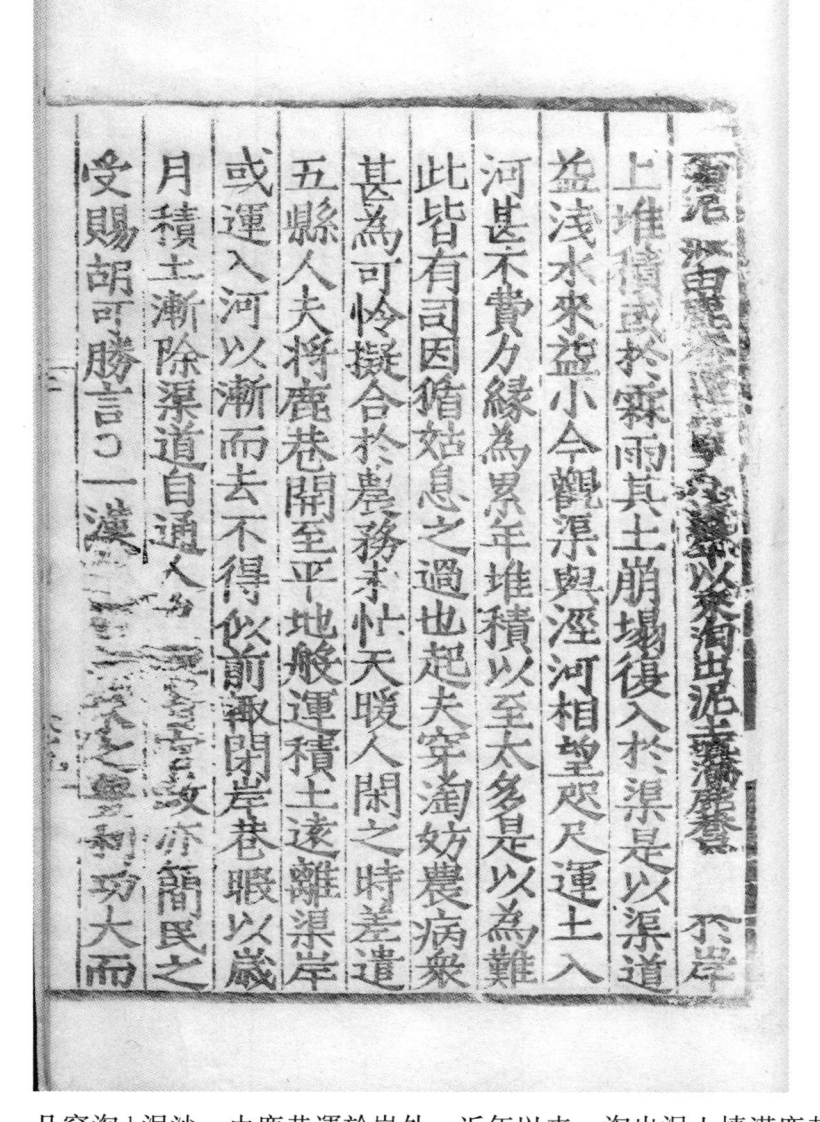

凡穿淘[1]泥沙，由鹿巷運於岸外。近年以來，淘出泥土填滿鹿巷，只於岸上堆積，或於霖雨，其土崩塌，復入於渠，是以渠道益淺，水來益小。今觀渠與涇河相望咫尺，運土入河，甚不費力。緣爲累年堆積，以至太多，是以爲難，此皆有司因循姑息之過也。起夫穿淘，妨農病衆，甚爲可憐。擬合於農務未忙、天暖人閑之時，差遣五縣人夫，將鹿巷開至平地，般運積土，遠離渠岸。或運入河以漸而去，不得似前輒閉岸巷。假以歲月，積土漸除，渠道自通。人力既省，官政亦簡，民之受賜，胡可勝言。

一、漢之鄭、白，宋之豐利，功大而

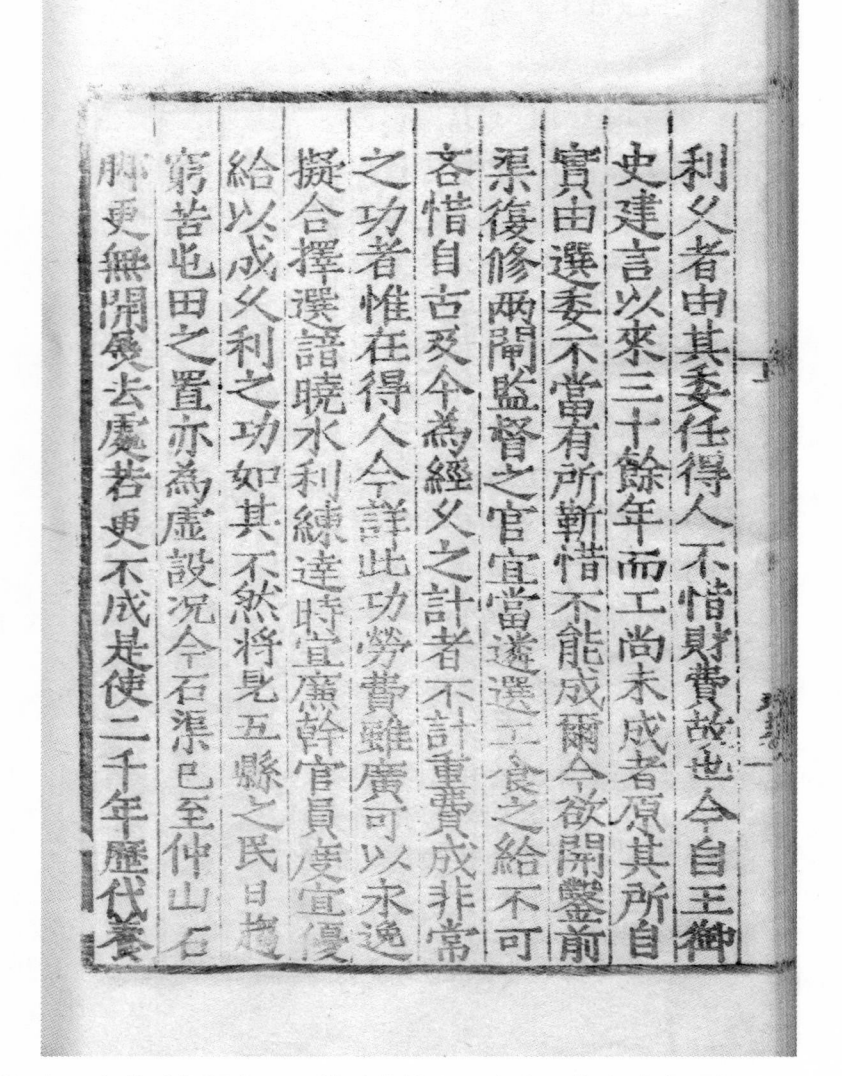

利久者，由其委任得人，不惜財費故也。今自王御史建言以來，三十餘年而工尚未成者，原其所自，實由選委不當，有所靳惜，不能成爾。今欲開鑿前渠，復修兩閘，監督之官宜當遴選，工食之給，不可吝惜。自古及今，爲經久之計者，不計重費；成非常之功者，惟在得人。今詳此功勞費雖廣，可以永逸。擬合擇選諳曉水利、練達時宜廉幹官員，度宜優給，以成久利之功。如其不然，將見五縣之民日趨窮苦，屯田之置亦爲虛設。況今石渠已至仲山石脚，更無開展去處。若更不成，是使二千年歷代養

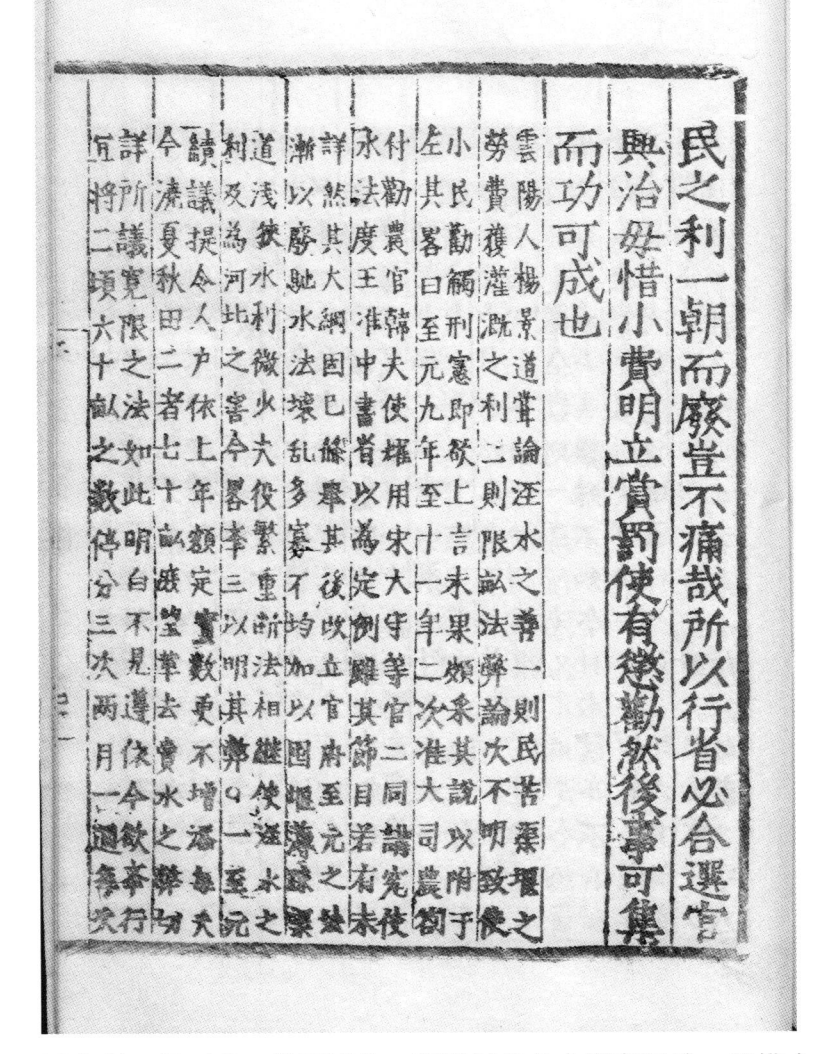

1 "善"，辛校本以爲當作"害"。又清抄本"雲陽人"以至"涇渠總論"之前皆作小字。
2 "獲"，辛校本以爲當作"不獲"，是。
3 "二"，他本同，四庫本作"一"。
4 "夫使"，清刻本及四庫本作"大使"。
5 "耀"，清抄本作"擢"。辛校本以爲"耀用"二字實爲"耀州"之譌。
6 "一"，原作"二"，據清抄本改。
7 "呈准"原作"王准"，據清抄本改。
8 "加"，或作"如"。
9 成化本及清抄本作"村"。
10 "斷法"，四庫本作"刑罰"，不確。
11 嘉靖本、四庫本作"實數"，乾隆本作"夫數"。
12 "頃"，原作"者"，據下文及四庫本改。

民之利一朝而廢，豈不痛哉！所以行省必合選官興治，毋惜小費，明立賞罰，使有懲勸，然後事可集而功可成也。

雲陽人楊景道嘗論涇水之善[1]，一則民苦渠堰之勞費，獲[2]灌溉之利；二[3]則限畝法弊，論次不明，致使小民動觸刑憲。即欲上言，未果。頗采其説，以附于左。其畧曰："至元九年至十一年，二次准大司農剳付：'勸農官韓夫使[4]耀[5]用宋大守等官，一[6]同講究使水法度，呈准[7]中書省，以爲定例。'雖其節目若有未詳，然其大綱固已條舉。其後改立官府，至元之法漸以廢弛，水法壞亂，多寡不均。加[8]以圉堰薄疏，渠道淺狹，水利[9]微少，夫役繁重，斷法[10]相繼，使涇水之利反，爲河北之害。今畧舉三，以明其弊：

一、至元續議提令人户，依上年額定實數[11]，更不增添。每夫令澆夏、秋田二頃[12]七十畝，庶望革去賣水之弊，切詳所議。寬限之法，如此明白，不見遵依。今欲舉行，宜將二頃六十畝之數停，分三次，兩月一週，每次

年放溉八十七畝不限名色自今歲六月爲始可至來

是深溉水大小不一次斷巳及元限後一次爲溉秋苗則遠近

九富均覆水頃以今屯利人夫一千八百名計之絕多補少

十補收是每二夫一名爲田五頃者常有例二分是以澆人皆

者法一動觸而刑憲故尚元寬一限半水畫夜計之全水田善則明

十勝一三頃七十畝去一畝爲八十畝以一渠畫夜計可澆全水田六十

可頃自一全萬歲去月爲始假使便開啓日水不止本是不令下人者

十微一全水猶當歲溉田五頃限以二頃六十畝

皆以百即今水微小爲歲澆田六十餘頃一百二

大十微矣全水一歲每夫可澆田一十餘頃今

者可閑任意多淫貧若弱遠立水者愈不得則天旱離近二水頃育六力

---

放溉八十七畝，不限名色。自今歲十月爲始，至來年五月，計[1]八个月。若其渠堰如法，水流不斷，可以澆溉四次。前二[2]次已及元限，後一次爲澆秋苗。如是深水大小不一，斷續相繼，可復澆溉，則遠近貧富均獲水利矣。又水例云，渠下可澆五縣之田九千餘頃，以今屯利人夫一千八百名計之，絕多補少，每夫一名，爲田五頃。舊例[3]：一名限澆五頃[4]七十畝，是十分[5]之中盜澆者常有八分[6]，是以人皆犯法，動觸刑憲。故至元寬限作二頃六十畝，則明澆者一半，而不及者尚有一半。其法雖未盡善，而猶勝一頃七十畝之少。今以渠水計之，全水一百二十微，三分去一爲八十微，一晝夜可澆田六十餘頃。自今歲十月爲始，盡來年五月，計二百四十日，可澆一萬四千餘頃。假使開啓渠堰便利，致使水及百二十微全數，則一歲所澆又不止是。今論者皆以即今水小爲難，殊不知今日水數亦不下八十微矣。全水一歲每夫可澆田一十餘頃，今吏咸[7]作六十微，一夫猶當澆田五頃，限以二頃六十畝，豈可開太多乎？若夫立限太寬，倘遇天旱，近水有力者任[8]意多淫，貧弱遠水者愈不得則，故就二頃六

1 "計"，或作"就"。
2 "二"，辛校本改作"三"，甚是。
3 "例"，或作"利"。
4 "五頃"，四庫本作"一頃"。
5 "十分"，原作"二分"，清抄本作"三分"，此從四庫本改。
6 "八分"，原作"二分"，此從四庫本改。
7 "咸"，清抄本作"減"。
8 "任"，成化本作"浴"，經訓堂本作"憗"，清抄本作"恣"。

此頁爲成化本《長安志圖》卷下，頁58B補配。
1 此空格四庫本作"田"。
2 兩處空格，四庫本前一空格作"澆"，後闕文。辛校本補後一空格爲"之"字，可通。

十畝爲限。□[1]雖多亦可周遍，水大則必加倍。況今既有兩限分□□[2]

法，又有交承時日之則，水小則拘限而能均，水大則有時日，民得盡利。此誠得中不□[1]之良法，並行而不相悖者也。

一、各斗下利戶澆田，既無先後排輪之次，亦無各家合使日期，惟以畝數爲限。或遇天旱，民急目前之利，違限多澆，欲盡斷罰，則傷百姓，若不嚴禁，復不能均。人先開斗分，多占月日，及時澆溉，全得其利。近後斗分，往往過時，失誤歲計。一歲之中，水來不過一二次，水限畝數亦少。合令[2]每水頭一道，斗口幾處，驗各斗人夫多寡，分定合開日時，六十日內須要周遍。仍令人戶供報花名、地段、頃畝見數，置簿該寫。合該水程日期，須要自下而上。惟渠漲岸高者，別爲區處。官及斗門子各收一簿，永爲定式憑驗。使人知某日爲某村之水，某時爲某家取水之期，自然不敢侵越，易避而難犯矣。

一、限首眼同分水，其法今亦廢弛，故五縣水利不均。蓋洪堰計因人功而成，理宜驗夫用水。但地理遠迫不等，渠道懸昂不一，分水之時，斟酌增減，期於均平可也。如北限昂而中限懸，當增北限而減中限；涇陽迫而櫟陽遠，當益櫟陽而損涇陽。仍將各渠實有夫數，各限應得之水，隨水大小，議爲則例，刻之巨石，立于限首，庶使官吏將來有所憑驗，易於舉行。又驗夫二分與合得水程畝數，復如舊日，分作二道，輪番澆溉，庶可與其餘水頭一齊周遍，民免盜水之罪矣。又如白渠水小之時，宜將限工并中限權行止住，聽下縣先澆，候水大之時，將閘[3]下水程并開二斗或三斗以補之。故限口有誌水石，古語云："水[4]

此頁以成化本《長安志圖》卷下，頁59A補配。
1 "得中不□"，清抄本作"得中正"，四庫本作"得中不易"，據殘字分析，"易"字是。
2 "合令"，原本作"合今"，據四庫本改。
3 "閘"，四庫本作"閘"。
4 底本作"以"，不通，據諸清刻本改。

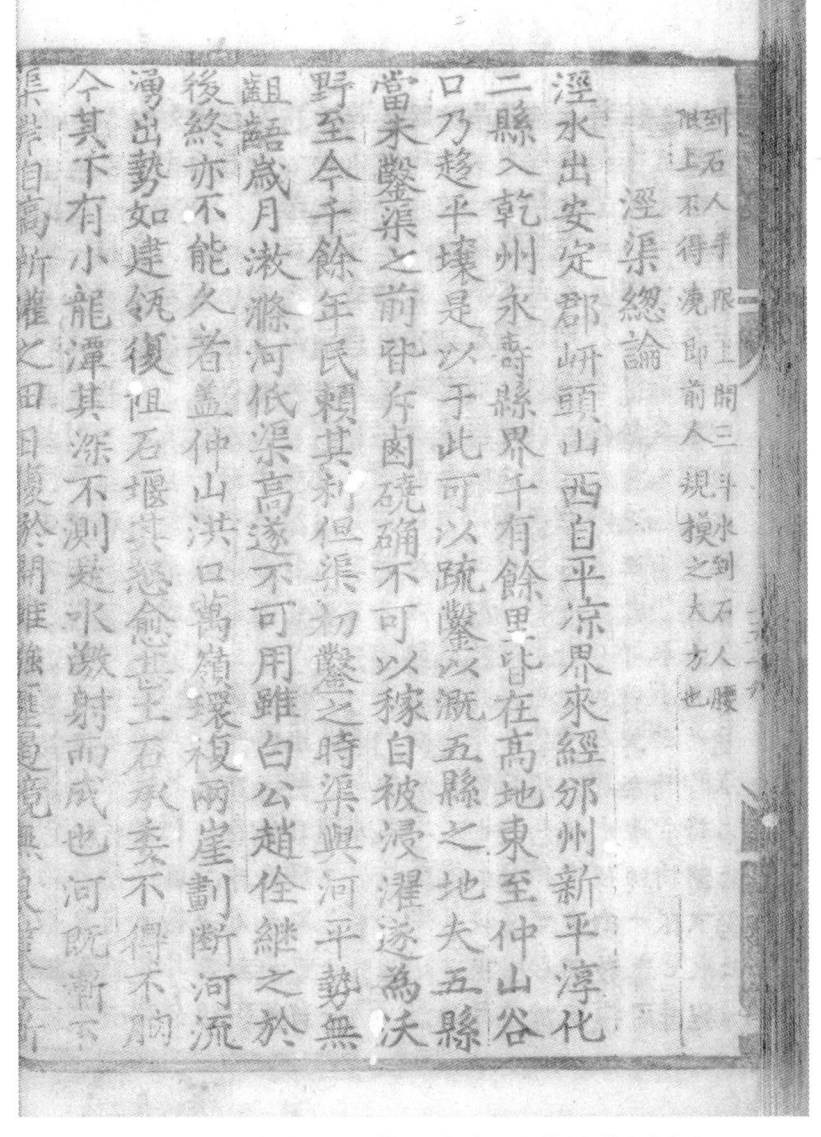

三九九

“到石人手，限上開三斗；水到石人腰，限上不得澆。”即前人規模之大方也。

**涇渠總論**

涇水出安定郡岍頭山西，自平凉界來，經邠州新平、淳化二縣，入乾州永壽縣界，千有餘里，皆在高地。東至仲山谷口，乃趨平壤，是以于此可以疏鑿，以溉五縣之地。夫五縣當未鑿渠之前，皆斥鹵磽确，

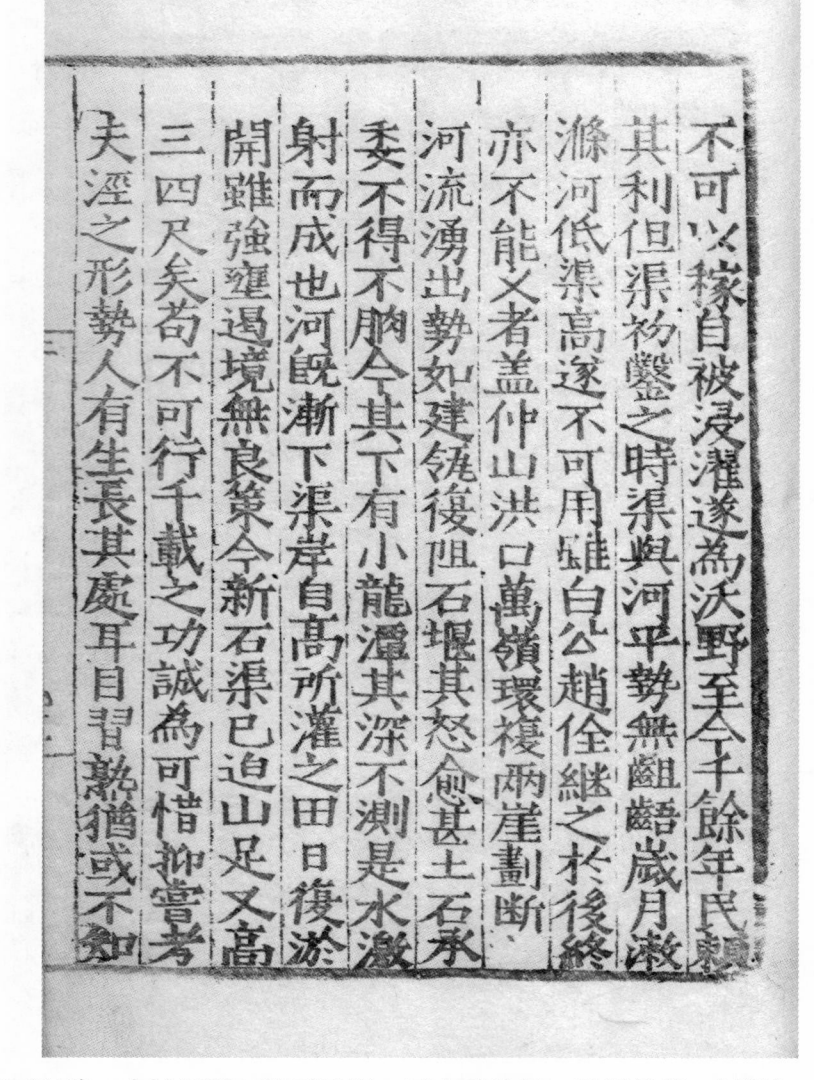

不可以稼。自被浸灌，遂爲沃野，至今千餘年，民賴其利。但渠初鑿之時，渠與河平，勢無齟齬。歲月漱滌，河低渠高，遂不可用。雖白公、趙佺繼之於後，終亦不能久者，蓋仲山洪口，萬嶺環複，兩崖劃斷，河流湧出，勢如建瓴，復阻石堰，其怒愈甚，土石承委，不得不腳[1]。今其下有小龍潭，其深不測，是水激射而成也。河既漸下，渠岸自高，所灌之田日復淤閉[2]，雖強壅過，竟[3]無良策。今新石渠已迫山足，又高三四尺矣。苟不可行，千載之功誠爲可惜。抑嘗考夫涇之形勢，人有生長其處，耳目習熟，猶或不知，

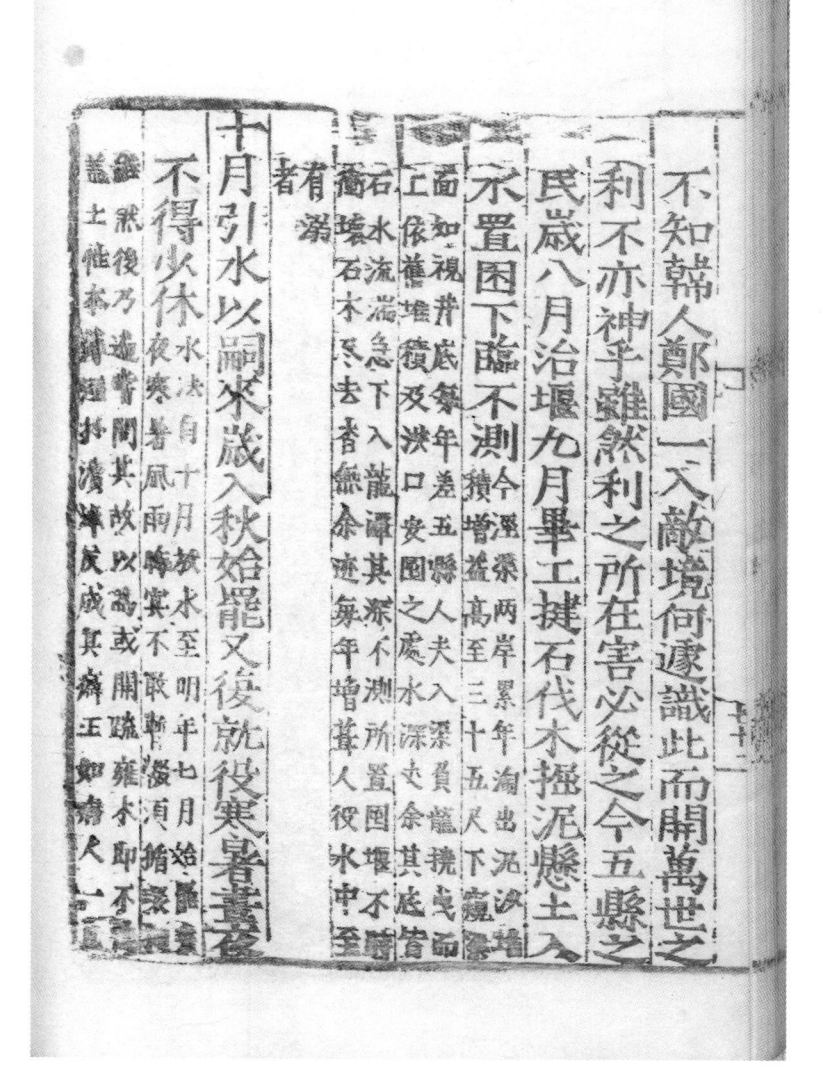

1 "囤"，原作 "困"，據
清抄本改。

不知韓人鄭國，一入敵境，何遽識此而開萬世之利，不亦神乎！雖然，利之所在，害必從之。今五縣之民，歲八月治堰，九月畢工。捷石伐木，掘泥懸土，入水置囤[1]，下臨不測。今涇渠兩岸累年淘出泥沙，堆積增益，高至三十五尺，下窺渠面，如視井底。每年差五縣人夫入渠，負龍撓曳而上，依舊堆積。及洪口安囤之處，水深丈餘，其底皆石，水流湍急，下入龍潭，其深不測。所置囤堰，不時衝壞，石木盡去，杳無餘迹。每年增葺，人役水中，至有溺者。

　　十月引水，以嗣來歲入秋始罷，又復就役，寒暑晝夜，不得稍休。水法：自十月放水，至明年七月始罷。晝夜寒暑，風雨晦冥，不敢暫輟。須循環相繼，然後乃遍。嘗問其故，以為或開疏，壅，木即不茂。蓋土性本薄，輕於潰淖，反成其癖，正如病人一旦

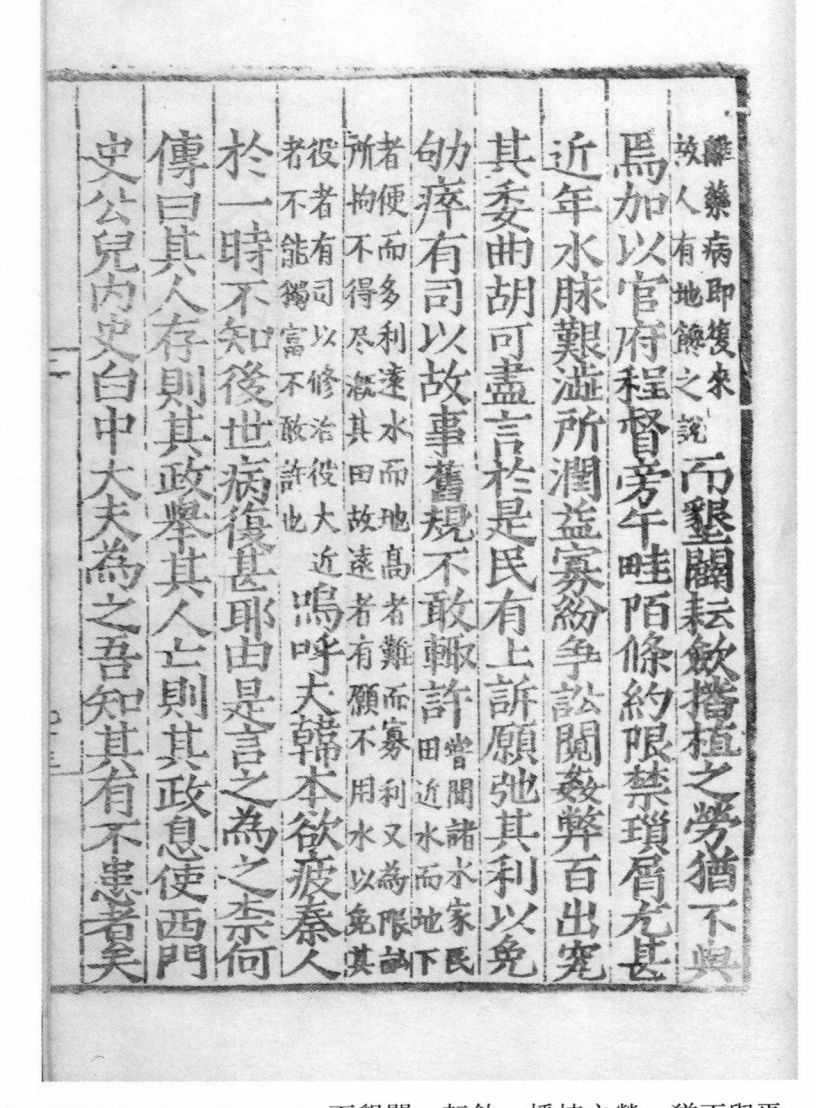

離藥，病即復來，故人有地饒之説。而墾闢、耘斂、播植之勞，猶不與焉。加以官府程督，旁午畦陌，條約限禁，瑣屑尤甚。近年水脉艱澀，所潤益寡，紛争訟閱，姦弊百出，究其委曲，胡可盡言。於是民有上訴，願弛其利，以免劬瘁，有司以故事舊規，不敢輒許。嘗聞諸水家：民田近水而地下者，便而多利；遠水而地高者，難而寡利。又爲限畝所拘，不得盡溉其田，故遠者有願不用水以免其役者。有司以修治役大，近者不能獨當[1]，不敢許也。嗚呼！夫韓本欲疲秦人於一時，不知後世病復甚邪。由是言之，爲之奈何。《傳》曰："其人存則其政舉，其人亡則其政息。"使西門、史公、兒内史、白中大夫爲之，吾知其有不患者矣。

1 "當"，底本作"富"，據清抄本改。

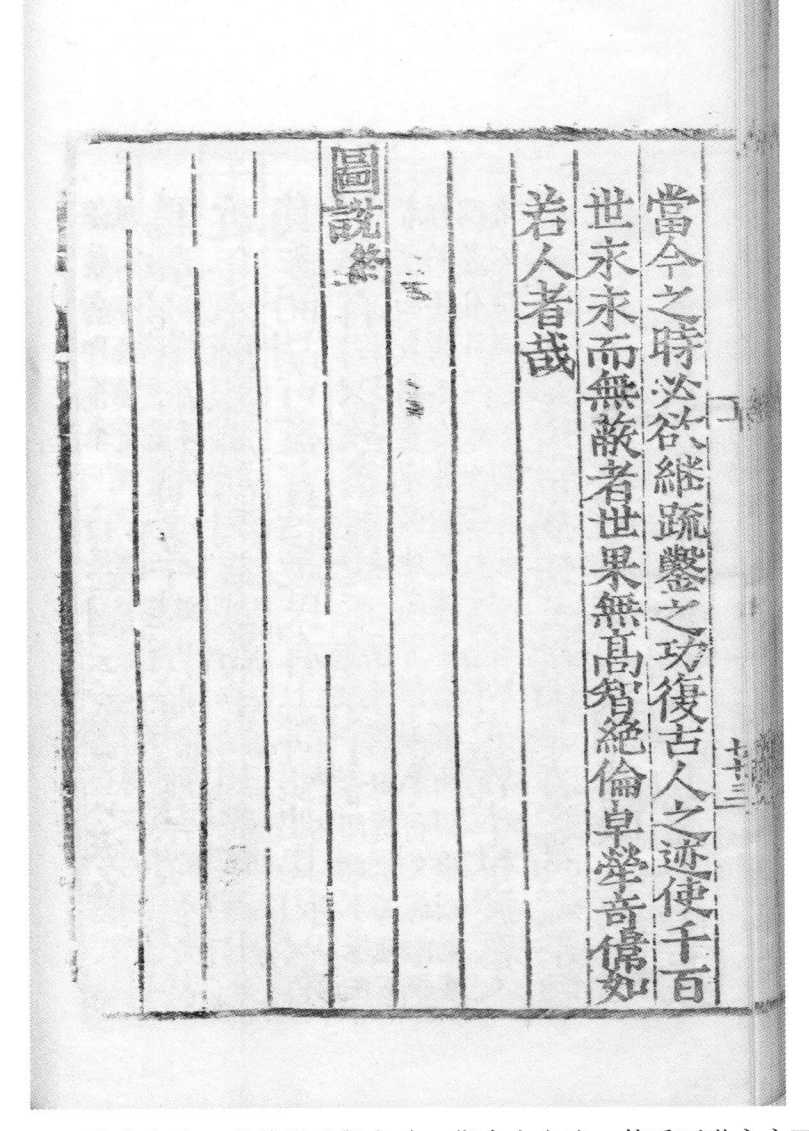

　　當今之時，必欲繼疏鑿之功，復古人之迹，使千百世永永而無弊者，世果無髙智絕倫、卓犖奇偉如若人者哉？

　　《圖説》終

治河圖畧

欽定四庫全書提要

**欽定四庫全書提要**

　　《治河圖畧》一卷，元王喜撰。喜爵里無考，其書首列六圖，末各系以説，而附所爲《治河方畧》及《歷代決河總論》二篇於後。其文稱"臣謹叙"、"臣謹論"云云，疑爲經進之本。考《元史·順帝紀》及《河渠志》，至正中，河決白茅堤、金堤，大臣訪求治河方畧，喜書其作於是時歟？其大旨取李尋因其自然之説，惟以浚新復舊爲主。厥後卒用賈魯之策，疏塞竝舉，挽河東行以復故道，與是編持論相合，則當時固已採録其言矣。特史文闕畧，未著其進書本末耳。卷中所圖河源頗多訛舛，蓋崑崙、星宿，遠隔窮荒，自我

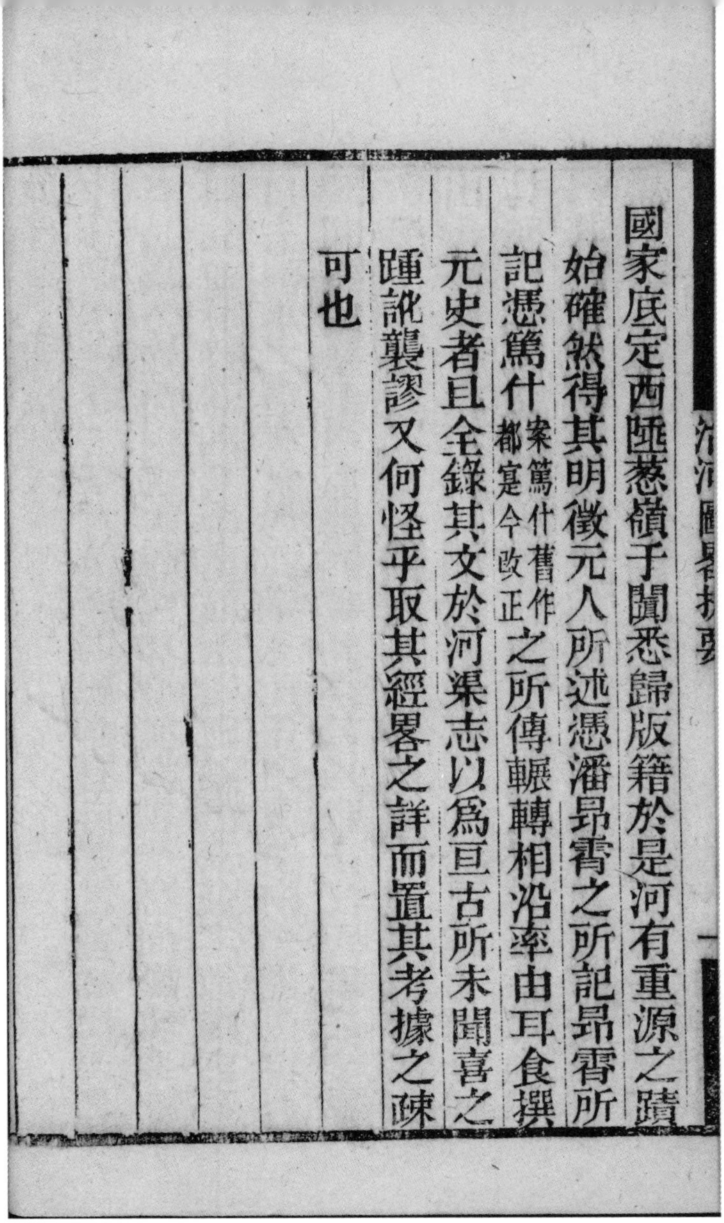

國家底定西陲葱嶺于闐悉歸版籍於是河有重源之蹟
始確然得其明徵元人所述憑潘昂霄之所記昂霄所
記憑篤什案篤什舊作都寔今改正之所傳輾轉相沿率由耳食撰
元史者且全錄其文於河渠志以爲亘古所未聞喜之
踵訛襲謬又何怪乎取其經畧之詳而置其考據之疎
可也

國家底定，西陲葱嶺、于闐悉歸版籍，於是河有重源之蹟，始確然得其明徵。元人所述，憑潘昂霄之所記。昂霄所記，憑篤什案，篤什舊作都寔，今改正。之所傳，輾轉相沿，率由耳食。撰《元史》者且全錄其文於《河渠志》，以爲亘古所未聞。喜之踵訛襲謬，又何怪乎？取其經畧之詳而置其考據之疎可也。

臣竊謂水之在天下有自然之利亦有自然之害順而導之
者易爲力逆而遏之者難爲功譬猶人之一身血脉流通則
無病血脉壅滯則病生審而治之宣其壅滯使之流通則病
自去治水之道亦當如此竊見比年以來黃河失道汎濫曹
濮閒生民墊溺中原彫耗莫此爲甚以致上干宵旰之憂勤
次勞廟堂之軫念見者聞者莫不惻然思有以救之然未有
出一謀建一策有補於明時者以其但知河之爲害而未知
其所以爲害臣故歷考累代河流變遷之故與浚治之術粗
得其詳而知其有無不可爲之理且何以言之皆緣下流壅
滯水勢不能自泄是以決溢爲害爲今之計莫若浚入淮舊

## 原序

　　臣竊謂：水之在天下有自然之利，亦有自然之害。順而導之者
易爲力，逆而遏之者難爲功。譬猶人之一身，血脉流通則無病，血
脉壅滯則病生。審而治之，宣其壅滯，使之流通，則病自去。治水
之道亦當如此。竊見比年以來，黃河失道，泛濫曹濮間。生民墊
溺，中原彫耗，莫此爲甚。以致上干宵旰之憂勤，次勞廟堂之軫
念。見者聞者莫不惻然，思有以救之，然未有出一謀、建一策，有
補於明時者，以其但知河之爲害，而未知其所以爲害。臣故歷考累
代河流變遷之故與浚治之術，粗得其詳，而知其有無不可爲之理。
且何以言之？皆緣下流壅滯，水勢不能自泄，是以決溢爲害。爲今
之計，莫若浚入淮舊

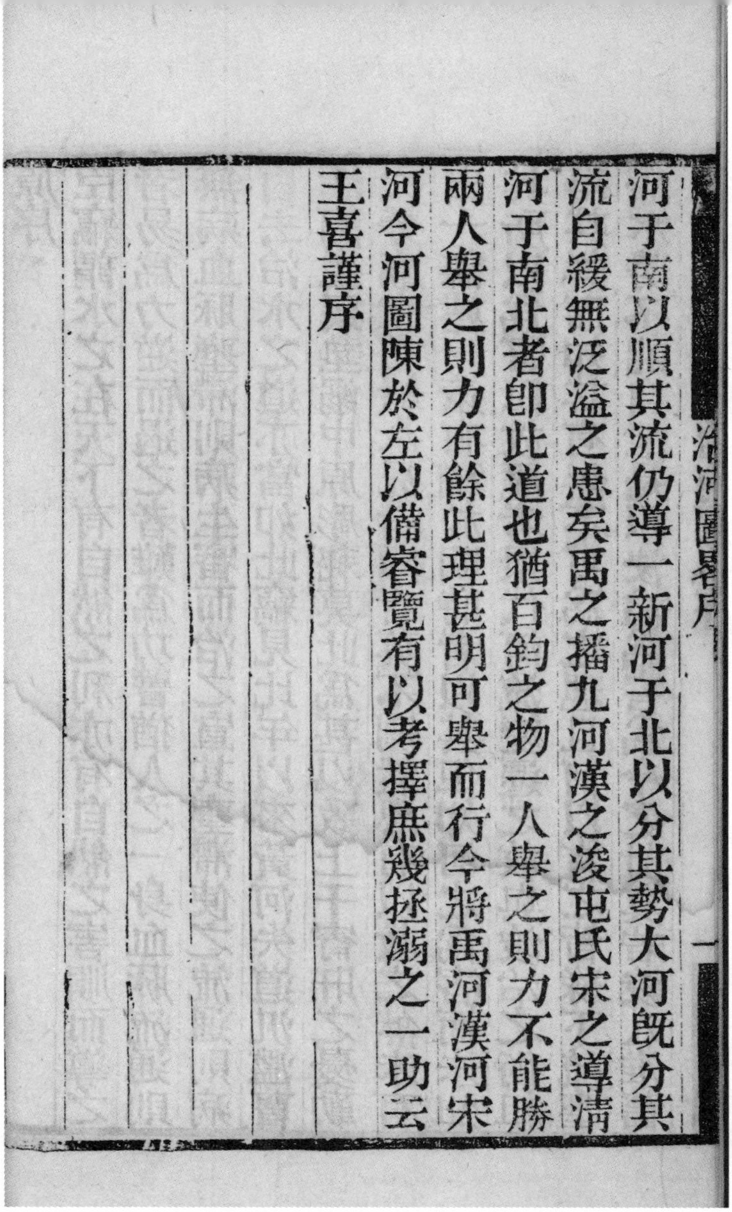

河于南以順其流仍導一新河于北以分其勢大河既分其
流自緩無泛溢之患矣禹之播九河漢之浚屯氏宋之導清
河于南北者即此道也猶百鈞之物一人舉之則力不能勝
兩人舉之則力有餘此理甚明可舉而行今將禹河漢河宋
河今河圖陳於左以備睿覽有以考擇庶幾拯溺之一助云
王喜謹序

河于南，以順其流；仍導一新河于北，以分其勢。大河既分，其流自緩，無泛溢之患矣。禹之播九河，漢之浚屯氏，宋之導清河于南北者，即此道也。猶百鈞之物，一人舉之則力不能勝，兩人舉之則力有餘。此理甚明，可舉而行。今將禹河、漢河、宋河、今河圖陳於左，以備睿覽，有以考擇，庶幾拯溺之一助云。王喜謹序。

歷代河圖

治河圖略　　墨海金壺　　史部
　　　　　　元　王喜　　　撰

歷代河圖

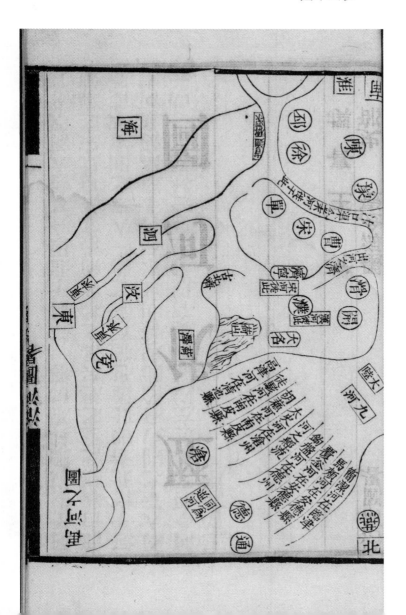

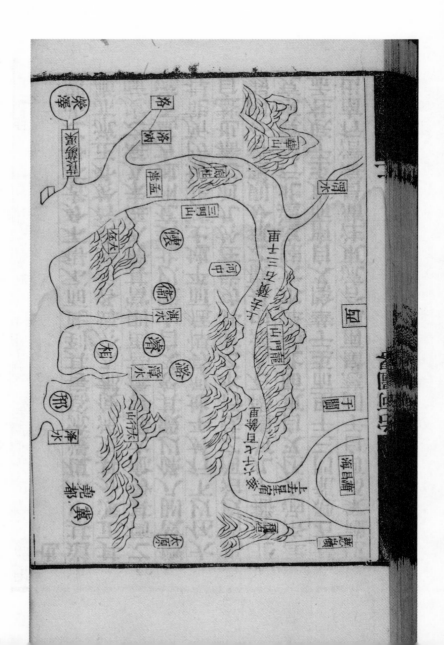

臣謹案禹河自于闐葱嶺兩源合流東注蒲昌海潛行南出
積石經龍門三千里而至于華陰又自南而東至于底柱孟
津洛汭大伾又自東而北過澤水大陸迤邐北行至冀東兖
北分播于九河趨碣石入海由是觀之氣分則緩勢分則弱
禹所以治河之法行水之道其功皆在於九河之播也蓋自
大伾以下行於平地河勢悍猛而平地土疏非堤防所能捍
禦故開八條以殺其怒又自大陸以北到兖州地方爲下流
之衝其勢愈大爲害愈甚禹則當其將入海未入海之處疏
其正派分其支流使都入於海各派既安行於外正流亦順
道其中不復漫流爲害其到此而不得不分者亦勢之必然
也

臣謹案，禹河自于闐、葱嶺兩源合流，東注蒲昌海，潛行南出積石，經龍門，三千里而至于華陰。又自南而東至于底柱、孟津、洛汭、大伾；又自東而北過澤水、大陸，迤邐北行，至冀東兖北，分播于九河，趨碣石入海。由是觀之，氣分則緩，勢分則弱。禹所以治河之法，行水之道，其功皆在於九河之播也。蓋自大伾以下，行於平地，河勢悍猛而平地土疏，非堤防所能捍禦，故開八條以殺其怒。又自大陸以北到兖州地方，爲下流之衝，其勢愈大，爲害愈甚。禹則當其將入海未入海之處，疏其正派，分其支流，使都入於海。各派既安行於外，正流亦順道其中，不復漫流爲害，其到此而不得不分者，亦勢之必然也。

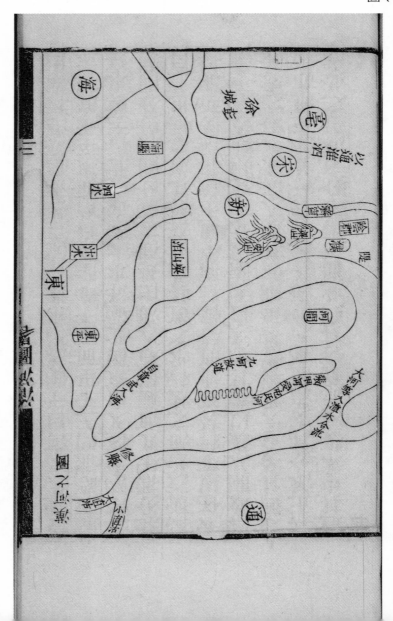

禹貢錐指圖　　漢水合渭入河　　四一

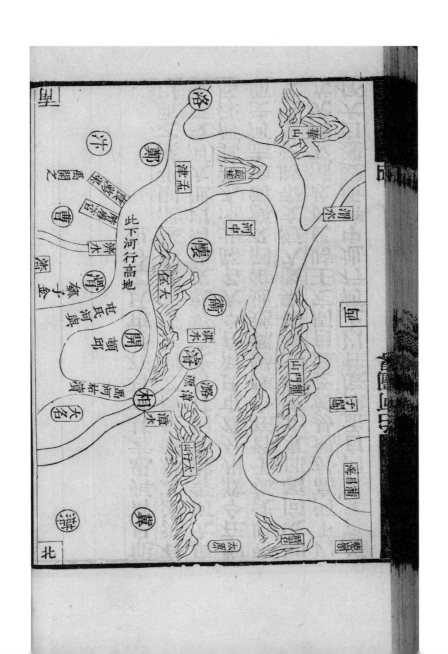

臣謹案漢河自孟津底柱以上河行地中無所變遷自大伾
以下河高於地易於泛濫自周定王時已徙故瀆及漢元光
間改向頓邱東北流經濮濟從樂陵入海文帝時決酸棗武
帝時決瓠子皆在今濮陽縣遂通淮泗又漢溝洫志河決館
陶在今濮州分爲屯氏河在今大名路北流入海其河深廣
與大河等蓋亦因其自決之勢就浚此河以泄大河故無復
有汎溢之患繇是觀之河之下流壅則塞泄則平漢之所以
能息畜弭患者其功專在於屯氏之分也

　　臣謹案，漢河自孟津、底柱以上，河行地中，無所變遷；自大
伾以下，河高於地，易於泛濫。自周定王時已徙故瀆，及漢元光
間，改向頓邱，東北流經濮、濟，從樂陵入海。文帝時決酸棗，武
帝時決瓠子，皆在今濮陽縣，遂通淮、泗。又《漢·溝洫志》，河決
館陶，在今濮州分爲屯氏河，在今大名路北流入海，其河深廣與大
河等。蓋亦因其自決之勢，就浚此河，以泄大河，故無復有汎溢之
患。由是觀之，河之下流壅則塞，泄則平。漢之所以能息畜弭患
者，其功專在於屯氏之分也。

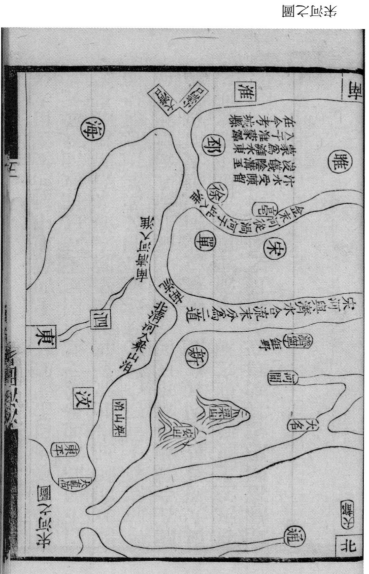

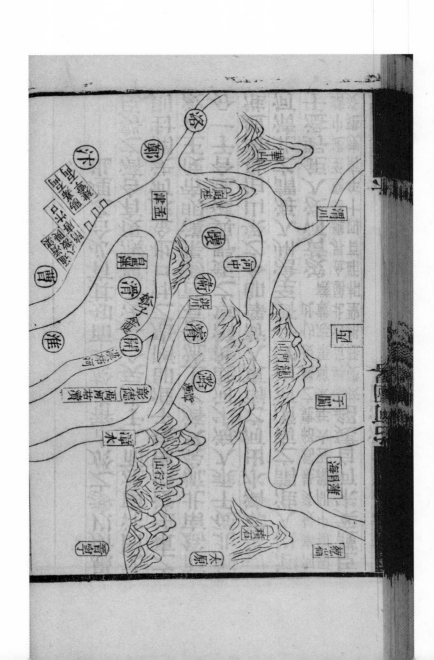

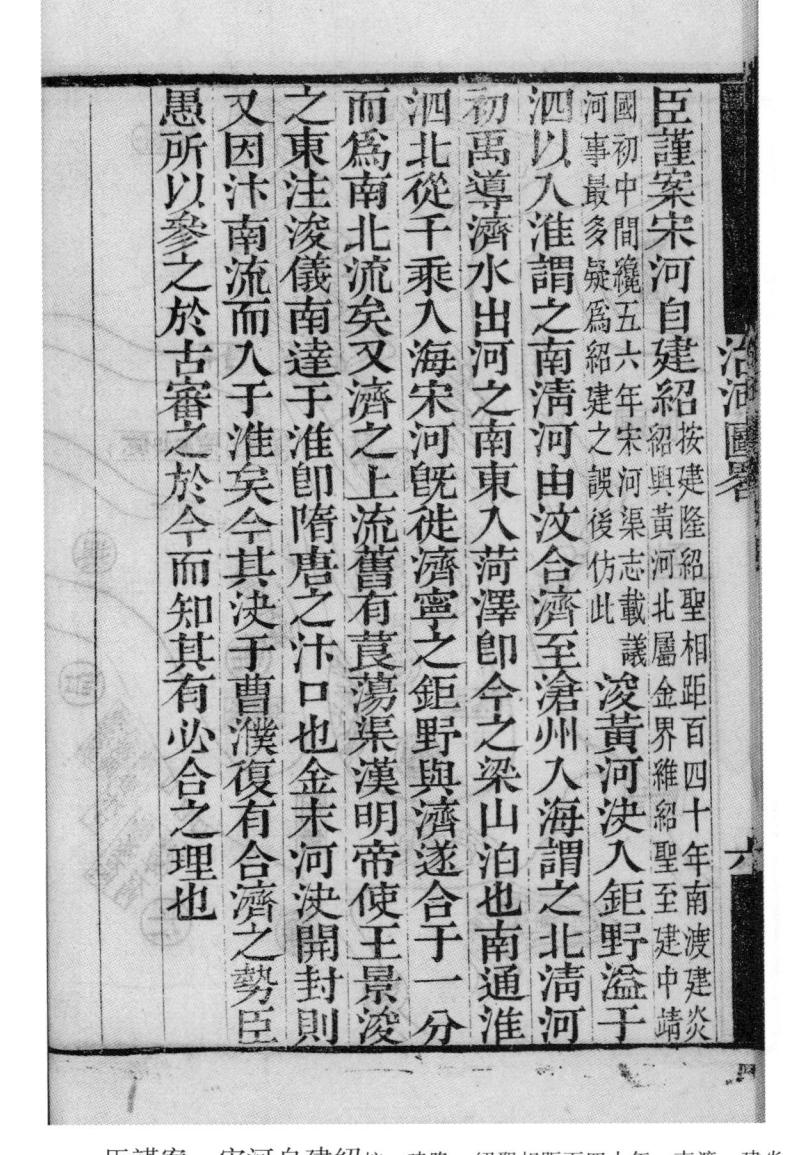

臣謹案，宋河自建紹按，建隆、紹聖相距百四十年。南渡，建炎、紹興，黃河北屬金界。維紹聖至建中靖國初，中間纔五六年，《宋·河渠志》載議河事最多，疑爲紹建之誤，後仿此。浚黃河，決入鉅野，溢于泗，以入淮，謂之南清河。由汶合濟，至滄州入海，謂之北清河。初，禹導濟水出河之南，東入菏澤，即今之梁山泊也。南通淮、泗，北從千乘入海。宋河既徙，濟寧之鉅野與濟遂合于一，分而爲南北流矣。又濟之上流，舊有莨蕩渠。漢明帝使王景浚之，東注浚儀，南達于淮，即隋唐之汴口也。金末河決開封，則又因汴南流而入于淮矣。今其決于曹、濮，復有合濟之勢。臣愚所以參之於古，審之於今，而知其有必合之理也。

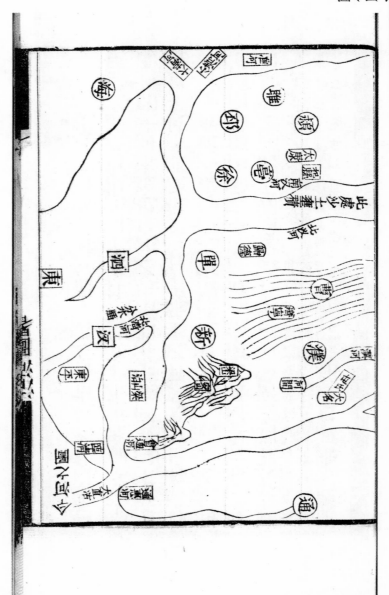

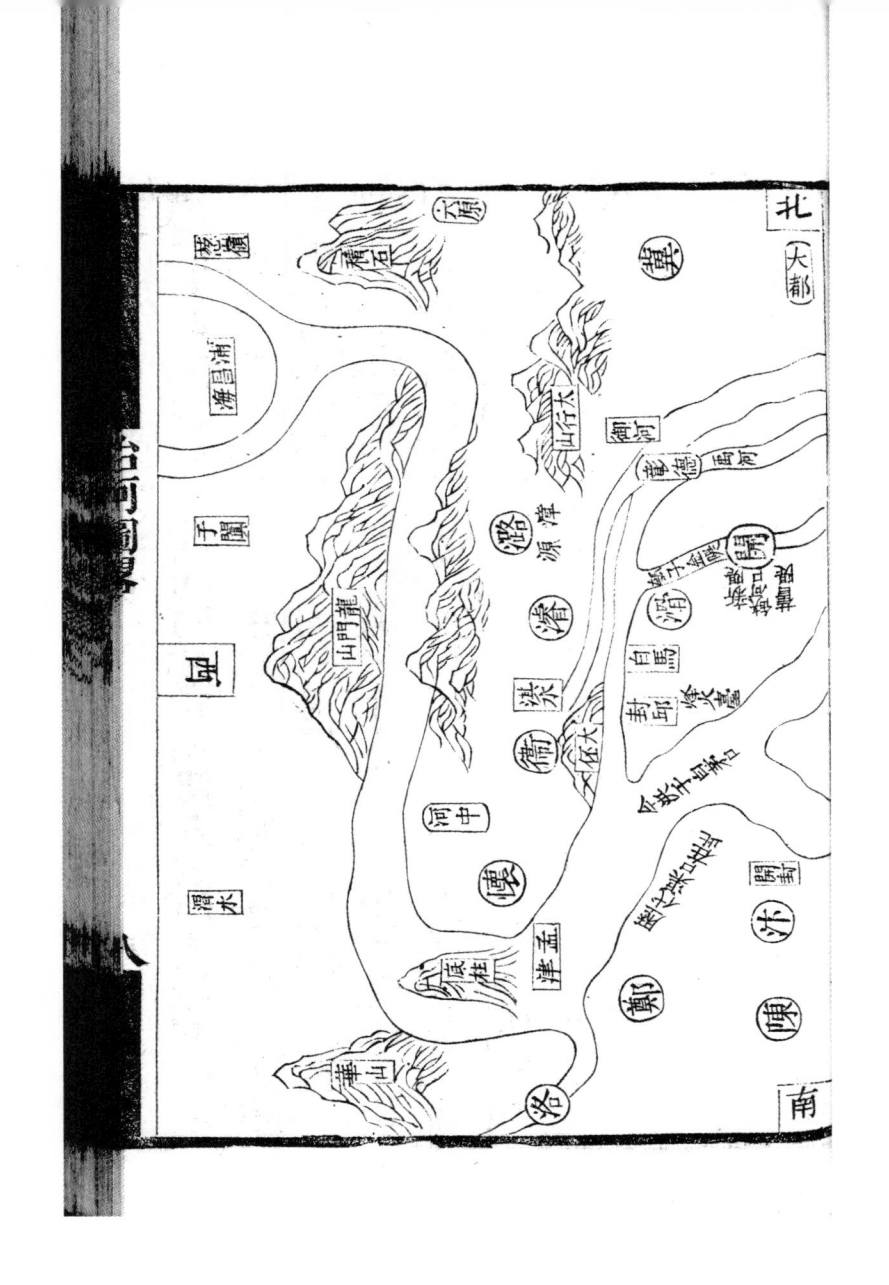

臣謹案今河自金末從開封北衞州決入渦河南流卽今之
過徐州而入淮者是也比年以來河水汎溢于曹濮而入淮
舊河淤塞不通將有入御河之勢又未得其道以致數郡墊
溺爲害不小竊料新塞河道沙土尚虛但浚治稍深則水復
故道下流自順非比無源之水必假強鑿之難勞而無功也
又計今新決河水散漫無統未有歸一以致橫流若舊河既
浚水勢自減然後因其橫流所穿之徑順其北流之勢加之
疏導別爲一川則用力寡而見功疾此可爲永久之利也

臣謹案，今河自金末，從開封北衞州決入渦河南流，即今之過徐州而入淮者是也。比年以來，河水汎溢于曹、濮，而入淮舊河淤塞不通，將有入御河之勢。又未得其道，以致數郡墊溺，爲害不小。竊料新塞河道，沙土尚虛，但浚治稍深，則水復故道，下流自順，非比無源之水，必假強鑿之難勞而無功也。又計今新決，河水散漫無統，未有歸一，以致橫流。若舊河既浚，水勢自減，然後因其橫流所穿之徑，順其北流之勢，加之疏導，別爲一川，則用力寡而見功疾。此可爲永久之利也。

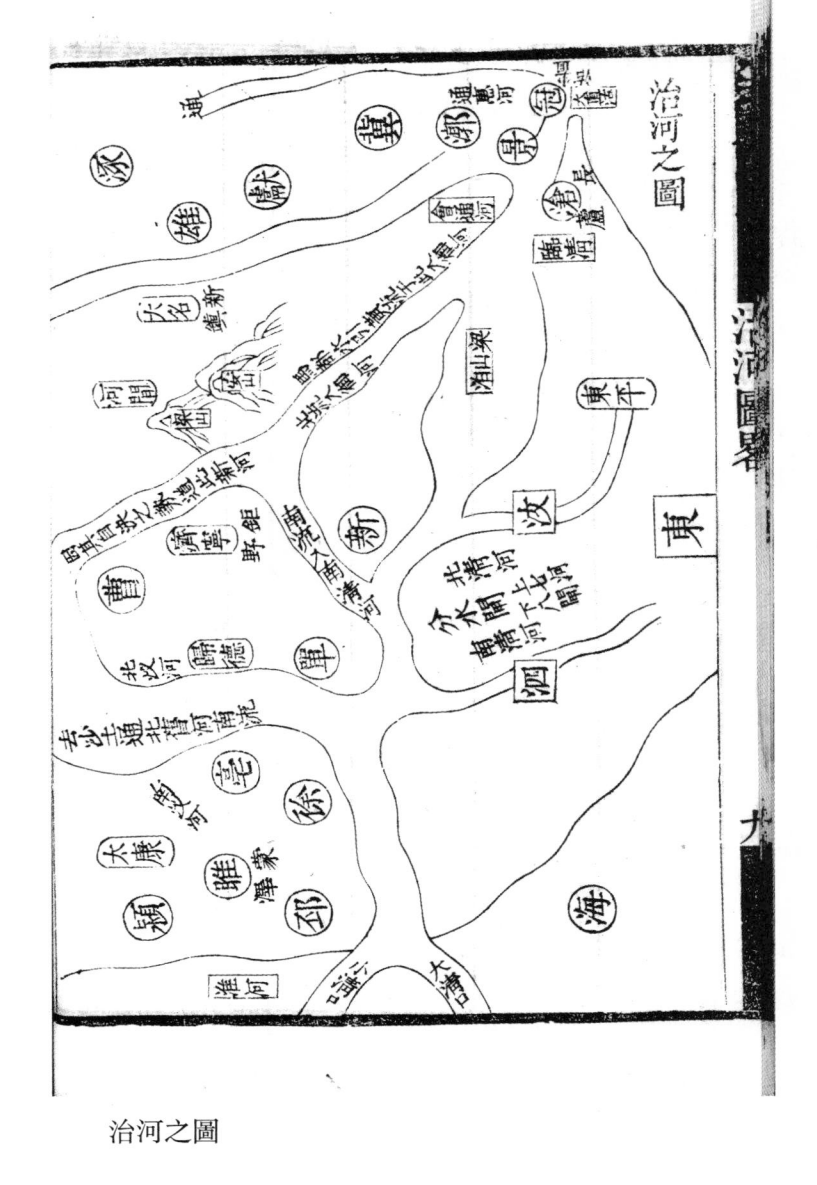

治河之圖

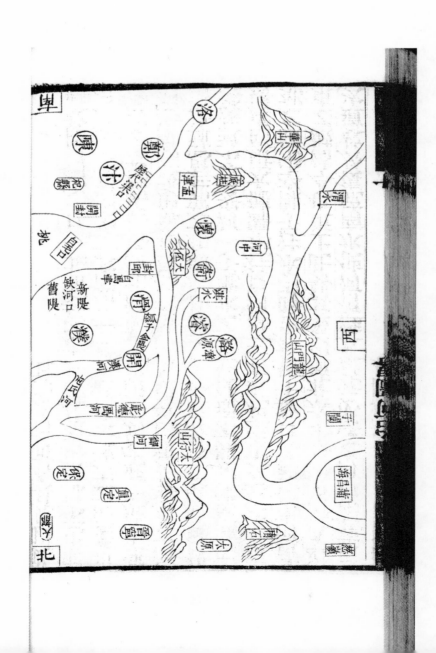

東

洛陽
鄭州　汝水
陝州　汴
絳郡
　　開封
桃

　　自河口
　　　　西
　　　　府
河中　華陰
　　華山

渭水

河中　衛
新緝　大伾
　　　沈河口
新堤
缺河口
舊隄

西
于闐

濟源　濼
孟津台
孟津　開封

菏　子　濟前
霸馬河
緝河

山行太

保定
真定
晉寧

太原
原

漢石
慈嶺

北

臣謹謂治河之法必先浚入淮舊河使水南流復於故道次
導入濟新河分半水北流以殺其勢此上策也今汴城之東
黃河南岸列渠口數十皆是古時引水注于陳亳宋潁之郊
以泄水怒又東至杞縣有三汊河口往年歸德太康兩處將
南北兩汊堵閉不通使三汊之水總于一河安得不致決溢
哉世祖皇帝嘗設置分監委任都水馬和之郭若思疏決新
河之水導黃流由安山抵臨清接御河相地形設開隄通漕
運遂成千載之功今所以導新河北流者即馬都水之成法
也蓋河之末流水勢浩大非一川能容不浚則勢不順不分
則患不息是皆歷代已行之明效而非一口之空言臣故圖
此以見其有可行之理耳

臣謹謂，治河之法，必先浚入淮舊河，使水南流，復於故道。次導入濟新河，分半水北流，以殺其勢，此上策也。今汴城之東，黃河南岸，列渠口數十，皆是古時引水，注于陳、亳、宋、潁之郊，以泄水怒。又東至杞縣，有三汊河口。往年，歸德、太康兩處，將南北兩汊堵閉不通，使三汊之水總于一河，安得不致決溢哉！世祖皇帝嘗設置分監，委任都水馬和之、郭若思，疏決新河之水，導黃流，由安山抵臨清，接御河。相地形，設開隄，通漕運，遂成千載之功。今所以導新河北流者，即馬都水之成法也。蓋河之末流，水勢浩大，非一川能容，不浚則勢不順，不分則患不息，是皆歷代已行之明效，而非一口之空言。臣故圖此，以見其有可行之理耳。

河源之圖

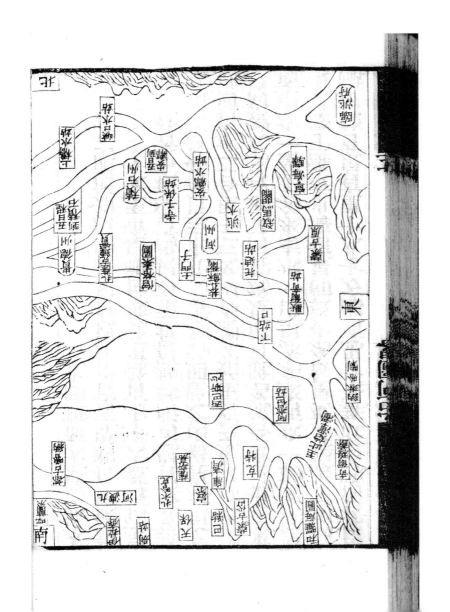

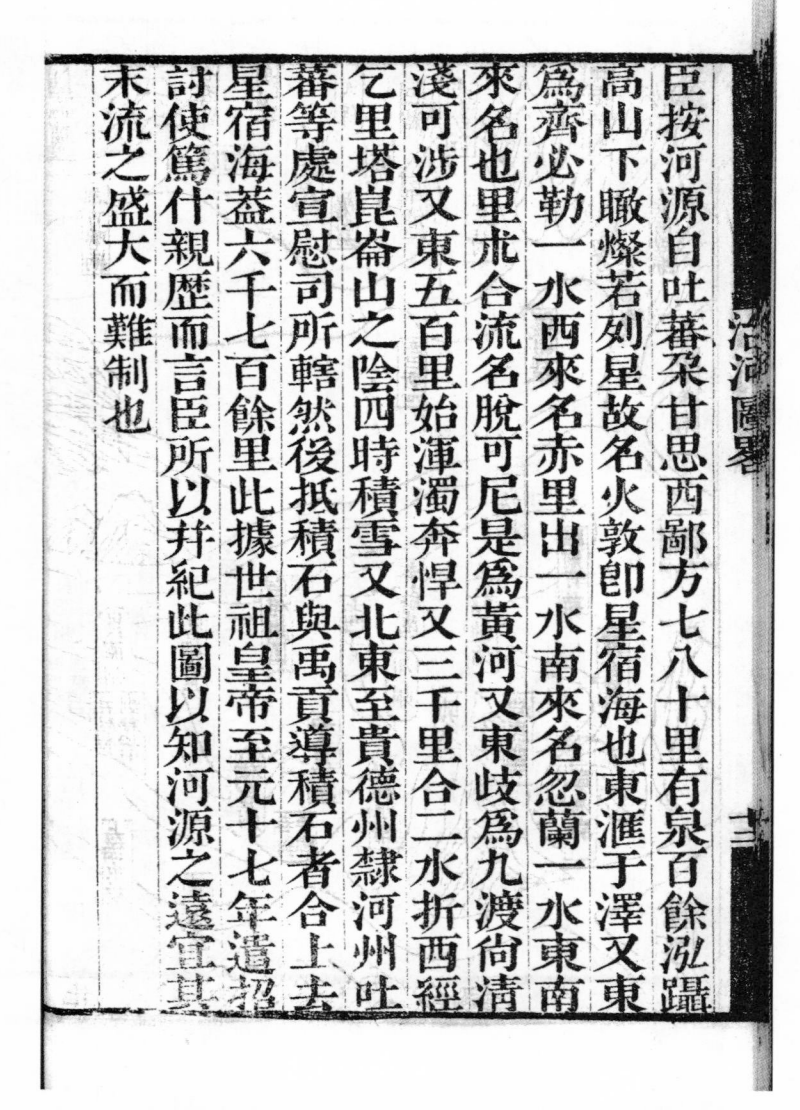

臣按河源自吐蕃朶甘思西鄙方七八十里有泉百餘泓躧
高山下瞰燦若列星故名火敦即星宿海也東滙于澤又東
爲齊必勒一水西來名赤里出一水南來名忽蘭一水東南
來名也里术合流名脫可尼是爲黃河又東歧爲九渡尚清
淺可涉又東五百里始渾濁奔悍又三千里合二水折西經
乞里塔崑崙山之陰四時積雪又北東至貴德州隸河州吐
蕃等處宣慰司所轄然後抵積石與禹貢導積石者合上去
星宿海蓋六千七百餘里此據世祖皇帝至元十七年遣招
討使篤什親歷而言臣所以并紀此圖以知河源之遠宜其
末流之盛大而難制也

臣按，河源自吐蕃朶甘思西鄙，方七八十里，有泉百餘泓。躧高山下瞰，燦若列星，故名火敦[1]，即星宿海也。東滙于澤，又東爲齊必勒。一水西來，名赤里出[2]；一水南來，名忽蘭；一水東南來，名也里术；合流名脫可尼[3]，是爲黃河。又東歧爲九渡，尚清淺可涉；又東五百里，始渾濁奔悍。又三千里，合二水折西，經乞里塔[4]、崑崙山之陰，四時積雪。又北，東至貴德州、隸河州、吐蕃等處，宣慰司所轄，然後抵積石，與《禹貢》導積石者合，上去星宿海蓋六千七百餘里。此據世祖皇帝至元十七年遣招討使篤什親歷而言。臣所以并紀此圖，以知河源之遠，宜其末流之盛大而難制也。

1 "火敦"，《元史》卷六三《地理六》（下引徑省稱《元史》）所附"河源附錄"作"火敦腦兒"。"火敦"，譯言星宿，非星宿海也。
2 "赤里出"，《元史》作"亦里出"。
3 《元史》稱"合流入赤賓"。
4 "乞里塔"，《元史》作"騰乞里塔"，即崑崙。

臣竊謂水之爲利生民之所不可闕有國之所不可無關於
利害至重矣歷代之虞衡水部本朝之都水監所以總天下
之水而重其事也而黃河之水又天下之至大者今其決溢
爲害下病生民上累國家不可視爲尋常細事明矣必也重
其事委重於大臣旁求良策而後可以息菑弭患臣雖不敏
既圖敶于前復謂所以息菑弭患者必本於理勢之自然而
其要則在於浚舊河導新河二者而已所以能息菑弭患者
又必仰於人力之使然而其要則在于專委任優工役二者
而已故敢以四事條列于後　一先浚舊河合於上流淤塞
處約以十里二十里爲率挑出沙土令深或底下見流沙則

治河方畧

---

1 敶：古同“陳”。

## 治河方畧

臣竊謂，水之爲利，生民之所不可闕，有國之所不可無，關於利害至重矣。歷代之虞衡水部，本朝之都水監，所以總天下之水而重其事也。而黃河之水，又天下之至大者。今其決溢爲害，下病生民，上累國家，不可視爲尋常細事明矣。必也重其事，委重於大臣，旁求良策而後可以息菑弭患。臣雖不敏，既圖敶[1]於前，復謂所以息菑弭患者，必本於理勢之自然，而其要則在於浚舊河，導新河二者而已。所以能息菑弭患者，又必仰於人力之使然，而其要則在於專委任、優工役二者而已。故敢以四事條列於後。

一、先浚舊河。合於上流淤塞處約以十里、二十里爲率，挑出沙土令深，或底下見流沙，則縛木簰¹，平置沙面，爲河水立脚之地。仍於兩旁立桔橰、長竿，提出沙土，漸淘漸洗，使水得行。上流既通，則下流自然滔滔有建瓴之勢，不待施工而自順。若河水已循其故道，或可使之全流入淮，則於決河北岸用竹絡、木櫃等盛石塊，壘成河堤。雖非久遠之計，亦可捄患於一時。故不如因其自決之勢，分爲兩道，最爲得宜。要在察其逆順，審其形勢，隨宜量度之耳。議者莫不以爲，舊河沙土壅積如此之高，新決河水如此之深，豈能使之復於故道？此自今日所見之勢而言也。然所積沙土高者雖有一丈以來，低者不下五七尺，皆是近年淤積，非天生堅頑之物，固可以人力去之。況其下既有流沙，乃是水脉尚通，與決河相平，故其餘流浸漬，特以沙土壅隔，不

1 簰：同“箄”，筏子。

得流耳浚而治之必有成功是皆他日未形之勢人所未見
者也因謂龍門萬仞之巔四山皆石禹尚以人力鑿之以通
河道況今河行平地沙土之中決諸東方則東流決諸西方
則西流者乎此臣斷斷以為舊河有可浚之理也
新河浚舊河則始上流導新河則始下流蓋舊河既浚河流
既分泛濫之水漸平却於下流因其所穿之徑順其勢導一
川從北清河入梁山泊合御河入海又分一道入南清河合
泗水入淮如此則南北閘河水增舟順可無啓閉之勞而國
家永享其利抑且桑土悉平可以耕穫有倍收之獲而民蒙
其利議者莫不以為大河入梁山泊則必衝壞閘河直趨東
平為害不小殊不知河流既分力弱勢緩不足為害且以舊

得流耳。浚而治之，必有成功。是皆他日未形之勢，人所未見者
也。因謂龍門萬仞之巔，四山皆石，禹尚以人力鑿之以通河道，況
今河行平地沙土之中，決諸東方則東流，決諸西方則西流者乎？此
臣斷斷以為舊河有可浚之理也。

一、後導新河。浚舊河則始上流，導新河則始下流。蓋舊河既
浚，河流既分，泛濫之水漸平，却於下流因其所穿之徑，順其勢，
導一川，從北清河入梁山泊，合御河入海。又分一道入南清河，合
泗水入淮。如此，則南北閘河水增舟順，可無啓閉之勞而國家永享
其利。抑且桑土悉平，可以耕穫，有倍收之獲而民蒙其利。議者莫
不以為，大河入梁山泊，則必衝壞閘河，直趨東平，為害不小。殊
不知河流既分，力弱勢緩，不足為害。且以舊

事證之前宋建紹時魯從濟寧鉅野決入其時全河入于濟
水下流分爲二道一道從南清河入淮一道從北清河入海
尚且不聞其破閘河害東平也況今於上流已分半水入汴
河其一半入濟水者又分爲南北則入于梁山泊者僅四之
一耳而梁山泊八百里之寬足以渟蓄其怒波則下流自然
平緩可保其無患矣此臣斷斷以爲新河有可導之理也
一專委任宜選在朝明達大臣一員充總領河防使一應河
道合于事務便宜行事仍選有學識有材幹之士以爲之屬
同心講究務在兼採衆長取人爲善參酌審量底於功成至
如董工役備器物司出納掌簿書則各有司存
宜募民擇丁壯者爲河夫十人爲甲前期給散僱工錢必令

事證之。前宋建紹時，魯從濟寧、鉅野決入。其時全河入於濟水，下流分爲二道，一道從南清河入淮，一道從北清河入海，尚且不聞其破閘河害東平也。況今於上流已分半水入汴河，其一半入濟水者，又分爲南北，則入於梁山泊者，僅四之一耳。而梁山泊八百里之寬，足以渟蓄其怒波，則下流自然平緩，可保其無患矣。此臣斷斷以爲新河有可導之理也。

一、專委任。宜選在朝明達大臣一員，充總領河防使，一應河道，合于事務，便宜行事。仍選有學識、有材幹之士，以爲之屬。同心講究，務在兼採衆長，取人爲善，參酌審量，底於功成。至如董工役、備器物、司出納、掌簿書，則各有司存。

一、優工役。宜募民擇丁壯者爲河夫。十人爲甲，前期給散僱工錢，必令

稍優使之樂從盡力工作其有不趨事者罰及甲長仍禁有
司毋得因而差發擾重困一方其鐵匠木匠常用製造器具
不致乏用至如醫工亦所不可缺者或河夫疾病傷損必官
爲醫療仍給半糧優恤之凡連年被水齧去處亦須賑贍之
使得以復業

歷代決河總論

臣竊謂洪水之害莫甚於河治水之功莫難於河鑿龍門于
上以疏其源播九河于下以殺其流者大禹敷治之功也蓋
源疏則水性順流殺則水勢分臣所謂分河之說實原于此
自禹功一立地平天成垂七百七十餘載無復爲患及商之
祖乙始圯于耿而河之經流固未嘗改也又九百四十餘載

稍優，使之樂從盡力工作。其有不趨事者，罰及甲長，仍禁有司毋
得因而差發擾，重困一方。其鐵匠、木匠，常用製造器具，不致乏
用。至如醫工，亦所不可缺者。或河夫疾病傷損，必官爲醫療，仍
給半糧優恤之。凡連年被水齧去處，亦須賑贍之，使得以復業。

### 歷代決河總論

臣竊謂，洪水之害，莫甚於河；治水之功，莫難於河。鑿龍門
於上以疏其源，播九河於下以殺其流者，大禹敷治之功也。蓋源疏
則水性順，流殺則水勢分。臣所謂分河之説，實原於此。自禹功一
立，地平天成，垂七百七十餘載無復爲患。及商之祖乙，始圯於
耿，而河之經流固未嘗改也。又九百四十餘載，

至周定王之五年河徙砅礫乃改其故瀆春秋戰國各私其
地壅防百川以鄰爲壑故葵丘之會有曲防之戒意者九河
或湮或塞皆在此時以及漢之文帝決酸棗潰金隄嘗興卒
塞之矣武帝時徙頓邱決濮陽瓠子遂通淮泗汎郡十六害
及梁楚雖發卒十萬塞之輒復橫潰上去周定王又四百九
十二年然後益徙而東田蚡乃狃於私田之利以爲江河之
決皆天事未易以人力強塞由是二十年置弗治及東封泰
山臨決河沉白馬玉璧率羣臣負薪填決河築宣防導河北
行浚屯氏以分大河使復禹舊跡八十年不爲害此則分河
之明效也成帝時馮逡奏言屯氏河塞靈鳴犢口又益不利
獨一川兼受數河之任雖高增堤防終不能泄九河今既難

至周定王之五年，河徙砅礫¹，乃改其故瀆。春秋戰國，各私其地，壅防百川，以鄰爲壑。故葵丘之會，有曲防之戒意者。九河或湮或塞，皆在此時。以及漢之文帝，決酸棗，潰金隄，嘗興卒塞之矣。武帝時，徙頓邱，決濮陽瓠子，遂通淮、泗，汎郡十六，害及梁、楚。雖發卒十萬塞之，輒復橫潰。上去周定王又四百九十二年，然後益徙而東。田蚡乃狃於私田之利，以爲江河之決皆天事，未易以人力強塞。由是，二十年置弗治。及東封泰山，臨決河，沉白馬玉璧，率羣臣負薪，填決河，築宣防，導河北行，浚屯氏以分大河，使復禹舊跡，八十年不爲害。此則分河之明效也。成帝時，馮逡奏言，屯氏河塞，靈鳴犢口又益不利，獨一川兼受數河之任，雖高增堤防，終不能泄。九河今既難

1 砅礫：本義指石頭。此沿程大昌之誤而作地名。元于欽《齊乘校釋》"至定王五年，河遂南徙砅礫"句下按語："此沿蔡《傳》之誤，以'砅礫'爲地名，不知何據。《漢書·溝洫志》賈讓奏言：'滎陽漕渠足以卜之'，如淳曰'今礫谿口是也'。《水經》濟水又東至礫谿南，酈《注》云'世謂之礫石澗'。初無'砅礫'之目，蓋《漢書》誤本'今'訛作'令'，遂加'石'作'砅'以配'礫'字爲地名耳。實則礫谿口，亦非春秋時河徙之地也。"清之學者如郝懿行、閻若璩、王鳴盛等亦辨之甚詳。

明請浚屯氏河以助大河泄暴水備非常而丞相御史不以
爲意後果大雨水決金隄灌四郡三十二縣百姓多墊溺敗
壞官亭室廬且四萬區蓋屯氏一塞下流不利以致爲害此
其驗也尋遣王延世爲河隄使者以竹絡長四丈大九圍盛
以小石兩船夾載而下之三十二日隄成其後李尋議以爲
常欲求索九河故道而穿之今且因其自決勿塞以觀水勢
河欲居之當自成川挑出沙土然後順天心而圖之必有成
功而用力寡遂止不治朝臣以爲百姓可哀遣使者據業賑
贍之按前漢書據業作處業師古曰處業使安處之得居其業乃求能浚川者於是賈
讓言治河有二策大旨以爲土之有川猶人之有口冶土而防
其川猶止兒啼而塞其口豈不遽止然其死可立而待也故

明，請浚屯氏河，以助大河，泄暴水，備非常。而丞相、御史不以
爲意。後果大雨，水決金隄，灌四郡三十二縣，百姓多墊溺，敗壞
官亭室廬且四萬區。蓋屯氏一塞，下流不利，以致爲害，此其驗
也。尋遣王延世爲河隄使者，以竹絡長四丈、大九圍，盛以小石，
兩船夾載而下之，三十二日隄成。其後，李尋議以爲，常欲求索九
河故道而穿之，今且因其自決勿塞，以觀水勢。河欲居之，當自成
川，挑出沙土，然後順天心而圖之，必有成功而用力寡。遂止不
治。朝臣以爲百姓可哀，遣使者據業賑贍之。按，《前漢書》"據業"作
"處業"。師古曰："處業，使安處之，得居其業。"乃求能浚川者，於是，賈
讓言治河有三策。大旨以爲，土之有川，猶人之有口，治土而防其
川，猶止兒啼而塞其口，豈不遽止，然其死可立而待也。故

善爲川者決之使道善爲民者宣之使言宜徙民放河北流
入海出治隄之費以業所徙之民勿與水爭地此功一立千
載無患此上策也多穿漕渠於冀地使民得以漑田分殺水
怒雖非聖人法然亦捄敗之術此中策也若乃繕完故隄增
卑培薄勞費無已數逢其害此下策也自今觀之李尋之言
最爲近理今所謂因其自決之勢順其自然之性別導一川
者卽其說也至如賈讓之策似若可取熟爲審之則有未然
者其曰徙民放河置而不治則泛濫東西漂泊南北日徙其
民猶不足將何以安其生耶其曰多穿漕渠分殺水怒其說
近是而又未知河之末流有必分之勢其曰隨決隨塞勞費
無已爲下策者誠哉是言也自漢而下決溢之患雖代有之

善爲川者，決之使道；善爲民者，宣之使言。宜徙民，放河北流入
海，出治隄之費，以業所徙之民，勿與水爭地。此功一立，千載無
患。此上策也。多穿漕渠於冀地，使民得以漑田，分殺水怒，雖非
聖人法，然亦捄敗之術。此中策也。若乃繕完故隄，增卑培薄，勞
費無已，數逢其害。此下策也。自今觀之，李尋之言最爲近理。今
所謂因其自決之勢，順其自然之性，別導一川者，即其説也。至如
賈讓之策，似若可取，熟爲審之，則有未然者。其曰徙民放河，置
而不治，則泛濫東西，漂泊南北，日徙其民猶不足，將何以安其生
耶？其曰多穿漕渠，分殺水怒，其説近是，而又未知河之末流有必
分之勢。其曰隨決隨塞，勞費無已爲下策者，誠哉是言也。自漢而
下，決溢之患雖代有之，

而其終流至宋，又千二百五十餘載，始改於鉅野，尋又改於開封。由禹距今，上下三千七百餘載，而河流三徙其瀆，豈有不假人力之助而遂如斯安流耶？方今明見如馮逡材，敏如王延世，謀議如李尋、賈讓者，豈乏其人？我朝如馬和之、郭若思，引黃流由安山接御河，相地設牐築隄，皆能深知水性以成事功，蓋亦不爲無人。舉而措之，又何難焉？臣以後學戇愚，切念生際盛明，沐浴膏澤，未有涓涘之報，恆懷畎畝之憂。覩黃河之橫流，哀赤子之墊溺，譬有病而必療，寧無方之可施，庸獻其一得之愚，庶或助萬分之補。捧漏卮，沃焦釜，謂宜莫急於此時；歌《瓠子》，築宣防，端可追功於前代。臣謹論。

《治河圖畧》終

皇清嘉慶十六年，歲在重光協洽春痾月，昭文張海鵬較梓。

圖書在版編目（ＣＩＰ）數據

宋元水利文獻七種 ／〔宋〕單鍔等撰；張宗品整理. — 長沙：湖南科學技術出版社，
2022.5
　　（中國科技典籍選刊. 第六輯）
　　ISBN 978-7-5710-1247-2

　　Ⅰ．①宋… Ⅱ．①單… ②張… Ⅲ．①水利史－文獻－七種－中國－宋元時期
Ⅳ．①TV-092

中國版本圖書館 CIP 數據核字(2021)第 201724 號

中國科技典籍選刊（第六輯）
SONG-YUAN SHUILI WENXIAN QIZHONG

**宋元水利文獻七種**

撰　　者：〔宋〕單　鍔等
整　　理：張宗品
出 版 人：潘曉山
責任編輯：楊　林
出版發行：湖南科學技術出版社
社　　址：湖南省長沙市開福區芙蓉中路一段 416 號泊富國際金融中心 40 樓
网　　址：http://www.hnstp.com
郵購聯係：本社直銷科 0731-84375808
印　　刷：長沙鴻和印務有限公司
　　　　　（印裝質量問題請直接與本廠聯係）
廠　　址：長沙市望城區普瑞西路 858 号
郵　　編：410200
版　　次：2022 年 5 月第 1 版
印　　次：2022 年 5 月第 1 次印刷
開　　本：787mm×1092mm　1/16
印　　張：28
字　　數：537 千字
書　　號：ISBN 978-7-5710-1247-2
定　　價：280.00 圓
　　　　（版權所有•翻印必究）

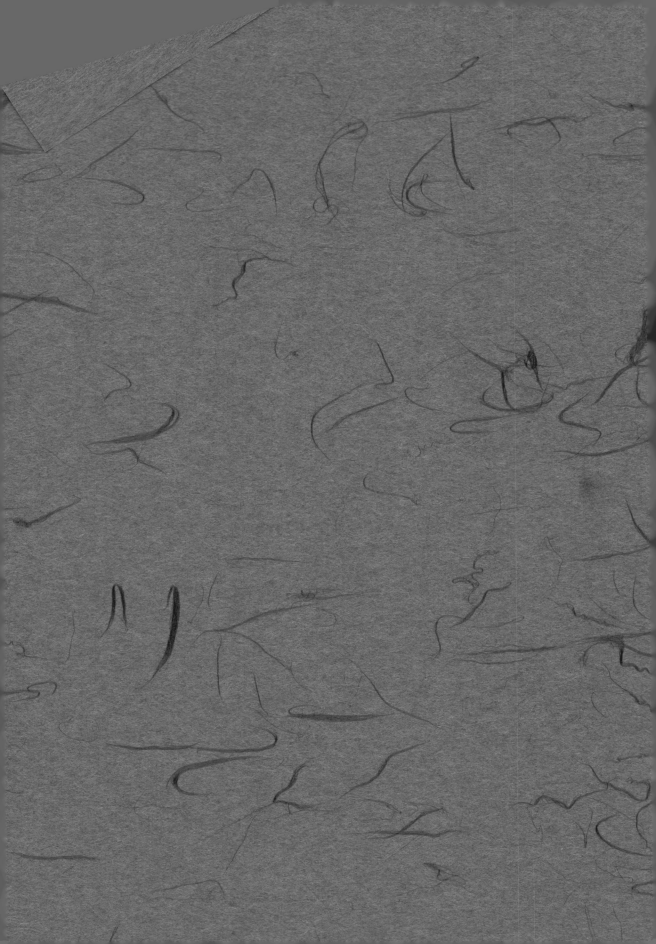